"十二五"职业教育国家规划教材
经全国职业教育教材审定委员会审定

全国高等职业教育医疗器械类专业
国家卫生健康委员会"十三五"规划教材

供医疗器械类专业用

# 医用检验仪器应用与维护

第 **2** 版

主　编　蒋长顺

副主编　王俊起

编　者　（以姓氏笔画为序）

王　嫣（河北化工医药职业技术学院）　　　周　璇（安徽医学高等专科学校）

王俊起（江苏省徐州医药高等职业学校）　　胡希佚（湖北中医药高等专科学校）

曲怡蓉（山东药品食品职业学院）　　　　　董　立（山东医学高等专科学校）

刘剑辉（辽宁医药职业学院）　　　　　　　蒋长顺（安徽医学高等专科学校）

闫　灿（郑州铁路职业技术学院）

人民卫生出版社

图书在版编目（CIP）数据

医用检验仪器应用与维护/蒋长顺主编. —2 版. —北京：
人民卫生出版社,2018

ISBN 978-7-117-25838-8

Ⅰ.①医…　Ⅱ.①蒋…　Ⅲ.①医用分析仪器–高等职业
教育–教材　Ⅳ.①TH776

中国版本图书馆 CIP 数据核字(2018)第 040221 号

| 人卫智网　www.ipmph.com | 医学教育、学术、考试、健康，购书智慧智能综合服务平台 |
| 人卫官网　www.pmph.com | 人卫官方资讯发布平台 |

**医用检验仪器应用与维护**

第 2 版

主　　编：蒋长顺

出版发行：人民卫生出版社(中继线 010-59780011)

地　　址：北京市朝阳区潘家园南里 19 号

邮　　编：100021

E - mail：pmph @ pmph. com

购书热线：010-59787592　010-59787584　010-65264830

印　　刷：人卫印务（北京）有限公司

经　　销：新华书店

开　　本：850×1168　1/16　印张：26

字　　数：612 千字

版　　次：2011 年 8 月第 1 版　　2018 年 4 月第 2 版
　　　　　2023 年 11 月第 2 版第 7 次印刷(总第 12 次印刷)

标准书号：ISBN 978-7-117-25838-8/R·25839

定　　价：60.00 元

# 全国高等职业教育医疗器械类专业
# 国家卫生健康委员会"十三五"规划教材
# 出版说明

《国务院关于加快发展现代职业教育的决定》《高等职业教育创新发展行动计划(2015—2018年)》《教育部关于深化职业教育教学改革全面提高人才培养质量的若干意见》等一系列重要指导性文件相继出台,明确了职业教育的战略地位、发展方向。同时,在过去的几年,中国医疗器械行业以明显高于同期国民经济发展的增幅快速成长。特别是随着《关于深化审评审批制度改革鼓励药品医疗器械创新的意见》的印发、《医疗器械监督管理条例》的修订,以及一系列相关政策法规的出台,中国医疗器械行业已经踏上了迅速崛起的"高速路"。

为全面贯彻国家教育方针,跟上行业发展的步伐,将现代职教发展理念融入教材建设全过程,人民卫生出版社组建了全国食品药品职业教育教材建设指导委员会。在指导委员会的直接指导下,经过广泛调研论证,人民卫生出版社启动了全国高等职业教育医疗器械类专业第二轮规划教材的修订出版工作。

本套规划教材首版于2011年,是国内首套高职高专医疗器械相关专业的规划教材,其中部分教材入选了"十二五"职业教育国家规划教材。本轮规划教材是国家卫生健康委员会"十三五"规划教材,是"十三五"时期人卫社重点教材建设项目,适用于包括医疗设备应用技术、医疗器械维护与管理、精密医疗器械技术等医疗器类相关专业。本轮教材继续秉承"五个对接"的职教理念,结合国内医疗器械类专业领域教育教学发展趋势,紧跟行业发展的方向与需求,重点突出如下特点:

1. 适应发展需求,体现高职特色　本套教材定位于高等职业教育医疗器械类专业,教材的顶层设计既考虑行业创新驱动发展对技术技能型人才的需要,又充分考虑职业人才的全面发展和技术技能型人才的成长规律;既集合了我国职业教育快速发展的实践经验,又充分体现了现代高等职业教育的发展理念,突出高等职业教育特色。

2. 完善课程标准,兼顾接续培养　本套教材根据各专业对应从业岗位的任职标准优化课程标准,避免重要知识点的遗漏和不必要的交叉重复,以保证教学内容的设计与职业标准精准对接,学校的人才培养与企业的岗位需求精准对接。同时,本套教材顺应接续培养的需要,适当考虑建立各课程的衔接体系,以保证高等职业教育对口招收中职学生的需要和高职学生对口升学至应用型本科专业学习的衔接。

3. 推进产学结合,实现一体化教学　本套教材的内容编排以技能培养为目标,以技术应用为主线,使学生在逐步了解岗位工作实践、掌握工作技能的过程中获取相应的知识。为此,在编写队伍组建上,特别邀请了一大批具有丰富实践经验的行业专家参加编写工作,与从全国高职院校中遴选出的优秀师资共同合作,确保教材内容贴近一线工作岗位实际,促使一体化教学成为现实。

4. 注重素养教育,打造工匠精神　在全国"劳动光荣、技能宝贵"的氛围逐渐形成,"工匠精神"在各行各业广为倡导的形势下,医疗器械行业的从业人员更要有崇高的道德和职业素养。教材更加强调要充分体现对学生职业素养的培养,在适当的环节,特别是案例中要体现出医疗器械从业人员的行为准则和道德规范,以及精益求精的工作态度。

5. 培养创新意识,提高创业能力　为有效地开展大学生创新创业教育,促进学生全面发展和全面成才,本套教材特别注意将创新创业教育融入专业课程中,帮助学生培养创新思维,提高创新能力、实践能力和解决复杂问题的能力,引导学生独立思考、客观判断,以积极的、锲而不舍的精神寻求解决问题的方案。

6. 对接岗位实际,确保课证融通　按照课程标准与职业标准融通、课程评价方式与职业技能鉴定方式融通、学历教育管理与职业资格管理融通的现代职业教育发展趋势,本套教材中的专业课程,充分考虑学生考取相关职业资格证书的需要,其内容和实训项目的选取尽量涵盖相关的考试内容,使其成为一本既是学历教育的教科书,又是职业岗位证书的培训教材,实现"双证书"培养。

7. 营造真实场景,活化教学模式　本套教材在继承保持人卫版职业教育教材栏目式编写模式的基础上,进行了进一步系统优化。例如,增加了"导学情景",借助真实工作情景开启知识内容的学习;"复习导图"以思维导图的模式,为学生梳理本章的知识脉络,帮助学生构建知识框架。进而提高教材的可读性,体现教材的职业教育属性,做到学以致用。

8. 全面"纸数"融合,促进多媒体共享　为了适应新的教学模式的需要,本套教材同步建设以纸质教材内容为核心的多样化的数字教学资源,从广度、深度上拓展纸质教材内容。通过在纸质教材中增加二维码的方式"无缝隙"地链接视频、动画、图片、PPT、音频、文档等富媒体资源,丰富纸质教材的表现形式,补充拓展性的知识内容,为多元化的人才培养提供更多的信息知识支撑。

本套教材的编写过程中,全体编者以高度负责、严谨认真的态度为教材的编写工作付出了诸多心血,各参编院校为编写工作的顺利开展给予了大力支持,从而使本套教材得以高质量如期出版,在此对有关单位和各位专家表示诚挚的感谢! 教材出版后,各位教师、学生在使用过程中,如发现问题请反馈给我们( renweiyaoxue@163.com),以便及时更正和修订完善。

人民卫生出版社

2018 年 3 月

# 全国高等职业教育医疗器械类专业
# 国家卫生健康委员会"十三五"规划教材
# 教材目录

| 序号 | 教材名称 | 主编 | 单位 |
|------|----------|------|------|
| 1 | 医疗器械概论(第2版) | 郑彦云 | 广东食品药品职业学院 |
| 2 | 临床信息管理系统(第2版) | 王云光 | 上海健康医学院 |
| 3 | 医电产品生产工艺与管理(第2版) | 李晓欧 | 上海健康医学院 |
| 4 | 医疗器械管理与法规(第2版) | 蒋海洪 | 上海健康医学院 |
| 5 | 医疗器械营销实务(第2版) | 金 兴 | 上海健康医学院 |
| 6 | 医疗器械专业英语(第2版) | 陈秋兰 | 广东食品药品职业学院 |
| 7 | 医用X线机应用与维护(第2版)* | 徐小萍 | 上海健康医学院 |
| 8 | 医用电子仪器分析与维护(第2版) | 莫国民 | 上海健康医学院 |
| 9 | 医用物理(第2版) | 梅 滨 | 上海健康医学院 |
| 10 | 医用治疗设备(第2版) | 张 欣 | 上海健康医学院 |
| 11 | 医用超声诊断仪器应用与维护(第2版)* | 金浩宇 | 广东食品药品职业学院 |
|  |  | 李哲旭 | 上海健康医学院 |
| 12 | 医用超声诊断仪器应用与维护实训教程(第2版)* | 王 锐 | 沈阳药科大学 |
| 13 | 医用电子线路设计与制作(第2版) | 刘 红 | 上海健康医学院 |
| 14 | 医用检验仪器应用与维护(第2版)* | 蒋长顺 | 安徽医学高等专科学校 |
| 15 | 医院医疗设备管理实务(第2版) | 袁丹江 | 湖北中医药高等专科学校/荆州市中心医院 |
| 16 | 医用光学仪器应用与维护(第2版)* | 冯 奇 | 浙江医药高等专科学校 |

说明：*为"十二五"职业教育国家规划教材，全套教材均配有数字资源。

# 全国食品药品职业教育教材建设指导委员会
## 成员名单

---

**主 任 委 员：** 姚文兵　中国药科大学

**副主任委员：**

| | | | |
|---|---|---|---|
| 刘　斌 | 天津职业大学 | 马　波 | 安徽中医药高等专科学校 |
| 冯连贵 | 重庆医药高等专科学校 | 袁　龙 | 江苏省徐州医药高等职业学校 |
| 张彦文 | 天津医学高等专科学校 | 缪立德 | 长江职业学院 |
| 陶书中 | 江苏食品药品职业技术学院 | 张伟群 | 安庆医药高等专科学校 |
| 许莉勇 | 浙江医药高等专科学校 | 罗晓清 | 苏州卫生职业技术学院 |
| 昝雪峰 | 楚雄医药高等专科学校 | 葛淑兰 | 山东医学高等专科学校 |
| 陈国忠 | 江苏医药职业学院 | 孙勇民 | 天津现代职业技术学院 |

**委　　员**（以姓氏笔画为序）：

| | | | |
|---|---|---|---|
| 于文国 | 河北化工医药职业技术学院 | 杨元娟 | 重庆医药高等专科学校 |
| 王　宁 | 江苏医药职业学院 | 杨先振 | 楚雄医药高等专科学校 |
| 王玮瑛 | 黑龙江护理高等专科学校 | 邹浩军 | 无锡卫生高等职业技术学校 |
| 王明军 | 厦门医学高等专科学校 | 张　庆 | 济南护理职业学院 |
| 王峥业 | 江苏省徐州医药高等职业学校 | 张　建 | 天津生物工程职业技术学院 |
| 王瑞兰 | 广东食品药品职业学院 | 张　铎 | 河北化工医药职业技术学院 |
| 牛红云 | 黑龙江农垦职业学院 | 张志琴 | 楚雄医药高等专科学校 |
| 毛小明 | 安庆医药高等专科学校 | 张佳佳 | 浙江医药高等专科学校 |
| 边　江 | 中国医学装备协会康复医学装备技术专业委员会 | 张健泓 | 广东食品药品职业学院 |
| | | 张海涛 | 辽宁农业职业技术学院 |
| 师邱毅 | 浙江医药高等专科学校 | 陈芳梅 | 广西卫生职业技术学院 |
| 吕　平 | 天津职业大学 | 陈海洋 | 湖南环境生物职业技术学院 |
| 朱照静 | 重庆医药高等专科学校 | 罗兴洪 | 先声药业集团 |
| 刘　燕 | 肇庆医学高等专科学校 | 罗跃娥 | 天津医学高等专科学校 |
| 刘玉兵 | 黑龙江农业经济职业学院 | 郏枝花 | 安徽医学高等专科学校 |
| 刘德军 | 江苏省连云港中医药高等职业技术学校 | 金浩宇 | 广东食品药品职业学院 |
| | | 周双林 | 浙江医药高等专科学校 |
| 孙　莹 | 长春医学高等专科学校 | 郝晶晶 | 北京卫生职业学院 |
| 严　振 | 广东省药品监督管理局 | 胡雪琴 | 重庆医药高等专科学校 |
| 李　霞 | 天津职业大学 | 段如春 | 楚雄医药高等专科学校 |
| 李群力 | 金华职业技术学院 | 袁加程 | 江苏食品药品职业技术学院 |

# 前　言

为贯彻全国职业教育工作会议及《国务院关于加快发展现代职业教育的决定》精神,顺应当前高等职业教育改革不断深入、高职教育理念和教学模式快速变化的形势,使教材建设跟上改革发展步伐,满足新时期高职教学需求,人民卫生出版社全面启动了全国高等职业教育医疗器械类专业国家卫生健康委员会"十三五"规划教材的修订编写工作。

本书是在邸刚、宋根娣主编的《医用检验仪器应用与维护》(第1版)基础上修订的,修订是按照高职高专医疗器械类专业的培养目标而编写的。结合医疗器械类专业课程标准,在突出"三基"基础上,以"必需、够用、实用"为原则,淡化学科意识,强调实践;在章节安排上,一是按临床检验仪器分类重新调整章节内容和结构,如把离心机、电泳仪和色谱仪归类到医学检验分离技术仪器中,二是增加了医用检验仪器的临床应用内容,主要阐述医学检验技术与医用检验仪器的关系,以及由医用检验仪器组成的实验室自动化系统及其质量管理;在形式编排上,除设有"学习目标""知识链接""课堂活动""学前导语""知识拓展""学习小结""目标检测"等模块外,还增加了PPT等二维码形式的内容,使之更加便于教师教学和学生自学、预习和复习。为使该教材更具有学科的系统性、科学性、先进性、适用性,本书编者进行了尝试与努力。

本教材力求针对医学技术人员和仪器工程技术人员的教学需求,重点阐述各种医用检验仪器设备的基本组成、结构、工作原理、操作、临床应用以及典型故障实例的故障和检修。本教材适用于医疗器械类各专业以及医学检验技术专业,是学生学习医用检验仪器设备应用与维护技术的教科书和参考书。

本教材是各位编者共同努力的结果,借鉴并吸收了国内外有关教材和文献,同时得到不少实验仪器生产企业和一线工程技术人员的大力支持,并得到了人民卫生出版社和有关院校的大力支持,在此一并致谢!

由于主编能力水平所限,且多数编写者都是从事教学工作,对临床和一线工程技术实践经验较少,尽管编写人员尽了最大努力,但疏漏和不足之处仍在所难免,望专家和广大师生批评指正。

蒋长顺

2018 年 3 月

# 目　录

# 绪 论

## 导学情景 ∨

学习目标

1. 掌握医用检验仪器的分类及其发展趋势。
2. 掌握医用检验仪器对医学检验发展的促进作用。
3. 掌握维修医用检验仪器的基本知识和基本技能。
4. 了解医学检验的概念及其临床检验服务范围。

学前导语

医用检验仪器多是集光、机、电于一体的仪器，随着微处理器、大规模集成电路广泛应用于仪器设备中，仪器自动化程度提高，但仪器结构也特别复杂。因此，医用检验仪器的维修是一项技术性很强的工作，对维修工程师的技术水平提出了很高的要求。但是，技术也不是高不可攀的，只要我们不断地学习和维修实践，就能掌握医用检验仪器的维修技术。

## 第一节　医用检验仪器概述

医疗器械(medical apparatus)是生命科学中的生物技术及物理学原理与现代工程技术紧密结合的产物，是理科、工科、生物医学的完美结合，它运用现代自然科学和工程技术的原理和方法，从工程学角度，在多层次上研究人体的结构、功能及其相互关系，揭示生命现象，为疾病的预防、诊断、治疗提供新的技术手段。诊疗设备的数字化、信息化、网络化为医疗服务提供了更为强大的信息综合分析处理能力和更高的智能化工作程度。代表着医学科学先进技术的医疗器械更是一个医院现代化程度的标志，是促进医学发展的动力，是医疗质量和医疗安全的保障。

医用检验仪器是医疗器械的典型代表，是用于疾病预防、诊断和研究，以及进行药物分析的现代化实验室仪器。它糅合了多学科技术，通过光学、机械、电子、计算机、材料、传感器、生物化学、放射等高、精、尖技术的相互渗透来获得正常人体以及疾病在发生、发展过程的各种信息，并始终能跟踪各相关学科的前沿而得到了极大的发展，其自动化程度越来越高，结构原理越来越复杂，测量数据也越来越精确。

### 一、医用检验仪器的发展史

#### （一）医用检验仪器的起源

医用检验仪器源于 15 世纪放大镜的出现，随着人类对光谱的认识逐步加深，在 19 世纪列文虎克发明显微镜后,细胞时代逐步到来,同时开始在生物分子水平进行研究,并且,显微镜很快用于临床疾病的诊断,为临床医学实验的建立奠定了基础并逐步形成了包括现代医用检验仪器在内的医用检验仪器学。随着新材料、新工艺以及电子技术的兴起,医用检验仪器不断得到发展和创新,并已广泛应用于医学、生物学、食品、化工等领域。随着科学技术的进步,人们越来越需要从分子水平观察和分析微观世界,医用检验仪器必将有更大的发展。

（二）典型医用检验仪器的发展

显微镜发明后,随即用于生物细胞微观有形成分的诊断,并逐步发展到用于人体各系统细胞成分的检查,在此基础上对血液化学成分的分析也逐步得到发展和改进。Tiselius 于 1937 年首先运用界面电泳(又称自由电泳)方法分离蛋白质,主要是用于研究,特别是测定迁移率以及研究蛋白质组分之间的相互作用。在此基础上,其他各种类型的电泳仪器也先后问世。

20 世纪 50 年代初,美国的 Coulter 兄弟应用电阻抗原理首创了最早的血液分析仪,能计数血液中的红细胞和白细胞,此举突破了手工显微镜血细胞计数的模式,开创了血液分析仪器的新时代。20 世纪 70 年代末至 80 年代,白细胞二分类仪、三分类仪和五分类仪先后试制成功。

20 世纪 50 年代 Skeggs 发明了连续流动式分析技术,并制成单通道连续流动式临床自动生化分析仪,建立了临床化学自动分析法,同时也开通了整个临床医学实验如血液学、免疫学、微生物学等实验向自动化分析发展的道路。20 世纪 60 年代开发了单通道和多通道顺序式自动生化分析仪;20 世纪 70 年代先后出现了美国杜邦(Dupont)公司的自动临床分析仪以及不同厂家生产的各种类型的离心式自动生化分析仪;20 世纪 80 年代采用的离子选择电极从根本上改变了电解质测定方法;20 世纪 90 年代初采用包括固相酶、离子特异电极和多层膜片的"干化学"试剂系统,开创了即时实验(床边实验)仪器开发的新局面,为重症监护室、诊所医师和患者自测创造了条件。

1959 年美国学者 Berson 和 Yalow 在研究胰岛素免疫特性时,用$^{131}$I 标记胰岛素作示踪,用抗体作结合剂,首次建立了血浆微量胰岛素的测定法,定名为放射免疫分析(radio immunoassay,RIA)。20 世纪 70 年代建立了各种免疫荧光测定法(immunofluorescence assay,IFA)。近年来酶免疫测定(enzyme immunoassay,EIA)和免疫荧光技术获得了广泛应用。

血培养检测系统包括一个培养系统和一个检测系统。20 世纪 70 年代,微生物学家和工程技术人员采用了物理和化学的分析方法,根据细菌不同的生物学性状和代谢产物的差异,逐步发展了微量快速培养基和微量生化反应系统,并在此基础上,将恒温孵育箱辅以读数仪和计算机分析,便形成半自动化或自动化微生物鉴定系统。

1983 年美国 Cetus 公司 Kary B Mullis 发明了聚合酶链反应(polymerase chain reaction,PCR),又称特异性 DNA 序列体外定向酶促扩增法。此后,核酸序列测定进入了一个新的阶段,各种核酸序列测定仪纷纷出现。

## 二、医用检验仪器的分类

医用检验仪器的分类历来就是一个比较复杂的问题,各方面人士对此争议较大。有主张按照临床实验的方法对医用检验仪器进行分类的,如按目视检查、化学检查、自动化仪器检查等进行分类;

也有主张按照实验仪器的工作原理对医用检验仪器进行分类的,如按力学式实验、电化学式实验、光谱分析实验、波谱分析实验等进行分类;还有根据临床用途来分类的,如医用检验仪器、临床生物化学分析仪器、临床免疫学实验仪器、临床微生物学实验仪器、临床分子生物学实验仪器和普通仪器等。无论哪种分类方法,都有其优点和一定的局限性及交叉性。本教材综合以上几种分类思路并考虑到现代实验仪器为临床提供的实验技术平台,将医用检验仪器分为以下 8 类:

1. **分离技术仪器** 离心机、电泳仪、色谱仪。

2. **形态学检测仪器** 显微镜、血细胞分析仪、流式细胞分析仪。

3. **化学分析仪器** 分光光度计、自动生化分析仪器、电解质分析仪、尿液分析仪器、血气分析仪器、干化学分析仪器、即时实验仪器。

4. **免疫标记分析仪器** 酶免疫分析仪、放射免疫分析仪、荧光免疫分析仪、化学发光免疫分析仪。

5. **血液流变分析仪器** 血液流变分析仪器、血液凝固分析仪器。

6. **微生物检测仪器** 血培养检测系统、微生物鉴定和药敏分析系统、厌氧培养系统。

7. **基因分析仪器** 聚合酶链反应核酸扩增仪器、连接酶链反应核酸扩增仪器、核酸定量杂交技术和相关仪器、DNA 序列测定仪器、核酸合成仪器、生物分子图像分析系统、生物芯片和相关仪器。

8. 其他医用检验仪器。

### 三、医用检验仪器的展望

现代检验医学是临床各学科中非常重要的一门辅助性诊断学科,随着基础医学的深入研究以及高科技在实验方法中的应用,医用检验仪器得到飞速发展并逐步在临床实验室得到普及。

未来医用检验仪器的设计更趋于完善。随着各种新技术在医用检验仪器设备研发中的逐步运用,检验仪器不断朝着数字化、自动化、智能化、网络化、标准化、微型化方向发展,设计理念注重人性化、低成本和有利于环保。根据需要将各任务模块组合式安装使用,是适应用量有限、资金有限的医院需求的一种新型设计理念。全实验室自动系统实现了一台仪器可测定常规、特殊生化、药物治疗、滥用药物、特种蛋白和免疫等多种项目,还可以增添各种部件,扩展其功能。仪器设计更加人性化,送入标本、条码输入,到完成检测、数据存储输出和连接网络等,原先使用人工完成的工作过程完全由仪器一次完成。

## 第二节 医用检验仪器的应用

### 一、医学检验的概念及作用

医学检验是为临床提供医疗决策的重要依据之一,医用检验仪器是医学检验诊断的重要工具。随着基础医学和临床医学的深入发展,临床化学分析技术、临床免疫学分析技术、临床血液学分析技术和临床微生物学鉴定技术的不断更新以及分子生物学技术的崛起并与自动化和信息技术、生物传感器技术、标记免疫分析技术、流式细胞技术、生物芯片技术相结合,医学实验技术和医学实验仪器已发生了划时代的巨变。

（一）医学检验的概念

医学检验(laboratory medicine)又称实验医学。它是一门涉及范围相当广泛,包括多个专业的交叉性学科,是指在实验室内对人体的各种送检材料通过化学、物理和(或)分子生物学等方法进行定性或定量检测分析的学科。它是临床医学的一个重要分支,是一门高度综合性的应用技术学科。它以生理学、病理学、生物化学、分子生物学、病原生物学、免疫学、细胞生物学等学科为理论基础,以试剂学、仪器科学、生化技术、免疫技术、细胞生物学技术和分子生物学技术为检测手段,以临床医学的各个学科为服务对象,目的是进行实验诊断(laboratory diagnosis),其检测结果不仅为临床诊断、鉴别诊断、了解病情、观察疗效和判断预后提供科学的依据,而且为临床医学基础研究提供科学的证据。随着医用检验仪器及生命科学的发展和应用,各种检测方法逐渐标准化,并建立起了一套完善的质量控制和保证体系。

（二）医学检验的研究范围

医学检验的研究范围包括血液学实验、体液实验、生物化学实验、免疫学实验、微生物学实验、遗传学实验和分子生物学实验等亚专业或学科。

## 二、医用检验仪器促进医学检验的发展

检验医学在自动化实现之前,从事临床实验的人员的主要工作是进行医学项目的手工实验,然后进行结果数据手工处理,包括结果计算、填写报告单、登记、统计查询等过程,由于实验项目较少,人员设置相对较多,劳动强度不大。现代医院工作量急剧上升,项目剧增,劳动强度也激增。为此,国内外医学与工程学学者进行了大量的探索,认为用机械模仿人工实验操作过程是较好的解决方案,于是产生了医用检验仪器,并在此基础上与计算机联机系统和实验室网络信息系统相连,建立数字化的医学实验室信息系统,实现信息输入、输出自动化。

（一）为医学检验提供了技术平台

1. **提高了工作效率和精确的定位诊断**　由于仪器处理能力强大,人员配置可以相应减少,数据的处理速率和准确度得到了极大的提高,对于测试数据的管理、查找、维护、修改、输出也变得容易了。

2. **以产品的形式为临床提供了诊治技术平台**　现代化的医院实验室离不开医用检验仪器,许多其他领域最新的尖端技术也是通过仪器进入临床实验室的,仪器和技术方面的进展使医学实验诊断水平取得了飞跃的发展。今天,医院实验室已经发展形成临床化学、临床血液学、临床免疫学、临床微生物学、分子诊断学等集众多相关实验仪器的亚学科技术平台。实验医学已和其他兄弟学科(如影像医学)一样,成为诊断疾病并对疾病进行监测的重要学科,是临床医学中不可缺少的一个分支。

3. **医学实验室步入数字化时代**　数字化医学实验室是近年随着计算机与通信技术的发展而提出来的,它是在机械、电气、电子、信息四次技术革新后体现于现代化医院的。数字化医学实验室以

实验设备的自动化为前提,以计算机的网络为依托,以计算机可识别存储实验结果为基础,通过信息系统网络提供完整的实验报告、实验诊断以及其他网上共享资源。其结果是服务透明高效、报告准确可靠、工作效率高、损耗低,延伸了临床医学实验室的服务。

**4. 医学检验的管理更加规范**　随着实验医学的形成和发展,人员队伍的迅速增加,实验室的管理也逐渐走向科学化的道路,如实验人员的管理、工作质量的管理、仪器设备的管理、试剂的管理等,有序的管理更好地发挥了实验医学的作用。实验室自动化信息管理系统的引入,不仅使实验可以摆脱手工操作的误差,而且可以极大地节约检测时间,使实验变得更为迅速。以组合配套的试剂盒取代了过去实验室自己配制的各种试剂,质量可靠,方法统一,增加了实验室之间检测结果的可比性,节省了人力、物力和财力。过去某些需要 3～5ml 血液标本的检测项目,现在只需微量即可完成检测。

（二）开发出新的实验项目和实验技术

医学检验是随着科学技术进步和临床医学的发展而不断发展的,从最原始的手工操作发展到目前的全自动分析,从细胞学水平发展到分子生物学水平,其间经历了几个世纪。随着生物化学和生物物理学、分子生物学、免疫学、遗传学与基础学科的迅速发展和相互渗透,以及各种新仪器和合成试剂的大量涌现,极大地丰富和促进了实验理论和应用技术的发展,使临床实验从过去的医学实验发展成为现代的实验医学,成为一门运用高新科技手段,具有独特理论体系与人才培养体系的学科。这一飞跃式的进步极大地改变了临床传统的诊断手段,提高了诊断治疗水平,有力地促进了临床医学的发展。

**1. 新的实验项目的开发**　由于临床诊断、治疗、预后监测和医学研究的诸多需要,医学实验方法的进展十分迅速,这些方法带来品种多样的实验项目。

（1）为提高定量分析的准确度,实验项目越分越细。如分子生物学实验由定性向定量发展,床旁实验(point of care test,POCT)项目越来越多。

（2）为提高工作效率,进行整体协同运作的模块化、组合式分析。如全实验室自动化(total laboratory automation,TLA)。

（3）分子生物学技术成为核心技术和前导技术,多聚酶链反应、生物芯片技术和基因工程技术将会广泛应用于各种检验仪器。流式细胞技术可以高速分析上万个细胞,并能同时从一个细胞中测得多个参数。多种形式的标记免疫技术,灵敏度甚至可达到相当于分子水平。生物质谱技术用于蛋白质、多肽、核酸和多糖等生物大分子的研究,尤其是对于目前的研究热点——蛋白质组学研究更有重要作用,许多疾病将出现新的诊断指标,给疾病的筛查、诊断带来新的突破。生物传感技术以及生物传感器和芯片的应用将使检验仪器小型化、灵活多用。存储、打印、共享和传输都是信息技术发展的成果。各种小型的检验仪器使原本烦琐的采集标本—送检—检验—报告的过程变得简单,小型便携、快捷、价格低廉成为发展趋势。

**2. 实验技术的改进**

（1）检测技术操作的现代化:科学技术的发展必然促进学科之间交叉渗透,许多新技术被引进到实验领域从而取代了传统技术,如以前一些实验中需要加热、除蛋白或加强酸、强碱处理等方法的,均已被在常温下、只需加单一试剂就能迅速反应且排除干扰的方法所取代,如酶法、电化学法、免疫标记技术和各种层析法等;流式细胞仪进入临床实验室极大地拓宽了临床实验的范围,促进了细胞生物学的临床应用;应用荧光偏振技术、化学发光技术及磁性微球免疫化学技术的各类仪器,使免疫化学检测进入了新水平,并逐步替代放射分析技术。

(2) 检测方法标准化:过去每个实验项目有多种检测方法,不同方法有不同的正常参考值,给临床检验造成麻烦和混乱,随着仪器、试剂的发展,现在检测方法趋向统一和标准化。

(3) 质量控制规范化:为了向临床提供准确、可靠的实验报告,实验医学在技术发展的同时,在检测质量控制方面亦不断完善。在统一试剂、统一方法、统一标准的同时,建立了室内质量控制,参加由权威机构组织的室内质量评价活动,从而使单方面的室内质控转变为全面质量保证,提高了检测结果的准确性、稳定性和可靠性。

## 第三节　医用检验仪器的维护

任何仪器,无论其设计如何先进、完善,在使用过程中都避免不了因各种原因出现这样或那样的故障,只是仪器的故障率不同而已。为保证仪器的正常工作,对仪器进行正常维护和及时修理是非常重要的。

### 一、医用检验仪器的特点

医用检验仪器是用于疾病诊断、疾病研究和药物分析的现代化实验室仪器,其主要特点如下:

1. **结构复杂**　医用检验仪器多是集光、机、电于一体的仪器,使用器件种类繁多。尤其是随着仪器自动化程度的提高、仪器的小型化及仪器功能的不断增强,仪器结构更加复杂。

2. **涉及技术领域广**　医用检验仪器常涉及光学、机械、电子、计算机、材料、传感器、生物化学、放射等技术领域,是多学科技术相互渗透和结合的产物。

3. **技术先进**　医用检验仪器始终跟踪各相关学科的前沿,电子技术的发展、电子计算机的应用、新材料新器件的应用、新的分析方法等都在医用检验仪器中体现出来。

4. **精度高**　医用检验仪器具体说是用来测量某些物质的存在、组成、结构及特性的,并给出定性或定量的分析结果,所以要求精度非常高。医用检验仪器多属于精密仪器。

5. **对使用环境要求高**　由于医用检验仪器具有以上特点以及其中某些关键器件的特殊性质,决定了仪器对于使用环境条件要求很高。

### 二、仪器维护与维修的基础知识和基本技能

(一) 基础知识

通常维修医用检验仪器一般应具有以下几个方面的基础知识:

1. **了解临床检验基础知识**　从事医用检验仪器的维修,应掌握临床检验常见方法的原理,有利于故障原因的分析和查找,从而较快地确定故障点。医用检验仪器的分析结果的准确性不仅仅决定

于仪器的性能,还与实验室的环境、工作温度、电源质量、试剂、清洗液及样本本身等诸多因素有关。如血细胞计数仪的结果和溶血素、稀释液、抗凝剂、样本的放置时间等因素密切相关;对于五分类仪器,还与鞘液有关。在维修之前,应首先排除上述因素对结果造成的影响,达到在维修工作中少走弯路的目的。很多医用检验仪器发生的故障现象是测量结果不稳定、重复性不好,而不是不能正常工作,因此需要结合实际情况多方面加以分析和判断。例如,全自动化学发光免疫分析仪的维修,某些测试项目测量结果不正常,而造成其结果不正常的原因有很多,应从多角度进行故障分析,可能是仪器本身的故障或试剂和纯净水的原因引起的,也有可能是操作方法不当引起的。

**2. 掌握仪器的基本结构及其工作原理**　掌握整机总体方框图各部分的作用,即掌握仪器设备是由哪几部分组成以及各个部分有哪些作用;电路部分应掌握整机电路原理方框图,各部分电路的作用以及信号流程;液路部分应掌握液路图,每个液路上元器件的作用;机械传动部分应掌握整机装配图,掌握仪器的安装和拆卸方法;电脑控制部分应掌握仪器的控制原理及操作方法。要熟悉一台大型的医疗仪器设备维修,先要对该仪器信号的流程有大致的了解,明白整个系统的电源控制流程,要特别重视系统的方框原理图。只有这样,才能由外及里、由普通到复杂,逐步掌握整个系统的维修。

**3. 掌握微机控制技术**　先进的医疗仪器设备是高科技的结晶,现今几乎所有的医疗仪器设备均为单片机或微型机所控制。微处理器系统内置的维护与服务程序可以完成大部分硬件(如泵、电磁阀、各种传感器)的检测,仪器的各种工作电压、温度、压力值、A/D 转换值、触摸屏等均可通过仪器内置的服务程序来进行调整,应该熟悉并掌握这些程序的使用,掌握电脑的硬件和软件的安装以及计算机网络技术。

**4. 掌握电路基础知识**　当前,大规模集成电路广泛地应用于医用检验仪器设备中,设备中采用了微处理器和很多模拟、数字电路。如在维修中遇见的开关电源电路,即是典型的模拟电路,而且大多没有图纸,但此时只要能熟悉开关电源的原理,这些看起来最复杂的故障其实是最容易排除的。掌握如晶体管放大电路、有源滤波器、电压比较器、检波电路、运算放大器电路、限幅电路、函数发生器、可控硅及触发电路、基本逻辑单元电路、译码电路、LED 和 LCD 数显译码电路、接口电路,A/D 和 D/A 转换电路、计数和分频电路等电路的工作原理及电路的基本知识,是我们掌握医用检验仪器工作原理最重要的基础知识。

**5. 掌握医疗器械专业英语**　对于一些大型进口的医用检验仪器设备,操作界面以及操作手册和维修手册大多是英文版,不懂医疗器械专业英语要想修好仪器设备,简直是不可能的。读懂各种医用检验仪器设备的操作手册和维修手册,在维修实践中掌握仪器的操作,读懂仪器运行的记录以及故障提示,是我们维修医用检验仪器最重要的基础环节。

(二) 具备的基本技能

**1. 掌握各种电子元器件的测量技术**　医用检验仪器设备中不仅大量采用各种类型的电阻、电容、电感、晶体管、集成电路、光电器件、继电器、电机、泵、电磁阀等元器件,而且还采用各种传感器、电极、微处理器、显示器和光学器件等新器件新电路。医用传感器包括电阻式传感器、压电式传感器、电容式传感器、电感式传感器、光电式传感器、温度传感器、超声波传感器、霍尔元件传感器以及电化学传感器。如电解质和血气分析仪器中用到 $K^+$、$Na^+$、$Cl^-$、$PO_2$、$PCO_2$ 电极,掌握了这些传感器的工作原理,会更加有益于分析故障原因。维修各种医用检验仪器,必须熟练掌握这些元器件的性能和测试方法,能熟练使用测试设备对整机性能进行测试。

2. **掌握检修各种医用检验仪器设备的方法和步骤**　为了查找仪器故障,可以用不同的方法,采用不同的检查程序,以尽快找出故障的根本原因为目标。如同医生诊断和治疗疾病一样,实际检修时,维修工程师的工作经验、学识水平和灵活采用检查方法的能力等,将起决定性的作用,能力越强,效率越高。该项能力的提高丝毫离不开实践,应在实际工作中仔细观察,认真分析,不断总结经验。在平时的维修实践中,掌握各种医疗仪器设备的维修方法和检修步骤是维修仪器设备的必备手段。灵活运用各种维修方法和检修步骤,指导各种仪器设备的维修。通常采用直观检查法、电压测量法、电阻测量法、电流测量法、分割法、信号注入法、仪器检测法、模拟检测法、对比检测法、元器件及板替换法、元器件加热冷却法、元器件点焊清洁法等。

3. **掌握电路焊接技能和安装调试技术**　由于超大规模集成电路应用于医疗仪器设备,贴片元器件广泛地应用于电路中,要求维修人员必须熟练掌握电路焊接技能,能根据不同焊接对象灵活使用焊接工具和焊接方法,保证既不损坏元器件,又使焊点焊牢、光滑,不出现虚焊。通常,各种医用检验仪器设备是由电路、液路、光路、机械传动、电脑控制组成的,仪器设备特别复杂,维修难度特别大。因此,掌握安装调试技术是维修各种医用检验仪器最重要的环节。

4. **掌握医用检验仪器的基本操作**　医用检验仪器常包括精密机械、电子、微机、各种传感器等技术内容。所以,除了懂得所维修仪器设备的基本原理以外,还应掌握光学与精密机械零部件的安装、拆卸与清洗、加油、调整等基本操作技能。另外,对仪器的整机使用、操作以及一些注意事项也应掌握,以免造成人为故障。

5. **应具有一定的维修安全知识**　维修安全包括两个方面:一是指维修人员自身安全,要有良好的操作习惯和防电击等安全措施;二是指仪器设备的安全,维修仪器的最基本的要求之一是要保证不进一步损坏器件或扩大故障范围。所谓胆大心细,就是指既不要被故障的难度吓倒,又要仔细分析弄清原理,合理、正确地使用维修工具和采用恰当的维修方法和检修步骤进行检查维修,防止盲动。

6. **要求有良好的观察、实际操作、分析、记录和总结能力**　在维修时,需要敏锐的观察能力,还要求有进行模拟实验设计和制作的能力。记录和总结是一个良好的习惯,维修人员不要把查到某个故障作为最后目标,而应从维修过程中总结经验,开拓思路,以达到触类旁通、举一反三的效果,不断提高维修技术能力。

## 三、医用检验仪器的维护措施

仪器维护的目的是为了减少或避免偶然性故障的发生,延缓必然性故障的发生,并确保其性能的稳定性和可靠性。仪器的维护工作是一项长期的工作,因此必须根据各仪器的特点、结构和使用过程,并针对容易出现故障的环节,制定出具体的维护保养措施,由专人负责执行。针对医用检验仪器的共性和每种检验仪器各自的特点,医用检验仪器的维护一般分为常规性维护和特殊性维护。

（一）常规性维护工作

常规性维护工作所包括的是一些具有共性的、几乎所有仪器都需注意的问题,主要有以下几点:

**1. 仪器的接地**　接地的问题除对仪器的性能、可靠性有影响外,还与使用者的人身安全关系重大,特别是医用检验仪器接地问题尤为重要,有时由于地线接触不良带来了很多故障现象,因此所有接入市电电网的仪器必须接可靠的地线。

**2. 电源电压**　由于市电电压波动比较大,常常超出要求的范围,为确保供电电源的稳定,必须配用交流稳压电源。要求高的仪器最好单独配备稳压电源和 UPS 电源。在仪器设备安装、调试和维修过程中应特别注意,插头中的电线连接应良好,使用时不可插错插孔位置而导致仪器损坏。另外,所有仪器在关机时,要关断总机电源,并拔下电源插头,以确保安全。

**3. 仪器工作环境**　环境对精密检测仪器的性能、可靠性、测量结果和寿命都有很大影响,因此对它有以下几方面的要求:

（1）防尘:医用检验仪器中光路部分的各种光学器件和电路部分的各种电子元器件、接插件、电路板等以及机械传动部分的各种机械传动装置,应经常保持清洁。但由于光学器件的精度很高,因此对清洁方法、清洁液等都有特殊要求,在做清洁之前需仔细阅读仪器的维护说明,不宜草率行事,以免擦伤、损坏其光学表面。

（2）防潮:仪器中的光学元件、光电元件、电子元件等受潮后,易霉变、损坏,各种接插件容易氧化接触不良,因此有必要定期对仪器设备进行检查,用无水乙醇进行处理,经常及时更换干燥剂,长期不用时应定期开机通电以驱赶潮气,达到防潮目的。

（3）防热:医用检验仪器一般都要求工作和存放环境要有适宜的、波动较小的温度,因此一般都配置温度调节器（空调）,通常温度以保持在 20~25℃ 最为合适。另外,还要求远离热源并避免阳光直接照射。

（4）防震:震动不仅会影响医用检验仪器的性能和测量结果,还会造成某些精密元件损坏,因此,要求将仪器安放在远离震源的水泥工作台或减震台上。

（5）防蚀:在仪器的使用过程中及存放时,应避免接触有酸碱等腐蚀性气体和液体的环境,以免各种元件受侵蚀而损坏。

**4. 仪器定期保养**　各种医用检验仪器必须按照仪器的要求做好日保养、周保养、月保养、年保养等工作,它是医用检验仪器能否正常工作的重要保证。

（二）特殊性维护工作

由于每种检验仪器有其各自的特点,特殊性维护工作主要是针对医用检验仪器所具有的特点而言的,这里只介绍一些典型的维护。

**1. 避光**　对光电转换元件,如光电源、光电管、光电倍增管等,在存放和工作时均应避光,因为它们受强光照射易老化,使用寿命缩短,灵敏度降低,情况严重时甚至会损坏这些元件。

**2. 防止受到污染**　检验仪器在使用及存放过程中应防止受到污染。如有酸碱的环境将会影响测量结果;做多样品测量时,试样容器每次使用后均应立即冲洗干净。另外,杂散磁场对电流的影响也是一种广义的污染。

3. **保持电池电压**　如果仪器中有定标电池,最好每6个月检查一次,如电压不符要求则予以更换,否则会影响测量准确度。

4. **冲洗和清洁电极**　各种测量膜电极使用时要经常冲洗,并定期进行清洁。长期不使用时,应将电极取下浸泡保存,以防止电极干裂、性能变差。

5. **检流计的防震**　检流计在仪器中作为检测指示器使用的较多,但它极怕受震,因而每次使用完毕后,尤其是在仪器搬动过程中,应使其呈断路状态。

6. **清洁和润滑装置**　仪器中机械传动装置的活动摩擦面间应定期清洗,加润滑油,以延缓磨损或减小阻力。

7. **检查和校正**　检测仪器一般都是定量检测仪器,其精度应有所保证,因此需定期按有关规定进行检查、校正。同样,仪器经过维修后,也应进行质控检测,方可重新使用。

此外,仪器维护还有其他许多特殊内容,如用有机玻璃制成的元件应避免触及有机溶剂;有些仪器设备在使用时需避开易燃气体,且其氢气源应远离火源等。通常,各种仪器设备的维护和保养也有所不同,必须认真仔细地阅读仪器的操作手册,以进行正确的维护和保养。

（蒋长顺）

# 第一章

## 医用检验仪器的临床应用

ER-01章PPT

导学情景 ∨

学习目标

1. 掌握医学检验涉及的相关基础知识和医用检验仪器的质量控制。

2. 熟悉医学检验的分类、研究范围和目的。

3. 了解实验室自动化系统和现代医用检验仪器的进展等知识。

学前导语

医学检验方法的飞速进展和临床各种检验项目的日益增加，各种高灵敏度、多功能、智能化程度较高的检测仪器的不断涌现和广泛应用，对检验工作者的专业知识和技术、技能要求越来越高。通过学习本章的内容，对医用检验仪器的临床应用、性能指标与主要结构维护的基础知识、基本技能及临床检验仪器设备发展有一个基本的了解，可以为学好本课程奠定基础。

## 第一节　医学检验技术概述

医学检验(laboratory medicine)，又称为检验医学或实验室医学，主要是利用实验室的各项工具，协助预防医学中对健康状态及生理功能的评估，临床医学中疾病的诊断、评估、治疗及追踪等。

### 一、医学检验的研究范围

随着基础医学、临床医学、生物工程学、电子学等学科的发展及新的检验技术和自动化仪器的应用，检验医学得到迅速发展。检验医学范围十分广泛，其中，有临床生化检验、临床微生物检验，也有免疫学、寄生虫学、形态学、血清学、分子生物学检验。

### 二、医学检验的研究手段和目的

医学检验就是通过研究人体血液、体液、分泌物和排泄物中的致病因子和这些致病因子导致的化学成分和浓度的改变、形态学和影像学的变化、基因学的突变等，推断疾病的发生、发展过程，从而辅助临床医师准确诊断疾病、治疗疾病和预防疾病。医学检验的结果是支持诊断、鉴别诊断，甚至是确诊的主要依据，学习检验的相关知识已经成为临床医生诊断治疗疾病和判断预后的有效途径。

## 三、医学检验的分类

目前医学检验的分类主要为临床检验、生物化学检验、微生物检验、寄生虫检验和免疫检验,临床也有将医学检验分为血清学检验、基因学检验、形态学检验、微生物学检验等。分类的原则有很多,但是主要按检验的项目来定。临床检验是检验临床上最常见的项目,是通过三大常规检测了解人体基本状态的;生物化学检验是检查体内生化反应以及各种物质的含量;微生物检验顾名思义,检查的是微生物,寄生虫检验也是如此;免疫检验则主要是利用特异性抗原或抗体进行标本的定性、定量分析。

## 四、医学检验技术的临床应用

检验医学是一门实践性很强的学科,除了为疾病诊断和鉴别诊断、观察病情变化和判断预后、制定预防措施提供依据外,医学检验学的各种技术,为临床医学研究提供了良好的手段,也是开展医学研究的必备条件。

1. 可以揭示疾病基本原因和机制,如动脉粥样硬化、糖尿病、遗传性代谢性疾病等。

2. 根据发病机制,建立治疗方案,判断治疗疗效,如利用肌红蛋白、肌钙蛋白诊断心肌梗死。

3. 为某些疾病的早期诊断提供筛选试验,如测定血中甲状腺素和促甲状腺素用以诊断新生儿先天性甲状腺功能减退症。

4. 监测疾病的病情好转、恶化、缓解或复发等,如利用肝功能试验对肝脏疾患进行诊断和治疗监测。

5. 治疗药物监测,即根据血液以及其他体液中的药物浓度,调整剂量,保证药物治疗的有效性和安全性。

6. 辅助评价治疗效果,如测定血中癌胚抗原含量监测结肠癌的治疗效果。

7. 遗传病产前诊断,降低出生缺陷病的发病率。

8. 研究感染性疾病的病原体特征。临床微生物学加强对条件致病菌和耐药性菌的研究,监测临床感染优势菌的组成和变迁的规律和趋势,不断提高诊断水平。

9. 提供快速、准确的病原学诊断,作为判定感染的基础。

10. 其他。

## 五、医学检验的展望

### (一) 医学检验发展特征

近年来,我国医学检验技术取得了飞跃发展,其主要表现在:

1. 大量先进的自动化仪器取代了简单比色计等一般仪器,所采用的技术涉及许多最新学科,如自动化细菌鉴定及药敏分析系统、流式细胞技术、免疫标记技术、荧光偏振、生物芯片技术等。

2. 其工作任务正在从简单地为临床提供快速、准确的检验结果,转变为在进一步发展检验技术的同时,积极参与临床咨询、诊断、治疗和预防的工作。

3. 运用循证检验医学的理论,在保证检验结果准确的前提下,为临床提供有参考意义、收费合理的检验项目。

4. 检验医师与临床医师共同制定诊断和疗效判断标准等。

（二）医学检验发展趋势

临床实验室基本实现或正在实现医学检验的"十化",即:

1. **检验技术的现代化**　近代科学技术的成果已经以最快的速度应用于医学检验学,使医学检验水平迅速提高。如流式细胞技术、生物芯片、分子杂交和 PCR 技术等。

2. **检验分析的自动化**　随着电子计算机技术的广泛应用,自动化检验仪器基本取代了手工操作,提高了检验的准确性、精密度,缩短了检验时间,并逐步向全国实验室自动化与网络化管理方面发展。

3. **检验方法的标准化**　现代医学检验学强调医学检验的标准化,并使之逐步向检验方法标准化、标本微量化方向发展。

4. **检验试剂的商品化**　目前,随着临床医学对检验方法的自动化、标准化、现代化要求程度越来越高,已有许多优质的商品化试剂应用于医学检验,提高了医学检验的质量,减少了检验误差。

5. **检验项目的组合化和分子化**　即按患者的具体情况,依据病情科学地经济地选择组合项目检测。随着全自动生化分析仪的引进、检验方法不断革新、商品化试剂盒的应用,促使生化检验提高了工作效率,在实际工作中,实现了不同的检验项目的组合,如肝功能、肾功能、脂类、糖类、电解质、心肌酶谱、其他酶类及特定蛋白等测定。

6. **检验人员的合格化**　只有毕业于大中专院校或更高学历的医学检验技术专业的人员,取得相应的专业技术职称资格,或执业医师资格,经卫生行政部门专业培训获得上岗证的,方可从事相应项目的检验工作,否则不得从事检验工作,不得单独操作,或出检验报告。

7. **质量管理的全程化**　一个准确和可靠的检验结果的获得,有赖于健全的医学检验质量保证体系。临床检验室一定要进行医学检验全程质量管理与控制,在实验室内进行质量控制、通过实验室间质量评价及全套规范化实验室管理操作之后,确保检验结果的准确性和可信度。

8. **临床实验室的信息化**　临床实验室信息管理系统利用网络技术和数字化技术,全面整合临床实验室业务信息和管理信息,将临床实验室所有信息最大限度地采集、存储、处理传输、提取、集成、利用和共享,建立临床实验室内部资源最有效的利用,使业务流程最大限度的优化和标准化。

9. **临床实验室管理法制化**　2003 年,国际标准化组织颁布了关于临床实验室管理的国际标准,即 ISO15189（2003）《医学实验室——质量和能力的专用要求》。该标准进一步推动了我国医学检验的发展,我国越来越多的临床实验室申请参加了 ISO15189 实验室认可。2006 年,由原卫生部制定的《医疗机构临床实验室管理办法》开始实施,标志着我国临床实验室的管理走向法制化轨道。

10. **生物安全制度化**　临床实验室是医疗机构病原体最集中的区域,这些病原体对实验室工作人员、周围人员及环境具有一定的潜伏危害,它甚至可以造成疾病的流行,危及广大群众的健康和安全。我国生物安全实验室的管理具有法制化、规范化、科学化的特点,其运行实施许可制度,有效保证了生物安全实验室使用的安全。

随着新技术革命浪潮的兴起,电子学、材料学等学科划时代的发展和电子计算机的应用,为临床检验仪器的研制提供了基础。近20年来,医学、生理学、生物化学等学科研究的深入而使生物体信息量的不断增加,极大地

▶▶ 课堂活动

我国医学检验取得了飞跃的发展,主要表现在哪几个方面?

促进了临床医生对生物样品中检测项目的需求,而生物样品中诸如激素等对临床疾病诊断具有重要作用的物质非常微量,为发展快速灵敏的检验仪器提供了巨大的推动力。

## 第二节 与医用检验仪器相关的基础知识

### 一、医用检验仪器使用的标本及其影响因素

为了提高分析前的质量控制,获得准确可靠的检测数据,要使检测数据能反映患者的实际情况,必须有高质量的标本。因此,正确采集与处理标本是临床检验工作者首先要考虑的问题。

医学检验的标本(specimen)以血液最为常见,其次为尿液,其他标本如脑脊液、浆膜腔积液、胃液、十二指肠液、羊水、唾液、汗液、组织液、结石、某些活组织等。

(一) 标本的采集

**1. 血液标本的采集** 检验的血液标本来自静脉、动脉和毛细血管血,其中静脉血是最常用的标本,毛细血管血主要用于血细胞形态检查和病原微生物学检查以及各种微量检测法,动脉血常用于生物化学检验中的血气分析。

(1) 采集血液标本前应该注意某些生理因素:饮食、药物、采集时间、运动和情绪激动、妊娠等,均可影响血液成分。甚至一日之内,白细胞和嗜酸性粒细胞计数也有一定波动。因此在采集血液标本的时候要尽可能在一定时间和近似生理条件下进行,以利于比较和动态分析。

(2) 采集血液标本时应考虑的因素:患者体位、消毒剂的选择、采血部位、用量、是否抗凝、有无淤血等。如采血一般采取坐位或卧位,不能立位采血,因为体位影响被测血液成分的浓度。

(3) 采集的时间:通常需在餐后4~6小时抽血,但有些特殊项目如空腹血糖、血脂测定须禁食12~16小时。

**2. 尿液标本的采集** 尿液标本有随机新鲜尿、晨尿和24小时尿液,根据检查的项目不同选择不同的尿液留取方式。

**3. 其他标本的采集**

(1) 脑脊液的采集:正常脑脊液为无色、清亮水样液体,当脑组织和脑膜出现病变,如感染、外伤或肿瘤时,可使脑脊液发生变化,主要反映在颜色、透明度、细胞以及各种化学成分的改变。脑脊液的标本一般由临床医生采集。脑脊液的穿刺部位较多,有腰椎穿刺、小脑延髓池穿刺、婴儿前囟门侧脑穿刺等。因腰椎穿刺简单易行且危险性较小,最为常用。

(2) 浆膜腔积液的采集:正常情况下,人体胸腔、腹腔、心包膜等有少量液体,它们主要起润滑作用,当浆膜发生病变时,浆膜腔液增多并积聚在浆膜腔内,称为浆膜腔积液。浆膜腔积液一般由临

床医生采集。

（3）羊水的采集：羊水是产前诊断的良好材料，从羊水成分的变化可了解胎儿的成熟度，是否有先天性缺陷以及宫内感染。羊水标本通常由临床医生经腹壁行羊膜穿刺取得。

（4）唾液的采集：唾液主要用于口腔疾病以及唾液腺疾病的检查，常见的有单一腺体唾液的采集和混合腺体唾液的采集。

（二）标本的处理

**1. 抗凝剂** 医学检验常用的抗凝剂有：

（1）草酸钾：草酸钾与钙离子形成草酸钙沉淀，从而阻止血液凝固，但不能用于钾、钙、血气分析。100g/L、0.1ml 草酸钾可抗凝 5ml 血液（可将其在80℃下烘干，但超过80℃则分解为碳酸钾和一氧化碳，失去抗凝作用）。

（2）氟化钠：氟离子能与钙结合而抗凝，但效果较弱，几小时后出现凝固；氟离子能抑制糖酵解中的烯醇化酶，防止糖酵解，主要用于血糖测定。由于氟离子能抑制许多酶的活性，故生化检验中酶类测定不宜使用氟化钠。

（3）肝素：是一种含硫酸基团的黏多糖，有强的负电荷，主要通过抑制抗凝血活酶、凝血酶的形成和活性及阻止血小板聚集而抗凝。其特点为抗凝强、不易溶血、不影响细胞体积，是一种较好的抗凝剂。临床上常用 1g/L（100～125U/mg）肝素钠 0.5ml 抗凝 5ml 血液。

（4）乙二胺四乙酸（EDTA）：乙二胺四乙酸盐是医学检验中最常用、最重要的抗凝剂和试剂之一。乙二胺四乙酸属氨羧螯合剂，几乎不溶于水（其盐类如钠、钾、锂盐均溶于水），抗凝的机制是能结合血液中的钙离子形成稳定的螯合物，从而阻止血液凝固。乙二胺四乙酸的盐类就其溶解性而言，钾盐优于钠盐。乙二胺四乙酸对血细胞形态影响很小，因此适合用于血细胞计数，是血常规检测中最常用的抗凝剂，但其影响血小板聚集和白细胞吞噬功能，故不适用于作止血实验及血小板功能检测。

（5）枸橼酸盐：枸橼酸盐是柠檬酸的三钠盐。它可与血中钙离子形成可溶性螯合物，从而阻止血液凝固，常用于血栓与止血检验及红细胞沉降率的测定。

**2. 防腐剂** 防腐剂主要用于尿液标本。尿液检验最好留取新鲜的标本及时检查，否则尿液生长细菌，使尿液中的化学成分发生变化。标本若长期放置，应置于冰箱保存或加入防腐剂，常用的防腐剂有甲苯（或二甲苯）、麝香草酚、浓盐酸或冰醋酸、甲醛。

（三）影响医用检验仪器报告结果的因素

**1. 生理因素的影响** 包括体位、时间、运动、年龄、性别、体型、季节差异、海拔高度等。

**2. 饮食与药物的影响**

（1）饮食的影响：饮食对体液成分的影响取决于饮食的成分和进食的时间，餐后血糖、铁、钾、甘油三酯、总蛋白的含量将升高，高蛋白饮食还可使血清中尿素、尿酸、胆固醇增高，尿总氮排出增多。高嘌呤的饮食可使血中和尿中的尿酸增高，饮酒后会使血液中乳酸脱氢酶以及 $\gamma$-氨基转移酶的活性增高，尿酸及乙醇的代谢产物增加。除了急诊或其他特殊情况外，一般主张空腹12小时后取血。

（2）药物的影响：药物本身具有化学性质，通过其生理作用、药理作用、毒理作用改变生化参数,如:利尿药会导致血钾、血钠的升高。肝功能最容易受到药物的影响,因此,做肝功能测定时要提前停服对肝功能有影响的药物。

**3. 标本自身因素的影响**

(1) 溶血:血液标本溶血是临床较为常见的现象,溶血将导致细胞内的成分进入血浆,而影响到实验结果。例如,血清中无机磷可由于红细胞内有机磷酸酯被磷酸酯酶水解而增加,血清中葡萄糖可因红细胞内糖酵解酶的分解而降低,钾在红细胞与血清中之比为 30:1。另外,血红蛋白在 $510 \sim 550nm$ 会产生一定的吸光度,也会对仪器分析产生影响。因此,如果出现患者标本溶血现象,应该在检验报告上注明,以供临床医生参考。

(2) 血脂:血脂主要是由乳糜微粒增多而形成,它对比色或比浊法的干扰非常大。血脂的浊度可散射光线,浊度增加,透光度下降,吸光度升高,产生正向干扰,致使检验结果偏高。当血脂导致样品检测超出线性范围时,需稀释样本,但是容易产生误差,影响实验结果的准确性。

(3) 黄疸:黄疸主要是血液中的胆红素的含量超过正常范围,它对检验结果也会产生一定的影响,当高胆红素血症时,会引起血小板计数偏低,血红蛋白的含量测定增加,可

▶ **课堂活动**

常见的医学检验标本有哪些?

能是由于游离胆红素的脂溶性特性,对血小板膜的脂质层造成损伤,从而使血小板被破坏,也会对血液流变学测定产生一定的干扰。

## 二、医用检验仪器的检测项目

根据国内外近10年来的统计,医用检验仪器检测项目每五年以 $10\% \sim 20\%$ 的速度递增,一些传统项目的检测方法及临床应用也有了新的进展。

### (一) 检测项目的区别

随着分子生物学和基础医学的迅速发展,近年来,检测项目迅猛增加。从检验仪器角度看,首先是对试验类型的识别,再进行项目分类,但须注意体内与体外检测的区别、标本与材料的区别、定性与定量的区别。

### (二) 检测项目分类

**1. 依据项目测定时间以及标本测定难易程度分类**

(1) 常规项目:如血液各种成分的常规检查,包括生化检验、血液学检验、微生物检验等。

(2) 急诊项目:如血液白细胞、钾、钠、氯、淀粉酶等。

(3) 特殊项目:需特殊准备的部分项目如同位素测定、特定蛋白测定等。

**2. 按测定类型分类**

(1) 基本临床检验:包括血液、尿液等体液成分检测的检验。

(2) 生物化学检验:各种体液化学成分分析,药物、肿瘤标志物等检查。

(3) 微生物免疫学检验:包括微生物培养与鉴定,病毒抗原及相应抗体和其他相关物质的识别,特异的过敏原如 IgE、IgG 等的识别,抗生素敏感试验等。

(4) 病理/细胞学诊断检验(病理学检查):包括病理学诊断、活体细胞诊断和识别免疫组织化

学中的抗原和标志物。

（5）基因诊断检验：用于识别基因的分析方法和相关检测。

（三）医用检验仪器检测项目的组合

先进仪器及检测技术的应用使得用很少的标本进行多项目检测成为可能，发达国家在经过了20世纪80年代检测项目用于临床诊断的"激增期"后，已进入项目"组合期"。目前，几乎所有医院检测项目都进行了项目的组合，但缺少规范性。

传统的独立检验，一方面造成检验项目滥用，医疗费用不断上升，另一方面造成对诊断试验无法做出全面评价。项目组合的目的就是找出最有价值的几种诊断项目进行组合与配套，以更好地反映患者的生理病理变化，综合分析患者的各种检验信息，提高对疾病的分析、筛选、监测、预防、诊断和治疗能力。

## 三、医用检验仪器配套的试剂及耗材

临床诊断试剂是伴随着医学检验学的发展而产生的，多数试剂是与医用检验仪器配套使用的。同时，临床诊断试剂的发展极大地推动了新的科学技术在医学检验学、基础医学和药学等学科的发展应用。

（一）医用检验仪器配套的试剂

**1. 试剂包装类别**

（1）液体试剂盒：试剂盒含有测定某项目所需要的全部配套试剂，对用户极为方便。随着临床实验技术的发展，已出现多种临床诊断试剂盒，如放射免疫试剂盒、酶免疫试剂盒、生化实验试剂盒、毒物和药物实验试剂盒。试剂盒都附有详细的说明书。

（2）干化学试剂（纸）：简易快速诊断用的定性和半定量临床诊断试纸。试纸法的优点是：

1）取材方便（尿、耳血、指血），用量少，适合婴儿、老年人、病危而又需连续观察病情的患者。

2）既适合大医院使用，也适合农村、工矿、边疆、部队等基层医疗机构使用。

3）医务人员可以使用，患者也很容易学会使用。

4）可作常规、急诊使用，也适合大规模健康普查、流行病学研究或个人保健使用。

最近，国际上又开发出一种准确定量测定血液中化学成分的新型临床实验胶片。这种多层分析胶片操作快而准，实验时只需将血样滴在胶片上，即能获得所需结果。

**2. 临床诊断试剂的分类及其特性**

（1）基础化学试剂：用于试验的化学药品及其制剂统称为化学试剂。同一种化学药品根据其纯度分为不同的品级。试剂的质量取决于化学药品的品级、配制的方法、保存条件的选择及其控制水平。国产的一般试剂分为4级，见表1-1。

（2）临床生化试剂：临床生化试剂见表1-2，主要有测定酶类、糖类、脂类、蛋白和非蛋白氮类、无机元素类、肝功能等几大类产品，临床化学控制血清作为质控物，是临床上为了保证上述各项检测结果的准确性，作为临床生化试剂产品的。其检测物见表1-2，主要是用于配合手工、半自动和一般全自动生化分析仪等仪器检测，有单试剂、液体双试剂、干粉双试剂、化学法试剂、标准品等规格，同时各厂家都提供适用于检测室间、室内质控的质控血清系列。根据实验项目,临床化学试剂分为9类:①一般实验试剂;②血液学实验试剂;③生化试剂;④免疫血清学实验试剂;⑤细菌学实验试剂;⑥病理组织学实验试剂;⑦功能试剂;⑧自动分析用实验试剂;⑨同位素标记试剂。

表 1-1　国产试剂分级

| 级别 | 名称 | 符号 | 色标 | 说明 |
|---|---|---|---|---|
| 一级 | 优级纯 | GR | 绿色 | 纯度高,用于科研 |
| 二级 | 分析纯 | AR | 红色 | 纯度较高,用于定量 |
| 三级 | 化学纯 | CP | 蓝色 | 纯度略低,用途相同 |
| 四级 | 实验试剂 | LR | 黄色 | 质量较粗,用于定性试剂盒 |

表 1-2　临床生化试剂

| 分类 | 名称 |
|---|---|
| 酶类 | α-淀粉酶、α-羟丁酸脱氢酶、γ-谷氨酰转移酶、丙氨酸氨基转移酶、肌酸激酶、肌酸激酶MB 型同工酶、碱性磷酸酶、天冬氨酸氨基转移酶、乳酸脱氢酶 |
| 糖类 | 葡萄糖、果糖胺 |
| 脂类 | 胆固醇、低密度脂蛋白胆固醇、甘油三酯、高密度脂蛋白胆固醇、载脂蛋白 A-1/B |
| 蛋白质及非蛋白含氮类 | 白蛋白、总蛋白、尿素、尿酸、肌酐 |
| 无机元素类 | 钙、氯、镁、无机磷 |
| 肝功能 | 直接胆红素、总胆红素 |

（3）免疫试剂:免疫诊断试剂在诊断试剂盒中品种最多,根据诊断类别,可分为传染性疾病、内分泌、肿瘤、药物检测、血型鉴定等。从结果判断的方法学上又可分为生物素亲和素（EIA）、胶体金、化学发光、同位素等不同类型试剂,其中同位素放射免疫试剂由于对环境污染比较大,目前在国际市场上已经被淘汰,国内还有少量使用。

EIA 试剂具有成本低、可大规模操作等特点,是目前免疫试剂市场的主流,临床大量检测的病种和血源检测多使用此类试剂。常用 EIA 试剂见表 1-3。

表 1-3　常用 EIA 试剂

| 分类 | 试剂 |
|---|---|
| 肝炎检测系列 | 甲肝诊断试剂、乙肝两对半诊断试剂、丙肝诊断试剂、戊肝诊断试剂、庚肝诊断试剂 |
| 性病检测系列 | 艾滋病诊断试剂、梅毒诊断试剂 |
| 肿瘤疾病检测系列 | 风疹病毒诊断试剂、弓形虫病毒诊断试剂、巨细胞病毒诊断试剂、单纯疱疹病毒诊断试剂 |
| 优生优育检测系列 | 前列腺抗原 PSA 试纸、激素类、早孕 HCG 试纸条、排卵 LH 试纸 |
| 毒品类 | 苯丙胺 AMP 试纸、巴比妥 BAR 试纸、苯二氮䓬 Benzo 试纸、大麻 THC 试纸、可卡因 COC 试纸、美沙酮 MTD 试纸、甲基苯丙胺（冰毒）MET 试纸、吗啡 OPI 试纸、苯丙己哌啶 PCP 试纸、TCA 试纸 |

（4）化学发光试剂：化学发光试剂灵敏度高、特异性强，可用于半定量和定量分析，是免疫试剂的重要发展方向之一。但目前多处于开发和小规模生产阶段，成本高，主要用于其他方法较难测定的一些项目。有专家预测，随着生产开发的成熟和成本的降低，最终可能会替代 EIA 试剂，成为市场的主流。常用化学发光试剂见表 1-4。

表 1-4　常用化学发光试剂

| 分类 | 名　称 |
| --- | --- |
| 甲状腺功能激素 | 促甲状腺素、三碘甲腺原氨酸、甲状腺素、游离三碘甲腺原氨酸、游离甲状腺素 |
| 肾上腺功能激素 | 促肾上腺功能激素、皮质醇、醛固酮 |
| 肿瘤标志物 | 甲胎蛋白、癌胚抗原、前列腺特异性抗原、铁蛋白、CA125、CA153、CA199、绒毛膜促性腺激素、神经元特异性烯醇化酶 |
| 贫血 | 维生素 $B_1$、叶酸 |
| 胰岛功能激素 | 胰岛素、胰高血糖素、C 肽、抗胰岛素抗体 |
| 性腺功能激素 | 卵泡刺激素、黄体生成素、垂体催乳素、睾酮、孕酮、雌二醇、雌三醇 |

（5）分子诊断试剂：分子诊断主要是指与疾病相关的结构蛋白质、酶、抗原抗体和各种免疫活性分子，以及编码这些分子的基因的检测。从技术层面上讲，分子诊断又可以理解为分子生物学诊断。因为无论是蛋白质检测，还是基因检测，所采用的方法，如酶处理、电泳、分子杂交、DNA 测序等都属分子生物学技术。

分子诊断试剂主要有临床已经使用的核酸扩增技术产品和当前国内外正在大力研究开发的基因芯片产品。核酸扩增技术产品灵敏度高、特异性强、诊断窗口期短，可进行定性、定量检测，可广泛用于肝炎、性病、肺感染性疾病、优生优育、遗传病基因、肿瘤等的检测。基因芯片是分子生物学、微电子、计算机等多学科结合的结晶，综合了多种现代高、精、尖技术，被专家誉为诊断行业的终极产品。但其成本高、开发难度大，目前产品种类很少，只用于科研和药物筛选等。

（二）医用检验仪器配套的耗材

1. **试管**　试管是临床实验中最常见的实验耗材，根据材质可分为玻璃试管和塑料试管两种，规格也有若干种类，根据实验所需，可选用不同的型号。目前临床检验中最为常用的试管是真空管，这是一种真空负压的采血管。自动化仪器的大量使用及血液的保存对血样原始性状的稳定性提出了更高的要求，使真空采血技术不仅仅只为安全的要求，其准确性、标本的原始性状、维持时间及管机配合、试管强度等性能指标都可以作为评价真空采血管品质的依据。真空采血管在生产过程中进行了内壁处理，即将硅油或其乳液按一定比例稀释，均匀涂覆于管内壁。标准真空采头盖和标签的不同颜色代表着不同的添加剂种类和试验用途，这样可根据要求选择相应的试管。临床常用的真空采血管颜色和用途见表 1-5，临床常用的真空管见图 1-1。

2. **比色杯**　又叫样品池、吸收器或比色皿，用来盛溶液。各杯子的壁厚度等规格应尽可能完全相等，否则将产生测定误差。玻璃比色杯只适用于可见光区，在紫外区测定时要用石英比色杯。不能用手指拿比色杯的光学面，用后要及时洗涤，可用温水或稀盐酸、乙醇以及铬酸洗液（浓酸中浸泡不要超过 15 分钟），表面只能用柔软的绒布或拭镜头纸擦净。如图 1-2 所示为各类比色杯。

表 1-5　临床常用的真空采血管

| 管帽颜色 | 添加剂种类和临床应用 | 检测项目 |
|---|---|---|
| 灰色 | 草酸钾/氟化钠,氟化钠是一种弱效抗凝剂,一般常同草酸钾或乙碘酸钠合并使用,其比例为氟化钠 1 份,草酸钾 3 份。此混合物 4mg 可使 1ml 血液在 23 天内不凝固和抑制糖分解 | 血糖、葡萄糖耐量试验 |
| 红色 | 不含添加剂,用于常规血清生化、血库和血清学相关检验 | 肝功能、血糖、血脂等生化检验项目。免疫球蛋白、补体、免疫复合物等免疫学检验项目 |
| 黄色 | 惰性分离胶和促凝剂。标本离心后,惰性分离胶能够将血液中的液体成分(血浆)和固体成分(红细胞、白细胞、血小板、纤维蛋白等)彻底分开并完全积聚在试管中央而形成屏障,标本在 48 小时内保持稳定。促凝剂可快速激活凝血机制,加速凝血过程,适用于急诊血清生化试验 | 快速生化检验和免疫学检验项目 |
| 紫色 | 乙二胺四乙酸(EDTA)及其盐是一种氨基多羧基酸,可以有效地螯合血液标本中钙离子,螯合钙或将钙反应位点移去将阻滞和终止内源性或外源性凝过程,从而防止血液标本凝固 | 红/白细胞、血小板、嗜酸性粒细胞、网织红细胞计数、白细胞分类计数,血红蛋白、血细胞比容、出血时间、凝血时间测定 |
| 蓝色 | 枸橼酸钠,其主要通过与血样中钙离子螯合而起抗凝作用。适用于凝血实验,美国临床实验室标准化委员会(NCCLS)推荐的抗凝剂浓度是 3.2% 或 3.8% | 高铁血红蛋白还原试验、凝血因子纠正试验、凝血四项、D-二聚体测定等血液凝固试验 |
| 绿色 | 肝素钠/锂抗凝剂,可快速分离血浆,是电解质检测的最佳选择,也可用于常规血浆生化测定和 ICU 等急诊血浆生化检测。血浆标本可直接上机并在冷藏状态下保持 48 小时稳定 | 适用于红细胞脆性试验,血气分析,血细胞比容试验,血沉及普通生化测定及血液流变学试验 |
| 黑色 | 枸橼酸钠,血沉试验要求的枸橼酸钠浓度是 3.2%（相当于 0.109mol/L) | 血沉试验 |

图 1-1　临床常用的真空采血管

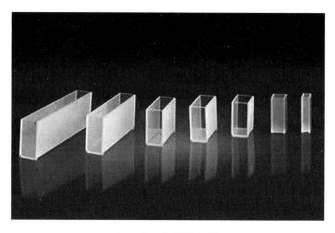

图1-2　各类比色杯

**3. 其他一次性实验耗材**　随着医学器械水平的不断更新和发展,医用耗材也得以迅速的发展,几乎所有的一次性耗材在市场上都有销售。在检测过程中使用一次性的耗材可以降低实验过程中出现的随机误差,提高工作效率,但也增加了检验成本。除了试管、比色杯之外,其他常见的一次性实验耗材还有真空采血针、注射器、微量加样头等(图1-3)。

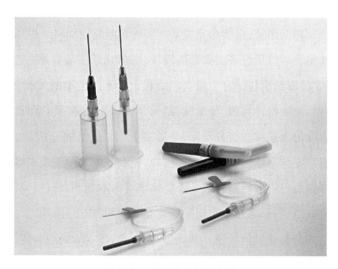

图1-3　一次性真空采血针

（三）试剂盒耗材的产业化及其前景

国际临床诊断试剂市场年增长速度为3%~5%,目前还处于持续发展时期,美国食品药品管理局已批准的诊断试剂近700种,名列世界各国之首,但同世界卫生组织所属全球疾病统计分类协会最近宣布的全球已确知的12 000种疾病相比,需求潜力还非常大。国内临床诊断试剂市场经过几年的快速发展(一些重要的临床产品项目已经进入成熟期),速度有所减缓,但仍然有15%~20%的年增长速度。目前同国际上的几百种产品相比,国内市场还远没有得到开发,像肿瘤诊断和基因芯片试剂都具有巨大的市场潜力。即使从目前需求较大、发展比较成熟的几个品种来看,市场仍有很大的发展潜力。同时,随着人们生活水平的提高和国家医疗体制的改革,市场规模必然会进一步扩大。

临床诊断试剂的发展趋势是免疫诊断试剂将会逐渐取代临床生化试剂,成为诊断试剂发展的主流。诊断技术正在向两极发展:一方面是高度集成、自动化的仪器诊断;另一方面是简单、快速便于普及的快速诊断。实验产品的种类将快速扩大,产品更新应用加快,由于遗传工程、基因重组以及单克隆抗体等现代生物技术的不断应用和发展,使这些精确的诊断试剂能迅速由研究阶段进入临床阶段,缩短了开发时间。

## 第三节　医用检验仪器组成的实验室自动化系统

### 一、实验室自动化系统的概念及意义

#### (一) 实验室自动化系统的概念

实验室自动化系统(laboratory automation system,LAS)就是将分析前、分析中和分析后的各种自动分析仪系统用标准化连接装置有机地整合而形成的一个完整的实验室自动化工作站。根据组合程度可将实验室的自动化系统分为单个仪器、模块式自动化系统和全实验室自动化系统。

单个仪器是指能独自完成一类或一整套实验,并单独提供实验室诊断报告的某种仪器。如血细胞计数仪、生化分析仪等。

模块式自动化系统又称工作站,是指为完成某类实验诊断功能而将一组或不同类型的实验仪器组合在一起形成的仪器集合。包括血液实验诊断模块、临床化学实验诊断模块、免疫化学实验诊断模块、血凝和尿液分析实验诊断模块。每个模块包括若干台不同类型的实验仪器,如血液实验诊断模块至少包括:染色装置、血细胞计数仪、显微镜、图像分析软件、电脑及打印机等。

全实验室自动化也称为大规模整合自动化,是将多个厂商提供的分析前、分析中和分析后的各种自动分析仪系统与模块工作站连接在一起,由统一的控制系统进行监控和操作。全实验室自动化系统实际上就是将众多模块分析系统整合成一个能实现对标本处理、传送、分析、数据处理和分析过程的全自动化系统。也就是说,标本在全实验室自动化系统可完成临床化学、血液学、免疫学、血清学等亚专业的任一项目或全部项目的检测。其优势是对所有标本的处理和传送实现自动化,实现了所有实验分析自动化并形成一个统一的整体。

#### (二) 实验室自动化系统的意义

实验仪器的应用最直接的意义是用自动化仪器代替手工操作的过程。

单一仪器只能代替人工操作的某一项目或某一过程。在20世纪50年代前,所有的检测项目从单一的临床化学试验到外周血涂片检查,都要通过手工完成,同时需要大量的血清、血浆或全血标本。20世纪50年代火焰光度计的问世,多通道化学分析仪和自动血细胞计数仪的出现,使得实验室系统发生了划时代的变化,实现了自动化流水线作业。

模块式自动化系统使自动化实验过程进一步完善,大大提高了实验室效率,使实验室工作人员更集中精力于结果审校,开发新试验、新技术,深入的检查或研究等更高层次的活动。

全实验室自动化使实验全过程完全实现自动化,无需人工进行工作,甚至结果分析和发出报告均实现自动化。世界上的一些大公司已在这些方面取得令人瞩目的成果,如 Coulter 公司研制的 IDS

系统、日立公司的临床实验室整合系统等。

## 二、实验室自动化系统的系统组成

实验室自动化贯穿标本分析前、分析中和分析后三大过程,从前到后的顺序包括以下四大系统:

（一）标本自动传送系统

新一代实验室自动化系统最明显的结构特征就是标本可在整个分析过程(前、中、后)中进行自动化转运和传送。主要分为两类,即传送带和机器人。前者对标本的传送是连续的,是目前主要的传送系统;后者则可将标本选择性地送至规定位置,是今后发展的方向。

（二）标本自动处理系统

实验室要实现自动化,首先要解决标本处理系统的自动化或流水线工作。此外,标本处理系统还能连续传送标本至各类分析仪,然后将已分析的标本运送至指定的贮存处,并根据需要可随时对任一标本重复或增加试验。

**1. 标本鉴定**　自动化实验室对标本的鉴定是通过阅读条形码的方式进行的。条形码是数码的可视表现,这种数码是指在条形和条形之间的间隔空间代表信息交换标准码的特征、信息或符号。条形码的种类有多种,常规分为宽码和窄码。其本身可分起始符、数据特征和终止符。条形码的阅读判断可通过激光阅读仪进行。

**2. 标本分选**　将标本按分析项目的不同送至适当的分析仪或工作站,这对实验室自动化的实现起着至关重要的作用。标本分选的自动化可由机器人或电脑控制的传送带来完成。分选自动化系统除有传统的条形码技术外,还应包括二维条形码、芯片和图像技术。分选标本目前至少有以下3种方法:机器人、传送带及分析仪传送器组成的连环结构。

**3. 自动离心**　自动离心系统包括复杂的时控装置和自动平衡系统,很多实验室包括中心实验室都采用传送带外离心,还有一些实验室从开始就接收已离心的标本。

**4. 揭盖**　通常对同一类型的试管揭盖较容易,但当试管或盖的类型不同时,便需要更复杂的机器人装置。因此,在选择揭盖机前,需对试管的类型予以标准化。

**5. 分装**　样品分装自动系统可采用几台分析仪同时对同一标本进行分装,目的是提高分析速度。一次性吸头可避免标本的污染率。

**6. 装卸**　这一过程可通过手工、机器人或传送器进行。

**7. 重复测定**　这一过程需要样本回到标本处理的起始点。最简单的方法是以手工法将标本从分析系统的输出缓冲器移至分析系统的起始点。较复杂的自动化分析系统有两条标本传送道或有一附加机制允许标本在传送槽作双向移动。

**8. 标本的贮存和复现**　这一过程的自动化与药房、仓库的药品或物资的贮存与复现原理相同。

（三）信息处理系统

在现代化的实验仪器中,实验室信息系统主要由计算机和复杂的软件来分析和处理大量数据及实验结果。功能包括:由数据管理器对众多分析仪所得数据进行合并;收集从各种渠道包括实验室内的自动分析仪和实验室外来源的患者检查结果如家庭病房进行的床旁分析结果。

在对结果进行解释的过程中,计算机还能协助实验室技术人员做以下工作:分选出那些不需做特殊解释的报告;节约实验室报告的书写时间;集中精力对那些可疑的结果进行仔细分析和检查。

（四）人工智能系统

在标本进入自动化实验室后,如何有条不紊地进行分析前、分析中、分析后的处理与检测过程显得十分重要。如样品分装、传送、应急处理、每种分析项目、标本的类型、标本量的要求设置、复杂信息整合、报告审核、异常结果自动复查等工作都需要人工智能系统(如实验室机器人)。机器人就是在这种情况下产生的,目前已有固定或移动式两类商业化机器人用于临床。

## 三、实验室自动化的基本类型

（一）模块自动化

模块自动化是全实验室自动化的基础,是在原有单一自动化仪器的基础上发展起来的,包括模块工作站、模块群和模块自动化系统,如图1-4所示。模块自动化根据层次、层面和复杂程度可进一步细分。

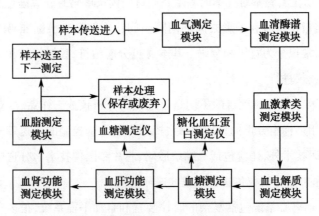

图1-4　生物化学检验实验模块群

1. **工作站**　工作站是标本管理器、一台或几台分析仪合并的结合物。一个模块工作站是由一组仪器与标本管理器连接形成的一个整体。根据工作站的功能分为:模块工作站、分析前工作站、整合工作站。

2. **界面**　实验室仪器信息界面技术是分析仪与实验室信息系统通讯和联络的方式,其因仪器不同而不同。目前主要有两种方式:单向界面(指实验室数据和结果的单向传送)和双向界面(其信息既可由分析仪传向信息处理系统,也可由信息处理系统传向分析仪)。另外,还有一类被称为机械串口/接口。

3. **连接装置**　连接装置是将界面与机械接口融为一体的概念。连接装置是实验室自动化系统中其他自动化系统的自然延伸与扩展,如自动分析仪状态的监控、试剂的使用、故障的判断等,可以使界面与机械接口形成一个有机而协调的整合体。

4. **模块群**　由两部以上具有不同分析原理的相关自动化分析仪和一台控制器所组成,是在模块工作站基础上发展而来的。有以下3种形式:

（1）由原理相同或相关的一组仪器与一个中心控制区组成。

（2）组成该模块群的各种仪器的分析原理可以完全不同,该分析模块群只有一个模块控制中心,该分析模块中每台分析仪器与模块控制中心之间有一单独分析界面,目的是使各分析仪器的控制指令具有一致性、通用性,使各分析仪器所得结果与模块控制中心所得结果具有通融性。

（3）在第二种形式基础上增加了机器人对标本的处理和前期准备工作。

**5. 模块自动化系统** 模块自动化系统是在上述基础上进一步的完善,包括分析前、分析后自动化系统,合并自动化分析仪或整合分析仪或模块工作站。还有一些其他类型模块工作站,能将标本管理器、标本揭盖机、离心机、分装机等分析仪组成分析前模块工作站。模块自动化系统是全实验室自动化的基础,但较全实验室自动化经济、实用,安装也更简便。

（二）全实验室自动化的实施

实现全实验室自动化的障碍是系统能否完全整合,各个厂家生产的仪器、设备、标本传送系统及软件系统各不相同,其相互之间如何匹配、相互整合构成一个完整的分析体系和流水作业线。什么设备可作为主控器,谁开发整个自动化过程的控制软件,这些都是与全实验室自动化系统整合有关并亟待解决的问题。

系统整合的进一步问题是标准化。要建立一套完整的全实验室自动化系统,目前还没有由同一厂商能提供全实验室自动化的全套系统,这意味着实验室所选购的任何系统、任何设备包括盛标本的容器、标本运送器、标本盖、条形码和其他很多分析前、中、后过程的产品都必须能相互连接、合并。这就是标准化问题,也是各厂家之间共同面临的挑战,大规模推广模块自动化分析系统或全实验室自动化系统,必须开发国际标准化的产品,包括所有全实验室自动化系统中的硬件和软件。

**1. 仪器整合** 目前大多数实验室使用分析仪的方式是单一操作,仪器运作和管理模式仍是"自动化岛",即临床生化、血液、免疫学的相关仪器相对独立而互不联系。实验室自动化系统的主要目的就是将自动化标本处理系统与分析仪连接,程序界面需要增加对仪器分析状态的监控、遥控,增加分析前处理,包括标本的分布协调功能。

**2. 主控装置** 为整合实验室内的各种设备,有必要建立实验室自动化系统的主控装置,以便对各种自动分析仪、标本传送装置、标本处理装置、标本分配控制器等进行有效指挥与监控。

（三）模块式自动化与全实验室自动化的关系

图1-5比较形象而清楚地阐明了单一自动化分析仪、模块式自动化和全实验室自动化的关系。

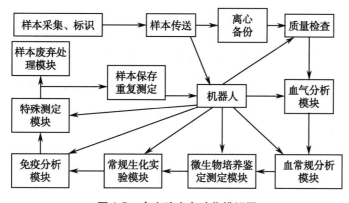

图1-5 全实验室自动化模拟图

模块式自动化或工作站将单一、分隔式自动化分析仪与标本处理系统等组成了一个自动化系统,从而使实验室自动化实现了一次飞跃。而且,在一定程度上较全实验室自动化更实用、经济、方便,所占空间更小,安装也更快速,利用率更高,是目前世界上绝大多数实验室包括发达国家实验室推荐使用的实验室自动化系统。

> **知识链接**
>
> ### 微生物实验室自动化系统
>
> 迄今为止,自动化在临床化学、免疫和临床血液学实验室中已被广泛使用,但在临床微生物实验室中则起步较晚。随着微生物检验的发展,特别是基质辅助激光解析电离-飞行时间质谱(matrix-assisted laser desorption ionization-time of flight mass spectrometry,MALDI-TOF MS)以及微生物标本液体转运技术(liquid-based microbiology specimen transport)的运用,使微生物检验流程发生了极大的变革,这两项技术作为实验室自动化的主要驱动力,促进了微生物实验室自动化逐渐普及。
>
> 微生物实验室自动化系统可分为三大部分:第一部分为标本处理系统,包括标本接种至固体或液体培养基、液体培养基的次代培养、平皿划线、平皿标记以及涂片制备等;第二部分为提供全微生物实验室自动化解决方案的系统,包括标本处理器以及为达到不同级别自动化程度的各种模块;第三部分为各种微生物自动化鉴定和药敏系统。

## 第四节 医用检验仪器的质量控制

医用检验仪器是检验科的重要组成部分,其报告结果的质量不仅要有产品的技术规范做保障,而且要有有效的质量管理体系来实现。检验科作为临床的"前哨"部门,其工作的质量直接影响到对患者疾病的诊断和治疗,因此医用检验仪器的质量管理是实验室医学管理的核心。它以患者为服务对象,在具体运行中对每一个工作过程都应有质量控制和质量评估手段,来监督质量是否符合要求。

### 一、医学检验质量控制概述

#### (一)质量管理概念

质量控制或质量管理(quality control,QC)就是检测、分析过程中的误差,控制与分析有关的各个环节,防止得出不可靠的结果而进行的一系列手段和步骤。为了使实验结果符合质量要求,按照检验程序,可分为分析前、分析中和分析后3个阶段。每个阶段都有着各自不同的质量管理要求。

#### (二)质量控制范围

**1. 仪器分析前的质量管理** 随着检测系统和质量控制方法的发展,分析中的质量已有了极其显著的改进。近几年,分析前和分析后两个阶段的质量控制也越来越引起各检验科的重视。没有好标本,检测系统无法获得可靠结果,质量控制方法也无能为力。因此从患者被临床要求进行检验起,直至将样品做检测前,必须重视患者准备和识别,重视标本采集、运送、处理、保存等每一环节,确保患者样品的质量。

**2. 仪器分析过程的质量控制** 将控制品和患者样品一起做实验分析,以控制品实验结果(控制值)来了解分析过程的质量情况称之为分析过程的质量控制。

**3. 仪器分析后的质量控制** 分析后对检验结果的数据运送、计算、打印检验报告单的过程中,疏忽出现的问题,应属于差错,不是分析误差。差错不是要控制而是要消除。应充分重视分析前、后的检验过程的质量管理,尽早改变目前国内这一方面的落后状况。

**4. 结果统计的质量控制** 使用统计方法对控制值进行归纳分析,便于了解质量状况,称为统计质量控制。统计质量控制是分析过程质量控制的一个内容,其他还有如患者结果的均数差值(X-B)控制、患者结果差值控制(delta check)、患者结果均数控制(XB)等。以往的统计质量控制都是以统计概率理论为基础。近几年来结合行政分析允许误差限值以及临床允许误差限值的要求,提出花最少的钱做最有效的控制。

**5. 选择和评估检测系统** 理论上任何一次检验都有误差。从一定意义上可以将误差分为实验方法学的"固有"误差和除此以外的外加误差。要使检验结果符合质量要求,除了有质量控制外,还必须对使用的检测系统(即方法学,包括仪器、试剂、方法、原理、标准品、检测程序、校准品等组成的系统)作严格的选择和评价,确定它的不精密度、不准确度、患者结果可报告范围、分析灵敏度、分析干扰和参考范围等分析性能。在检测系统正式用于实际检测患者标本前,必须了解在检测系统最佳稳定状态下使用时的总误差水平。检验科只有使用总误差水平在临床上可接受的低水平的检测系统,才能真正使检验结果符合临床要求。

(三) 检验项目与结果的临床价值评估

加强检验科室与临床的联系和交流,让临床了解各个检验项目在诊断、治疗和随访中的价值,了解诊断和体检中检验结果应用的不同,使临床医生在申请检测时,可以有目的地选择有关项目,使每个检验结果都在临床中发挥作用。

## 二、医用检验仪器的常用性能指标

现代检验仪器基本都可以看作一个信息通道系统。理想的检验仪器应该较好地保证检测信号的流通。一个优良的检验仪器应具有的性能指标有:灵敏度好、精度高;噪音、误差小;分辨率高,可靠性、重复性好;响应迅速;线性范围宽和稳定性好。因此,对检验仪器的基本性能指标应有所了解,简单介绍如下。

**1. 灵敏度(sensitivity,S)** 指检验仪器在稳态下输出量变化与输入量变化之比,即检验仪器对单位浓度或质量的被检物质通过检测器时所产生的响应信号值变化大小的反应能力,它反映仪器能够检测的最小被测量。

**2. 误差** 当对某物理量进行检测时,所测得的数值与真值之间的差异称为误差(error)。误差的大小反映了测量值相对于真值的偏离程度。任何检测手段无论精度多高,其误差总是客观存在的,永远不会等于零。当多次重复检测同一参数时,各次的测定值并不相同,这是误差不确定性的反映。真值就是一个量所具有的真实数值,由于真值通常是未知的,所以误差是未知的。真值是一个理想概念,实际应用中通常用实际值来替代真值。实际值是根据测量误差的要求,用更高一级的标准器具测量所得之值。

**3. 噪声**　检测仪器在没有加入被检验物品(即输入为零)时,仪器输出信号的波动或变化范围即为噪声(noise)。引起噪声的原因很多:有外界干扰因素,如电网波动、周围电场和磁场的影响、环境条件(如温度、湿度、压强)的变化等;有仪器内部的因素,如仪器内部的温度变化、元器件不稳定。噪声的表现形式有抖动、起伏和漂移等三种。"抖动"即仪器指针以零点为中心作无规则的运动;"起伏"即指针沿某一中心作大的往返波动;"漂移"为当输入信号不变时,输出信号发生改变,此时指针沿单方向慢慢移动。噪声的几种表现均会影响检测结果的准确性,应力求避免。

**4. 最小检测量**　最小检测量(minimum detectable quantity)指检测仪器能确切反映的最小物质含量。最小检测量也可以用含量所转换的物理量来表示。如含量转换成电阻的变化,此时最小检测量可以说成是能确切反映最小电阻量的变化量。

仪表的灵敏度越大,在同样的噪声水平时,其最小检测量越小。同一台仪器对不同物质的灵敏度不尽相同,因此同一台仪器对不同物质的最小检测量也不一样。在比较仪器的性能时,必须取相同的样品。

**5. 精确度**　精确度(accuracy)简称精度,是指检测值偏离真值的程度,是对检测可靠度或检测结果可靠度的一种评价。精度是一个定性的概念,其高低是用误差来衡量的,误差大则精度低,误差小则精度高。检测仪器的精度是客观存在的,表现于误差之中。通常把精度区分为准确度和精密度。准确度是指检测仪器实际测量对理想测量的符合程度,是仪器系统误差大小的反映,是评价仪器精度的最基本的参数。精密度是在一定的条件下进行多次检测时,所得检测结果彼此之间的符合程度。精密度反映检测结果对被检测量的分辨灵敏程度,由检测量误差的分布区间大小来评价,是检测结果中随机误差分散程度大小的反映。精确度表示检测结果与被检测量真值的接近程度,是检测结果中系统误差与随机误差的综合反映,是检测的准确度与精密度的总称。

任何仪器必须有足够的精密度,而准确度不一定要求很高,因为首先要保证仪器工作可靠,而通过调整或加入修正量可以改善其准确度。准确度和精密度的综合构成仪器的精度。仪器的精度常用精确度等级来表示,如0.1级、0.2级、0.5级、1.0级、1.5级等,0.1级表示仪表总的误差不超过±0.1范围。精度等级数越小,仪器的系统误差和随机误差越小,说明仪器的精度越高。

**6. 可靠性(reliability)**　指仪器在规定的时期内及在保持其运行指标不超限的情况下执行其功能的能力,是反映仪器是否耐用的一项综合指标。

**7. 重复性(repeatability)**　指在同一检测方法和检测条件(仪器、设备、检测者、环境条件)下,在一个不太长的时间间隔内,连续多次检测同一参数,所得到的数据分散程度。重复性与精密度密切相关,重复性反映一台设备固有误差的精密度。某一参数的检测结果,若重复性好,则表示该设备精度稳定。显然,重复性应该在精度范围内,即用来确定精度的误差必然包括重复性的误差。

**8. 分辨率(resolving power)**　是仪器设备能感觉、识别或探测的输入量(或能产生、能响应的输出量)的最小值。例如光学系统的分辨率就是光学系统可以分清的两物点间的最小间距。分辨率是仪器设备的一个重要技术指标,它与精确度紧密相关,要提高检验仪器的检测精密度,必须相应地提高其分辨率。

**9. 测量范围和示值范围** 测量范围(measuring range)指在允许误差极限内仪器所能测出的被检测值的范围。检测仪器指示的被检测量值为示值。从仪器所显示或指示的最小值到最大值的范围称为示值范围(range of indicating value)。示值范围即所谓仪器量程,量程大则仪器检测性能好。

**10. 线性范围** 线性范围(linear range)指输入与输出成正比例的范围,也就是反应曲线呈直线的那一段所对应的物质含量范围。在此范围内,灵敏度保持定值。线性范围越宽,则其量程越大,并且能保证一定的测量精度。

一台仪器的线性范围,主要由其应用的原理决定。临床检验仪器中,大部分所应用的原理都是非线性的,其线性度也是相对的。当所要求的检测精度比较低时,在一定的范围内,可将较小的非线性误差近似看作线性的,这会给检测带来极大的方便。

**11. 响应时间** 响应时间(response time)表示从被检测量发生变化到仪器给出正确示值所经历的时间。一般来说希望响应时间越短越好,如果检测量是液体,则响应时间与被测溶液离子到达电极表面的速率、被测溶液离子的浓度、介质的离子强度等因素有关。对自动控制信号源来说,响应时间这个性能就显得特别重要。因为仪器反应越快,控制才能越及时。

响应时间有两种表示方法:一是仪器反映出到达变动量的63%时所需要的时间,又称时间常数;二是仪器反映出到达变动量90%所经历的时间。

**12. 频率响应范围(range of frequency-response)** 是为了获得足够精度的输出响应,仪器所允许的输入信号的频率范围。频率响应范围决定了被检测量的频率范围,频率响应高,被检测的物质频率范围就宽。

## 三、医用检验仪器所用的质控物与实验评价方法

### (一) 医用检验仪器所用的质控物

**1. 标准品** 仪器的标准品(standard)根据国际标准化委员会的定义分为3级。

(1) 一级标准品(原级参照物):已确定的稳定而均一的物质,由决定性方法所确定,或由高度准确的若干方法所确定。

可用于校正决定性方法、评价和校正参考方法以及为"二级标准品"定值。一级标准品都有证书。

(2) 二级标准品(次级参照物):由国家临床检验中心自己配制而成,由参考方法或一级标准品定值,用于常规方法的标准化和为控制物定值。

(3) 控制物:包括冻干控制物或溶液控制物,用标准品以参考方法定值,用于质控,而不用于标准化。控制物的种类:①第一参考物质:分国家确定的参考物质和生物源性参考物质。②第二参考物质:包括纯物质和生物源性介质。③控制血清:包括液态控制血清、冻干控制血清、参考血清。

**2. 校准品** 校准品(calibrator)用二级标准物质校准,常规方法定值。用于对常规方法和仪器

的校准。校准品大多来源于人样品的混合物,如混合血清。本身内含被检分析物。校准品中被检分析物的含量无法由称量法和容量法确定,只能依赖于分析方法。校准品的校准值只能取决于分析方法和检测系统。所有校准品都是处理过的样品,和新鲜样品有着新的基质差异。但所有用于实验中的检测方法、仪器、试剂等都是用来监测患者的新鲜样品,不是用来监测校准品这样处理过的样品。若使用公认的参考方法去标化测定校准品,测定程序是严格的,测定值是可靠的,但不是校准值。使用该测定值去校准常规的检测系统时,校准品中的分析物被检测时的表现明显不同于新鲜患者样品,不能将参考方法系列的准确度通过校准品传递给患者。在以往的应用中用户往往不注意校准品应用的专用性,多种方法或仪器、试剂均使用一个校准品,严重影响了实验质量。只有在使用了和定值时相同的检测系统,得出的结果才能同参考方法结果具有可比性。

**3. 质控品**　指具有与检测过程相适应的特性,其成分与检测样本的基质相同或相似。应使用充分均一和稳定的质控品,其批内变异必须小于监测系统预期的变异,其常规检测应有助于确认报告范围。为了保证质控方法对系统性能提供独立的评价,必须将质控物与校准物区分开来。质控品的来源同校准品大致相同,厂商可能会根据自己的要求添加了很多物质,此时有些物质的添加量常常达到病理状态的高浓度,在应用于某一项目时,对这个项目来说基质效应将更大。有些厂商会给自己的标准品定一个定值范围,这个定值范围是由厂商联合几家使用同样检测系统的临床用户,经多次测定得出的均值。不同检测系统之间只有在检测新鲜血清时才具有可比性。以质控为目的而制备的质控品含有与测定标本同样的基础物质,其分析物应具有参考值、病理值和医学决定水平 3 种浓度。质控品按物理性状分为液态控制品(由动物和人血清制备)、冻干控制品(多由动物血清制备)、混合质控血清(其成分经几种参考方法测定);按有无测定值分定值控制品和未定值控制品。

理想质控品的特性:人血清基质,无传染性,添加剂数量少,各种成分分布均匀,批间差小,反应速率尽可能与人血清一致,复溶后成分稳定,有效期在 1 年以上,包装坚固,易开启,其浓度适合于分析范围,与患者标本的成分相接近。

校准品、标准品、质控品三者同为参考物质。参考物质是一种材料或者物质,用于校准测量系统或仪器,评价测量程序或为材料赋值。但三者并非同一个概念,他们有各自不同的应用场合。临床上常常有很多错误的应用,例如将不同厂商的校准品应用于检测系统,使用给定值的质控品评价检测系统,使用质控品来校准检测系统等。

(二) 医用检验仪器所采用的实验评价方法

1. **方法的分级**　根据其准确度和精密度分为:

(1) 决定性方法(definitive method):是指准确度最高,误差最小,测定结果最接近"真值"的方法。用于发展和评价参考方法和标准品。

(2) 参考方法(reference method):是指准确度和精确度已经充分证实的分析方法。主要用于鉴定常规方法,评价其误差大小,干扰因素,并决定其是否可以接受。也用于鉴定二级标准品及评价商品试剂盒等。

(3) 常规方法(routine method):其性能指标符合临床或其他目的的需要,具备足够的精密度、准确度和特异性,有适当的分析范围,而且经济实用。准确度确定的称偏差已知方法,准确度不确定的称偏差未知方法。常规方法在做出评定后,可以作为推荐方法。

**2. 检验方法学评价**　目前,医用检验仪器所使用的实验方法,多为参考方法或常规分析方法。使用参考方法的商品试剂,基本上可以满足医用检验仪器的要求;作为常规分析方法的商品试剂种类繁多,其检验结果的质量也不相同,检验科在建立新的检验方法时,应对该方法的基本性能进行评价,以掌握方法的特征,判断其能否满足使用要求。在选择方法并对其进行评价时,可主要考虑以下几个方面:

(1) 分析系统与可溯源性:分析系统是指实验方法所涉及的仪器、试剂、参数和校准品,其实验结果经一系列合理实验的验证能够满足厂家声明的要求,其量值能够溯源到高级标准物质。

(2) 准确性评价:是临床医生对疾病进行诊断和治疗的重要依据。在检验科如何确保实验结果的准确,是每个检验人员必须关心的问题。在实验过程中使用可溯源性校准品是保证实验结果准确性的前提,而参加室间质控评价活动,可以发现实验室结果准确性的偏离。

(3) 精密度评价:精密度通常用不精密度表示,精密度评价的目的是评价检测设备的总不精密度,即设备在一定时间内的变异性。许多变异源可在不同程度上影响设备的精密度,通常在进行精密度评价时要充分考虑所有影响总不精密度的来源,但不必去评价每个来源的相对大小。

(4) 线性范围评价:线性是分析方法的一个特征,不同于准确性和精密度。线性范围是指系统最终的输出值(浓度或活性)与被分析物的浓度或活性成比例的范围。线性范围的测量即测定浓度曲线接近直线的程度,它反映整个系统的输出特性。线性实验系统反应,包括校准、线性化技术、系数和仪器反应。

(5) 方法学比较评价:检验科中使用的实验方法,随着科学技术的发展不断更新,在引进新方法前或用一种方法替代另一种方法时为保证检验科检验结果的连续性,通常要进行偏差分析,以比较不同的分析方法在测定同一分析项目时结果的差异。

## 四、医学检验过程的质量管理

### (一) 医学检验过程的质量管理

**1. 分析前质量管理**　分析前质量管理是国内外医学实验室管理的热点,是质量管理最薄弱也是临床医生和护理人员最难以控制的,也是必须控制的环节。

(1) 检验仪器分析前程序:确保检验前程序,包括检验申请、患者的准备、原始样品的采集、运送到检验科并在检验科内进行传输的过程处于受控状态。检验申请表中应包括足够的信息,以识别患者和经授权的申请者,同时应提供相关的临床资料,检验申请表包含下述内容:①患者的标识(姓名、性别、年龄)及相关临床资料。②医师或经依法授权提出检验申请或使用医学资料的其他人员姓名或其他标识。③原始样品的类型与原始解剖部位采集日期和时间、检验科收到样品的日期和时间、申请表的格式(电子或书面的)以及申请表送达检验科的方式。④申请的检验项目。

原始样品应通过检验申请表和样品上的标签来实现追溯。收样人员不应接受或处理缺乏正确标识的原始样品。

（2）标本采集与处理的质量管理

1）血液标本的采集：血液标本一般应空腹采集，饮食会影响血液内某些分析物含量，难以对患者结果作比较。脂肪性食物进食不久，形成血脂，对许多检测具有干扰作用。

记录采集患者标本时间若对同一患者做多次测定，最好每次在同一时间收集标本，便于比较，以减少人体内各分析物昼夜变化的影响。采集血液标本时应采取坐位或卧位，人在站立时和仰卧时相比较，血液体积、血压、心跳速率都会下降，这类变化对高血压和高蛋白血症患者影响更大。采集血液标本时动作宜迅速，扎脉带使用时间要有控制，不应超过1分钟。避免激烈运动。采集前应停止饮用咖啡、浓茶类饮料，禁止饮酒。严格控制患者用药，几乎所有药品都对各种分析物结果有影响，有的是分析干扰，有的是药物治疗作用。

2）标本收集和处理：按照采集要求做好各项检查和记录，及时进行标本预处理。保证采集标本符合要求。

**2. 分析中的质量管理**　医用检验仪器在使用的过程中，为了保证检验仪器的准确性和稳定性，对其进行有效的质量控制是必需的。对于单个仪器的质量控制是检验科的工作人员采用一系列统计学的方法，连续评价检验室器测定工作的可靠程度，判断检验报告是否可以发出，以及排除质量环节中导致不满意因素的过程，旨在检测和控制检验仪器常规检测工作中的精密度和准确度，提高检验仪器常规工作中天（批）内和天（批）间标本检测的一致性，主要是控制精密度。

（1）由检验仪器等组成的检测系统：完成一个项目检测涉及的仪器、试剂、标本采集管、配套离心机、校准品、操作程序、质量控制、保养计划等共同组成检测系统。仪器、试剂、方法等的互相依赖就是检测系统的基础。

检验科能收取患者标本，进行检验、发出报告的项目必须要有具体数据和资料。如检验仪器使用什么牌号、型号的仪器，使用什么公司的试剂（包括产品号），什么校准品（来源，产品号），具体操作程序，质量控制，仪器保养计划等。

（2）定性、半定量类试验及其仪器的质量管理：定性类的典型试验有免疫酶标类试验，用阳性、阴性表示；半定量类的典型试验有PCR扩增试验、干化学试验等。相应的检验仪器我们习惯称为定性、半定量类检验仪器，这类检验仪器在使用过程中的质量管理一直是实验室医学难以解决的难题。

（3）定量类试验及其仪器的质量管理：定量类试验质量控制相对容易，也便于用统一标准，传统的质控措施是绘制Levey-Jennings控制图，后期是Westgard多规则技术，最新质控理念是以临床允许误差为质量目标，由实验室选择合适的控制规则和确定每批做几个质控样品，建立自己的质量控制方法，使实验的质量真正符合临床要求。

1）Levey-Jennings质控图：Levey-Jennings质控图又称常规质控图或XS质控图。在单个检验仪器质量控制中，通常也采用检验科常见的质控图，Levey-Jennings质控图是评价测定结果是否处于统计控制状态的一种图表。如图1-6所示：

2）改良Monica质控图：与XS质控图相似，但警戒线和最大允许值是以 T±0.8CCV×T 和 T±

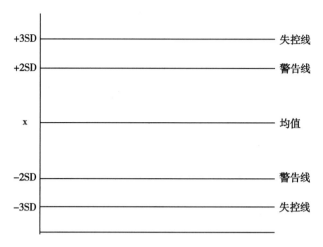

图 1-6　Levey-Jennings 质控图

1.5CCV×T 表示,其中 T 为靶值。计算:

$$VI = [(|X-T|) \times 100/T] \times 100/CCV。$$

评价:

优秀 VI≤80→d≤0.8CCV;

及格 80<VI≤150→0.8CCV<d≤1.5CCV;

不及格:VI>150→d>1.5CCV。

3) Westgard 质控处理规则:Westgard 质控处理规则是在使用 Levey-Jennings 质控图基础上提出的相关规则,如:

"12S"规则——警告规则:指两份质控材料,有一份结果超过 X±2S 范围,需进一步检测此结果是否属于真正"失控"。

"13S"规则——两份质控材料之一结果超过 X±3S 范围。

"22S"规则——同一浓度质控材料连续两次结果超过 X±2S 范围。

"R4S"规则——两份质控材料同时结果超过 X+2S 或 X−2S 范围。

"41S"规则——同一质控材料连续 4 次结果超过 X+1S 或 X−1S 范围,或不同浓度质控材料连续两次超过此范围。

"10X"规则——同一质控材料连续 10 次结果或不同浓度质控材料连续 5 次偏离在平均值一侧。

**3. 医用检验仪器分析后的质量管理**　所有经内部质量控制且无明显误差的检验结果直接报告。失控结果在仪器程序中设定自动报警或提示。每台仪器中的程序都可以设定一些结果的换算关系(如血细胞计数仪的红细胞平均体积、生化分析仪的白/球比值等),经过计算后发出报告。临床上从患者或疾病角度将许多检验数据汇总,统筹分析进行部分数据深层次整合,从而成为高级医学语言为患者整体分析和疾病的综合诊断服务。

(二) 医用检验仪器的几个重要质量评估试验

**1. 重复性试验**　精密度评价最常使用的是对稳定的样品做多次测定,求这些重复性测定值的均值(X)和标准差(S),以及变异系数(CV)。重复次数一般要求 20 次。若在一批内的重复测定,这是批内不精密度;若每天做 1 次,连做 1 个月,这是对检测系统天间不精密度的观察。

**2. 回收实验**　回收(recovery)是指分析方法对于样品中分析物的适当增量能实际检出的能力。用于该目的的实验称为"回收实验"。回收试验使用纯标准液为标准,患者标本为检测样品,其计算公式为:

$$回收率 = 回收量加入量 \times 100\%$$

**3. 干扰实验**　分析物标本中准备测定的组分,干扰物也是标本中的一个组分,它不是被测分析物,但它被仪器所测量并改变分析物的测量结果,使结果偏高或偏低,这种现象称为分析干扰。评价分析干扰的方法称为干扰试验。

**4. 不同仪器对比实验**　随着科学技术的发展不断更新,在引进新仪器前或用一种仪器替代另一种仪器时为保证临床实验室实验结果的连续性,通常要进行偏差分析,以比较不同的分析方法在测定同一分析项目时结果的差异。

（三）医用检验仪器的质量管理

**1. 医用检验仪器的校准与自检**

（1）确定质量目标:质量目标是检验科选用的质控方法(包括质控规则和质控品测定的个数)所需达到的目标,质量目标通常以总允许误差的形式表示。中国目前尚未确立各项目的总允许误差——质量要求,可参考美国和欧洲的标准。各个检验科依据国际标准并结合自身检验仪器的性能制定出符合自身要求的质量标准,不鼓励套用其他检验科检验仪器的质量标准。

（2）仪器的校准:规范仪器设备的检定/校准程序,保证仪器设备的正常使用,使得测量数据和检测结果具有良好的溯源性、准确性和可靠性。对检测仪器,每年进行一次全面保养维护和校准。

（3）仪器的自检:现代化检验仪器几乎都在软件中设置仪器自检功能,自检方式多样,有的是开机自检,有的是电脑自检,有的是硬件自检,有的是系统自检。

**2. 医用检验仪器的使用环境因素**

（1）程序及方法:在医用检验仪器的使用过程中,编写合理有效的使用程序是提高检验仪器使用率的有效方法之一,各个检验科室可以根据自己科室自身的实际情况编制合理的程序,一方面可以节约时间,另一方面也可以将检验仪器利用率最大化。在编制程序过程中要注意程序的合理性和科学性,做到在实际操作中的简单化、优选化。

（2）操作:正规有序的检验仪器操作可使仪器更好地为我们服务,也是得出准确有效数据的必备条件。检验仪器作为一种工具可以大大节约操作者的时间,得出更准确的数据,但是不恰当的操作会适得其反,并且会使仪器的可信度降低。因此,在使用仪器之前要求使用者要准确把握仪器的性能,仔细阅读操作手册,做到使用仪器的合理、规范。

（3）温度与湿度:温度和湿度是影响检验科数据的重要因素。检验仪器对温度的要求是 15 ~ 30℃,如果温度低于 15℃,就会对实验结果影响较大,仪器会频繁出现报警信号。对于湿度来讲,应尽量保持干燥的实验环境,实验室的相对湿度一般在 30% ~ 60% 。

（4）电源电压：对于医用检验仪器来说，维持电源电压在正常范围内是必需的条件，一方面维持仪器的正常运转，另一方面也保证仪器测定出正确有效的检验数据。同时，在过低或过高的电源电压下运行也使得仪器的寿命缩减。

（5）灰尘：灰尘是在仪器使用过程中最易引起误差的因素，医用检验仪器的长时间使用，灰尘易积聚在仪器的表面和仪器的内部，导致仪器的活动不灵敏和仪器散热障碍，严重时产生静电甚至出现仪器的仪表失灵。因此在仪器的使用过程中要定期擦拭仪器的表面和内部，以减少灰尘对仪器的影响。

（6）磁场：在医院，大型医疗设备较多，多数会产生各种磁场，影响医用检验仪器的运行，在实际工作中应远离影像类、放射免疫类仪器。

## 复习导图

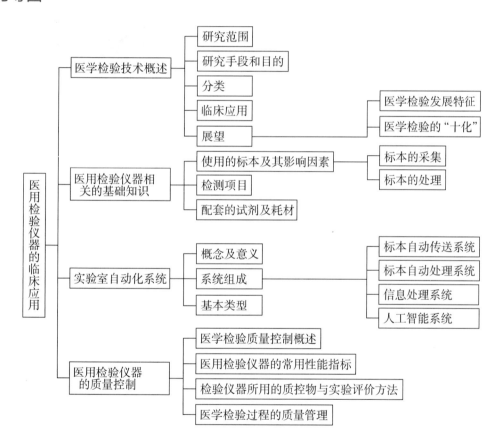

## 目标检测

### 一、选择题（单选题）

1. 静脉采血的常用部位是（　　）

　　A. 手背静脉　　　　　B. 肘静脉　　　　　C. 腘静脉　　　　　D. 足背静脉

2. 下列不属于医学检验使用的参考物质的是（　　）

　　A. 患者血清　　　　　B. 标准品　　　　　C. 校准品　　　　　D. 控制物

3. 可见光谱区的波长范围是（　　）

A. 300~400nm    B. 400~600nm    C. 400~760nm    D. 700~1000nm

4. 医学检验的标本以(　　　)最为常见,其次为尿液。

A. 胃液    B. 组织液    C. 某些活组织    D. 血液

5. 回收实验通常是用于评价实验方法的(　　　)

A. 特异性    B. 准确性    C. 精密度    D. 灵敏度

二、简答题

1. 临床诊断试剂的分类及其特性有哪些?

2. 实验室自动化系统的有何意义?

3. 一个优良的检验仪器应具有的性能指标有哪些?

4. 医用检验仪器的使用环境因素有哪些?

ER-01章习题

（刘剑辉）

# 第二章

## 分离技术仪器

导学情景 ∨

学习目标

1. 掌握离心机、电泳仪、色谱仪的基本原理和基本结构。

2. 熟悉离心机、电泳仪、色谱仪的日常维护和保养。

3. 了解离心机、电泳仪、色谱仪的临床应用。

学前导语

分离技术在医学上有较多的应用,比如利用离心技术分离血液的液体成分和细胞成分；利用电泳技术分离血液中不同类型蛋白质；利用色谱技术分离血液中不同离子；利用超滤技术分离浓缩生物活性物质；利用单克隆技术分离不同抗原抗体；利用分子蒸馏技术提取维生素等。

本章主要介绍离心技术、电泳技术和色谱分析技术等分离技术在医学检验方面的应用。如蛋白质电泳能够快速简便地了解蛋白质情况,还可以监测肾病治疗疗效及病情变化,另外结合其他实验室检测结果,还可对肾脏疾病的类型进行鉴别。 尿液标本、血液标本、脑脊液标本等可以进行蛋白质电泳,可为血液系统疾病、肾脏疾病、肝脏疾病提供诊断依据。

## 第一节 离心机

离心机又称沉淀仪器,其功能是分离、浓缩、提纯和分析,是科研生产与医疗卫生系统中的常用设备。在引入控制系统后,各种不同转速的离心机已经可以分离纯化多种生物体组分(细胞、亚细胞器、病毒、激素、生物大分子等)及化学反应后的沉淀物等。

### 一、概述及临床应用

19 世纪末离心机主要以低速电动形式存在。到 20 世纪 20 年代出现了超速离心机、油透平式离心机。1933 年又推出了空气透平式离心机,它以压缩空气推动涡轮,再带动离心机旋转。1955 年出现了风动离心机。20 世纪 70 年代以后,出现了变频电机,变频电机由电源频率控制,以它的体积小、噪声低、寿命长、转速高、可直接放入离心腔中等特点很快被应用。20 世纪 80 年代又将变频电机和微型计算机相结合,使离心机转速和性能都有了较大的提高。

按照旋转速度,可分为低速离心机、高速离心机和超速离心机 3 种类型。离心机的发展主要表现在构造和离心方法的改进。构造的改进体现在转速的提高,驱动系统寿命的提高,工作时间的延长等。离心方法的改进,如差速沉降方法、沉降平衡法和等密度区带法,使得离心机的应用范围逐步扩大。

## 二、离心机的基本原理

常见的离心分离方法主要有差速离心法、密度梯度离心法和连续监测离心分析法。

### (一) 差速离心法

又称离心力差分离法,是利用样品中各组分沉降系数的差异对不同的微粒施以不同的离心力,不同的微粒将依次沉降(大粒径的微粒质量较大,沉降速度快;小粒径的微粒相对沉降较慢),从而实现离心分离。以不同的离心力分离不同粒径的微粒是动力学的分离方法,特别是沉降速度差别较大的微粒多采用此种分离方法。

### (二) 密度梯度离心法

又称区带离心,分为速率区带离心和等密度区带离心。此法主要用于那些沉降速度差别不大的微粒的分离。

**1. 速率区带离心**　也称为等区密度离心,是指当不同的颗粒间存在沉降速度差时,在一定的离心力作用下,颗粒各自以一定的速度沉降,在密度梯度介质的不同区域上形成区带。该方法常将需要分离的样品溶液放在一个有密度梯度材料如氯化铯(CsCl)、溴化钠(NaBr)等形成的密度梯度液柱上面,选择适合的转速和时间进行离心,要求样品粒子的密度大于密度梯度液柱中任一点的密度。分离的样品各组分将在液柱的不同位置形成各自的区带,需要分离的样品颗粒的沉降速度取决于颗粒的形状、大小、密度及离心力等因素。

此离心法须严格控制离心时间,使得既能使各种粒子在介质梯度中形成区带,又要把时间控制在任一粒子达到沉淀前。若离心时间过长,所有的样品全部都到达离心管底部;若离心时间不足,则样品还没有分离。此法是一种不完全的沉降,沉降受物质本身大小的影响较大,因此一般是在物质大小相异而密度相同的情况下应用。

**2. 等密度区带离心**　也称为平衡密度梯度离心。该方法是根据需要分离样品中各组分的密度不同进行分离的,使密度梯度液柱的范围所表现的密度同待分离颗粒的密度大致相等。离心时样品各组分颗粒将按其密度大小分别移至液柱密度相同的地方形成区带。等密度区带离心法的样品处理量比差速离心法大,且能按密度进行分离。

由于其梯度形成需要梯度液的沉降与扩散相平衡,需经长时间离心后方可形成稳定的梯度,所以等密度离心法主要用于科研及实验室特殊样品组分的分离和纯化。

### (三) 连续监测离心分析法

连续监测分析离心法主要用于生物大分子的分子量测定、评价样品纯度以及检测生物大分子构造的变化。该法需配置特殊设计的转头和检测系统,即在离心机上装备光学系统,通过样品对紫外线、红外线的吸收密度不同,直接在离心过程中描记出图形,以连续监测样品的离心过程,再对图形加以分辨,做定量和定性分析得出对样品颗粒沉降的结果。

### 三、离心机的基本组成和结构

离心机的基本结构包括壳体部分、转动部分、电路控制部分。不同类型离心机结构的差别与离心机的转速有关,随着离心机的用途和转速的变化,增加了制冷部分和真空部分,少数离心机还具有各自的特殊结构。就其类型而言,离心机可分为超速、高速和低速 3 种。

（一）壳体部分

壳体部分构造如图 2-1 所示,主要由外壳、内胆、隔热层、机盖板、操作面板、脚轮与支脚和隔板等组成。

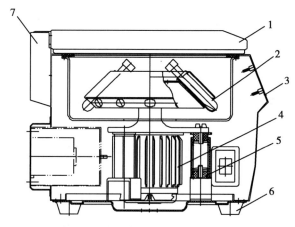

**图 2-1　离心机结构示意图**
1. 门盖组件;2. 转头系统;3. 机壳组件;4. 电机组件;
5. 减震系统;6. 垫脚;7. 铰链

外壳包括前后面板、左右侧板、上底板、下底板,由薄钢板冲压成型后表面喷漆或喷塑,以螺钉或其他紧固零件安装在骨架上。

内胆即离心室的内壁,大多由不锈钢板冲压成型,并与骨架相连接。

隔热层是带有冷冻装置的离心机所特有的。隔热层多为绝热材料,如玻璃棉、海绵、硬质泡沫塑料板等。

机盖板是能绕转动轴开启或关闭的盖板,在离心机运行时应关闭,以保证运行条件的实现和安全,同时带有保温层和锁的作用。

操作面板装有操作开关和旋钮,显示仪表等部件。

隔板是转头室与制冷机、真空泵、扩散泵等机械设备的隔板,具有较高强度,它与面板一样设有保温层,其材料多为不锈钢板、高强度塑料板或玻璃钢板。

（二）转动部分

转动部分由电动机、转头室、转头、离心管等零部件组成,是离心机的核心部分,被分离物在离心室被分离。

**1. 电动机**　它是离心机的动力,多为串激式直流电动机。它包括定子和转子两部分。串激式直流电动机有很大的启动转矩,随着负载的增加,转速急速下降,空载时转速很高。

**2. 转头室**　它是安放转头的小室,正常运行条件下转头室应具有安全操作功能,即门盖开启、关闭有自锁功能,便于消毒,具有耐腐蚀、隔热和耐压等功能,并能保证离心时要求的温度和压力条件,如图 2-2 所示。

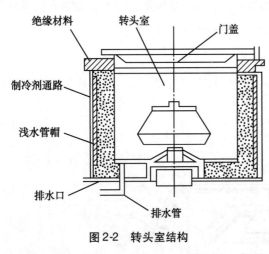

图 2-2　转头室结构

带有保护套。

**3. 转头**　转头是安放离心试管的装置,多用铝合金或钛钢制成,具有强度高、动平衡性能良好、材质轻等特点,它通过变速装置与电机轴相连,或直接与电机轴相连,工作时以高速或超速旋转。

转头的种类很多,随着用途的不同其形状也不同。经常使用的转头有:

(1) 水平转头:离心过程中呈水平状态,这种转头多用于低转速的离心机。水平转头有大容量、小容量和多试管之分,有些转头还

(2) 角度转头:离心过程中试管与转轴中心有一定夹角,一般为 30°左右,角度转头有大容量试管、小容量和多试管等类型。

(3) 垂直转头:离心过程中试管呈垂直状态,多用于密度梯度离心。试管垂直插入转头中。由于试管垂直放置,试管直径又不大,所以试管中的物料沉降快,分离时间短。

(4) 区带转头:用于大容量的密度梯度区带离心,容量可达 1500ml,其转速可达到 60 000r/min。转头的形状是一空心的圆柱体,分上下两部分,中间采用螺纹连接,可分解成两部分,以方便排除故障或清洗。在空心圆柱体的中央有一下大上小的锥形小轴,在锥形轴的外圆设有一个十字交叉的隔板,隔板将转头室分成 4 个扇形小室,如图 2-3 所示。

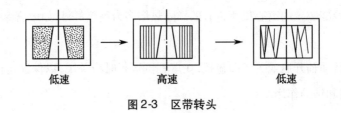

图 2-3　区带转头

(5) 连续流动分离型转头:适用于大容量制备时的连续分离,其转速可到 6000r/min,常用于细胞分离,其结构如图 2-4 所示。

在转头的上方有液体的入口,样品由此口流入转头,并在 4 个扇形小室中沉淀、分离,被沉淀的物质都沉积在转头空腔内,上清液由转头上方的出口流出。

**4. 离心管(试管)**　离心管是放置物料的柱形管,底部呈半球形,工作时置于转头上。离心管的常用材料有玻璃、聚乙烯、聚碳酸酯、聚异质同晶体和不锈钢等几种。不同材料制成的离心管有各自的适用范围和使用条件。

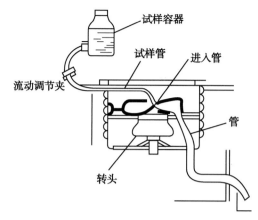

图 2-4　连续流动分离型转头

（三）电路控制部分

电路控制部分的主要功能是对电机运行进行控制。电子元器件组成控制电路板,控制电路板对执行元件加以控制,使之完成离心机速度的调节、启动、加速、稳速、制动,以及各种参数显示及报警显示。

**1. 电机的调速**　电机将带动离心机转头高速旋转,实现离心操作。常用的电动机多为直流串激式电动机,也有少量的交流电动机。电机本身转速不高,若要实现离心机的高转速则需采用调速装置。

（1）机械调速:采用齿轮、摩擦轮、皮带轮等实现变速,获得的转速不可能太高。

（2）变电压调速:改变电机供电电压实现调速,电机的转速可用公式(2-1)表示。

$$E = Ce\Phi n \tag{2-1}$$

式中:$Ce$ 为常数(与电机结构有关的常数),$E$ 为转子绕组两端的旋转电势(感应电势),$\Phi$ 为转子导体的磁通量,$n$ 为电机转速。

公式中的参数 $Ce$、$\Phi$、$n$ 由电机性能确定,有确定值。唯一能改变电机转速的是加在电机转子绕组两端的旋转电势,电势增高,电机转速也增高,所以常用改变转子绕组两端的电势来实现变速。

（3）变频调速:交流电动机的转速可表示如下:$n = 60fp$。式中,$n$ 为电机转速,$f$ 为电机电源频率,$p$ 为电机定子磁极对数。

由公式可知:电源频率固定时,电机的转速与电机定子磁极对数的多少有关,磁极对数越多其转速越低,一般磁极对数为 1~4。我国电源频率为 50Hz,电机转速为 750~3000r/min。如果改变电源频率,则电机转速将发生改变。变频调速技术较复杂,调速装置体积小、清洁、无噪声、增速快,对电机性能有较高的要求。

**2. 电压调速的常用方式**

（1）自耦变压器调速:基本方法是改变转子绕组两端的电势,即利用自耦变压器改变加在转子绕组两端电势来实现调速。变压器中碳刷位置不同,变压器加在电机转子绕组两端的输出电压也不同。电压高,电机转速高,反之电机转速低。

（2）可控硅调速:用改变可控硅导通角来给定加在电机转子绕组两端的电压,并通过控制可控硅触发极电压,控制电机的运转,在控制极加上一个触发脉冲,可控硅导通,将100V的交流电压整流成直流电压后,加在电机转子绕组两端,则电机启动运行。

（3）磁放大器调速:磁放大器由长方形铁芯和绕在铁芯上的绕组构成,如图 2-5 所示。图中的绕组有工作绕组和直流控制绕组,给两个绕组提供不同的电源,则两个绕组将形成不同频率的磁场。一个磁场随电源频率变化,另一个磁场随控制信号的频率变化。

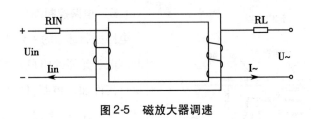

图 2-5　磁放大器调速

当有直流磁化输入时,铁芯的交流磁导率将随直流磁化的增大而减小,线圈的动态电感、感抗相应减小,电路中的交流电流增大,根据输出电流的大小调节电机的转速,实现磁放大器调速。

（四）电机

离心机电机应具有许多特点和特殊性能,以适应离心机工作时的要求。离心机有多种工作状态,电机应能保证这些工作状态的实现。

**1. 电机的启动**　一般电机启动运行没有什么特殊要求,只要给电机施以额定电压,电机就会按本身运行特性迅速达到额定转速。有的启动运行配置慢加速功能,即在 0～1000r/min 时,转速缓慢增长,以保证被离心物料密度层的均匀移向。

**2. 稳速**　离心机运行过程中转速应均匀一致,不能产生忽快忽慢或失速现象,所以必须在离心机转速控制电路中加入稳速装置。常用的稳速方法是先测量转头的转速,再将转速的变化变换成电压信号,然后不断调整电机供电电压,以保证电机运行转速的稳定。

**3. 减速停机**　离心机正常停机时,因高转速的惯性作用,致使转速衰减较慢,停机时间较长。停机时转子在旋转过程中会受到定子剩磁作用产生较高的开路电势。因此,常在转子绕组的输出端接一继电器,使之与泄放电阻转接,以泄放电流。有些离心机需要迅速停机,为实现加速停机,常在离心机上装有刹车(制动)装置。

**4. 碳刷磨损报警**　由于电机转子上的整流子与碳刷相接触,碳刷在摩擦中被磨损,为控制磨损极限,以保证离心机的安全运行,将离心机运行 1 亿转作为碳刷磨损的报警值,以提醒操作者及时更换新碳刷。

**5. 转速显示**　离心机转速显示大多采用电流或电压显示法,较先进的转速显示法是用门电路记录光电的脉冲值,以数码管直接显示,将离心机运行的电流或电压值折算成转速(r/min)表示出来。

（五）离心机的转速

离心机的转速控制是由电机转子绕组两端的电压来决定的。电压稳定决定转速稳定,所以需要对供电电压进行测定,并将测定值不断地修正,以保证稳定的供电电压。控制转速的过程如图 2-6 所示。电机旋转时,固定在电机轴上的信号源测得转速信号,转速信号经检测器检测后,一方面对转速加以显示,另一方面经放大器调节放大,输入电压调节器,对供电电压进行调整,再输入电机。转速控制的关键是转速信号的获取,获取转速信号的方法有两种。

**1. 测速发电机**　在电机轴下部固定 1 个测速发电机。发电机转子(永磁体)随电机轴一起旋转。当电机转速变化时,发电机输出的电压发生变化。将发电机输出的电压值作为控制信号和转速显示信号。

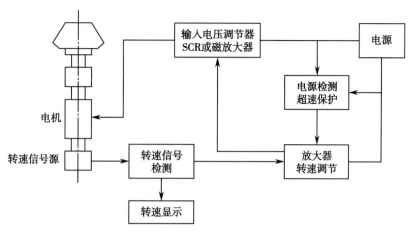

图2-6 转速控制框图

**2. 光电脉冲** 通过光电转换,产生脉冲信号,并以此信号作为转速的控制和显示信号。光电脉冲转换的形式有光反射法和光孔法。

光反射法工作原理如图2-7所示。在离心机转头下部涂以垂直的黑白相间的条纹,让光源以一

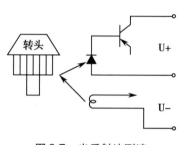

图2-7 光反射法测速

定的角度照射黑白条纹,光敏二极管以一定的角度接收反射光。当白色条纹被照射时,光被反射到光敏二极管,产生电流脉冲信号。而黑色条纹被照射时,光被黑色条纹吸收,没有反射光,光敏二极管不会产生电流脉冲。每分钟接收到的脉冲信号即为转速控制信号和转速显示信号。将上述信号通过放大器放大后,输入到转速控制电路中即可实现对离心机的转速控制。

光孔法如图2-8所示。在电机下部轴端处开一小孔,轴孔左侧有一光源,右侧有接收光的光敏二极管,电机旋转一圈,光通过小孔两次,光敏晶体管接收两次光照射,产生两个电流脉冲。如果将1分钟内接收到的光信号,转换成电流脉冲次数,即为离心机转速的两倍。根据所得转速,确定对电流脉冲的放大调整,再输入到控制电路,达到控制转速和显示转速的目的。

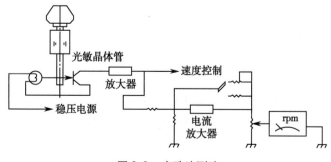

图2-8 光孔法测速

**(六) 离心机的制冷部分**

超速和高速离心机以及少量低速大容量离心机的离心室都有低温要求,故离心机都装有制冷装置。制冷装置多用单级蒸汽压缩式制冷循环,少量离心机的制冷装置采用电制冷。一般离心机要求

43

的低温为−30℃。离心室要求低温是为了降低高速旋转转头的温度,使其正常运行,并保证生物制品(物料)的质量,对有负压要求的超速离心机,低温有益于提高真空度。

在离心室装有温度控制装置,温度控制采用蒸汽压力式温度控制器和红外线遥感元件。离心室温度控制过程如图2-9所示。在转头室内装有温度传感器,传感器将测得的温度信号送入放大器,在放大器处与选定的温度值进行比较后,将温度信号加以显示,并输入到执行元件中,以实现温度的调定。以前采用控制压缩机开、停来实现温度的稳定,这种开、停控制不够精确,常出现温度滞后或超前现象,因为温度传感器需有一定的反应时间。压缩机开、停频繁也是这种控制方式的不足。多用电磁阀控制制冷量,压缩机处在工作状态,需要冷量时电磁阀打开,向系统输送冷量,不需要冷量时电磁阀自动关闭,将冷量送给离心室外的副蒸发器。当离心室需升温时,第二电磁阀可将压缩机的排气直接引入离心室的蒸发器排管中,使离心室内温度迅速升高。

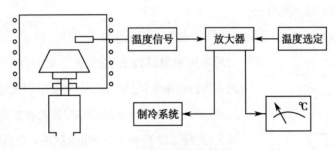

图2-9　离心室温度控制

（七）离心机的真空部分

超速离心机的离心室一般都有真空度的要求。在负压的情况下容易实现低温,且转头旋转时摩擦阻力小,转头温度不易升高,有利于转头的正常运行,保证物料质量及转头高转速的实现。转头的转速越高,对真空度的要求越高。一般要求真空度为6.7Pa到$6.7×10^{-4}$Pa。高真空度不是一般机械泵所能实现的,大多由二极旋片式真空泵、油扩散泵和电离式真空计组合在一起共同实现。首先由串联的旋片式真空泵将系统抽空,达到真空6.7Pa后,再由油扩散泵对系统继续抽空,使其达到6.7Pa以上的真空度。

## 四、离心机的保养和维护

1. **日维护与保养**　检查转子锁定螺栓是否松动;用温水(55℃左右)及中性洗涤剂清洗转子,用蒸馏水冲洗,软布擦干后用电吹风吹干、上蜡、干燥保存。

2. **月维护与保养**　用温水及中性洗涤剂清洁转子、离心机内腔等;使用70%乙醇消毒液对转子进行消毒。

3. **年度维护与保养**　与当地经销商联系检查离心机马达、转子、门盖、腔室、速度表、定时器、速度控制系统等部件,保证各部位的正常运转。

### 五、典型离心机的整机分析

#### （一）K70 型高速冷冻离心机

K70 型高速冷冻离心机是我国应用较为普遍的一种离心机,是转速可达 20 000r/min 的大型机,具有使用方便,易于操作等优点。下面对该机型进行介绍。

**1. 技术参数**　介绍如下。

最高转速:20 000r/min(通常在 5500r/min 以下)。

转头:有大角度转头、小角度转头、水平转头 3 种选择。

离心室温度:−20 ~ −6℃。

脚轮:便于移动。

最大离心力:23 000×g。

功率:3.8kW。

外廓尺寸:1045mm×805mm×1230mm,质量为 385kg。

**2. 结构组成**　由外壳、离心室、转头、冷冻装置和控制电路等部分组成。

(1) 外壳:外壳部分由前后面板、左右面板及上面板、底板和 4 个脚轮等零部件组成。机器外表面喷深灰色磁漆。后面板、左右面板可拆卸,上面板表面装有离心室盖板,在盖板的后部设有控制箱和显示面板。面板上装有各种控制开关和按钮、显示和调节的仪表。启动按钮用来控制电源及各选择部分的启动;时间控制钮与时间控制钟相配合,用来做预置、控制离心机工作时间;按下刹车按钮时,将加速停机;冷冻按钮用来控制制冷机的开、停;除功能按钮外,还有转速显示表、温度调节指示表。

(2) 离心室:离心室(转头室)是一圆柱形空腔,内腔可安放多个试管的转头。离心室内壁用不锈钢板制成。紧贴内壁装有冷盘管,用以降低离心室温度。在离心室内壁和外壁之间设有保温层,保温层内装有硬质泡沫塑料或海绵等绝热材料。

转头主轴转速可达 5500r/min,在转头主轴上还可安装高速变速器。高速变速器结构如图 2-10 所示。其安装方法是将高速变速器架子放置在离心室的底板上,再用固定螺栓牢固地固定在底板上。取下电机主轴上的水平转头,安放主动圆盘。注意将一定量的润滑油倒入电机主轴(驱动轴)的轴孔套中,以防高速运转时,因轴干摩擦产生尖锐的啸叫声。高速变速调节器的变速轴应垂直放入轴套中,并用防脱卡钩固定好。用传动皮带将电机主轴上的大圆盘与变速轴连接好,再用固紧扳

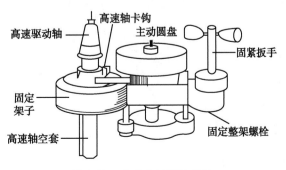

图 2-10　高速变速器的结构

手拉紧皮带,在变速轴上安放角度转头,整个高速调节器安装完毕。使用前再仔细检查各运动件是否有异常或松动,若有,应及时调节纠正,确无异常方可进行离心操作。

(3)转头:K70型高速冷冻离心机备有3种不同类型的转头:第一种是高速变速器上使用的铝制小型角度转头,转头的最高转速可达 20 000r/min。但离心机转速表只能显示 5500r/min,不能显示 20 000r/min。如果将电机主轴调至 5500r/min 时,在高速变速器轴上可得到 20 000r/min 的转速,其增速比为 20 000/5500=3.64。根据这一速比,可计算出转速表显示的各不同值。如转速表显示值为 2000r/min,高速变速器轴的转速为 2000×3.64=7280r/min。依此类推,均可算出对应值。第二种是直接安装在电机主轴上的水平转头,转头可安放 6 个较大的玻璃试管。第三种是直接安装在电机主轴上的大型角度转头。这两种转头的最高转速为 5500r/min。

(4)冷冻装置:离心机的冷冻装置采用蒸气压缩式制冷。蒸气压缩式制冷由压缩机、冷凝器、膨胀阀、蒸发器等零部件组成。其作用是降低离心室温度。

**3. 操作方法**　操作方法有手动(手控)和时间控制两种,其差别不大,可按如下步骤操作:

(1)接上电源,打开电源开关(将设在控制箱侧面的钥匙推入后旋转 90°)。

(2)打开离心机盖,放入选定的转头。

(3)将离心样品试管装入转头中,并旋紧转头盖。

(4)调节所需温度(将冷冻按钮按下,并将温度表指针调至所需温度值)。

(5)选择控制方式,若选手控,则不必选定时间;若选择时间控制方式,应将时间控制钮按下,亮灯后,再拨动时钟指针到所需时间。

(6)按动机器启动按钮。

(7)调节速度控制按钮到所需的转速。

(8)离心结束时,采用手控操作的可再按一下启动按钮,机器便处于停机状态。当需要停止时,可按刹车按钮,加速停机。若采用时间控制,机器将自动熄灭启动指示灯,提醒操作者机器进入关机状态,可按下刹车按钮,并把转速指示调回零点。

(9)打开离心机盖板,取出样品和转头。

(10)关断冷冻按钮、电源,简单保养清洁后,将盖板盖好,完成一次操作。

**(二)LC10C 配血离心机**

LC10C 配血离心机为台式结构,调速系统采用交流变频调速,微电脑控制转速和离心时间,键盘设定工作参数,数码显示离心时间、转速和离心力,配有电子门锁,安全可靠,是血库、输血科等实验场所必配的设备。

**1. 技术参数**　介绍如下。

最高转速:5000r/min。

最大相对离心力:3075×g。

最大容量:10ml×12(碳纤维角转子)。

转速精度:≤±10r/min。

噪声:≤65dB。

定时范围:1 秒到 99 分钟。

结构:钢制结构,不锈钢离心腔。

重量:28kg。

外形尺寸:330mm×390mm×325mm。

2. **特点** 微电脑控制、数码显示;采用交流变频电机驱动;10 种升、降速率选择,最快升速时间≤8 秒;12 种自定义工作模式选择;转速/离心力互设、同步显示;全钢制结构,不锈钢离心腔;运行中可随时更改参数,无需停机;电动安全门锁,不平衡保护;自动平衡,无需配平;点动功能,短暂离心。

▶▶ 课堂活动

如何正确使用普通离心机?

### 六、离心机常见故障实例分析

【**实例 1**】 德国 HERMLE-ZK510 高速低温冷冻离心机

接通电源,按下 START 按钮,当显示转速为 300r/min 左右时,SYSTEM FAILURE 故障指示灯亮,机器停止工作。

故障分析及处理:分析 SYSTEM FAILURE 指示控制电路可知,按下 START 按钮后,将延时产生一高电平信号 S1,正常工作时,转速信号 S2 应在此延时期限内跳变为高电平,如果 S2 在延时期限后仍为低电平,则 SYSTEM FAILURE 指示灯将被点亮,其逻辑关系由两片数字集成电路实现,首先检查 S1 和 S2 的时序关系是否正常,若正常说明故障部位在数字集成电路,分别用相同型号的集成电路逐块替换后,故障消失,机器恢复正常。

【**实例 2**】 某 FL.06DB 大容量低速冷冻离心机

开机速度指示表显示为 3000r/min,转速不可调低。

故障分析及处理:测量可控硅的导通电压 Ug 为 7V,不可调。经检查发现前级输出的控制级元件 T5 和发光二极管 GD3 均是正常的。再往前检查 T3,发现 T3 的发射极电阻 R35 由 33Ω 变为 180Ω,更换 R35 故障消除。

# 第二节 电泳仪

## 一、概述及临床应用

电泳是指带电荷的溶质或粒子在电场中向着与其本身所带电荷相反的电极方向移动的现象。利用电泳现象将不同组分物质进行分离、分析的技术叫做电泳分析技术,实现电泳分析所使用的仪器,称为电泳仪。电泳仪可分为分离系统和检测系统两大部分。电泳仪是核酸和蛋白分离实验中必不可少的重要仪器。

1937 年,瑞典 Uppsala 大学的科学家 Arne Tiselius 首先利用 U 形管建立了移界电泳法即区带电泳,成功将血清蛋白质分成清蛋白、$\alpha_1$ 球蛋白、$\alpha_2$ 球蛋白、β 球蛋白、γ 球蛋白五种主要成分,从而开创了电泳技术的新纪元。1946 年 Arne Tiselius 教授研制了第一台商品化移界电泳系统。20 世纪 50 年代,特别是 1950 年 Durum 用纸电泳进行了各种蛋白质的分离以后,开创了利用各种固体物质(如各种滤纸、醋酸纤维素薄膜、琼脂凝胶、淀粉凝胶等)作为支持介质的区带电泳方法。聚丙烯酰胺凝胶电泳极大地提高了电泳技术的分辨率;醋酸纤维素薄膜(简称醋纤膜)作为电泳支持介质,材料制作方便,操作简单,但干扰因素多;琼脂糖凝胶使分离效果及灵敏度大为改善。20 世纪 80 年代发展起来的新的毛细管电泳技术,是化学和生化分析鉴定技术的重要新发展,已受到人们的充分重视。

**知识链接**

### 电泳技术的发明

Arne Tiselius(1902—1971 年),瑞士生化学家。 电泳是指带电的胶体颗粒在电场中移动的现象,最初是由瑞典 Uppsala 大学物理化学系 Svedberg 教授提出的。 1937 年受 Svedberg 启发,Arne Tiselius 教授利用电泳现象,发明了最早期的界面电泳,用于蛋白质分离的研究,首次证明了血清是由白蛋白及 $\alpha$、$\beta$、$\gamma$ 球蛋白组成,开创了电泳技术的新纪元。 1948 年,Arne Tiselius 因研究电泳和血清蛋白分离技术获诺贝尔化学奖。

## 二、电泳仪的基本原理

### (一) 基本原理

**1. 蛋白质等电点及两性电离** 蛋白质基本组成单位是氨基酸,每个蛋白质分子是一条或多条由若干氨基酸组成的肽链盘绕折叠形成,每条肽链的两端分别是氨基和羧基,他们在不同 pH 条件下分别结合或解离出 $H^+$。

$$HOOC\text{-}R\text{-}NH_3^+ \underset{+H^+}{\overset{-H^+}{\rightleftharpoons}} HOOC\text{-}R\text{-}NH_2 \underset{+H^+}{\overset{-H^+}{\rightleftharpoons}} OOC\text{-}R\text{-}NH_2$$

当蛋白质的等电点(PI)大于环境中的 pH 时,该蛋白质带正电荷;当蛋白质的等电点小于环境中的 pH 时,该蛋白质带负电荷;当蛋白质的等电点等于环境中的 pH 时,该蛋白质不带电。

正常人体血液中的蛋白质的等电点为 pH 5~7,在 pH 为 8.6 时,蛋白质几乎都不同程度带有负电荷,不同蛋白质带电因蛋白质分子等电点不同而有所区别,在电场中向正极方向移动,移动速度与蛋白质带电多少成正比。

**2. 蛋白质分子大小,介质黏度的影响** 蛋白质在电场中移动速度还取决于蛋白质自身分子量大小,以及电泳支持物及介质黏度。

在缓冲液 A、B 中,各放有一个电极,电极接在直流电源上。这样,在两电极间便形成一个恒定的电场。再用支持介质将 A、B 连接起来,形成一个"桥"。为了进行电泳,支持介质先用缓冲液浸泡饱和,然后将所要进行电泳的样品液滴在支持介质上。在电场作用下,样品中的各带电颗粒将发生定向移动,带正电的颗粒移向负极,带负电的颗粒移向正极。如果在样品混合物的离子到达电极之前关闭电源,那么混合物的各种成分便按照它们的电泳迁移率被分离开。电泳工作原理如图 2-11 所示。

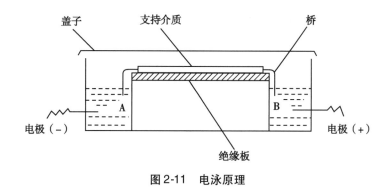

图 2-11　电泳原理

所谓迁移率,是指带电颗粒在单位电场强度下的迁移速度,可用下式表示: $u=v/E=(d/t)/(V/L)=dL/Vt$ 。式中: $u$ 为迁移率, $v$ 为颗粒的迁移速度(cm/s), $E$ 为电场强度或电势梯度(V/s), $d$ 为颗粒迁移距离(cm), $t$ 为通电时间(s), $V$ 为加在支持物两端的实际电压(V), $L$ 为支持物的有效长度(cm)。

通过测量 $d$ 、$L$ 、$V$ 、$t$ 便可以计算出颗粒的迁移率。迁移率除了与外加电场强度有关外,还与分子的大小、介质黏度、颗粒所带的电荷有关。

在电泳技术中,把每厘米的电压降 $V/L$ 叫做电势梯度。可以看出,在数值上,电势梯度等于电场强度。电势梯度越大,带电质点移动的速度越快。在低压电泳仪中,电势梯度一般在 20V/cm 以下;在高压电泳仪中,电势梯度可高达 200V/cm。

缓冲溶液的主要作用是在迁移过程中充当运动流的载体,并保持溶液中的 pH 为常数。

一般说来,不同成分的物质,其颗粒本身所带的电量、颗粒的大小及质量都是不同的,它们的迁移率也不相同。而成分相同的物质,其各种特性则十分相似。因此,它们运动时,趋向于形成一条紧密相靠的带。单方向的电泳就像程度不同的几个级别的长跑运动员赛跑一样。

血清蛋白电泳后被分离成:白蛋白(Alb)和球蛋白( $\alpha_1$ 、$\alpha_2$ 、$\beta$ 和 $\gamma$ )5 条区带,如图 2-12 所示。因它们的分子量、带电荷量不同,故它们的质/荷比是不相同的,迁移率也不相同。如果把血清蛋白放在支持介质上进行电泳,经过一段时间后,迁移率最大的血清白蛋白移动的距离最大,迁移率较小的球蛋白移动的距离最小,其余的依次排在二者之间。

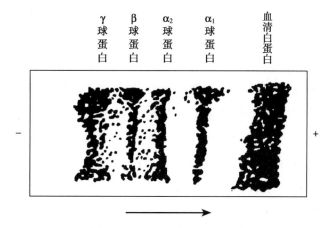

图 2-12　血清蛋白的电泳图谱

**（二）影响蛋白质电泳迁移率的因素**

**1. 电场强度** 电场强弱决定电泳速率。电场强度大，电泳速度快，但产热大，易干燥；反之，电场强度小，电泳速度慢。实验室常用110V。

**2. 溶液的 pH** 溶液 pH 是决定蛋白质带电荷多少的因素，pH 过小，蛋白质带电少，不容易区分；pH 过大，各蛋白质所带电荷都偏多，蛋白质之间的带电比例反而小。只有在特定 pH 条件下（pH 8.6）时，不同蛋白质带电差别最大，分离效果最好。

**3. 溶液的离子强度** 溶液的离子强度大，蛋白质与溶液离子结合多，电泳速度慢，但分辨率高。

**4. 电渗** 电渗是指在电场作用下，蛋白质相对于固体支持物的相对移动现象。当电渗与电泳方向一致时，电泳速度为二者之和；当电渗与电泳方向相反时，电泳速度为二者之差。

**5. 其他** 溶液黏度、湿度、电压稳定度均可影响电泳速度和质量。

**（三）电泳的分类**

**1. 薄层电泳** 代表性的薄层电泳是醋酸纤维素薄膜电泳，是利用醋酸纤维素薄膜作为支持物，其优点是分辨率高，吸附少。缺点是有电渗现象。另外，硅胶、氧化铝薄层电泳由于吸附、电渗作用较强，临床应用少。

**2. 凝胶电泳**

（1）琼脂或琼脂糖凝胶电泳：通常用 1%～1.5%琼脂或 0.5%～0.8%琼脂糖制成琼脂或琼脂糖凝胶电泳，其优点是吸附蛋白质、透明、无拖尾现象。缺点是有电渗，电泳后需立即固定染色。

（2）淀粉凝胶电泳：用 10%～20%可溶性淀粉制成。其优点是吸附少、区带清楚、易洗脱、具有分子筛效应、分辨率高。缺点是不同批号的淀粉成分也不同。

（3）聚丙烯酰胺凝胶电泳：聚丙烯酰胺凝胶是一种人工合成的高分子化合物，由"丙烯酰胺"单体和交联剂"甲叉双丙烯酰胺"在催化剂"过硫酸铵或核黄素"作用下聚合交联而成的三维网状结构的凝胶。其原理是利用其样品的浓缩效应、电荷效应和分子筛效应来分离样本。

有的聚丙烯酰胺凝胶再连接一个十二烷基硫酸钠，十二烷基硫酸钠是一种阴离子表面活性剂，能与蛋白质疏水基结合，破坏蛋白质分子中的非共价键，将蛋白质解离成亚基；同时使蛋白质带上十二烷基硫酸钠阴离子，增加负电荷量，使分离效果更明显。

优点：凝胶富含酰胺基，具备稳定的亲水性；因其无电离基团，故无吸附、无电渗现象；凝胶浓度（$T\%$）决定其弹性、透明度、黏度、孔径，常用 $T\% = 7.5\%$ 的凝胶来分离蛋白质、核酸，因 $T\%$ 越大，孔径越小，机械强度越大，越易断裂。

聚丙烯酰胺凝胶电泳分为连续凝胶电泳和不连续凝胶电泳。不连续凝胶电泳根据要求再分为不同孔径的不连续凝胶电泳、不同缓冲液 pH 的不连续凝胶电泳和不同电位梯度的不连续凝胶电泳。

**3. 等电聚焦电泳** 利用 pH 不同梯度的介质来分离等电点不同的蛋白质，适用于分子量相同而电荷不同的两性大分子。基本原理是先制备一个稳定的 pH 梯度（具有线性），当各组分在电场中泳动时，经过其相等的等电点时的 pH 梯度中即停止泳动，从而达到分离各种区带。

**4. 转移电泳** 将凝胶电泳所得的区带经吸附作用转移到硝酸纤维素纸上称转移电泳。步骤是先进行凝胶电泳，再进行蛋白质转移电泳，最后在鉴定纸上分辨蛋白质。优点是将蛋白质与硝酸纤维素纸共价键结合,成为固定相,使蛋白质与十二烷基硫酸钠脱离,恢复其原来活性。

## 三、电泳仪的基本组成和结构

普通电泳仪由三部分组成:直流电源装置、电泳槽装置和附加装置。

（一） 直流电源装置

电源装置的作用是提供一个连续调节的、稳定的电压或电流。它通常是一个直流稳压(稳流)电源。在整流元件(真空二极管、晶体二极管、可控硅)整流滤波后,再经过稳压(稳流)输出。输出的电压或电流由磁电式或数字式表头显示出来。磁电式表头多用分档指示,以便于观察。

通常所用的 0～300V 低压电泳仪,为了降低成本和减轻重量,多数不用变压器变压。供整流用的交流电压直接使用220V。但300V 以上的中、高压电泳仪一般仍带有电源变压器。

电泳时,两个电极之间的电流由缓冲液和样品中的离子来传导。因此,电泳的速度与电流的大小成正比。为了得到最佳的重复性,在电泳时,应保持电流的恒定。在要求较高的场合,电泳仪应具有稳流功能,电流的稳定度应小于1mA。在支持介质的宽度和缓冲液选定后,电流只受控于电压。电压不稳,势必影响电流。稳压电源的精度最好在 1% 以内。稳压和稳流电源结合起来,组成稳压稳流的双稳电源。如果增加稳定输出电压、电流乘积的功能,就构成稳定输出功率的电源,亦组成三恒电源,使电泳结果具有良好的重复性,提高测量和计算的精确度。现在,国内外的电泳仪都趋向于控制电压、电流、功率和时间四个参数的三恒电源。

有的电源装置还设有过压、过流自动保护和限时器功能,可以确保仪器的使用安全。具有限时功能的仪器,在设定的时间到了以后,限时器会发出信号,提醒操作人员关机或自动切断电源。

（二） 电泳槽装置

电泳槽装置是样品分离的场所,是电泳仪的一个主要部件。电泳槽的种类很多,有平卧式、垂直板式、圆柱式、立板式、悬挂式等。电泳槽多数用透明材料如玻璃、透明塑料等制成。槽上有一个盖子,此盖子一来可防止缓冲液的蒸发,二来可以保护安全,防止触电事故的发生。为此,有的电泳槽设有“盖开关”,盖子一打开,电源就自动切断。电泳槽内装有两个电极,电极用耐腐蚀的金属丝制成,金属丝的长度和电泳槽等长,其材料有不锈钢丝、镍铬合金丝和铂金丝等,其中以铂金丝性能最好,应用最广泛。电泳槽一般有三个导电槽,两侧各一个,分别注入电泳缓冲液,并各自连接电源的正极和负极;中间槽不用注入电泳缓冲液,而只放电泳支持介质,与两侧的两个导电槽内的缓冲液接触而工作。支持介质架于两槽之间,其两端分别进入导电槽内的缓冲液中。对支持物一般要求不溶于电泳缓冲液、不导电、无电渗、不带电荷、热传导度大、结果均一而稳定、吸液量多而稳定、不吸附蛋白质等其他电泳物质,分离后的成分易析出等。

除了自由电泳是在溶液中进行、不需要支持介质外,一般的区带电泳都是在支持介质上进行的。利用这些支持介质进行电泳时,分别称为纸上电泳、琼脂电泳、聚丙烯酰胺凝胶电泳等。

支持介质通常为条形片状物,连接在两电泳槽之间。它的两端浸入槽内的缓冲液中,然后滴上样品液进行电泳。中压电泳仪的电泳槽中一般还通以冷却水管,用以带走电泳时所产生的热量。图2-13 所示是一种常用的平卧式电泳槽装置。

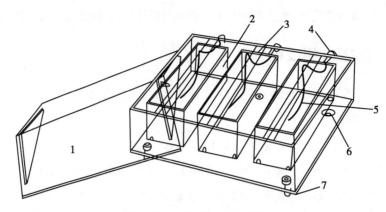

**图 2-13　平卧式电泳槽装置**
1. 槽盖;2. 可移动的液槽;3. 可移动的隔板;4. 接线柱;5. 电极;6. 冷却水接头;7. 脚

**(三) 附加装置**

附加装置包括恒温循环冷却装置、积分器、凝胶烘干器等,有的还有分析检测装置。扫描或检测设备分为可见光、紫外线、荧光、激光光源等。可见光光源和激光光源对染色的凝胶进行扫描,紫外线光源可以扫描不经染色的凝胶,并且荧光测量灵敏度高。目前,一些电泳仪器可自动对不同条带的光吸收度进行分析,综合计算后得出报告结果,方便快捷、准确可靠。

## 四、电泳仪的保养和维护

电泳仪在整个电泳设备中起着非常关键的作用,电泳设备的正常运行是电泳分析技术的基本保证,所以对电泳设备的日常维护显得非常重要。在平时的工作过程中应做到每日维护、每周维护、每月维护以及按需维护。每日维护的重点应当是电极的维护,电泳工作结束后,应当用干滤纸擦净电极,避免电泳缓冲液沉积于电极上或酸碱对电极的腐蚀。每月维护的重点应是扫描系统的比色滤镜及光源。在日常的运行过程中应做到:①仪器使用环境应清洁,经常擦去仪器表面尘土和污物;②不要将电泳仪放在潮湿的环境中保存;③长时间不用应关闭电源,同时拔下电源插头并盖上防护罩。只有这样,电泳分析结果的准确度才能得以保证。

## 五、典型电泳仪的整机分析

DYYⅢ2 型稳压稳流电泳仪是北京六一仪器厂生产的中压电泳仪,是目前国内中、低压电泳临床和实验中应用最广泛的电泳仪。

**(一) 技术参数**

输出电压:0~600V。

输出电流:0~100mA。

稳定性好:稳定度<0.5%,调整率<0.5%。

仪器具有短路和过流保护功能。

**(二) 仪器结构**

**1. 仪器面板**　DYYⅢ2 型稳压稳流电泳仪的面板结构如图 2-14 所示。

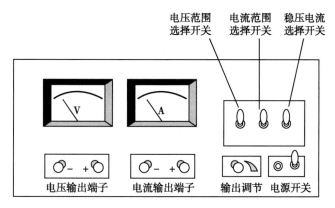

图 2-14　DYY Ⅲ2 型稳压稳流电泳仪面板

**2. 电路框图**　电路由主供电回路、触发电路、输出调节电路、过流保护和短路保护电路组成。DYYⅢ2 型稳压稳流电泳仪的电路方框图如图 2-15 所示。

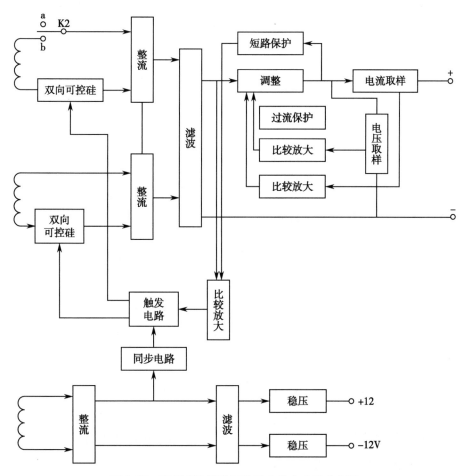

图 2-15　DYY Ⅲ2 型稳压稳流电泳仪电路方框图

图的上半部分为主电路,它由两组电源供电,当需要的电压较低时,将电压选择开关 K2 拨向 a 侧,这时只有下面一组绕组工作。当需要较高的电压工作时,将电压选择开关 K2 拨向 b 侧,此时两绕组同时工作。变压器次级的电压首先通过双向可控硅,再经过整流、滤波、串联型稳压稳流后输出。另外,这部分还设有过流和短路保护电路。方框图的下部分是辅助电源电路和可控硅的同步触发电路。辅助电源输出±12V的电压供各运算放大器同步触发电路使用。同步触发电路产生可控硅所需要的触发电压。

### （三）使用

1. 使用前应首先阅读本仪器说明书,熟悉该机面板上的各旋钮的功能。

2. 接好电泳槽与电泳仪的连接导线,将输出调节旋钮逆时针旋到底。电源开关置于关。稳压稳流选择开关放置在所需要的工作状态。

3. 接好电源线,开启电源开关,此时电源指示灯亮。旋转输出调节钮,将电压或电流调至所需要的数值,仪器即可正常工作。

### （四）维护与保养

1. 变换极性应在关机条件下进行。

2. 仪器处于稳流工作状态时,勿使输出开路(即不接电泳槽或导线松脱),稳流工作输出开路的特征是电流表指示为零而电压表指示超出刻度范围。短时间输出开路仪器不会损坏,但长时间开路会使电压表发热过度。

3. 仪器在使用中严禁溅入电解质溶液,不得将电泳槽放在电泳仪上进行实验。如溶液已进入电泳仪,切勿接通电源,以免造成事故。同时应由专业人员修理后才可使用。

4. 仪器工作时,因电压较高,开机后人体不宜与电泳槽中的溶液接触,最好关机后再看样品,以免触电。

5. 切勿在空载情况下开机,否则会造成人为故障。

6. 使用中发现异常现象时应立即切断电源,进行检修。

## 六、电泳仪常见故障实例分析

【实例1】某 Helena 自动电泳仪的染脱色系统(SAS2)在执行烘干程序时,达不到设定的烘干温度,面板显示为室温,报警"Heater error"。

故障分析及处理:根据报警,考虑问题主要出在烘干过程中的加热部分。断电后打开机壳,发现设备的加热部分由加热组件、循环风扇、风扇转速检测传感器及其外围保温材料组成。用万用表测量加热组件的电阻值为185Ω,应属正常。在开盖的情况下开机,循环风扇工作正常,测量加热组件的供电电压没有交流220V。关机拆下控制电路板,由于没有维修资料,只能凭经验逐个对相关的元器件进行测量,结果未见异常。重新插接各个接线头,开机,故障依旧。此时,根据以前检修该设备的经验:其主控电路板右上方的一个红色指示灯在正常情况下应该常亮。并且知道该指示灯是用来监测循环风扇工作状态的,常亮说明循环风扇工作良好,反之说明循环风扇工作异常。而该机开机风扇转,灯却不亮,判断是检测传感器坏了,没有监测到风扇转。关机拆下型号为OPB185W的传感器,发现上面积有一层薄灰,擦拭后重新开机,右上方的红色指示灯点亮,执行烘干程序时,加热组件开,使加热升温很快达到设定温度,设备工作恢复正常。该故障中的传感器是用来防止在循环风扇工作不良的情况下,加热组件通电工作而受到损坏,因此对加热组件和设备提供了安全保护。

【实例2】某 DYW2 电泳仪接通电源,操作无反应,电源指示灯也不亮。

故障分析及处理:先检查仪器的电源部分,开机查看,发现保险丝熔断,电源变压器有烧焦的迹象。用万用表检查变压器,发现已经烧坏,更换同型号的电源变压器及保险后,接通电源,出现"故障现象2",电源指示灯亮,但输出电压不能调节。

调节电位器 W1、W2,输出电压均无变化,断电后,先检查主电路,主电路是由电源变压器 B 的次级高压(600V)经二极管整流后,加在晶闸管 T4(3CT6A)的阳极,在触发电压的控制下,T4 输出脉动直流电流,经由后面的滤波电路滤波后,加到电泳槽。分别检查 T4 及滤波电路的各个元件,均为正常。然后检查触发电路,触发电路由供电电路、振荡电路、电压调节电路组成。变压器 B、整流二极管 D5 ~ D8、稳压二极管 D9 ~ D10 及电阻 R5 等组成供电电路;由 T3(BT33F)、T2(3AX31C)、R7、R8、R13、C8 等元器件组成振荡电路;由 R12、W1、R10、T1(3DG6C)、D11、R9 等元器件组成电压调节电路。

通电后,测得 D5 ~ D8 整流输出电压正常,故障可能在振荡或电压调节电路,分别测量晶体管 T1、T2、T3 各极直流工作电压,发现 T2 各极直流电压不正常。断电后,分别检查 T1、T2、C8、R13、T3、W1、D11 等相关元器件,发现 T2(3AX31C)集电极与发射极漏电严重,造成振荡电路不能正常工作,导致所述故障。更换 T2(3AX31C)后,开机操作测试,输出电压调节正常,故障排除。

# 第三节　色谱仪

## 一、概述及临床应用

色谱法(chromatography)是基于先将被测样品中的各个组分分离开来,然后再对各组分进行定性、定量测定的一种方法,具有高分辨率、高灵敏度、样品量少且速度快、结果准确等优点,是分析混合物的有效方法。

20 世纪初,俄国植物学家 Tswett 首先利用这种分离及分析技术进行植物色素方面的研究,并提出了"色谱"这一名称。1952 年,Martin 等人提出了气液色谱法,并成功地应用于分析脂肪酸、胺等混合物,同时对气液色谱法的理论和实践作了精辟的论述,并正式推出了气相色谱技术。20 世纪 60 年代初,高压技术、高效固定相、检测技术的发展以及电子、计算机技术等方面的新成就的不断涌现,使液相色谱技术及液相色谱仪得到极大发展。尤其是采用微处理器自动控制后,可以通过键盘操作完成色谱条件的设定、控制和对仪器工作状态的监控,色谱输出信息也可通过计算机进行计算、标定、测量、分析和打印结果。色谱仪最大的不足之处是难以分析未知物,因此可将其与光谱仪、质谱仪联合起来使用,优势互补,形成所谓的色谱-光谱法、色谱-质谱法联用技术,再配上计算机进行自动控制与信息处理,色谱仪的联用技术已越来越受到广泛的重视。

在气相色谱仪中,毛细管柱气相色谱仪由于其强大的分离效能得到了越来越普遍的应用。在液相色谱仪中,用得最多的还是高效液相色谱仪,但随着生物技术和生物医学工程学科的发展,制备型液相色谱仪、低压液相色谱仪、超临界流体色谱仪、膜色谱技术、离子色谱仪也在不断研究、开发和应用中。

## 二、色谱仪的基本原理

色谱过程的本质是待分离物质分子在固定相和流动相之间分配平衡的过程，不同的物质在两相之间的分配会不同，这使其随流动相运动速度各不相同，随着流动相的运动，混合物中的不同组分在固定相上相互分离。

色谱法按两相状态可分为气相色谱法和液相色谱法。

气相色谱法是一种分离技术，是以气体作为流动相（载气）。当样品由微量注射器"注射"进入进样器后，被载气携带进入填充柱或毛细管色谱柱。由于样品中各组分在色谱柱中的流动相（气相）和固定相（液相或固相）间分配或吸附系数的差异，在载气的冲洗下，各组分在两相间作反复多次分配，使各组分在柱中得到分离，然后用接在柱后的检测器根据组分的物理化学特性将各组分按顺序检测出来。

液相色谱法是在经典色谱法的基础上，引用了气相色谱的理论，在技术上，流动相改为高压输送；色谱柱是以特殊的方法用小粒径的填料填充而成，从而使柱效大大高于经典液相色谱；同时柱后连有高灵敏度的检测器，可对流出物进行连续检测。

## 三、色谱仪的基本组成和结构

### （一）气相色谱仪的结构

气相色谱仪一般由气路系统、进样系统、分离系统（色谱柱系统）、检测及温控系统、记录系统组成。其中气路、进样、分离系统各部件都是机械结构，其他部分则以电路为主。

**1. 气路系统**　包括气源及相应的压力流量调节控制、净化装置，是一个载气连续运行、气密的气体管路系统。气路系统的气密性、载气流速的稳定性及测量的准确性，都影响色谱仪的稳定性和分析结果。常见的气路系统有单柱单气路、多（双）柱单气路、双柱双气路。双气路气相色谱仪的流程如图 2-16 所示。气相色谱仪的工作过程是：高压钢瓶中的载气（气源）经减压阀减低至 0.2 ~ 0.5MPa，通过装有吸附剂（分子筛）的净化气除去载气中的水分和杂质，到达稳压阀，维持气体压力稳定。样品在气化室变成气体后被载气带至色谱柱，各组分在色谱柱中达到分离后依次进入检测器。下面对气路系统中的几个重要部件作详细说明。

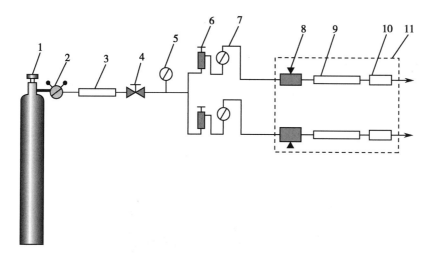

**图 2-16 双气路色相色谱仪流程图**

1. 高压瓶;2. 减压阀;3. 净化器;4. 稳压阀;5. 压力表;6. 针阀;7. 压力表;
8. 气化室;9. 色谱柱;10. 检测器;11. 恒温箱

（1）减压阀:减压阀结构如图 2-17 所示。图中 7 是高压气瓶与减压阀的连接口,气体经针阀 4 进入装有调节隔膜的出口腔 5,出口压力靠调节手柄 1 调节。顺时针拧紧,针阀逐渐打开,出口压力升高;逆时针旋松,出口压力减小。

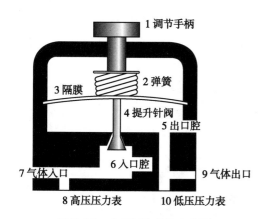

**图 2-17 减压阀的结构示意图**

（2）稳压阀:稳压阀的结构如图 2-18 所示,为后面的针形阀提供稳定的气压,或为后面的稳流阀提供恒定的参考压力。旋转调节手柄,即可通过弹簧将针形阀旋到一定的开度,当压力达到一定值时就处于平衡状态。当气体进口压力 $P_1$ 稍有增加时, $P_2$ 处的压力也增加,波纹管就向右移动,并带动三根连动阀杆(图中只画出一根)也向右移动,使阀开度变小,使出口压力 $P_3$ 维持不变,反之亦然。

（3）稳流阀:程序升温用气相色谱仪通常还配有稳流阀,以维持柱升降温时气流的稳定。其工作原理是针阀在输入压力保持不变的情况下旋到一定的开度,使流量维持不变。稳流阀的结构如图 2-

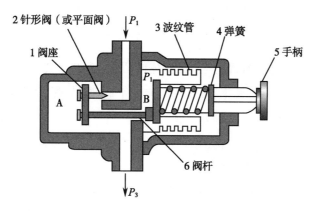

**图 2-18 稳压阀的结构示意图**

19 所示。当进口压力 $P_1$ 稳定,针阀两端的压力差 $\Delta P = P_1 - P_2$,当 $\Delta P$ 等于弹簧压力时,膜片两边达到平衡。当柱温升高时,气体阻力增加,出口压力 $P_4$ 增加,流量降低。因为 $P_1$ 是恒定的,所以 $(P_1 - P_2)$ 小于弹簧压力,这时弹簧向上压动膜片,球阀开度增大,出口压力增大,流量增加,气体阻力相应下降,直至等于弹簧压力时,膜片又处于平衡,使气体流量维持不变。

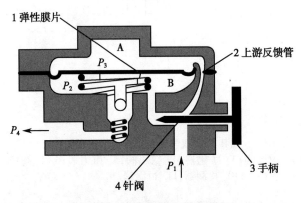

图 2-19 稳流阀的结构示意图

(4) 进样器:基于不同的样品,进样器又可分为 3 种。

1) 六通阀进样器:气体样品的进样。六通阀进样器的工作原理如图 2-20 所示。在采样位置时,载气经 1 流入,直接从 2 流出,到达色谱柱,气体样品从进样口 5 流入到接在通道 3 和 6 上的定量管 7 中,并从通道 4 流出。当六通阀从采样位置旋转 60° 至进样位置时,载气经 1 和 6 通道与定量管 7 连通,将定量管中的样品从通道 3 和 2 带至色谱柱中。

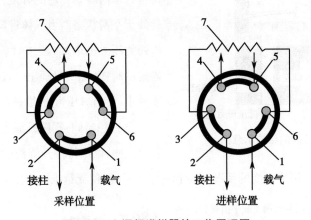

图 2-20 六通阀进样器的工作原理图

2) 隔膜进样器:填充柱液体样品的进样。液体样品通过气化室转化为气体后被载气带入色谱柱。色谱柱的一端插入气化室中,气化室的另一端有一个硅橡胶隔膜,注射器穿透隔膜将样品注入气化室。隔膜进样器的结构如图 2-21 所示。

3) 分流进样器:毛细管柱液体样品的进样。由于毛细管柱样品容量很难微量化,通常采用分流进样器。分流进样器的结构如图 2-22 所示。进入气化室的载气与样品混合后只有一小部分进入毛细管柱,大部分混合样品从分流气出口排出,分流比可通过调节分流气出口流量来确定,常规毛细管柱的分流比在 $1:50 \sim 1:500$。

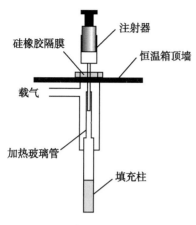

图 2-21　隔膜进样器的结构示意图

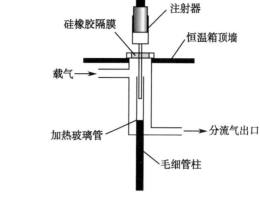

图 2-22　分流进样器的结构示意图

（5）色谱柱：色谱柱是气相色谱仪的核心部分，通常是用玻璃管、尼龙管等弯成 U 形或绕成螺旋形，内附固定相所制成，其功能是将样品各个组分分离开来。色谱柱可分为气固色谱柱、气液色谱柱、毛细管色谱柱及填充毛细管色谱柱、多孔层玻璃球柱、多孔层空心毛细管柱等。气固色谱柱和气液色谱柱均属于填充柱式，内径较大，长度较短。毛细管柱式色谱柱内径小(0.1~0.5mm)、长度大(30~300mm)，具有分析速度快、柱效高、样品量少、分离效果好等优点，但制备较困难。气固色谱柱只适用于分析无机气体、低烃类气体，而不适于分析沸点较高的样品。气液色谱由于可供选择的液体及固定液较多，所以应用较普遍。

（6）检测器：常见的检测器有以下几种：

1）热导检测器：其基本原理是：载气及样品的各个组分具有不同的导热系数，当流过热导池的气体组成或浓度改变时，由于导热系数变化从池中热敏元件上带走的热量发生变化，由测量桥路测出此变化并加以记录，就可以得到被测样品的色谱图。

其测量方法是基于载气和样品的导热系数的差异，并用惠斯登电桥检测。热导检测器的结构如图 2-23 所示。它由一个金属块和装在通气室中的热敏元件组成，热敏元件是具有较大温度系数的金属丝(如铂丝、铼钨丝)，热导检测器一般有 4 个通气室，各通气室中金属丝的电阻完全相同。热导检测器的桥式电路如图 2-24 所示。将 4 根热金属丝组成一个惠斯登电桥，往 A 和 C 室通入纯载气，往 B 和 D 室通入含样品的载气。由于 A、C 室和 B、D 室的电阻变化造成惠斯登电桥的不平衡，从而有输出电压(或电流)的大小与样品的浓度成正比。

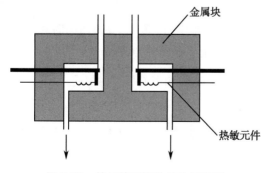

图 2-23　热导检测器的结构示意图

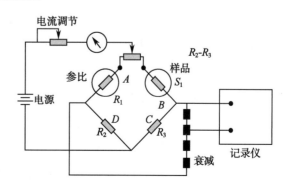

图 2-24　热导检测器的桥式电路

2）氢火焰离子化检测器：它是一种选择性检测器，对有机物较敏感，特点是灵敏度高（可达10～11g）、稳定性好、响应时间短、线性范围广、结构简单。还可用于毛细管柱色谱，做痕量和快速分析。

其基本原理是在氢火焰的上方置一收集电极，下方置一极化电极，两电极间加恒定电压形成静电场。当样品的组分随载气进入火焰燃烧时，产生化学电离，发生离子化反应，离子化反应生成许多离子对，离子对的多少与样品的各组分有关。它们在静电场的作用下形成一离子流，由收集电极将它们收集，通过高值电阻取出信号加以放大、记录。氢火焰离子化检测器的结构如图2-25所示，在喷嘴上加一极化电压，氢气从管道7进入喷嘴，与载气混合后由喷嘴逸出进行燃烧，助燃空气由管道6进入，通过空气扩散器5均匀分布在火焰周围进行助燃，补充气从喷嘴管道底部8通入。

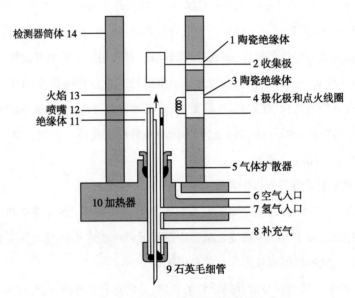

图2-25 氢火焰离子化检测器的结构示意图

3）电子捕获检测器：电子捕获检测器是目前气相色谱检测器中灵敏度最高的一种，其应用范围仅次于热导检测器和氢火焰离子化检测器。它也是一种选择性检测器，做痕量分析时常用此种检测器。电子捕获检测器的结构如图2-26所示，检测器的池体用做阴极，圆筒内侧装有放射源，阳极与阴极之间用陶瓷或聚四氟乙烯绝缘。在阴、阳极之间施加恒流或脉冲电压。

气相色谱具有高分辨率、高速度及高灵敏度等优点，但它只能用于可被气化物质的分离、检测。常压下能够被气化的物质即使加上可以定量地转变为可气化的衍生物的物质，其总的比例也只占几百万种化合物的20%左右，就是说大部分物质不能被气化，也就无法用气相色谱法进行分离、检测。另外，用做气相色谱流动相的载气一般只有氢气、氮气、氩气或氦气，由于它们性质相近，因而对于改善分离条件没有什么作用，所以也限制了气相色谱的应用。

**2. 进样系统** 进样系统包括进样器、气化室和加热系统。进样的大小、进样时间的长短、试样的气化速度等都会影响色谱的分离效果和分析结果的准确性和重现性。

**3. 分离系统** 分离系统主要由色谱柱组成，是气相色谱仪的心脏，它的功能是使试样在柱内运

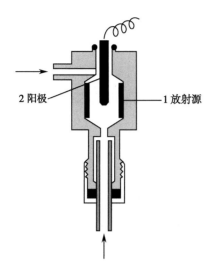

**图 2-26 电子捕获检测器的结构示意图**

行的同时得到分离。色谱柱基本有两类:填充柱和毛细管柱。填充柱是将固定相填充在金属或玻璃管中(常用内径4mm)。毛细管柱是用熔融二氧化硅拉制的空心管,也叫弹性石英毛细管。柱内径通常为0.1~0.5mm。用这样的毛细管作分离柱的气相色谱称为毛细管气相色谱或开管柱气相色谱,其分离效率比填充柱要高得多。

**4. 检测系统** 包括检测器及相应的检测电路。检测器是将经色谱柱分离出的各组分的浓度或质量(含量)转变成易被测量的电信号(如电压、电流等),并进行信号处理的一种装置,是色谱仪的眼睛。通常由检测元件、放大器、数模转换器三部分组成。被色谱柱分离后的组分依次进入检测器,按其浓度或质量随时间的变化,转化成相应电信号,经放大后记录和显示,绘出色谱图。检测器性能的好坏将直接影响到色谱仪器最终分析结果的准确性。

**5. 温度控制系统** 包括数据处理、记录及电源部分。在气相色谱测定中,温度控制是重要的指标,它直接影响柱的分离效能、检测器的灵敏度和稳定性。温度控制系统主要指对气化室、色谱柱、检测器三处的温度控制。在气化室要保证液体试样瞬间气化;在色谱柱室要准确控制分离需要的温度,当试样复杂时,分离室温度需要按一定程序控制温度变化,各组分在最佳温度下分离;在检测器要使被分离后的组分通过时不在此冷凝。控温方式分恒温和程序升温两种方式。

**6. 记录系统** 记录系统是记录检测器的检测信号,进行定量数据处理。一般采用自动平衡式电子电位差计进行记录,绘制出色谱图。一些色谱仪配备有积分仪,可测量色谱峰的面积,直接提供定量分析的准确数据。先进的气相色谱仪还配有电子计算机,能自动对色谱分析数据进行处理。

**(二)液相色谱仪**

液相色谱仪最基本的组件是高压输液泵、进样器、色谱柱、检测器和数据系统(记录仪、积分仪或色谱工作站)。此外,还可根据需要配置流动相在线脱气装置、梯度洗脱装置、自动进样系统、柱后反应系统和全自动控制系统等。液相色谱仪的结构配置如图2-27所示。其工作过程是:输液泵将流动相以稳定的流速(或压力)输送至分析体系,在色谱柱之前通过进样器将样品导入,流动相将样品带入色谱柱,在色谱柱中各组分因在固定相中的分配系数或吸附力大小的不同而被分离,并依

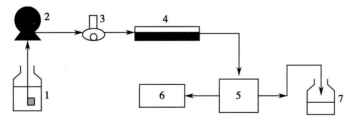

**图 2-27 液相色谱仪结构图**
1. 流动相容器;2. 高压输液泵;3. 进样器;4. 色谱柱;5. 检测器;
6. 工作站;7. 废液瓶

次随流动相流至检测器,检测到的信号送至数据系统记录、处理或保存。

1. **脱气装置**　流动相溶液往往因溶解有氧气或混入了空气而形成气泡。气泡进入检测器后会在色谱图上出现尖锐的噪声峰。小气泡慢慢聚集后会变成大气泡,大气泡进入流路或色谱柱中会使流动相的流速变慢或出现流速不稳定,致使基线起伏。气泡一旦进入色谱柱,排出这些气泡则很费时间。在荧光检测中,溶解氧还会使荧光淬灭。溶解气体还可能引起某些样品的氧化或使溶液 pH 发生变化。目前,液相色谱流动相脱气使用较多的是离线超声波振荡脱气、在线惰性气体鼓泡吹扫脱气和在线真空脱气。

(1) 超声波振荡脱气装置:是将配制好的流动相连容器放入超声水槽中脱气 10 ~ 20 分钟。这种方法比较简便,又基本上能满足日常分析操作的要求,所以目前仍广泛采用。

(2) 惰性气体鼓泡吹扫脱气装置:是将气源(钢瓶)中的气体(氦气)缓慢而均匀地通入储液罐中的流动相中,氦气分子将其他气体分子置换和顶替出去,而它本身在溶剂中的溶解度又很小,微量氦气所形成的小气泡对检测无影响。

(3) 真空脱气装置:是将流动相通过一段由多孔性合成树脂膜制造的输液管,该输液管外有真空容器,真空泵工作时,膜外侧被减压,分子量小的氧气、氮气、二氧化碳就会从膜内进入膜外而被脱除。一般的真空脱气装置有多条流路,可同时对多个溶液进行脱气。

2. **高压输液泵**　高压输液泵是液相色谱仪的关键部件,其作用是将流动相以稳定的流速或压力输送到色谱系统。对于带在线脱气装置的色谱仪,流动相先经过脱气装置再输送到色谱柱。输液泵的稳定性直接关系到分析结果的重复性和准确性。

(1) 对高压泵的要求:提供一定压力,且压力平稳;输出流量恒定,且有较大的调节范围;耐高压。高效液相色谱柱是将很细颗粒(3 ~ 10 μm 粒径)的填料,在高压下填充到柱管中的,为了保证流动相以足够大的流速通过色谱柱,需要足够高的柱前压,通常要求泵的输出压力达到 30 ~ 60 MPa 的高压。

(2) 输液泵的工作方式:有气动泵和机械泵两大类。机械泵中又有螺旋传动注射泵、单活塞往复泵、双活塞往复泵和往复式隔膜泵。

(3) 输液泵分类:按输出液恒定的因素分恒压泵和恒流泵。恒压泵能够保持输出压力恒定,而流量随色谱系统阻力的变化而变化。气动泵就是一种恒压泵。恒流泵的特点是在一定的操作条件下,其输出流量保持恒定,而与色谱柱等引起的阻力变化无关。对液相色谱分析来说,输液泵的流量稳定性更为重要,这是因为流速的变化会引起溶质的保留值的变化,而保留值是色谱定性的主要依据之一。因此,恒流泵的应用更广泛,它是液相色谱仪中使用最广泛的一种输液泵。

3. **进样系统**　进样系统是将样品溶液准确送入色谱柱的装置,分手动和自动两种方式。进样器要求密封性好、体积小、重复性好,进样时引起色谱系统的压力和流量波动要很小。现在的液相色谱仪所采用的手动进样器几乎都是耐高压、重复性好和操作方便的六通阀进样器,其原理与气相色谱中所介绍的相同。

4. **色谱柱**　色谱柱是实现分离的核心部件,要求柱效高、柱容量大和性能稳定。柱性能与柱结构、填料特性、填充质量和使用条件有关。色谱柱的材料常选用优质不锈钢管(压力较大时),或厚壁玻璃管和石英管,管内壁要求光洁。对做分析用的色谱柱常选用内径为 2 ~ 4 mm、长度在 10 ~

25cm 的直管柱。液相色谱的填充一般采用匀浆法。具体操作是先将填料配成悬浮液,在高压泵的作用下,快速将其压入装有洗脱液的色谱柱中,经冲洗后即可备用。用于填充色谱柱的物质颗粒,通常是 5～10μm 粒径的球形颗粒。色谱柱两端的柱接头内装有滤片防止填料漏出。

**5. 检测系统** 用于液相色谱中的检测器,除了应该具有灵敏度高、噪声低、线性范围宽、响应快、死体积小等特点外,还应对温度和流速的变化不敏感。

在液相色谱中,有 2 类基本类型的检测器。一类是溶质性检测器,它仅对被分离组分的物理或化学特性有响应,属于这类检测器的有紫外、荧光、电化学检测器等;另一类是总体检测器,它对试样和洗脱液总的物理或化学性质有响应,属于这类检测器的有示差折光检测器、介电常数检测器。目前常用的有紫外吸收检测器、示差折光检测器及荧光检测器。另外,火焰离子化检测器、电化学检测器也有应用。

**6. 数据处理系统与自动控制单元** 数据处理系统,又称色谱工作站。它可自动采集、处理和储存分析数据,对分析全过程进行在线显示。一些配置了积分仪或记录仪的老式液相色谱仪在很多实验室还有使用,但近年来新购置的色谱仪,一般都带有数据处理系统,使用起来非常方便。

自动控制单元是将各部件与控制单元连接起来,在计算机上通过色谱软件将指令传给控制单元,对整个分析实现自动控制,从而使整个分析过程全自动化。也有的色谱仪没有专门的控制单元,而是每个单元分别通过控制部件与计算机相连,通过计算机分别控制仪器的各部分。

高效液相色谱仪在医药、生化方面应用较多,常用于体液内异常代谢物质分析,药物组分含量的分析,药物生产的中间控制,药物在体内的残留量分析,药物在各器官中代谢产物的分析,细胞核中的核苷酸定性测定,以及氨基酸、酶、糖等分析。

## 四、色谱仪的保养和维护

### (一) 气相色谱仪

为保证气相色谱仪能够正常运行,确保分析数据的准确性、及时性,需要对气相色谱仪进行定期维护。

**1. 气源检查** 检查发生器或者气体钢瓶是否处于正常状态;检查脱水过滤器、活性炭以及脱氧过滤器,定期更换其中的填料。

**2. 管线泄漏检查** 定期检查管线是否泄漏,可使用肥皂沫滴到接口处检查。

**3. 气化室的维护** 气化室包括:进样室螺帽、隔垫吹扫出口、载气入口、分流气出口、进样衬管。不同的部件有不同的维护方式:①进样室螺帽、隔垫吹扫出口、载气入口及分流气出口 4 个部件需按厂家要求定期清洗:把这几个部件从气化室上拆卸下来,放在盛有丙酮溶液的烧杯中浸泡并超声 2 小时,晾干后使用;若有损坏应及时更换。②进样衬管必须定期进行清洗,先用洗液清洗,然后用丙酮溶液浸泡,再用电吹风吹干备用,及时添加石英棉;若有损坏应及时更换。

**4. 检测器的维护** 检测器收集器、检测器接收塔、火焰喷嘴、检测器基部、色谱柱螺帽等处,须用丙酮溶液清洗,一般超声 2 小时,直至清洗干净,清洗后用电吹风吹干备用。

**5. 柱温箱的维护** 柱温箱的外壳、容积区间,可用脱脂棉蘸乙醇擦洗。

**6. 维护周期** 气相色谱仪维护周期一般定为 3 个月。实际工作中可根据仪器工作量和运转情况适当延长或缩短维护周期。

（二）液相色谱仪

**1. 色谱柱的保养** 为保护色谱柱,延长其使用寿命,在使用时应采取以下几方面措施:应在柱头加烧结片不锈钢滤片,需要时加保护柱,防止柱头堵塞,影响分析效果;流动相 pH>7 时用大粒度同种填料作预柱;溶剂的化学腐蚀不能太强;要避免微粒在柱头沉降;为防止高压冲击,泵上的压力限制不宜太高,一般在 15～20MPa 为宜,在旧柱或梯度洗脱时应稍高些,以避免因上限设置过低而造成正常使用中的中途停机;色谱柱长时间不用,存放时,柱内应充满溶剂(甲醇或乙腈),两端封死。

**2. 手动进样阀的维护** 在每次使用后,尤其是进浓度差异比较大的样品时要用专用工具(不是带针头的注射器)冲洗进样阀,冲洗时必须冲洗进样阀两头数次,每次数毫升。以防止无机盐沉积和样品微粒造成阀内部磨损或阻塞以及样品的交叉污染。

**3. 高压恒流泵的维护** 泵的密封圈是最易磨损的部件,密封垫圈的损坏可引起系统的许多故障。密封垫圈的寿命与垫圈的材料质量,使用压力大小、保养以及缓冲液的情况而定。采取下列措施可以延长垫圈的寿命:绝对不允许在没有流动相或流动相还没有进入泵头的情况下启动泵而造成柱塞杆的干磨;每天使用后应将整个系统管路中的缓冲液体洗干净,防止盐沉积,整个管路要浸在无缓冲液的溶液或有机溶剂中;长期不用也在定期开泵冲洗整个管路。

## 五、典型色谱仪的整机分析

Agilent 1100 是安捷伦科技公司生产的高效液相色谱仪,性能稳定、功能齐全、易于掌握。

（一）性能指标

Agilent 1100 的性能指标见表 2-1。

表 2-1 Agilent 1100 性能指标

| 项目 | | 规　格 |
|---|---|---|
| 输液单元 | 泵型 | 串联泵,双活塞,具有独特的伺服控制可变冲程驱动、浮动活塞和主动输入阀 |
| | 流速设定范围 | 0.001～10ml/min |
| | 流量精度 | <0.3% RSD(1ml/min 情况下) |
| | 压力 | 0～40MPa |
| | 梯度形式 | 低压四元混合/梯度功能使用专用的高速比例阀,滞后体积 800～1100μl |
| 脱气单元 | 形式 | 四通道在线脱气 |
| | 容量 | 每通道 12ml |
| 柱温箱 | 温度控制范围 | (室温以下 10℃)～80℃,可以程序升温 |
| | 箱内尺寸 | 300mm 柱×3 |
| | 加热方式 | 两个单独的加热区 |
| | 其他 | 安装柱识别,可以记录进样次数 |
| 检测器 | 类型 | 1024 元二极管阵列 |
| | 光源 | 氘灯、钨灯 |
| | 波长范围 | 190～950nm |
| | 噪声 | ±0.75×10$^{-5}$ AU |
| | 现行吸收范围 | >2AU(上限) |
| | 波长准确度 | ±1nm |
| | 狭缝宽度 | 1,2,4,8,16nm |
| | 二极管宽度 | <1nm |
| | 流通池 | 标准:13μl,10mm 光程;微量:1.7μl,6mm 光程 |

（二）操作及维护

**1. 操作**

（1）开机操作：①打开 Seal Wash 清洗液开关，调节流速为 2～3 滴/分；②打开计算机，进入 Windows 操作系统，并运行软件程序；③打开 Agilent 1100LC 各模块的电源，等待仪器自检完毕，需 1～2 分钟；④双击桌面上"Instrument 1 Online"图标，进入 Agilent 1100 化学工作站。

（2）关机操作：①如果使用了缓冲溶液流动相，应先用水冲洗系统 30 分钟；②用纯有机相冲洗系统 30 分钟；③在工作站上关闭各个模块；④退出工作站，关闭计算机；⑤关闭 1100LC 各个模块的电源；⑥关闭 Seal Wash 清洗液开关。

**2. 日常维护**

（1）流动相使用前必须脱气、过滤：脱气可以除去其中溶解的气体，以防止在流动相由色谱柱流至检测器时因压力降低而产生气泡。气泡会形成压力波动，增加基线噪声，造成背景偏高。溶解在流动相中的氧气还会导致某些组分被氧化，柱中固体相发生降解，影响分离性能。常用的脱气方法有氦气脱气、真空脱气、加热回流脱气、超声脱气、在线真空脱气等。在线脱气由智能控制，成本低、简便易行，脱气效果明显，并适用于多元溶剂体系。

（2）溶剂和样品的过滤：不干净的溶剂或在溶剂瓶中长菌的溶剂会阻塞溶剂过滤器，增加泵的磨损负担，而未过滤的样品会堵塞色谱柱并对分析结果产生一定的干扰。为防止长菌，建议使用棕色的无菌溶剂瓶盛放溶剂，避免日晒，在不影响分析的前提下，可在溶剂中加入 0.001mol 的叠氮化钠。溶剂应每天用 0.45μm 的滤膜过滤，不要使用存放多日的蒸馏水及磷酸盐缓冲液。溶剂过滤器堵塞后可将砂芯滤头拔出，在 35% 硝酸溶液中浸泡 1 小时，再用二次蒸馏水彻底冲洗干净。

（3）缓冲盐的使用：为防止缓冲盐产生盐析损伤密封垫，造成漏液等故障，要用 10% 异丙醇-水溶液作为清洗剂带走缓冲盐，以 5 滴/分的速度虹吸流下。为避免缓冲盐可能落在有机溶剂上出现盐沉淀，推荐将缓冲盐通道接在 A 通道上，有机溶剂通道接在 D 通道上方。

（4）泵的作用：泵为色谱柱提供稳定的动力，供应准确的液流，是整台仪器的心脏。要维持它的良好的操作性除了要用高品质的试剂和溶剂、过滤脱气外，在每天开始使用时都应放空排气，在关机前用纯水冲洗系统半小时充分洗去盐类，然后用有机溶剂冲洗 20 分钟，将整个系统充满有机溶剂，保持无菌。当发现泵压力不稳，基线毛刺太大时，可以考虑更换主动输出阀上的滤芯。当系统流量为 2ml/min 时，旋开 purge 阀，系统压力>5Pa 时，则有必要更换 purge 阀上的滤芯。

（5）色谱柱的保养：色谱柱在任何情况下都不能碰撞、弯曲、强烈震动；分析时使用保护柱，避免使用高黏度的溶剂作为流动相，样品要严格过滤，进样量要严格控制，进样量要尽可能的少；每天分析工作结束后，要用适当的溶剂来冲洗整个系统；不要用高压冲洗柱子；当柱子从系统中拆下长时间不用时，要将柱子两端密封，在适当溶剂中浸泡保存，以防气泡进入。

（6）注意事项

1）检测器使用时应避免频繁开关；在分析完成时，马上关闭检测器。太早打开检测器会缩短检测器的寿命，太晚打开则会浪费流动相。

2）对于手动进样器，要使用专用的平头液相进样针，绝对不可以用气相的进样针；当使用缓冲溶液时或实验结束时,要用专用工具先用水反复冲洗进样口,同时搬动进样阀数次,最后再用有机溶剂冲洗。

## 六、色谱仪常见故障实例分析

【实例1】某 Waters 高效液相色谱仪接通柱温箱供电板电源,然后打开柱温箱的电源开关。在未打开温控器的电源开关前,柱温箱的加热指示灯亮,表面柱温箱在未接到温控器的控制信号,就开始加热。

故障分析及处理:打开温控器电源,显示器显示柱温箱的温度持续上升,超过了前次实验的设定温度而不停止加热。在温控器上重新设定温度,柱温箱加热到设定温度,不能停止加热。其温控系统说明书电路简图如图 2-28 所示。温控电路由保险、电源开关、热开关、指示灯、固态继电器、电阻丝及电阻温度检测器组成。电阻温度检测器测得的温度传到控制器与设定温度比较,若低于设定温度,控制器将给出低电位,固态继电器闭合,电阻丝加热。达到设定温度,通过电阻温度检测器传回信号,使控制器给出高电位,固态继电器断开,电阻丝停止加热。通过温度控制器控制固态继电器的闭合、断开,使柱温箱保持在设定温度工作,达到恒温的目的。热保护开关,又称温度控制器,当温度异常升高时,温度保险丝感受环境温度,当温度达到易熔合金的熔点时,合金融化,切断电流,保护温控系统不被破坏。

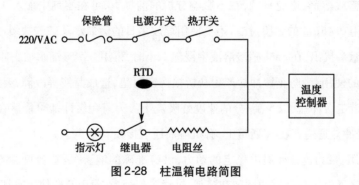

图 2-28　柱温箱电路简图

从故障现象看,柱温箱加热电阻丝不受温控器设定温度的控制,温控箱一接通电源,就处于加热状态。表明柱温箱的电路处于常通状态,才出现这种现象。由电路简图可以看出,温控开关在正常的工作状态,常闭合;固态继电器受温控器给出的电位控制,处于常开的状态,通过电阻温度检测器传回的温度信号,若低于设定温度时,控制给出低电位信号,固态继电器的电源端闭合,柱温箱加热。热开关及其他部件工作正常,只有固态继电器处于常闭合状态,接通电源,电阻丝就会加热。由于继电器故障,继电器输出端处于常通状态,并且不受温控器的控制。从故障显示及电路简图可判定继电器故障。

拆下固态继电器,测得电源端电阻为 $17.31\Omega$,线圈端电阻为 $7.66M\Omega$,线圈处于开路状态,固态继电器处于常通状态,不受控制信号的控制。此继电器型号为 70YY14243,参数是 240VAC,5A,3 ~ 20VDC。按此参数购得 CRTDOM 公司固态继电器,型号为 CX380D5,参数为 380VAC,5A,3 ~ 32VDC,换上后,故障消失,温度控制系统正常工作。

**【实例2】**某 GC14B 开机显示正常,设定柱箱、检测器、进样口温度,按加热键,绿灯亮,按 START 键,仪器各加热单元不升温。

故障分析及处理:从故障现象分析,是电路故障,引起故障的原因大致有以下几点:①仪器加热丝断;②过温保护电路起作用;③DC24V 电源故障;④继电器 K1、K2、K3、K4 故障;⑤可控硅故障;⑥温度控制电路故障。

针对以上的几种可能,逐一进行分析检查,首先用万用表测量柱箱(COL)、进样口(INJ)、检测器(DET)的加热丝。如正常,检查电源电路板上的 LED 灯,如不亮,判断过温保护电路故障。

过温保护电路故障一般是热电偶损坏或电源 DC24V 故障,用万用表测量柱箱、进样口、检测器的热敏电阻(PT),阻值为 $100\Omega$,全部正常。用万用表电阻挡测量柱箱、检测器的热电偶(CA)为 $9\Omega$,进样口热电偶为 $18\Omega$。此情况应引起注意:热电偶正常值在 $9\Omega$ 左右。可控硅的测量,用万用表 R×1 挡测量 T1、T2 正、反向阻值,阻值为 $300k\Omega$ 测量结果正常。

关机,重新开机,设定温度,按加热开关,观察各加热单元温度,发现进样口温度显示闪烁,温度指示不稳定。关机,测试进样口的热电偶,万用表指示为 $850\Omega$,据此判断热电偶元器件损坏,可能当初万用表测量时接触不良而显示 $18\Omega$,拆下热电偶两端,用接线连接热电偶两端,开机,按加热键,仪器各加热单元加热工作正常。更换新的热电偶后,仪器故障排除。

## 复习导图

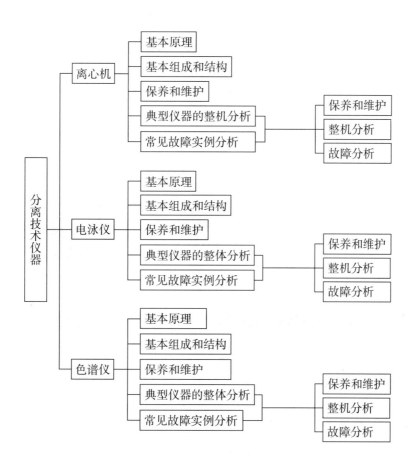

## 目标检测

### 一、选择题（单选题）

1. 在梯度液中不同沉降速度的粒子处于不同的密度梯度层内形成几条分开的样品区带,达到彼此分离的目的,这种方法是( )

    A. 差速离心法                      B. 密度梯度离心法

    C. 速率区带离心法                 D. 等密度区带离心法

2. 大多数蛋白质电泳用巴比妥或硼酸缓冲液的 pH 是( )

    A. 7.2 ~ 7.4                         B. 7.4 ~ 7.6

    C. 7.6 ~ 8.0                         D. 8.2 ~ 8.8

3. 聚丙烯酰胺凝胶电泳分离蛋白质,除一般电泳电荷效应外,欲使分辨力提高还应有的作用是( )

    A. 浓缩作用         B. 扩散作用         C. 重力作用         D. 分子筛作用

4. 下面描述中不正确的是( )

    A. 气相色谱仪只能分析气态样品       B. 液相色谱仪可以分析液态样品

    C. 色谱仪要求的样品必须是混合物       D. 气相色谱仪也能分析液态样品

5. 气相色谱系统的核心是( )

    A. 温度控制         B. 流动相            C. 气路            D. 分析柱

### 二、简答题

1. 简述电泳的基本原理。

2. 简述色谱仪的工作原理。

3. 色谱仪主要有哪些特点?

ER-02章习题

# 实训一 DYY-12 电泳仪的维修

## 一、实训目的

1. 掌握电泳仪工作原理及基本结构。

2. 熟悉电泳仪的基本操作及安装调试过程。

3. 了解电泳仪的临床应用。

## 二、实训内容

（一）DYY-12 电泳仪的基本操作实训

1. 电泳仪的初步认知实训。

2. 电泳仪的使用方法。

3. 电泳仪的保养和维护。

（二）DYY-12 电泳仪的常见故障分析及维修实训

1. **故障实例一** 开机无显示。

2. **故障实例二** 有电流但是电压很低。

3. **故障实例三** 有电压输出但无电流输出。

## 三、实训步骤

（一）DYY-12 电泳仪的基本操作实训

**1. 电泳仪的初步认知实训**

（1）电泳仪主要由电泳仪电源、电泳槽两大部分组成。电泳电源是建立电泳电场的装置，它通常为稳定（输出电压、输出电流或输出功率）的直流电源，而且要求能方便地控制电泳过程中所需电压、电流或功率。电泳槽是样品分离的场所，是电泳仪的一个主要部件。槽内装有电极、缓冲液槽、电泳介质支架等。电泳槽的种类很多，如单垂直电泳槽、双垂直电泳槽、卧式多用途电泳槽、圆盘电泳槽等。观察电泳仪电源、电泳槽结构，熟悉仪器按钮功能。

（2）正确连接电源连接线等。

**2. 电泳仪的使用方法实训步骤**

（1）按"模式"键，将工作模式由标准（STD）转为定时（TIME）模式。

（2）先设置电压 U，按"选择"键，先将其反显，然后输入数字键即可设置该参数的数值。按数字 1000，则电压即设置完成。

（3）设置电流 I，按"选择"键，先使 I 反显，然后输入数字 200。

（4）设置功率 P，按"选择"键，先使 P 反显，然后输入数字 100。

（5）设置时间 T，按"选择"键，先使 T 反显，然后输入数字 320。如果输入错误，可以按"清除"键，再重新输入。

（6）确认各参数无误后，按相同颜色电极连接电泳槽。按"启动"键，启动电泳仪输出程序。在显示屏状态栏中显示"Start!"并蜂鸣 4 声，提醒操作者电泳仪将输出高电压，注意安全。之后逐渐将输出电压加至设置值。同时在状态栏中显示"Run"，并有两个不断闪烁的高压符号，表示端口已有电压输出。在状态栏最下方，显示实际的工作时间（精确到秒）。

（7）每次启动输出时，仪器自动将此时的设置数值存入"M0"号存储单元。以后需要调用时可以按"读取"键，再按"0"键，按"确定"键，即可将上次设置的工作程序取出执行。

（8）电泳结束，仪器显示："END"，并连续蜂鸣提醒。此时按任一键可止鸣。

**3. 电泳仪的保养和维护实训步骤**

（1）每天保养：检查清洗液；检查排空废液瓶；仪器使用完毕后，用专用浸泡液执行浸泡程序 30

分钟,再用清洗液清洗仪器 3 次。

（2）每月保养:①执行每天保养程序;②用专用定标液对仪器进行标定;③定期保养,更换泵管、泵轴及附件清洁并添加润滑剂。

（二）DYY-12 电泳仪的故障维修实训

**1. 维修前的准备工作**

（1）掌握电泳仪的基本组成和结构以及工作原理。

（2）熟悉电泳仪的基本操作以及安装调试技术。

**2. 常见故障的分析排除**,参见"电泳仪常见故障实例分析"。

## 四、实训思考

1. 电泳仪通电后无显示,应如何进行处理?

2. 接上电泳槽工作时,有电压输出但无电流输出,请分析故障及检修步骤。

## 五、实训测试

| 学　号 | | 姓　名 | | 系　别 | | 班　级 | |
|---|---|---|---|---|---|---|---|
| 实训名称 | | | | | | 时　间 | |
| 实训测试标准 | 【故障现象】<br>【故障分析】<br>1. 维修前的准备工作　　　　　　　　　　　　　（1分）<br>2. 对此故障现象进行故障分析　　　　　　　　　（2分）<br>【检修步骤】　　　　　　　　　　　　　　　　　（7分）<br>每个维修实例考核满分标准　　　　　　　　　　（10分） | | | | | | |
| 自我测试 | | | | | | | |
| 实训体会 | | | | | | | |
| 实训内容测试考核 | 实训内容一:考核分数(　　　)分<br>实训内容二:考核分数(　　　)分<br>实训思考题1:考核分数(　　　)分<br>实训思考题2:考核分数(　　　)分 | | | | | | |
| 教师评语 | | | | | | | |
| 实训成绩 | 按照考核分数,折合成(优秀、良好、中等、及格、不及格)<br>　　　　　　　　　　　　　　　　　指导教师签字:<br>　　　　　　　　　　　　　　　　　　年　月　日 | | | | | | |

（董　立）

# 第三章

## 形态学检测仪器

ER-03章PPT

**导学情景**

学习目标

1. 掌握显微镜、血液分析仪和流式细胞分析仪的工作原理和基本结构。

2. 熟悉显微镜、血液分析仪和流式细胞分析仪的日常维护和保养。

3. 了解显微镜、血液分析仪和流式细胞分析仪的临床应用。

学前导语

　　血常规检查是帮助医生诊断病情的常用辅助检查手段之一，一般包括红细胞、血红蛋白、白细胞及白细胞分类计数等项目。显微镜、血细胞分析仪等仪器是进行血常规检查的常见仪器，掌握此类仪器的结构和工作原理，正确地使用和维护此类仪器对医学检验从业人员和医疗器械维修工程师非常重要。本章将介绍显微镜、血细胞分析仪等仪器的基本结构、工作原理、使用操作和日常维护。

　　医学形态学检查主要是通过观察细胞形态细微结构来区别不同细胞类型，主要是利用现代医学形态学仪器如显微镜、血液分析仪和流式血液分析仪来区别出血液中的红细胞、白细胞及白细胞分类等项目。

　　17世纪中叶，列文虎克发明了显微镜，后来在显微镜中加入了摄影装置，以感光胶片作为可以记录和存储的接收器，现代又普遍采用光电元件、电视摄像管和电荷耦合器等作为显微镜的接收器，配以微型电子计算机后构成完整的图像信息采集和处理系统。库尔特利用阻抗原理发明了血液分析仪，并逐步增加激光技术和电导技术进行细胞的再分类。流式血液分析仪是在血液分析仪基础上再将液体物理、电子技术、光电技术、计算机技术以及细胞荧光化学技术、单克隆抗体技术等技术整合为一体的新型高科技仪器。这些仪器是医学检验的重要工具，对医学检验从业人员和医疗器械维修工程师非常重要。本章将介绍显微镜、血液分析仪等仪器的基本结构、工作原理、使用操作和日常维护。

## 第一节　显微镜

### 一、概述及临床应用

早在公元前1世纪，人们就已发现通过球形透明物体去观察微小物体，可以使其放大成像。后来逐渐对球形玻璃表面能使物体放大成像的规律有了认识。1590 年,荷兰的眼镜制造者杨森父子已经制造出类似显微镜的放大仪器。1610 年前后,意大利的伽利略和德国的开普勒在研究望远镜的同时,改变物镜和目镜之间的距离,得出合理的显微镜光路结构。当时的光学工匠遂纷纷从事显微镜的制造、推广和改进。17 世纪中叶,英国的胡克和荷兰的列文虎克,都对显微镜的发展做出了卓越的贡献。1665 年前后,胡克在显微镜中加入粗动和微动调焦机构、照明系统和承载标本片的工作台。这些部件经过不断改进,制成高倍显微镜,并成为现代显微镜的基本组成部分。

在显微镜本身结构发展的同时,显微观察技术也在不断创新。19 世纪,高质量消色差浸液物镜的出现,德国人阿贝提出了显微镜成像的古典理论,阿米奇第一个采用了浸液物镜,这些都促进了显微镜制造和显微观察技术的迅速发展。1850 年出现了偏光显微术,1893 年出现了干涉显微术,1935 年荷兰物理学家泽尔尼克创造了相衬显微术。后来在显微镜中加入了摄影装置,以感光胶片作为可以记录和存储的接收器。现代又普遍采用光电元件、电视摄像管和电荷耦合器等作为显微镜的接收器,配以微型电子计算机后构成完整的图像信息采集和处理系统。

显微镜(microscope)是由一个透镜或几个透镜的组合构成的一种光学仪器,具有很高的分辨本领和放大倍数,是人类进入原子时代的标志,是人类 20 世纪最伟大的发明物之一。显微镜是用于放大微小物体成为人的肉眼所能看到的仪器,是研究物质微观结构的有力工具。

显微镜将人类的视野从宏观引入到微观,把一个全新的微观世界展现在人类的视野里,突破了人类的视觉极限,使之延伸到肉眼无法看清的细微结构,广泛地应用于医学、生物学、金属材料、化工、地质等领域。医学上借助显微镜,可以观察和研究生物细胞、病菌等微小物体的结构和特性,由此奠定了细胞学和组织学的基础,并对生物学、遗传学、微生物学、病理学、医学和实验学的发展起了极大的促进作用。

## 二、显微镜的基本原理

### (一) 显微镜的成像原理

显微镜是利用光学原理,把人眼所不能分辨的微小物体放大成像,供人们提取物质微细结构信息的光学仪器。普通的光学显微镜是由两组会聚透镜组成的光学折射成像系统。把焦距较短、靠近观察物、成实像的透镜组称为物镜,而焦距较长,靠近眼睛、成虚像的透镜组称为目镜。而相对于物镜的成像条件及最后二次成像于观察者的明视距离等条件的满足是通过仪器的机械调焦系统来实现的。被观察物体位于物镜的前方,被物镜作第一级放大后成一倒立的实像,然后此实像再被目镜作第二级放大,得到最大放大效果的倒立虚像,位于人眼的明视距离处。为了说明成像原理,我们可以把显微镜简单地看作由两个凸镜组成,如图 3-1 所示。被观察物体 AB 放在物镜 $O_1$ 的焦点以外,靠近焦点的地方(物距大于一倍焦距,小于两倍焦距)。这样在物镜 $O_1$ 的另一侧就生成一个放大的倒立的实像 A′B′,此实像正好落在物镜 $O_1$ 的焦距之内(因为是实像,对目镜来说就相当于一个物体了)。实像再经过目镜 $O_2$ 放大,最后形成一个经两次放大的倒立的虚像 A″B″呈现在观察者的明视距离处,供眼睛观察。这里把目镜和物镜看作透镜是为了便于解释成像原理,为了消除像差,实际上使用的物镜和目镜是由多个透镜组成的复杂透镜组。

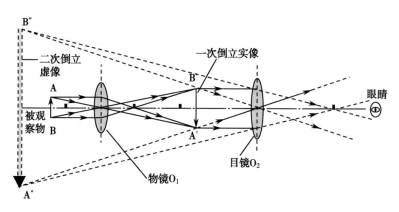

图 3-1 显微镜成像原理

（二）显微镜的光学参数

1. **数值孔径** 数值孔径也叫镜口率,简写 NA。它的定义是物体与物镜之间媒质的折射率 $n$ 和物镜孔径角（$\alpha$）一半的正弦值的乘积(图 3-2)。即:

$$NA = n \times \sin(\alpha/2) \tag{3-1}$$

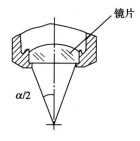

图 3-2 物镜的孔径角

数值孔径是衡量显微镜性能的极为重要的一个技术参数,同时它又决定或影响着显微镜的其他参数。它与放大率成正比,与景深成反比;它的平方和图像亮度成正比;数值孔径越大,其视场和工作距离就越小。

根据公式(3-1)可知,要提高物镜的数值孔径,可采取两种办法:一是增大孔径角 $\alpha$,二是增大物镜与标本之间介质的折射率。前一种办法也就是让标本与物镜尽量靠近。但无论怎样靠近,$\alpha$ 不可能大于 $180°$,$\sin(\alpha/2)$ 也无法达到 1。因为空气的折射率为 1,所以 NA 总是小于 1。后一种办法就是在物镜与标本之间加入折射率较大的介质。比如香柏油,其折射率为 1.515,显微镜使用油镜就是这个道理。

2. **分辨率** 分辨率是指分辨微细结构的能力,又称鉴别率或分辨本领。它与数值孔径有关,是衡量显微镜质量的重要技术参数之一。分辨率与"分辨距离"成反比,分辨距离是指能被分辨开的两物点间的最小距离。如果两物点间的距离小于分辨距离,就会把它们看成一个点。分辨距离越小,显微镜的分辨率越高。显微镜的分辨率是由物镜来决定的,目镜只起"放大镜"的作用,并不提高显微镜的分辨率。在普通中心照明的情况下,物镜的分辨率由公式(3-2)决定:

$$d = \frac{0.61\lambda}{NA} \tag{3-2}$$

式中 $d$ 表示分辨距离,$\lambda$ 表示照明光线的波长,单位为 nm。

在可见光中亮度最大而且人眼最敏感的波长为 $0.55\mu m$,物镜最大的 NA 为 1.4,代入公式(3-2)中可得 $d \approx 0.2\mu m$。即利用可见光的普通显微镜,在中心照明的情况下,分辨距离的极限为 $0.2\mu m$。

提高分辨率可采取两种方法:一是提高物镜的数值孔径,二是使用波长较短的照明光线。

紫外线的波长比可见光短,比如用波长 $0.27\mu m$ 的紫外线作为光源的紫外显微镜,其分辨距离可达 0.1μm，分辨率高于可见光 1 倍。但因为眼睛看不见紫外线，只有拍成照片以后再观察。X 射线、γ 射线的波长比紫外线的波长更短，但目前没有发现可用的透镜材料。

随着现代科学的发展，人们发现在 100kV 电压的作用下，电子流的波长只有 0.00387nm，比高能 X 射线的波长还短。因此，利用电子枪来发射电子束，用磁透镜来控制电子束的折射，就制成了电子显微镜。目前，1500kV 的超高压电子显微镜，其分辨距离已达数埃，使人类进入了能观察原子的时代。

**3. 放大率**　显微镜的放大率是指物体经物镜、目镜两次成像后眼睛所看到的虚像与原物体大小的比值。

显微镜的视角放大率 $\Gamma$ 为物镜和目镜放大率的乘积，可由公式（3-3）计算：

$$\Gamma = \Gamma_{\text{目}} \times \Gamma_{\text{物}} = (L/f_{\text{物}}) \times (250/f_{\text{目}}) \tag{3-3}$$

式中 $L$ 为显微镜的光学筒长，$f_{\text{物}}$、$f_{\text{目}}$ 分别是物镜、目镜的焦距，250mm 是明视距离。$(L/f_{\text{物}})$、$(250/f_{\text{目}})$ 分别是物镜和目镜的放大率。

从理论上讲，显微镜的放大率可以做得很大，但如果标本的细节不能被物镜分开，放大再大也没有意义，所以显微镜的放大率一般用有效放大率表示。根据上面这些条件结合人眼的特点，理论上可以计算出显微镜最合适的总放大率，称为有效放大率（用 $M$ 表示），是物镜数值孔径的 500～1000 倍。即：

$$500\text{NA} \leqslant M \leqslant 1000\text{NA} \tag{3-4}$$

在有效放大率范围内，眼睛可以长时间观察而不易疲劳。如果总放大率低于 500NA，观察起来很吃力；反之，则会使像质变坏，甚至造成不真实的像。

显微镜的分辨率和放大率是两个互相关联的性能参数。当显微镜的分辨率不够高时，显微镜不能分辨物体的细微结构，放大率再大也只能看到一个不清晰的图像；反之如果显微镜分辨率很高但放大倍数不足，显微镜虽然具有分辨的能力，但因为图像太小仍然看不清楚。所以，应该使显微镜的分辨率和放大率合理匹配。

**4. 视野**　视野又称视场，是指通过显微镜所能看到标本所在空间的范围，其大小由物镜和目镜的视场共同决定。从使用角度看，希望视场越大越好，视场越大越便于观察，但视场会随放大率的增大而变小。由于显微镜视场较小，为了看到整个标本，可以采用移动载物台的办法，使标本的不同部位依次进入显微镜的视场，轮流观察。

**5. 景深与焦长**　景深又称焦点深度，是指在成一幅清晰像的前提下，像平面不变，景物沿光轴前后移动的距离。景物不动，像平面沿光轴前后移动的距离称为焦长。

**6. 镜像亮度和清晰度**　镜像亮度即显微镜的图像亮度的简称。镜像清晰度是指图像的轮廓清晰、衬度适中的程度。镜像亮度与数值孔径平方成正比，与总放大率成反比。为了增大亮度，可以用大数值孔径的物镜和低放大率的目镜，也可以调节光源灯的亮度来解决问题。成像的清晰度取决于显微镜的整个光学系统，尤其是物镜的光学性能，它与显微镜的设计、制造、使用、保管等都有关系。

**7. 工作距离**　工作距离是指从物镜前表面中心到被观察标本间满足工作要求的距离范围。工作距离与物镜的数值孔径成反比,数值孔径越大,工作距离越小,此外工作距离还与物镜的种类和光学结构有关。

显微镜的性能参数之间是互相联系又互相制约。分辨率应摆在首位,放大率摆在第二位,其余各参数列入从属地位。因此,使用时应在保证主要参数满足的前提下,兼顾其他参数。

## 三、显微镜的基本组成和结构

显微镜的基本结构包括光学系统、光源照明系统和机械系统三大部分。光学系统是显微镜的主体部分,又包括物镜、目镜等装置。光源照明系统的作用是提供照亮标本的光线,包括光源灯、反射镜、聚光镜等装置。机械系统是为了保证光学系统的成像而配置的,包括调焦系统、载物台和物镜转换器等运动夹持部件以及底座、镜臂、镜筒等支持部件。普通显微镜结构如图3-3所示,一些特殊类型或高级显微镜还有一些附加装置。

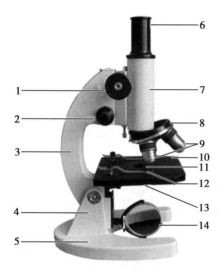

**图3-3　显微镜的结构**

1. 粗准焦螺旋;2. 细准焦螺旋;3. 镜臂;4. 镜柱;5. 镜座;6. 目镜;7. 镜筒;8. 转换器;9. 物镜;10. 载物台;11. 通光孔;12. 压片夹;13. 遮光器;14. 反光镜

### (一) 光学系统

光学系统是显微镜非常重要的组成部分,主要包括物镜、目镜等。

**1. 物镜**　物镜是显微镜的核心组成部件,它直接决定或影响着显微镜的成像质量和光学性能,常将它比喻成显微镜的心脏。物镜由多块透镜组成,放大倍数越高越复杂。高倍物镜多数装有弹簧,以便保护镜头和载玻片及盖玻片。

(1) 分类:显微镜物镜一般可以按照物镜的放大倍数、像差的校正情况和空间介质的不同对其进行分类。

1) 根据物镜的放大倍数不同:物镜可分为低倍物镜、中倍物镜、高倍物镜和浸液物镜4类。①低倍物镜:通常由一组双胶合透镜组成,放大率为3×~6×,数值孔径为0.04~0.15,如图3-4(a)所示;②中倍物镜:由两双胶合透镜组成(称为李斯特物镜),放大率为5×~25×,数值孔径为0.15~0.40,如图3-4(b)所示;③高倍物镜:由一个前片和两双胶合透镜组成(称为阿米西物镜),放大率为25×~65×,数值孔径为0.35~0.85,如图3-4(c)所示;④浸液物镜:其结构更为复杂,在高倍物镜的前片镜和中组镜之间加了一个正弯月形透镜。物镜使用时前片必须浸在油或水里,且浸液不能随意选用。放大率为90×~100×,数值孔径为1.2~1.5。如图3-4(d)所示。

2) 物体经过透镜后,可获得一个形状与原物相似、颜色相同的清晰像。然而,由于多种因素的影响,使像的形状和颜色与理想的像总是有差别。这种差别叫像差。像差的存在,直接影响像的清晰度或物像的相似性。根据像差产生的原因和条件,主要分为球差、色差、像散、彗差、场曲和畸变等。

色差:是一种由白光或复色光经透镜成像时,会因各种色光存在着光程差而造成颜色不同、位置不重合、大小不一致的不同成像效果,从而造成像和物的较大失真。

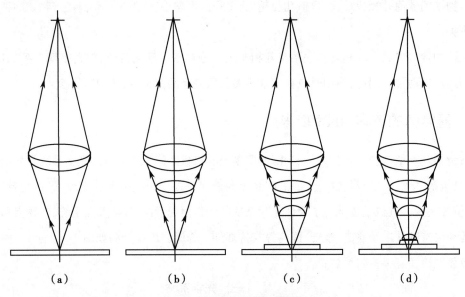

图 3-4　不同分辨率显微物镜

按像差的校正情况:显微镜的物镜可分为消色差物镜、复消色差物镜及平场物镜三大类。①消色差物镜:这类物镜校正了轴上点的位置色差和像差,并使近轴点消除了正弦差,但不能消除色球差。二级光谱和场曲较大,故不能用于重要的研究工作和显微摄影。此类物镜具有结构简单、制造安装方便、价格便宜的特点,一般用于低、中档显微镜上。②复消色差物镜:这类物镜的某些透镜采用萤石、氟石和明矾等非玻璃光学材料,二级光谱校正较好,因此物镜的像质较优。但其倍率色差并不能完全校正,在倍率色差大于 1% 时,要用目镜补偿,不过其场曲仍然较大。此类物镜结构复杂、材料稀少、加工难度大,致使造价昂贵。但由于它成像质量极佳,在相同倍率下具有更大的数值孔径,对光源无苛刻要求,通常为研究型万能显微镜所采用。③平场物镜:在系统中加入厚弯月形透镜可校正像面弯曲。与普通物镜相比,它的主要优点是视场显著增大,在物镜像平面上的线视场可达25mm,并且工作距离也有所增长。平场物镜常用于广视野观测及显微摄影。此类物镜比较复杂、加工难度大、成本高,一般用于中、高档显微镜。

(2) 物镜的识别:物镜的特征参数通常刻于镜头的外壳上,如图 3-5 所示。(a)图为 10 倍物镜,数值孔径为 0.25,机械筒长为 160mm,所用盖玻片为 0.17mm;(b)图为 100 倍物镜,数值孔径为1.25,机械筒长为 160mm,所用盖玻片为 0.17mm,"油"表示油浸物镜。

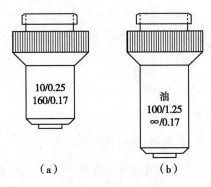

图 3-5　物镜的特征参数

**2. 目镜**　显微镜的目镜实质上是一个放大镜,它用来观察被物镜放大了的像(中间像),一般插在镜筒上,使用更换方便。

目镜是在窄光束、大视场的条件下与物镜配合使用的,其结构较物镜简单,通常由 2 ~ 6 块透镜分两组或三组构成。上端与眼睛接触的称"接目镜";下端靠近视野的称会聚透镜,有放大作用。目镜属于小孔径大视场系统,轴上像差可不予考虑,只需校正轴外像差。在目镜的物方焦面处设置一视场光阑用以限制物方视场大小,物镜的放大实像就在这个光阑面上成像,光阑面上可以安置目镜测微器或目镜指针。

目镜的种类很多,常见的有惠更斯目镜、冉斯登目镜、平场补偿目镜、平常广视野目镜等,但一般上下两块透镜的凸透面都朝下的惠更斯目镜在普通显微镜上使用得最多。

**(二) 光源照明系统**

显微镜的照明系统为被观测的标本提供充分而均匀的照明,以方便观察,一般由光源、滤光器和聚光器等组成。聚光镜的功能是使更多的光能集中到被观察的部位。照明灯的光谱特性必须与显微镜的接收器的工作波段相适应。

1. **光源** 显微镜所用的光源有自然光源和电光源两种。自然光源常用于低、中档显微镜中,具有节能、安全、方便等优点;电光源多用于高档显微镜,具有发光效率高、显色性好、亮度大、寿命长等优点,常用的电光源有白炽灯、氙灯、汞灯等。

显微镜的光源用于供给照亮标本的光线,一般应满足以下基本要求:光源光谱分布近似于自然光;被照明物体的照度要适中;对物体的照明要均匀;光源的热量不能过多地传递到镜头和标本,以免造成损坏。

2. **滤光器** 滤光器也称之为滤光片,主要改变入射光的光谱成分和光的强度以便于显微观察和显微摄影。常用的滤光片一般为几毫米厚的有色玻璃片,使用不同颜色滤光片来选择不同颜色的照明光线,使观察效果更佳。

3. **聚光器** 聚光器一般安装在镜台下面,其作用是将光源的光线会聚到标本上,使照明光线获得一个与物镜数值孔径相适应的孔径角,一般由聚光镜和可变光栅组成。可变光栅装在聚光镜下,一般由十几片薄金属片组成,可任意调节通光孔的大小,以配合物镜的数值孔径,控制聚光器的通光范围,调节光的强度。聚光镜装在载物台的下方,一般由透镜组成,可以集中透射过来的光线,使更多的光集中到被观察的部位。聚光镜不仅可以弥补光量的不足和适当改变从光源射来的光的性质,而且可以将光线聚焦于被检物体上,以得到最好的照明效果。

4. **照明方式** 根据聚光镜和光源的使用方式不同,显微镜的照明方式可以分为反射式照明、临界照明和柯拉照明等。

(1) 反射照明:初级生物显微镜是用自然光经反射镜反射后照亮被观察的标本。反射镜有平面镜和凹面镜两种,前者用于配有聚光器的显微镜,后者用于没有聚光器的显微镜。

(2) 临界照明:如图 3-6 所示,光源发出的光线经聚光器 $K_2$ 会聚在物平面处,照亮被观察的标本 A。其优点是结构简单,光能损失少。但由于光源的像与标本平面重合,若光源面亮度不均匀,则

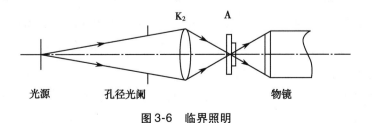

图 3-6 临界照明

物面照明也不均匀,并直接反映到观察视场内,影响观察。

(3)柯拉照明:如图3-7所示,光源发出的光线经聚光镜 $K_1$ 后成像于可变光阑 $J_2$ 上,再经聚光镜 $K_2$ 后成像于物镜的入孔处,标本得到均匀照明。同时视场光阑 $J_1$ 经聚光镜后成像于标本平面上。改变可变视场光阑的大小,物平面上的照明范围也跟着变化,可使物镜视场外的物体得不到照明,减少杂散光。因此,这种照明方式可以使物平面界限清晰、亮度均匀,在中、高档显微镜中均采用此种照明方式。

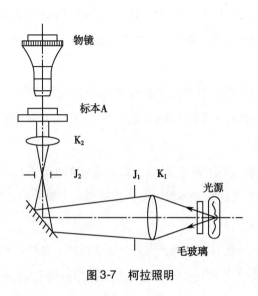

图3-7　柯拉照明

### (三)机械结构

显微镜的机械结构是为整个光学系统服务的,必须与光学系统密切配合,一般由镜座、镜臂、镜筒、物镜转换器、载物台、粗动调焦机构和微动调焦机构等元件组成。

**1. 镜座与镜臂**　镜座也称底座,一般由铸铁制作用来支撑镜体。镜臂主要用来支持镜筒和大部分光学元件。

**2. 镜筒**　显微镜的镜筒是光路的主要部分。上端可插入目镜,下端连接物镜。镜筒为了适应不同视力的需要,一般可调。镜筒有单目、双目和三目之分,现在多用双目镜筒,三目镜筒一般为了教学或摄影而配置的。

**3. 物镜转换器**　位于镜筒下端,用来安放和转换物镜。有二孔式、三孔式、四孔式,后两种居多。旋转转动盘时,可将各个物镜依次地置换在显微镜的光轴位置上。对物镜转换器的精度有两点要求:一是同轴,保证它的定位精度,即在每个定位上,必须使物镜和目镜的光轴重合在一条直线上;二是齐焦,保证它的"齐焦精度",即可初见物像,从低倍换到高倍物镜不用使用粗调就可以看到物像。齐焦也称为"等高转换"。

**4. 载物台**　用于承载标本玻片。对载物台的要求是台面平直,并与显微镜的光轴垂直。

**5. 粗动调焦机构**　简称粗调,由粗动手轮控制,可以快速调焦,调节时光学系统快速移动。

**6. 微动调焦机构**　简称细调,由微动手轮控制,调节时光学系统移动非常缓慢。

## 四、显微镜的保养和维护

### (一)一般维护

**1. 防潮**　为防止显微镜光学零件生霉、生雾和机械零件锈蚀,除了选择干燥的房间外,存放地点也应该远离墙壁、地面、湿源,放置显微镜的箱中要放置硅胶干燥剂,并注意及时更换。

**2. 防尘**　灰尘、砂粒等落入机械部分会增大摩擦使运动受影响,落入光学系统会影响观察。因此,应经常保持显微镜的清洁,不用时盖好,以防落尘。

**3. 防震**　强烈的震动,会使光学元件的相对位置发生改变,也会使一些小巧精细的机械零件失去它原有的精度甚至变形损坏,从而使显微镜的光学性能遭受破坏。因此,搬动显微镜时,动作要轻要稳。

4. **防热**　防热的主要目的是为了避免热胀冷缩引起镜片的开胶与脱落。

5. **防腐蚀**　显微镜不能和具有腐蚀性的化学试剂放在一起,如硫酸、盐酸、强碱等。

（二）特殊性维护

1. **光学系统的擦拭**　一般先用毛笔或擦镜纸擦拭,如果有污物、油渍、手指印或发霉生雾,可用脱脂棉蘸少量乙醇和乙醚混合液(乙醇80%、乙醚20%)擦拭。要注意乙醇乙醚混合液不能太多,以免液体太多流入镜片的粘接部使之脱胶。一般目镜和聚光镜允许拆开擦拭,拆开时注意各元件相对位置和顺序以及镜片的正反面以防弄错,擦拭完后一定要用吹风球吹干净。

2. **机械部分的擦拭**　表面涂漆部分,可用布擦拭。但不能使用乙醇、乙醚等有机溶剂擦,以免脱漆。没有涂漆的部分若有锈,可用布蘸汽油擦去。擦净后重新上好防护油脂即可。

## 五、典型显微镜的整机分析

下面以 CX31 生物显微镜为例作介绍。

（一）构造

主要由目镜、镜筒、物镜转盘、镜体、聚光镜和载物台等部件组成,其整机结构如图 3-8 所示。

（二）光学特征

表 3-1 是表示目镜、物镜组合的光学性能,图 3-9 是表示物镜的各种性能数据。

表 3-1　目镜、物镜组合的光学性能

| 光学性能<br>物镜 | 放大<br>倍率 | 数值<br>孔径 | 分辨率<br>（μm） | 10 倍目镜（视场数 20 ） | | |
|---|---|---|---|---|---|---|
| | | | | 总放大率 | 焦深（μm） | 视场直径 |
| 平场消色差 | 4 倍 | 0.10 | 3.36 | 40 倍 | 175.0 | 5.0 |
| | 10 倍 | 0.25 | 1.34 | 100 倍 | 28.0 | 2.0 |
| | 40 倍 | 0.65 | 0.52 | 400 倍 | 3.04 | 0.5 |
| | 100 倍 | 1.25 | 0.27 | 1000 倍 | 0.69 | 0.2 |

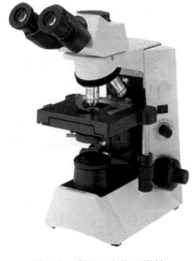

图 3-8　CX31 生物显微镜

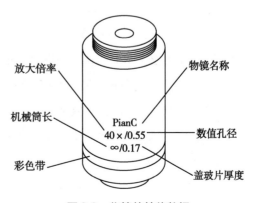

放大倍率　　物镜名称

机械筒长

PianC
40×/0.55
∞/0.17

彩色带

数值孔径

盖玻片厚度

图 3-9　物镜的性能数据

（三）规格

光学系统：UIS（万能无限远）光学系统。

照明系统：内置式照明[（100～120）/（220～240V），0.85/0.45A，50/60Hz]。

聚焦系统：通过滚轴导轨改变载物台高度（齿条和齿轮）每圈行程36.8mm，总行程范围25mm。

物镜转换器：四孔物镜转换器，固定向内倾斜。

双目镜筒：视场数20；镜筒倾斜度30°；瞳间距调节距离范围48～75mm。

载物台：尺寸：188mm×134mm；移动范围：垂直方向50mm，水平方向76mm。

聚光镜：阿贝聚光镜（带内置日光滤色片），内置孔径光阑，数值孔径1.25（带浸油时）。

（四）使用方法与步骤

**1. 调整光强**　将主开关打开，顺时针转动光强调节钮可以使照明更亮，逆时针转动则使照明变暗，旋钮周边的数字表示参考电压值。

**2. 放置标本**　逆时针转动粗调焦旋钮，降低载物台；打开标本夹上的带弹簧的扳指，把标本载玻片从前面放进标本夹；将载玻片推到最里面，轻轻放开扳指。

**3. 调焦**

（1）调节粗调焦旋钮张力：粗调焦旋钮张力已经预先调好，易于使用。但是如果必要，可以使用粗调焦旋钮张力调节环改变粗调焦旋钮的张力。使用一个大的平头改锥插入张力调节环周边的任一凹槽，顺时针转动粗调焦旋钮张力调节环，增加张力，反方向转动则减小张力。如果载物台自行下滑或者使用微调焦旋钮聚焦后迅速离焦，就是张力太小，需调节粗调焦旋钮张力调节环增加张力。

（2）简易粗调焦限位旋钮：聚焦标本后，转动聚焦装置上的简易粗调焦限位旋钮，可以使这种装置接触到载物台支架。如果需要给聚焦位置留下部分余地，可以将简易粗调焦限位旋钮从接触到载物台支架的位置向回转大约半圈；如果不需要使用这种装置时，就把粗调焦限位旋钮转到最高位置。

**4. 调整瞳距**　调整双眼间的距离，使两眼同时看到一个显微镜像，能防止观察时的疲劳。具体方法：边看目镜，边移动双目镜筒，让左右视野一致。标识"●"的位置表示瞳距。将自己的瞳距记住，利于下次观察时调整。

**5. 调整屈光度**　使用右眼通过右目镜观察，转动粗调焦旋钮和微调焦旋钮，对好焦距；使用左眼通过左目镜观察，转动屈光度调节环，对好焦距。

**6. 调整聚光镜位置和孔径光阑**　一般聚光镜是在上限位置使用，但在观察视野亮度不太均衡时，微调聚光镜可以获得良好的照明亮度；孔径光阑决定照明系统的数值孔径，照明系统的数值孔径和物镜的数值孔径相匹配，可以提供更好的图像分辨率和反差，并能增加焦深，孔径光阑上刻有物镜倍率，观察时将与使用物镜相对应的倍率放到正面。

**7. 浸油物镜的使用方法**

（1）按从低倍率物镜到高倍率物镜的顺序来对焦。

（2）将浸油物镜放入光路之前，在标本的待观察区域上滴加一滴与物镜配套提供的浸油。

（3）转动物镜转换器，把浸油物镜移入光路，让后用微调焦旋钮聚焦。

（4）使用后用纱布蘸少量无水乙醇小心地擦拭物镜的前透镜除去浸油。

## 六、显微镜常见故障分析

显微镜的常见故障大致可以分为机械故障、光学故障和电路故障三大类。

（一）机械故障

**1. 粗调部分故障**　此部分常见的故障是自动下滑或升降时松紧不一致。下滑是指镜筒、镜臂或载物台静止在某一位置时不经调节，在自重力的作用下，自动地慢慢下落现象。解决的办法是增大静摩擦力，调节粗调内的压紧垫圈即可。此外，由于粗调机构长久失修，润滑油干枯，升降不顺畅，甚至可以听到机件的摩擦声。此时要拆下机械装置清洗，上油脂后重新装配。

**2. 微调部分故障**　此部分常见的故障是卡死与失效。这部分比较精密和复杂，非专业人员一般不要修理。

**3. 物镜转换器故障**　此部分主要故障是定位失灵，一般是定位弹簧片损坏（变形、断裂、失去弹性、弹簧片的固定螺钉松动等）所致，需更换新弹簧片。

（二）光学故障

光学部分最常见的问题是清洗灰尘或污点，在清洁前首先要判断灰尘或污点的具体部位以便彻底清洗干净。其判断或清洗的方法如下：

**1. 污物或灰尘的检查**　显微镜开启后，污点可能存在于以下光学部件：目镜、物镜、观察筒，或者中间光学组件中。检查时可以单独旋转目镜或者物镜来判断污点，当单独旋转目镜或者物镜时，污点也随之转动，那么污点就在相应的目镜或者物镜上，此时进一步拆卸目镜和物镜进行检查并清除。如果转动目镜和物镜时，污点不动，那么污点可能在观察筒和中间光学组件中，此时转动观察筒来判断，同样也能找出污点所在位置并清除。目镜和物镜表面脏物检查并拆下目镜，可逆着光的方向并不断改变观察角度，可以清楚地看到物镜表面是否有污物。当物镜有污物时，由于物镜顶端的透镜很小，往往肉眼很难分辨，可以拆卸一个目镜，调转一个方向则可当成放大镜使用，通过放大以后，物镜表面的污点将清晰可辨，然后清除。

**2. 污物或灰尘的清除方法**　用柔软的刷子扫或洗耳球吹显微镜表面，用医用纱布蘸上少许汽油擦拭显微镜的载物平台、镜背、镜座等表面，较顽固的污迹如指纹、油脂等用脱脂棉花蘸少许无水乙醇与乙醚混合液（比例为7∶3）轻轻擦去。油浸物镜应该使用镜头纸蘸少许二甲苯液擦拭。

（三）电路故障

显微镜的电路部分的故障主要是灯泡和保险丝的损坏，更换灯泡和保险丝时，应关掉电源，注意灯泡和保险丝的规格与该显微镜相匹配，以免烧毁灯泡或者电路板。

总之，显微镜为精密设备之一，使用与维修时要小心谨慎，千万不要盲目动手。

## 第二节 血细胞分析仪

### 一、概述及临床应用

血细胞分析仪(blood cell analyzer,BCA)又称血液分析仪(hematologic analyzer),是指对一定体积全血内血细胞异质性进行自动分析的常规检验仪器。全自动血细胞分析仪在20世纪80年代末和90年代初已稳步进入临床实验领域,成为外周血细胞计数和分类的重要工具。如今,血细胞分析仪除了完成红细胞、白细胞、血小板系列的计数之外,还能承担许多相关参数的检测。血液的许多特性,临床上虽然可通过化学和物理学的方法获得,但对血液学的评估,几乎总是离不开对血液有形成分的计数以及对各类细胞形态的观察。血细胞分析仪因其检测精密度高、分析速度快、操作标准化等优点,目前在我国各级医院已广泛应用。

#### (一) 血液的组成及特点

血液是由多种成分组成的红色浓稠液体,主要由红细胞、白细胞、血小板及血浆所组成。离体后的血液自然凝固后所分离出来的黄色透明液体为血清(不含纤维蛋白原)。血液加抗凝剂后所分离出来的黄色透明液体称血浆。血浆中,水分占91%~92%,固体成分占8%~9%,其中包括:①蛋白质约占7%,如白蛋白、球蛋白、纤维蛋白原、凝血酶原等;②无机盐类:占0.9%,包括钠、钾、氯、钙、镁、磷等;③其他:如非蛋白氮(尿素、肌酸、尿酸、肌酐等)、脂肪、胆固醇、葡萄糖、激素、维生素、抗体、酶等。正常人全身血量占人体重量的6%~8%,男性比女性略高,其中血浆约占总血量的55%,血细胞(主要为红细胞)约占总血量的45%。

血液是维持人体生理正常活动的重要物质,它向全身各组织供应氧分,调节各器官的生命活动,抵御有害物质和病菌的侵害,常被称为"生命之河"。人类生理和病理的变化往往会引起血液组分的变化,所以,及时了解血液组分的变化,可以为医生提供诊断与治疗疾病的重要依据。正常情况下人体的血细胞参数维持在一个稳定水平,当这些血细胞(包括血红蛋白)超出正常值范围时,会使人体发生病变。如贫血可使红细胞个数低于正常值;化脓性感染、急性炎症、组织坏死、肿瘤、急性失血等会使白细胞个数高于正常值;病毒性感染、某些药物或放射性物质的毒害会使白细胞个数低于正常值。

#### (二) 血细胞分析仪测定的基本参数

所谓血细胞分析主要是指计数单位容积中红细胞(RBC)、白细胞(WBC)和血小板(PLT)的个数。

随着测量技术不断创新,血细胞分析仪提供的测量参数不断增多,最多可达40个以上(表3-2)。这些参数有的用于临床疾病的诊断与治疗,有的则用于特殊专科和科研工作等。

#### (三) 血细胞分析仪的发展简史与展望

传统的血细胞计数是将血液稀释后,滴在有分划的玻璃片上,在显微镜下用人工计数。这种计数方法速度慢、劳动强度大、眼睛易疲劳、计数精度低。20世纪50年代初,美国人库尔特设计了电阻抗原理,研发了世界上第一台电子细胞计数仪,同时又发明了血红蛋白测定仪,大大提高了检测速度和检验结果的准确性,开创了血细胞计数的新纪元。20世纪70年代,血细胞分析仪发展到不但可以全血细胞成分计数,还可根据检测数据分析出细胞形态参数。20世纪80年代初,自动白细胞分类技术研制成功。按细胞体积大小分成不同的群体,有分为2个群体的,有分为3个群体的。20世纪80年代后期五分类技术相继问世,同时发明了网织红细胞计数仪。20世纪90年代至今,全自动血细胞分析仪得到广泛使用,白细胞五分类技术日益提高,并开始引入血细胞分析仪全自动流水线技术。图3-10为血细胞分析仪流水线。

表3-2 血细胞分析仪的主要测量参数

| 测量参数分类 | 参 数 名 称 |
| --- | --- |
| 红细胞参数 | 红细胞计数、血红蛋白定量、血细胞比容、平均红细胞体积、平均红细胞血红蛋白含量、平均红细胞血红蛋白浓度、红细胞体积分布宽度、红细胞血红蛋白分布宽度、网织红细胞体积分布宽度、红细胞体积直方图、网织红细胞计数与分类、有核红细胞计数、…… |
| 白细胞参数 | 白细胞计数、白细胞三分群或白细胞五分群、白细胞核象(分叶指数)、白细胞髓过氧化物酶指数、淋巴细胞亚群、中性粒细胞体积分布宽度、平均中性粒细胞体积、淋巴细胞平均传导值、…… |
| 血小板参数 | 血小板计数、平均血小板体积、血小板比容、血小板体积分布宽度、血小板体积分布直方图、网织血小板分群计数、…… |

**图3-10 血细胞分析仪流水线**

随着科学技术的进步,新的技术、新的方法和新的模式正不断引入血细胞分析仪的研发中。综合分析,血细胞分析仪的未来发展将体现在以下几个方面:①多功能合成扩展,使血细胞分析仪增加更多具有临床诊断治疗

▶▶ **课堂活动**

为什么要做血常规检查? 一般在什么情况下需要做血常规检查呢?

价值的检测指标;②利用联合检测技术进一步提高细胞分类的准确性;③进一步提高仪器的自动化水平,实现血细胞分析仪与标本前处理仪器、生化分析仪、免疫分析仪更快捷的全自动流水线;④进一步开发仪器的智能化系统,增加信息化、网络化功能,使仪器能够实施标本检验全程的质量管理和过程控制。

## 二、血细胞分析仪的基本原理

### (一) 血细胞计数原理

血细胞计数的方法有变阻脉冲法(简称变阻法)、光电计数法和激光计数法。变阻法简单实用,普遍采用,这里只介绍变阻法血细胞计数原理。

**1. 变阻脉冲法原理**　血细胞是电的不良导体,将血细胞置于电解液中,由于细胞很小,一般不会影响电解液的导通程度。但是,如果构成电路的某一小段电解液截面很小,其尺度可与细胞直径相比拟,当有细胞浮游到此时,将明显增大整段电解液的等效电阻,如图3-11所示。如果该电解液外接恒流源(不论负载阻值如何改变,均提供恒定不变的电流),则此时电解液中两极间的电压是增大的,产生的电压脉冲信号与血细胞的电阻率成正比。如果控制定量溶有血细胞的电解溶液,使其从小截面通过,即使血细胞顺序通过小截面,则可得到一连串脉冲,对这些脉冲计数,就可求得血细胞数量。由于各种血细胞直径不同,所以其电阻率也不同,所测得的脉冲幅度也不同,根据这一特点就可以对各种血细胞进行分类计数。

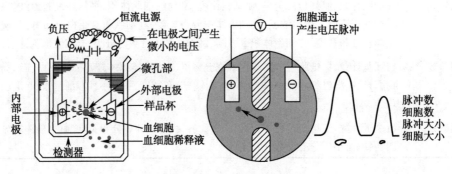

图3-11　变阻脉冲法原理

变阻法计数在大多数细胞计数器中是利用小孔管换能器装置实现的,如图3-12所示。

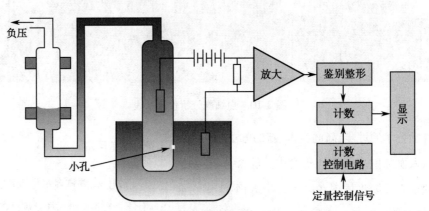

图3-12　小孔管换能器装置

在仪器的取样杯内装有一根吸样管,吸样管下部侧面有一个小孔(宝石制作),因此也叫做小孔管。小孔管的内侧和外侧各置一只铂电极,两电极间施加一个恒定的电压,形成一个恒定的电流。测试前,先将待测血液用洁净的电解液充分稀释,使血细胞在电解液中成为游离状态,然后在小孔管上端通过负压泵施加负压,在负压的抽吸下,混有血细胞的电解液便被均匀地抽进小孔管(负压一定要稳定)。当血细胞通过小孔时,排开了等体积的电解液,使电解液的等效电阻瞬间变大,这个变大的电阻在恒流源的作用下引起一个等比例增大的电压。当细胞离开小孔附近后,电解液的等效阻值又恢复正常,直到下一个细胞到达小孔。这样,血细胞连续地通过小孔,就在电极两端产生一连串电压脉冲。脉冲的个数与通过小孔的细胞个数相当,脉冲的幅度与细胞体积成正比。脉冲信号经过放大、阈值调节、甄别和整形等步骤,得出细胞计数结果。

**2. 血细胞的分类计数**　细胞的分类计数是指分别计数各种细胞。血液中各种细胞的体积是不同的,白细胞体积范围在 120 ~ 1000fl,红细胞在 85 ~ 95fl,血小板在 2 ~ 30fl,血细胞的分别计数便是利用它们的体积及数量的不同。由前述可知,体积不同的红细胞、白细胞、血小板,其产生的脉冲幅度也不同,排列顺序以白细胞最大,红细胞次之,血小板最小。在计数红、白细胞时,可利用一个幅度鉴别电路将血小板筛选出去,这个鉴别电路称为阈值选择电路。如图 3-13 所示。

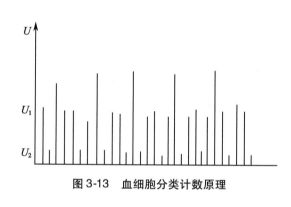

图 3-13　血细胞分类计数原理

（1）红细胞计数:阈值电压选择在 $U_1$ 时,只有红、白细胞产生的脉冲参与计数,由于正常人体外周血红细胞的数量为白细胞的 1000 倍左右,白细胞产生的脉冲可完全忽略,红、白细胞数可视为红细胞数。

（2）血小板计数:阈值电压选在 $U_2$ 时,可以去掉干扰计数,并计出红、白细胞和血小板的总数,然后从总数中减去红、白细胞数,即为血小板数。

（3）白细胞计数与血红蛋白的含量:在计数白细胞时,先在稀释血液中加入一种溶血剂,使红细胞溶解破碎,其碎片体积分散到不影响白细胞计数的程度。红细胞破碎后,将阈值电压选在 $U_1$,再对剩下的白细胞进行计数,便可以求得白细胞数;红细胞破碎溶解后,其内部的血红蛋白(HGB)便释放出来,与溶血剂中的转化剂反应,进而转化为颜色稳定的氰化血红蛋白,通过光电比色法可求出血红蛋白的含量。

**3. 细胞直方图**　目前,三分类以上细胞计数器均在给出各细胞参数的数据结果时,同时提供 3 种细胞(红细胞、白细胞和血小板)的细胞体积分布图即细胞直方图(图 3-14)。通过细胞直方图可形象、直观地获得细胞体积分布的特征。另外,白细胞直方图还可用于白细胞亚群的分类。

直方图是由测量通过感应区的每个细胞脉冲积累得到的,在计数的同时进行分析测量,反映细胞体积大小异质性的资料,如图 3-14 为典型红、白细胞及血小板直方图。图 3-14(a)为红细胞直方图,体积分布曲线的显示范围从 24 ~ 360fl,计数器把大于 36fl 的颗粒计数为红细胞,可得到红细胞

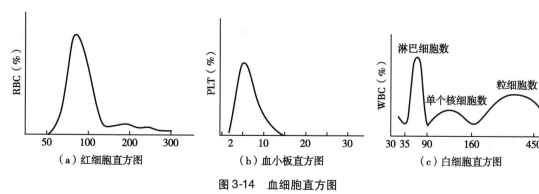

图 3-14　血细胞直方图

主群和位于主群右侧的小细胞群 2 个细胞群体,小细胞群是一些多聚体细胞、白细胞、小孔残留物。图 3-14(b)为血小板直方图,显示范围为 0 ~ 36fl,计数范围为 2 ~ 20fl。图 3-14(c)为白细胞直方图,白细胞直方图上包括 3 个白细胞亚群:35 ~ 90fl 范围的淋巴细胞群(LY);91 ~ 160fl 范围的单个核细胞群(MO);161 ~ 450fl 范围的粒细胞群(GR)。计数器根据 3 个体积范围内的颗粒数与总颗粒数之比例,便可计算出白细胞三分类,即:

$$LY(\%) = (35 ~ 90fl\ 范围的颗粒数)/(35 ~ 450fl\ 范围的颗粒数)$$

$$MO(\%) = (91 ~ 160fl\ 范围的颗粒数)/(35 ~ 450fl\ 范围的颗粒数)$$

$$GR(\%) = (161 ~ 450fl\ 范围的颗粒数)/(35 ~ 450fl\ 范围的颗粒数)$$

这种分类方法叫直方图分类法。由此可以看出,电阻法只是根据体积的大小将白细胞分成几个群体,在这些群体中,可能以某种细胞为主(如小细胞区主要是淋巴细胞),但由于细胞体积间的交叉,可能还有其他细胞的存在。计数器直方图分类与人工染色显微镜分类比较,相关系数为:LY>0.9,MO>0.7,GR>0.9,正常细胞分类的可信度达 95%,不需人工复查。

---

**知识链接**

**溶血剂对白细胞的影响**

溶血剂对不同类别白细胞质膜产生不同的反应。在正常生理条件下,白细胞体积由小到大依次排列为:淋巴细胞→嗜碱性粒细胞→中性粒细胞→嗜酸性粒细胞→单核细胞。而经溶血剂作用后的白细胞体积的大小排列为:淋巴细胞→嗜碱性粒细胞→嗜酸性粒细胞→单核细胞→中性粒细胞。

值得注意的是,电阻法对白细胞的分类根据的是溶血剂作用后的白细胞体积,而不是根据生理状态下的白细胞体积。

---

（二）白细胞分类技术

循环血液中的白细胞包括中性粒细胞、嗜酸性粒细胞、嗜碱性粒细胞、淋巴细胞和单核细胞。为了能从细胞大小及内部结构全面分析细胞,进而得到较准确的白细胞分类计数,自 20 世纪 80 年代以来,各种高科技方法分别或联合应用于血液细胞分析,各系列先进仪器相继问世。下面根据工作原理分别予以介绍。

**1. 容量、电导、光散射法(VCS)** VCS 技术集三种物理学检测技术于一体,可使血细胞未经任何处理,在与体内形态完全相同的自然状态下进行多参数分析,得出检测结果。VCS 检测原理如图 3-15 所示。

标本内先加入只作用红细胞的溶血剂使红细胞溶解,然后加入抗溶血剂起中和溶血剂的作用,使白细胞表面、胞质及细胞大小等特征仍然保持与体内相同的状态。根据流体力学的原理使用鞘流技术,使溶血后剩余的白细胞单个通过检测器,接受 VCS 三种技术的同时检测。

体积(volume,V):测量使用的是电阻抗原理。当细胞进入小孔管时,产生的脉冲峰的大小依细胞体积而定,脉冲的数量决定于细胞的数量,可以有效区分体积大小差异显著的淋巴细胞和单核细

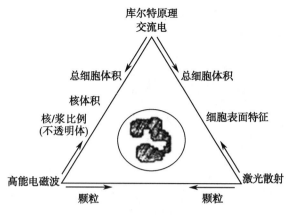

图 3-15 VCS 检测原理

胞。但是,小淋巴细胞与成熟的嗜酸性粒细胞大小相似,未成熟的淋巴细胞和成熟的中性粒细胞体积相似,因此仅用体积测量法还不能准确地进行白细胞分类。

电导法(conductometry,C):根据细胞壁能产生高频电流的性能采用高频电磁探针,测量细胞内部结构、细胞核和细胞质的比例以及细胞内质粒的大小和密度,如图 3-16 所示。细胞膜对高频电流具有传导性,当电流流过细胞时,细胞核的化学组分可以使电流的传导性发生变化,其变化量可以反映出细胞内含物的信息。因此,电导性可辨别体积完全相同而性质不同的两个细胞群。

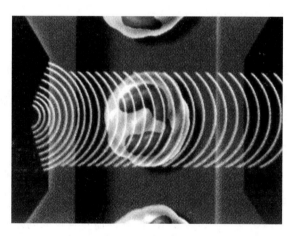

图 3-16 电导原理

光散射(scatter,S):是根据细胞表面光散射的特点提供了注重细胞类型的鉴别方式,来自激光光源的单色光束直接进入计数池的敏感区,通过对细胞进行扫描分析,提供细胞结构和形态的光散射信息,如图 3-17 所示。光散射特别具有对细胞颗粒的构型和颗粒质量的区别能力,细胞粗颗粒的光散射要比细颗粒更强,这种光散射可以有助于仪器区分粒细胞的中性粒细胞、嗜酸性粒细胞和嗜碱性粒细胞。

VCS 技术使得每个细胞通过检测区时,都会接受三维分析,不同的细胞在细胞体积、表面特征、内部结构等方面完全一致的概率很小。根据细胞体积、传导性和光散射的不同,综合三种检测方法所得到的检测数据,经仪器内设计算机处理,可以得出细胞分布图,进而计算出实验结果。

**2. 阻抗与射频联合白细胞分类法** 这类仪器白细胞计数通过几个不同检测系统完成,其检测原理如图 3-18 所示。

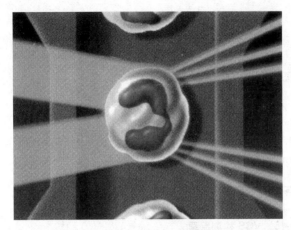

图 3-17　光散射原理

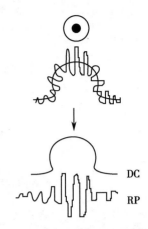

图 3-18　阻抗与射频联合检测原理

（1）嗜酸性粒细胞检测系统：此系统是利用电阻抗方式计数。血液进入仪器后，经分血器，血液与嗜酸性粒细胞特异计数用溶血剂混合。由于其特殊的 pH，使得除嗜酸性粒细胞以外的所有细胞溶解或萎缩，含有完整的嗜酸性粒细胞液体通过小孔时，使计数电路产生脉冲而被计数。

（2）嗜碱性粒细胞检测系统：此系统计数原理与嗜酸性粒细胞相同。由于碱性的溶血剂中只能保留血液中的嗜碱性粒细胞，因此根据脉冲的多少即可求得嗜碱性粒细胞数。上述 2 种方法除需使用专一的溶血剂外，还需特定的作用温度和时间。

（3）淋巴、单核、粒细胞（中性、嗜碱性、嗜酸性）检测系统：此系统采用了电阻抗与射频联合检测。使用的溶血剂作用较温和，溶血穿透细胞膜，仅使少量的胞质溢出，对核皱缩作用也较轻微，细胞形态改变不大，在小孔的内外电极上存有直流和高频两个光射器，在小孔周围存在直流电及射频两种电流。由于直流电不能透过细胞质，仅能测量细胞的大小，而射频可透入细胞内，测量核的大小及颗粒的多少，因此细胞进入小孔时产生 2 个不同的脉冲信号，脉冲的高低分别代表细胞的大小（DC）和核及颗粒的密度（RF），以 DC 信号为横坐标，RF 为纵坐标，就可根据 2 个信号作为一个细胞定位于二维的细胞散射图上。由于淋巴细胞、单细胞及粒细胞的细胞大小、细胞质含量、浆内颗粒的大小与密度、细胞核的形态与密度不同，DC 及 RF 的脉冲信号有较大的差异，定位在各自散射的区域，通过扫描技术得出各类细胞比例。

（4）幼稚细胞检测系统：此系统也是利用电阻抗方式计数。由于幼稚细胞上的脂质较成熟细胞少，在细胞悬浮液中加入硫化氨基酸后，由于脂质占位不同，结合在幼稚细胞上的硫化氨基酸较成熟细胞多，并且对溶血剂有抵抗作用，所以能够保持幼稚细胞的形态完整而溶解成熟细胞，这样就可以通过阻抗法来检测计数。

**3. 光散射与细胞化学技术联合白细胞分类计数**　这类仪器联合利用激光散射和过氧化物染色技术进行细胞分类计数。嗜酸性粒细胞有很强的过氧化氢酶活性，中性粒细胞有较强的过氧化氢酶活性，单核细胞次之，而淋巴细胞和嗜碱性粒细胞无此酶。如果将血液经过氧化物染色，胞质内即可出现不同的酶化学反应。染色后的细胞通过测试区时，由于酶反应强度不同（阴性、弱阳性、强阳性）和细胞体积大小不同，激光束射到细胞时，所得前向角和散射角不同，以 X 轴为吸光率（酶反应强度),Y轴为光散射(细胞大小)。每个细胞产生的两维信号结合,定位在细胞图上。仪器每秒钟可测上千个细胞。计算机系统对存储的资料进行分析处理,并结合嗜碱性粒细胞/分叶核通道结果计算出白细胞总数和分类计数结果。

---

**知识链接**

### 过氧化酶反应
#### ——用于鉴别不同的方法

过氧化物酶主要存在于粒细胞系和单核细胞系中,早期的原始粒细胞为阴性,早幼粒以后的各阶段都含有过氧化物酶,并随着细胞的成熟过氧化物酶含量逐渐增强,中性分叶核粒细胞会出现强阳性反应,嗜酸性粒细胞具有最强的过氧化物酶反应,嗜碱性粒细胞不含此酶呈阴性反应。在单核细胞系统,除早期原始阶段外,幼稚单核和单核细胞会出现较弱的过氧化物酶反应。淋巴细胞、幼稚红细胞、巨核细胞等都为过氧化物酶阴性反应。过氧化酶反应(peroxidase,POX)是血涂片染色的一个常用细胞化学染色方法。染色后的细胞内无蓝黑色颗粒出现为阴性反应,出现细小颗粒或稀疏样分布的黑色颗粒为弱阳性反应,出现黑色粗大而密集的颗粒为强阳性反应。

---

**4. 多角度偏振光散射白细胞分类技术**　其原理是将一定体积的全血标本用鞘流液按适当比例稀释,白细胞内部结构近似自然状态。由于嗜碱性粒细胞颗粒具有吸湿特性,结构有轻微改变。红细胞内部的渗透压高于鞘液的渗透压,血红蛋白从细胞内游离出来,而鞘液内的水分进入红细胞中。细胞膜的结构仍然完整,由于此时红细胞折光指数与鞘液相同,红细胞不干扰白细胞的检测。

如图3-19所示,在水动力系统的作用下,样本被集中在一个直径30μm的小股液流,该液流将稀释细胞单个排列,与入射的激光束垂直相交,使激光产生散射,因是单个细胞通过激光束,在各个方面都有散射光。散射光的性质与细胞的大小、细胞膜和细胞内部结构的折射率有关,可从4个角测定散射光的密度。这4个角度分别是:0°,前角光散射(1°~3°)粗略地测定细胞大小;10°,狭角光散

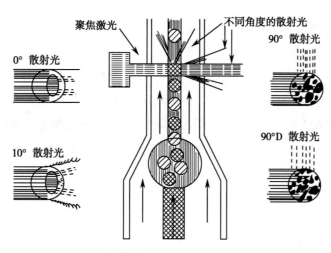

**图3-19　多角度偏振光散射白细胞分类原理**

射(7°~11°)测细胞结构及其复杂性的相对指征;90°垂直光散射(70°~110°),主要对细胞内部颗粒和细胞成分进行测量;消偏振光散射(70°~110°),基于颗粒可以将垂直角度的偏振光消偏振的特性,将嗜酸性粒细胞从中性粒细胞和其他细胞中分离出来。可以从这4个角度对每个白细胞进行测量,同一种特定的程序自动储存和分析数据,将白细胞分为嗜酸性粒细胞、中性粒细胞、嗜碱性粒细胞、淋巴细胞和单核细胞5种。

### (三) 网织红细胞检测原理

网织红细胞是尚未完全成熟的红细胞,在周围血液中的数值可反映骨髓红细胞的生成功能,因而对血液病的诊断和治疗反应的观察均有其重要意义。临床上对网织红细胞的分析是采用激光流式细胞分析技术与细胞化学荧光染色技术联合对网织红细胞进行分析,即利用网织红细胞中残存的嗜碱性物质RNA,在活体状态下与特殊的荧光染料结合,激光激发产生荧光,荧光强度与RNA含量成正比,用流式细胞技术检测单个的网织红细胞的大小和细胞内RNA的含量及血红蛋白的含量,由计算机数据处理系统综合分析检测数据,得出网织红细胞计数及其他参数,如图3-20所示。

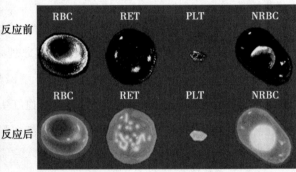

图 3-20　网织红细胞检测原理

---

**知识链接**

#### 红细胞系统的增生发育过程

骨髓中红细胞系统的增生发育过程是:多能干细胞→单能干细胞→原始红细胞→早幼红细胞→中幼红细胞→晚幼红细胞→网织红细胞→成熟红细胞。从原始红细胞增殖到晚幼红细胞阶段共分裂3~4次,约需72小时,红细胞数由一个变为8~16个,细胞核由大变小而浓缩,胞质中含血红蛋白逐渐增多。晚幼红细胞以后细胞即不再分裂,发育过程中核被排出而成为网织红细胞。网织红细胞含有少量核糖核酸RNA,用煌焦油蓝染色时成网状故名网织红细胞。网织红细胞进一步成熟,RNA消失为成熟红细胞。从晚幼红细胞发育到成熟红细胞约需48小时,成熟红细胞的寿命约为120天。

---

### (四) 血红蛋白测量原理

血红蛋白在临床检验时因难以从血液中将其分离出来而采用相对比色法进行间接测量。用溶血剂将经过稀释的血液中的红细胞破坏,血红蛋白便溶解出来,再加入转化试剂进而转化为颜色稳定的氰化血红蛋白。血红蛋白含量越高,它的颜色就越深,透光性就越差(或吸光性越强)。用光电器件检测透射光强度,并与已定标的血红蛋白值相比较,即可得出血红蛋白含量。常用的光路系统为了防止光散射和外来光干扰,一般采用双波长法测量。

## 三、血细胞分析仪的基本组成和结构

### (一)血细胞分析仪器的分类

按自动化程度可分为半自动血细胞分析仪、全自动血细胞分析仪、血细胞分析工作站和血细胞分析流水线。按检测原理可分为电容型、电阻抗型、激光型、光电型、联合检测型、干式离心分层型和无创型。按仪器分类白细胞的水平可分为二分类、三分类、五分类、五分类+网织红细胞。

### (二)血细胞分析仪的基本结构

不同类型的血细胞分析仪,其结构各不相同,但大多都由机械系统、电学系统和光学系统等以不同的形式组成。整机结构如图 3-21 所示。

**图 3-21　血液分析仪**

1. **机械系统**　各类型的血液分析仪器虽结构各有差异,但均有机械装置和真空泵,以完成样品的吸取、稀释、传送、混匀,以及将样品移入各种参数的检测区。此外,机械系统还承担试剂的传送、管路的清洗和废液的排出等功能。

2. **电学系统**　主要由主电源、电子元器件、控温装置、自动真空泵电子控制系统以及仪器的自动监控、故障报警和排除等组成。

3. **光学系统**　主要由血细胞检测系统和血红蛋白检测系统组成。血细胞检测系统主要有电阻抗检测技术和光散射检测技术两大类。电阻抗检测技术系统由检测器、放大器、甄别器、阈值调节器、检测计数系统和自动补偿装置组成;流式光散射检测技术系统由激光光源、检测装置和检测器、放大器、甄别器、阈值调节器、检测计数系统和自动补偿装置组成。血红蛋白检测系统由光源、透镜、滤光片、流动比色池和光电传感器等组成。

知识链接

血细胞分析仪流水线

一台或多台全自动血细胞分析仪通过特制的轨道系统或管道系统与一台或多台全自动推片、染色仪连接，在特定软件的控制下，对血细胞分析仪检测后需要推片、染色的血液标本进行全自动的推片和染色。目前市场上比较常见的血细胞分析仪流水线主要有台式和柜式两种组成模式。台式血细胞分析仪流水线的主要特点是组成模式固定，不能进行系统的扩展。而柜式血细胞分析仪流水线的整个系统则可以根据发展的需求进行不断的扩展。

## 四、血细胞分析仪的保养和维护

（一）血细胞分析仪的使用

**1. 安装** 血细胞分析仪应安装在一个洁净的环境内，并放置在平稳的试验台上，位置应相对固定。阳光不宜直射，环境温度应在 15～30℃ 以内，避免在阴暗潮湿处安放仪器。应尽量避免与放射科、CT、理疗仪器等用电量较大的仪器共同使用同一根电源线，以免造成干扰及瞬间电压过低。

**2. 校正** 血细胞分析仪在出厂前已经过厂方技术鉴定合格，但由于运输振动、故障维修后、长时间停用后再启用等原因以及正常使用半年以上或认为有必要时，都必须对仪器进行校准及性能测试。校准时，要按说明书要求用厂家的配套校准物进行校准。

（二）血细胞分析仪的保养与维护

良好的工作环境是仪器正常工作的前提，精心细致的维护是仪器处于良好工作状态的保证。做好仪器的维护保养，有助于提高仪器测量的准确性，减少故障的发生，延长仪器的使用寿命。

**1. 分析前保养**

（1）检查仪器所处环境，应满足必要的温湿度。

（2）检查电源电压。

（3）检查试剂管路连接状况良好，有充足的试剂；倒空废液等。

**2. 定期保养**

（1）用稀释液执行开机程序，用 EZ 液执行关机程序。

（2）若每天正常关机，3 天进行一次"探头清洗液浸泡"操作。

（3）若 24 小时开机使用，应每天进行一次"探头清洗液浸泡"操作。

（4）每月对采样针位置进行校正。

（5）定期检查清洗滤网，每半年要更换真空过滤网。

**3. 常规维护**

（1）检测器维护：全自动血细胞分析仪为自动保养，半自动则应每天关机前按说明书要求对小孔管的微孔进行清理冲洗。任何情况下都必须使小孔管浸泡于新的稀释液中。按照厂家要求定时按不同方式清洗检测器：计数期间，每测完一批样本，按几次反冲装置，以冲掉沉淀的变性蛋白质；每日清洗工作完毕,用清洗剂清洗检测器 3 次,并把检测器浸泡在清洗剂中;定期卸下检测器,用 3% ~5% 次氯酸钠浸泡清洗,再用放大镜观察微孔的清洁度。

（2）液路维护:清洗时在样本杯中加 20ml 机器专用清洗液,按动几次计数键,使比色池和定量装置及管路内充满清洗液,然后停机浸泡一夜,再换用稀释液反复冲洗后使用。

（3）机械传动部分维护:先清理机械传动装置周围的灰尘和污物,再按要求加润滑油,防止机械疲劳和磨损。

## 五、典型血细胞分析仪的整机分析

（一）BC-3000 全自动血细胞分析仪的整机分析

**1. 液路系统**　BC-3000 三分类全自动血细胞分析仪的液路系统由定量模块、体积计量模块、流体动力模块和混匀模块组成,如图 3-22 所示。

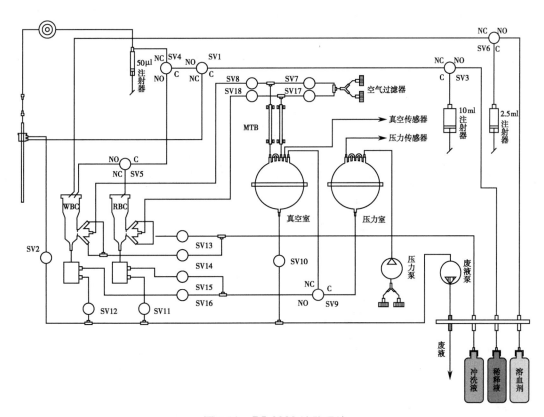

**图 3-22　BC-3000 液路系统**

（1）定量模块:如图 3-22 所示,50μl BC-3000 全血计数程序注射器用于全血样本定量;10ml 注射器用于预稀释采样及稀释液定量;2.5ml 注射器用于溶血剂定量;2 个步进电机分别用于推动 10ml 注射器及 50μl(2.5ml)注射器。

（2）体积计量模块:主要由玻璃管、光耦构成。当液面到达上光耦时,将其触发,开始计数;当液面到达下光耦时,触发光耦,计数结束。通过两个光耦的液柱体积即为所计量的体积。

（3）流体动力模块:包括真空的建立和压力的建立两部分。真空是血液细胞分析仪计数时的动力,它由真空池、阀、液泵等构成。当 SV7、SV8、SV17、SV18 阀关闭而 SV10 阀打开时,废液泵抽气,建立真空。压力部分的压力由压力泵提供,用于反冲和混匀。当 SV15、SV16 阀关闭时,压力泵打气,建立正压。

（4）混匀模块:混匀采用气泡方式。打气泡时,通过 2 个阀的开启,由压力室向 WBC 池及 RBC 池打入气泡混匀。

2. **工作程序**　BC-3000 三分类全自动血细胞分析仪的工作程序包括:开机程序、全血计数程序、预稀释计数程序、清洗程序、高压反冲程序、加稀释液程序和关机程序。该仪器支持全血及预稀释血两种模式计数,而这两种模式下的样本采集与制备及计数界面不尽相同。下面以全血计数模式为例对其工作程序进行简要分析。

如图 3-23 所示,在全血模式下的样本测试主要包括以下几个步骤:①样本采集与制备;②迅速将管中的静脉血与抗凝剂充分混匀;③按主界面键进入"计数"界面,通过模式键切换,将当前模式设置为"全血"模式;④录入样本信息,包括编号、姓名、年龄等所有信息并确认保存;⑤确认状态指示区的计数状态为"就绪""全血"提示,吸入样本,由分析仪自动进行样本分析全过程;⑥分析结束,采样针复位,准备下次分析。分析结果显示在屏幕的分析结果区,并有相关提示。如数据异常或计数时间异常,仪器提示需重新计数,根据实际情况确认或取消。如设置自动打印模式,则机内打印或联机打印将自动进行。

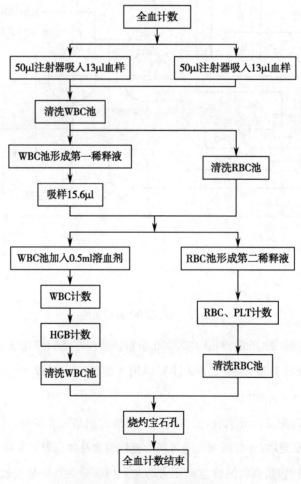

图 3-23　BC-3000 全血计数程序

3. **控制系统**　BC-3000 全自动血液细胞分析仪的硬件电路包括:CPU 主控板、功率驱动板、模拟放大板、按键板、记录仪驱动板、体积计量板、开关电源板、电源指示灯板、显示屏和线性变压器,如图 3-24 所示。

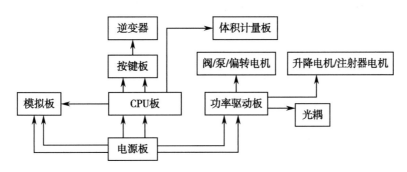

图 3-24　BC-3000 控制框图

CPU 板由以下 3 个模块组成:计算机系统电路、A/D&I/O 模块电路和显示模块电路。计算机系统电路以 CPU 为核心,周围包括实时时钟 RTC、看门狗 WDT、SDRAM、flash、super I/O 等电路。A/D&I/O 模块电路以 FPGA 和 CPLD 为核心,周围包括 FIFO、ADC、I/O 等电路。A/D 电路将模拟板预处理后的模拟信号转换成数字信号,经 FIFO 传送到 CPU。I/O 部分提供 CPU 板与其他板的接口,CPU 通过 I/O 部分管理中断,控制阀和泵,控制模拟板增益、灼烧、HGB 灯。显示模块电路以 FPGA 为核心,周围包括 SRAM、显示接口 I/O 等电路。显示电路完成信息在 LCD 屏上的显示。

模拟板的主要功能是将原始信号处理成满足 A/D 转换要求的信号,是将 WBC 与 RBC+PLT 这两路血细胞计数通道的亚毫伏信号放大到 0.2~5V,同时进行 HGB 信号的放大,加上对环境温度和试剂温度的监测、真空室压力的监测以及配套的电源和对配套电源的监控等。

功率驱动板主要根据上位机指令完成对偏转电机、升降电机和注射器电机的控制。另外,还接收上位机的开关信号对泵和阀进行控制。功率板主要分为 3 个模块:开关控制模块、电机控制模块和电源模块。其中,开关控制模块分为光耦隔离电路、阀驱动电路、泵驱动电路;电机控制部分主要由串口通信电路、程序控制电路、限流电路、电机驱动电路、保护电路组成;电源模块主要提供记录仪+7.2V 电源和功率板+5V 控制电源。

开关电源板:电源输入为 AC220V ± 20%,额定负载输出为 + 5V&3Amax; + 12V&3Amax; +32V&1A,最大负载输出为+5V&7Amax;+12V&6.5Amax;+32V&3Apeak 输出,三路输出之间相互隔离以降低噪声干扰。

体积计量板通过计量管和检测光耦计算液体体积,保证 WBC 和 RBC+PLT 测试的准确度。

按键板:按键板电路除完成人机接口的输入功能外,还完成蜂鸣器鸣叫功能、LCD 背光调节控制功能。

4. **维护与保养**

(1) 更换注射器活塞帽:迈瑞 BC3000 的定量系统包括 3 个定量注射器,其准确性依赖于严格密封。使用时间较长的机器,由于磨损,常需更换注射器的活塞帽。步骤:①拆卸注射器;②用刀片割开活塞帽,注意刀片只能划到活塞帽高度的一半,不要划伤内部的弹簧垫圈;③将取下的弹簧垫圈放入新活塞帽中,安装复原。

（2）更换拭子:拭子脏或漏液需要及时更换,更换步骤:①打开左侧门,拆卸屏蔽壳,在"设置""密码"内设 3000,在"服务""系统检测""升降电机"内将采样臂升到最高位;②拧松采样针紧固螺丝,拉出拭子,拔掉两根胶管,换新拭子;③装回采样针,重新定高。

（3）采样针定高:采样针清洗有问题会影响计数,需要定高,其步骤:①在"设置""密码"内设 3000,在"服务""系统检测""升降电机"内将采样臂升到最高位;②拧松采样针的紧固螺丝;③拧紧采样针的紧固螺丝。

（4）拆洗电磁阀:灰尘、血凝块、蛋白沉淀造成电磁阀关闭不严需要拆洗,拆洗步骤:①打开前面板;②取下电磁阀;③拆洗电磁阀。

（5）日常维护程序

1）更换稀释液、冲洗液、溶血素:当仪器报警,出现"无稀释液""无冲洗液""无溶血素"时,进入仪器主菜单"服务""维护"程序,分别执行更换稀释液、更换冲洗液、更换溶血素。

2）灼烧、反冲宝石孔:当出现"WBC 堵孔"或"RBC 堵孔"报警时,进入仪器主菜单"服务""维护"程序,分别执行"灼烧宝石孔""反冲宝石孔"程序。

3）清洗计数池:当计数池被污染时,进入仪器主菜单"服务""维护"程序,执行"清洗计数池"程序。

4）排空计数池:排空 WBC 和 RBC 计数池内的稀释液,进入仪器主菜单"服务""维护"程序,执行"排空计数池"程序。

5）探头清洗液、EZ 液浸泡:执行此功能由采样针吸入 1.6ml 的清洗液浸泡液路和计数池。将探头清洗液或 EZ 液放在采样针下,进入仪器主菜单"服务""维护"程序,执行"探头清洗液浸泡"程序或"EZ 液浸泡"程序。

6）打包:当机器两周以上不用时,完成排空操作:①取出稀释液、冲洗液、溶血素桶中导液管;②进入主菜单"服务"程序,执行"打包"程序,仪器自动排空液路;③用蒸馏水冲洗液路:将冲洗液、稀释液、溶血剂导液管放入蒸馏水中,按"确认"键,用蒸馏水清洗机器;④排空液路:取出稀释液、冲洗液、溶血剂导液管,按"确认"开始排空液路;⑤当屏幕显示"请关闭电源"时,关闭电源,将仪器擦干,包装好保存。

（二）COULTER Ac. T 5diff 血细胞计数器的整机分析

Ac. T 5diff 血细胞计数器是美国贝克曼-库尔特公司推出的一台全自动的五分类血液分析仪,其采用库尔特原理和光吸收和体积分析( absorbance cytochemistry and volume, ACV)技术等,对血细胞进行分类计数及对白细胞进行五分类测定。

**1. 工作原理**

（1）血细胞计数分析:该仪器对血样进行数次稀释,然后利用库尔特原理,对血样稀释液进行计数分析。其采用 2 个变阻孔管检测系统,即红细胞/血小板( RBC/PLT)小孔检测系统和白细胞/嗜碱性粒细胞( WBC/BASO)小孔检测系统,分别对红细胞/血小板和白细胞进行计数和容积测定。

红细胞/血小板分类计数时,将血样作 2 次稀释。第一次以 1∶170 比例在初稀释/血红蛋白池

(first dilution/HGB bath)内进行稀释;第二次再以1:58.8比例在红细胞池(RBC bath)内稀释。这样,最终得到的稀释液的比例为1:10 000(1:170×1:58.8)。然后用此稀释液进行红细胞和血小板计数,同时生成红细胞和血小板的直方图。其中,红细胞与血小板的分类计数通过设定不同的阈值完成。红细胞和血小板直方图的产生则通过一个256通道的脉冲高度分析器。该分析器采用一系列阈值,将颗粒划分为几种不同大小(体积)的类别,由计算机拟合成一条该颗粒的尺寸分布曲线,即直方图。从红细胞直方图上可求得下列参量:血细胞比容(HCT)、平均细胞容积(MCV)、红细胞分布曲线宽度(RDW)等。从血小板直方图上可求得下列参量:平均血小板容积(MPV)、血小板比容(PCT)、血小板分布曲线宽度(PDW)等。

血红蛋白测定则在初稀释/血红蛋白池内,加入一定量的溶血剂和附加试剂,使血样最终稀释比为1:250。采用550nm光波,通过分光光度法测定该稀释液的透光度。并将稀释液的透光度与试剂空白的透光度相比较,通过这两个值最终求得血红蛋白值。

白细胞计数用两种不同的分类法,分别确定2次。第一次在WBC/BASO池内,将10μl血样与2000μl特定溶血剂混合,使红细胞破裂,并可根据细胞大小将嗜碱性粒细胞与其他白细胞区分开来。对该稀释液通过WBC/BASO小孔检测系统测出白细胞数量(称参考白细胞数),并生成WBC/BASO直方图。根据此直方图可求得BASO个数。白细胞第二次计数是在反应室获取分类图时确定,具体参照下面关于ACV技术的介绍。

(2) ACV(absorbance cytochemistry and volume)技术:ACV技术主要用于白细胞的分类。它通过对染色细胞吸光度的测量,区分出淋巴细胞、单核细胞、中性粒细胞、嗜酸性粒细胞以及其他非成熟细胞和非典型淋巴细胞。

在分类池(DIFF bath)内,将血样与溶血剂按一定比例混和一段时间,然后加以稳定剂,使得红细胞破碎,白细胞保持原形,然后分别对淋巴细胞、单核细胞、中性粒细胞和嗜酸性粒细胞进行不同染色。这些白细胞具有各自不同的核和形态结构以及染色强度,因此产生不同的吸光度。每个被染色的细胞被分别会聚于双重聚焦液流(DFF),令其在流式通道内作最合适的单细胞排列。DFF采用鞘液包围并强制悬浮在稀释液中的细胞单个通过反应室中间。第一鞘液流聚焦血样,令其通过变阻孔;第二鞘液流维持聚焦细胞流离开孔管进入光反应室。反应室的流体动力聚焦使大量单个细胞能获得精确且快速的逐个测量。

反应室主要进行细胞体积(阻抗)和吸光度的顺序分析。反应室包括一个60μm孔径的变阻管和一个42μm的吸光度测量区域。当细胞逐个通过反应室的小孔时,通过聚焦液流阻抗技术测定其电阻,该阻值与细胞体积成正比。当细胞通过反应室的光学部分时,产生各个方向的散射光。检测器仅检测前向散射光,产生一个由于衍射和吸光而导致的光耗量的函数,并与无细胞存在时的全透光相比较。图3-25为反应室的工作原理示

(2)用于光学检测的第二聚焦液流

(1)用于阻抗测定的第一聚焦液流

图3-25　Ac. T 5diff 反应室的工作原理

意图。

Ac. T 5diff 反应室工作原理所收集的信号被转换为电压脉冲并进行处理。电压脉冲的大小与被测细胞的物理和化学特性成正比;吸光度与细胞化学染色后的细胞含量有关。这些测量提供了有关淋巴细胞、单核细胞、中性粒细胞和嗜酸性粒细胞的信息。从聚焦液流阻抗和光吸收测量过来的输出信号被加以组合而产生白细胞分类的二维分布图(DIFF)。

(3) 血样分析:血样分析包括吸样、稀释、送样等过程。

1) 吸样:采用探针浸入血样中,按下吸样开关,据所选择操作方式,分别吸入 30μl(CBC 方式)或 53μl(CBC/DIFF 方式)血样。然后将其分配给指定的池内。

在 CBC/DIFF 方式下,吸入血样作三等分以用于稀释。探针顶部的一小部分血样被排入清洗池内。

2) 稀释:采用顺序稀释方法,仪器在各个池内作不同稀释。在 CBC/DIFF 方式下,先将 3μl 血样排入清洗池内,接着向初稀释/血红蛋白池内注入 10μl 血样,以备 RBC/PLT 初稀释和 HGB 值测定;然后向 WBC/BASO 池内注入 10μl 血样,以备 WBC/BASO 计数;再向 DIFF 池注入 25μl 血样,以制作分类图;最后向清洗池内排入剩余的 5μl 血样。各池的稀释比例分别为:清洗池为 1:250;初稀释/血红蛋白池为 1:170;红细胞池为 1:10 000;WBC/BASO 池为 1:200。

3) 送样:各等分血样通过试剂的切向流动,被传送到各相应的池内。图 3-26 为切向流动示意图。

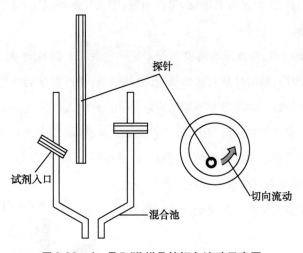

图 3-26　Ac. T 5diff 样品的切向流动示意图

**2. 主要部件介绍**　仪器面板部分包括:液晶显示屏幕、控制面板、仪器状态指示灯、吸样开关和探针等。

仪器的管路部分由样品注射器、排放注射器、稀释池、计数装置、采样器横梁臂、分类注射器装置、试剂注射器装置和计数注射器等多个部件组成。其中,样品注射器用于分配血样至稀释池,并从初稀释池取样分配至红细胞池。排放注射器用于排空各池残留物,使混合物起泡,并通过真空抽吸,将分类血样吸至光学部分的注射器。稀释池用于贮放各种稀释液,并防止其发生去气现象,由计数注射器进行真空灌注。计数装置用于接收不同的清洗和稀释液、调节稀释液温度以及提供测试所需的稀释液。采样器横梁臂则用于保证探针定位和支承采样注射器。分类注射器装置将稀释液注入反应室,并将内、外鞘液注入反应室。试剂注射器装置则保证各种试剂的正确传送。计数注射器保证在 WBC、BASO、RBC、PLT 计数时和稀释池灌注时的真空抽吸。

反应池装置包括:清洗池;初稀释/血红蛋白测量池;分类池;红细胞测量池;白细胞/嗜碱性粒细胞测量池。

主板主要用于:放大、处理各类信号;测定血红蛋白;控制电动元件;建立用户界面;处理数据和计算最终结果。

光学工作台起支撑作用,并对反应室、灯、光学和电子元件起调节作用。

**3. 保养与维护**　每天对仪器执行关机程序,保证计数池每天浸泡两小时以上,达到对仪器管路冲洗的作用;每周用 1∶1 次氯酸钠对溶液对五联池浸泡做周保养;按照 100 个/天标本量,每月进行 1∶1 次氯酸钠溶液灌注冲洗,并用棉签蘸次氯酸钠溶液清洁所有计数池的内壁,清除仪器内外部的灰尘;检查所有磁阀的管道是否松动或脱落;注意每天工作前记录好质控和本底情况,做好仪器维护保养的详细记录。

## 六、血细胞分析仪常见故障实例分析

血液分析仪的故障多围绕着液、气、电三方面,而常见的典型故障多为液、气路问题,同时还有参数设置或增益设置过大或过小造成,而且不同原因可能造成同一故障现象。下面以 BC-3000 三分类血液分析仪为例,对此类设备的一些常见故障进行初步分析。

**故障实例一**

**【故障现象】**　自检或计数状态,故障提示压力异常。

**【故障分析】**　可能引起压力故障的原因有:压力泵(真空泵)故障;管路或压力室漏气;阀门异常;压力传感器不良;废液桶放置过高或排液管过长、过细,排放废液不畅;电路系统的电源输出控制及信号传输部分异常。

**【检修方法】**

**1. 管路泄漏**　检查压力室或真空室及上下连接管路,管路有松脱现象。处理方法:截去连接段部分管路,重新紧密连接。对真空室和压力室可利用少许肥皂液进行泄漏检测,如有泄漏,更换。

**2. 电磁阀及控制异常**　进入仪器阀检测界面,对 V9 和 V10 进行检测,在变换阀门状态时听不到阀门"卡嗒卡嗒"的声音。处理方法:①维修法:记录管路连接情况,做适当标记,排空管路中液体,取下透明软管;打开仪器上盖板,拔下阀门驱动控制线接头,用专用工具取下两阀门,卸下阀门上盖固定螺丝,取下阀门上盖,记录阀帽、膜片位置及方向,用本机的稀释液清洗阀帽、膜片,但避免试剂进入阀体内,清除阀内异物,按上述逆序复原,故障排除。②替代法:更换新阀门,故障消失;如更换后故障依旧,检查光耦隔离电路、驱动功率板、电源板输出,更换电器元件。

**3. 压力传感器及信号传输异常**　利用外接压力检测元件,监测压力室和真空室压力值,压力数值显示正常。处理方法:替代法,更换新压力传感器,故障消失;如更换后故障依旧,检查信号传输及处理部分。

**4. 废液管过长过细导致真空度报警** 机器的真空室在一个计数周期中有真空及正压的转换,而为了保证计数的速度,在一个计数周期中,真空的建立有时间的限制。所以,当废液管部分阻力大时,会在规定的时间内建立不了真空。在排除以上问题后,仍旧显示压力异常,检查废液排出情况,发现废液排出缓慢。处理方法:整理排液管路,更换标准废液管。

**5. 泵及控制异常** 进入仪器系统状态检测界面,查看真空室及压力室压力,应在规定范围内。在压力建立过程中,可用手感受到压力泵或真空泵工作室的震动。处理方法:检查压力泵前端的过滤器,如严重堵塞应更换;如果泵不工作,检查光耦隔离电路、驱动功率板、电源板输出,更换电器元件。如电路部分正常,则更换压力泵。

**故障实例二**

【**故障现象**】开机自检过程中,提示"偏转(升降)电机故障"。

【**故障分析**】机器的采样针驱动是由 2 个电机完成的,采样针组件上部的电机定义为升降电机,下部电机定义为偏转电机。而采样针移动的位置其升降靠上位光耦定位,左右中移动靠下部的 2 个光耦定位。由于采样针组件的特殊结构,为了避免碰坏计数池或采样针,机器设定只有当检测到上位光耦信号后,采样针才能左右中偏转,即只有采样针升到最高位后才可偏转。通过以上工作原理分析,可知:①如果采样针没升降,停在初始位或计数池内,或升到最高位,但不偏转,可能是上位光耦的故障;②如果采样针偏转不到位,可能的故障是偏转电机坏了或偏转光耦坏了;③早期小偏转电机在温度低时,开机时也会出现此故障;④还有可能是真空过滤器发生堵塞。

【**检修方法**】通常,导致电机故障报警可能是机械卡位、驱动信号异常、定位异常、光耦失效、电机损坏等。可采取以下方法解决故障:

**1. 机械卡位** 打开仪器前面板,检查控制采样针上下移动、左右转动的升降电机和偏转电机。处理方法:清除影响电机的异物,用塑料扎带固定样本采样针后部的储液管,避免缠绕。

**2. 定位异常** 由于电机运转与停止均由位置传感器信号反馈控制,因此定位异常导致电机运转异常。处理方法:检查控制上下左右的位置传感器,清洁检测窗口或进行更换,用万用表检查组件中发光管供电电压及信号传输线,对故障部件进行修复。

**3. 电机驱动异常** 检查电机驱动电压为 0V。处理方法:检查功率驱动板及 CPU 板连接线,有接触不良或元件损坏,进行更换。

**4. 电机损坏** 检查前后驱动及反馈均正常。处理方法:更换电机,注意功率匹配。

**故障实例三**

【**故障现象**】故障显示区显示白细胞(红细胞)计数孔堵塞,相应数据显示区无数据显示,以"＊＊＊"替代。

【**故障分析**】记录计数时间,分析可能原因,同时按菜单键进入仪器系统检测界面,对阀门、压力、电器进行初步检查,本着从易到难的维修顺序进行。

**1. 堵孔** 引起堵孔的因素很多,如溶血剂结晶、异物落入计数池、血样异常、试剂异常等。

**2. 若计数时间正常,尚有如下几种情况**

(1) 当伴有压力报警时,说明气道压力不足造成堵孔报警。

（2）体积计量管处光耦失效，无法正常检测到液面，也会报堵孔。

（3）液路上阀门开启程度与液路通畅状况不良。

（4）时间参数设置错误，也会有堵孔报警提示。

【检修方法】

**1. 样本问题**　按操作键盘清洗键，完成基本的清洗、排堵动作，并做空白检测，观察记录计数时间，如本底计数时间正常，说明系统基本正常。用其他替代样本作测试，故障消失，可继续进行测试。检查样本，有凝结现象，说明样本异常。处理方法：正确采集样本，重新测定。

**2. 试剂问题**　如本底测试未达标或本底测试正常而替代样本测试故障持续时，查看试剂部分，在试剂混用、几乎用尽时或环境温度恶劣等情况下，可能会导致试剂变性或有杂质存在。处理方法：排空管路，更换试剂，清洗管路，再次利用机带软件进行高压灼烧、正反冲清洗等保养程序，故障排除。

**3. 计数小孔阻塞**　计数时间超出范围，说明可能小孔阻塞。处理方法：进行探头清洗液浸泡（30 分钟以上）。另外，计数池上方试剂输入端为金属材质，因试剂的腐蚀性导致杂质附着在金属管前端，影响计数池洁净。因此，每次做探头浸泡维护时，应清洁计数池上方的试剂结晶及杂质。

**4. 真空压力不足或气道漏气等**　在真空度不足时，也会出现计数超时，计数孔报堵。处理方法：参照故障实例一压力异常处理方法进行排除。

**5. 排空阀或控制异常**　检查计数池下方两废液缓存罐排空状况，排空不好，说明负责排空的阀门开启异常，导致打气泡混匀时使杂质带入。处理方法：参照故障实例一电磁阀及控制异常处理方法进行排除。

**6. 体积计量板问题**　打开仪器侧门，取下体积计量板保护罩，按计数键，检查体积计量管排空及洁净程度，发生液体沿管壁测流现象，说明体积计量管污染，清洗剂失效。处理方法：更换清洗剂，反复清洗。另外，可检查体积计量管上端两空气过滤器及与之相连的阀门，该液路不通畅使体积计量管排空不畅，导致清洗不彻底。两空气过滤器视使用环境而定，可 6 个月更换一套；阀门处理同上，故障排除。

**7. 光耦组件问题**　体积计量板中 4 个指示灯对应的光耦显示状态异常（玻璃管内有液体时应点亮，反之亦然），说明光耦参数异常。处理方法：在管内充满液体时，测各测试点，应为高电位；而在管内无液体时，各测试点应为低电位，适当调整对应电位器，确保指示灯与管内液体状态相符。无法调整时，更换光耦组件或检查电路输入电压及数据传输部分。

**8. 由于时间参数设置不当，使仪器误报警，重新进行参数设置**　注意：设置后必须重新校正（此种情况极少，多数是非操作人员无意修改后造成）。

**故障实例四**

【故障现象】数据显示区无数据显示或以"＊＊＊"替代，同时有故障提示 WBC 或 RBC 气泡（气泡报警）。

【故障分析】先检查计数时间，分析可能的原因，如计数时间小于设定时间 2 秒，则可能是试剂供给液路或计数通道异常;如计数时间基本正常,则可能是时间参数设置不正确,导致误报警。

**【检修方法】**

1. **试剂供给液路问题**　本机有试剂液位传感器,因此导致试剂供给问题多是液路有泄漏。处理方法:打开仪器右侧面板,有针对性地仔细检查各管路连接情况,如有松脱现象的管路,重新连接,对已老化的管路,需更换新的液路管。

2. **计数通道异常**　体积计量管不洁净,导致液体沿管壁下滑迅速,致使计数时间异常过短。处理方法:进行清洗操作,反复清洗计数池及体积计量管,故障排除。

3. **阀门关闭不严**　体积计量管上方与空气过滤器连接的阀门关闭不严,导致计数过程中液位下降过快。处理方法:参照故障实例一电磁阀及控制异常处理方法进行排除。

4. **光耦检测器件异常**　处理方法参照故障实例三光耦组件问题处理方法进行排除。

5. **时间参数设置不当,使仪器误报警,重新进行参数设置**　处理方法:参照故障实例三时间参数设置不当处理方法处理。

### 故障实例五

**【故障现象】**　开机自检过程中,"本底异常"报警,多次计数后才恢复正常。

**【故障分析】**　观察本底异常是否为 PLT 大于 10。此现象主要是平时不保养所致,如果只做末梢血,此故障更易出现。此处所说的保养不仅仅指每天正常关机。从计数过程看,机器前池除了正常关机时使用 EZ 清洗液外,平时只是计数时稀释液的冲洗,EZ 清洗液只对蛋白类的脏物有清洗效果,一般还要求时间在 40 分钟以上。所以,要保证非血源性的脏物被清洗掉,探头清洗液的浸泡是很重要的。

**【检修方法】**

1. 首先执行"计数池排空"后,将探头清洗液原液向红、白计数池各加入 2ml,浸泡 20 分钟。如果每天样本数大于 100,关机前执行"维护"中的"探头清洗液浸泡";如果每天样本数小于 100,则 3 天执行一次"维护"中的"探头清洗液浸泡"。需要注意的是,如果不关机,更要每天做"探头清洗液浸泡"。

2. 计数池上的加液管与稀释液会发生反应,放置久后也会出现此故障,解决办法是在红细胞计数池的加液管中内套特氟龙管。如果 10ml 注射器的金属接头内腐蚀,也会造成 PLT 本底高的故障现象。

### 故障实例六

**【故障现象】**　开机自检后,本底正常,但所有项目检测数据低于正常范围。

**【故障分析】**　可能原因有样本问题、采样针堵塞、采样管路异常。

**【检修步骤】**

1. **排除样本问题**　利用同类机型进行再次测定,如数据变化不大,说明血样有问题。处理方法:重新正确采样。

2. **采样针阻塞**　由于个别样本有凝血现象,致使采样针堵塞。处理方法:取下采样针,用注射器注入 5% 的次氯酸钠溶液浸泡;如阻塞严重,可用针灸针清理采样针内壁,注意不可刮伤内壁。

3. **与采样针相连的管路问题**　检查与采样针连接的管路,有泄漏的地方。处理方法:更换老化管路,紧密连接各接口处。

**故障实例七**

【故障现象】　所有测试数据重复性差,相邻样本间测试干扰严重(采样针清洗管路失效)。

【故障分析】　根据以上现象说明采样系统异常,多为样本采集后,采样针外壁清洗不彻底,导致样本间干扰。

【检修方法】

1. **拭子问题**　打开仪器前面板,检查拭子清洗组件,发现拭子下端有明显血渍或拭子位置偏差。处理方法:进入菜单项密码设置,输入工程人员维护密码,再进入服务/系统检测项,利用上下左右键控制升降或偏转电机,使采样针移至最高位,用专用工具松开固定拭子的螺钉,取下拭子,如更换拭子时间较短,可做适当清洗,用5%的次氯酸钠浸泡,并用5ml注射器冲洗拭子上下稀释液进出端口,不可用利器刮擦拭子上下两端面及内部,如无法清洁彻底,可更换拭子,故障即可排除。拭子安装时,需用标准定高器对拭子的位置进行校正。否则,由于拭子位置过高或过低,不能彻底清洁采样针外壁。

2. **与拭子相连的液路问题**　检查拭子正常,但采样过程中发现拭子内无液体流动,说明液路异常。处理方法:取下拭子下端进液管接入一容器内,按计数键,进液管内有液流出,说明进液正常,故障在清洗管路的排液阀门,参照故障实例中清洗阀门的步骤,检查排液阀门,发现膜片上有血块阻塞,导致清洗不畅,清洁阀门后故障排除。

**故障实例八**

【故障现象】　HGB数据异常,重复性差,质控超差。

【故障分析】　HGB故障多为试剂问题;光电检测元件位置问题;电压设置或硬件损坏导致。

【检修方法】

1. **试剂问题**　检查试剂有效期,如环境温度恶劣,试剂内有杂质存在。处理方法:更换试剂,故障排除。

2. **试剂加样机构问题**　检查溶血剂注射器、相关阀门及管路,注射器密闭垫圈老化或管路泄漏,导致溶血剂加入量不足。处理方法:更换垫圈,重新连接管路,故障排除。

3. **光电组件位置及洁净问题**　检查位于WBC计数池上的HGB光电检测组件及计数池本身的洁净程度。由于长期使用而保养不善,导致计数池及HGB光电检测组件污染。处理方法:严格按探头浸泡清洗程序维护计数池;用专用工具取下HGB光电检测组件,用无絮柔软镜纸轻拭发光管及光电管,清除灰尘或异物。

4. **电压设置**　进入菜单系统状态程序,检查HGB的本底电压及零点电压是否在标准范围内。偏离时,进入菜单HGB通道增益项,进行系数调整,使满足要求。

5. HGB光电检测组件损坏,更换新组件。

**案例分析**

案例：BC3000 血细胞分析仪开机后警报显示 WBC 堵孔。

分析：在直接本底测试的整个操作流程的进行过程中，仅仅有 RBC 计数所需时间的显示，而在 WBC 计数所需时间方面则没有任何的显示。故障的排查方法和步骤：①首先应该高度怀疑宝石孔堵塞是否发生。针对上述猜测在菜单-服务-维护等程序中对宝石孔实施专门的浸泡处理。②上述操作完成后，对机器工作情况进行再次检测，如果结果显示故障仍然没有排除，可采取直接方式进行相应的处理，将计数池里的稀释液排掉，而后直接将 3ml 的探头清洁液加入到 RBC 计数池中，而后浸泡 30 分钟。③在浸泡操作已经结束之后，再次进行本底测试操作，如果结果显示故障仍然没有排除，可以继续进行下一步操作。④在菜单-系统的程序中对计数时间进行检测，结果显示为正常。⑤因此应该怀疑是由于 ASCO18 阀出现轻微的堵塞，将其拆开后进行清洗，并且调大了阀膜的距离，装好后进行再次测试，结果发现可以正常工作。

# 第三节　流式细胞分析仪

## 一、概述及临床应用

### （一）概述

流式细胞分析仪（flow cytometer, FCM）是 20 世纪 70 年代发展起来的集激光技术、液体物理、电子技术、光电技术、计算机技术以及细胞荧光化学技术、单克隆抗体技术为一体的新型高科技仪器，能够快速测量细胞的物理或化学性质并可对其分类和收集。它通过对流动液体中排成单列的细胞或颗粒性物质进行逐个快速测量和分析，测定细胞或颗粒的荧光、散射光、光吸收或细胞的阻抗等。随着各相关技术的迅速发展，流式细胞分析技术已经成为日益完善的细胞分析和分选的工具，并深入到生物学医学、药物学等的各个分支领域，并将在未来为我们的科学研究发挥更大的作用。

流式细胞分析仪分为两大类：一类为台式机，其特点为：仪器的光路调节系统固定，自动化程度高，操作简便，易学易掌握。另一类为大型机，其特点为：可快速将所感兴趣的细胞分选出来，并且可将单个或指定个数的细胞分选到特定的培养孔或板上，同时可选配多种波长和类型的激光器，适用于更广泛更灵活的科学研究应用。

### （二）临床应用

流式细胞分析仪可进行细胞多参量分析，包括细胞大小、形状、蛋白荧光、氧化还原状态、膜的结构、流动性、微黏度、膜电位、酶活度、钙离子含量、pH、染色质结构、DNA 合成、碱基比例等，还可以进行细胞表型分析、细胞分选、DNA 含量分析以及细胞分化周期分析等。

随着对 FCM 研究的日益深入，其价值已经从科学研究走入了临床应用阶段，在肿瘤学、细胞免疫、血液病诊断和治疗以及血栓与出血性疾病等方面有着广泛的应用。

**1. FCM 在肿瘤学中的应用** 这是 FCM 在临床医学中应用最早的一个领域。目前可用于：①发现癌前病变，协助肿瘤早期诊断；②用于肿瘤的诊断、预后判断和治疗。FCM 不仅可对恶性肿瘤 DNA 含量进行分析，还可根据化疗过程中肿瘤 DNA 分布直方图的变化去评估疗效，了解细胞动力学变化，对肿瘤化疗具有重要的意义。临床医师还可以根据细胞周期各时相的分布情况，依据化疗药物对细胞动力学的干扰理论，设计最佳的治疗方案，从 DNA 直方图直接地看到瘤细胞的杀伤变化，及时选用有效的药物，对瘤细胞达到最大的杀伤效果。此外，FCM 近几年还被应用于细胞凋亡和多药耐药基因的研究中。

**2. FCM 在临床细胞免疫中的作用** FCM 通过荧光抗原抗体检测技术对细胞表面抗原分析，进行细胞分类和亚群分析。这一技术对于人体细胞免疫功能的评估以及各种血液病及肿瘤的诊断和治疗有重要作用。如用 FCM 还可以监测肾移植后患者的肾排斥反应，也可用于艾滋病的诊断和治疗中。目前，FCM 用的各种单克隆抗体试剂已经发展到了百余种，可以对各种血细胞和组织细胞的表型进行测定分析。

**3. FCM 在血液病诊断和治疗中的应用** FCM 通过对外周血细胞或骨髓细胞表面抗原和 DNA 的检测分析，对各种血液病的诊断、预后判断和治疗起着举足轻重的作用。①用于白血病的诊断和治疗；②对其他种类血液病的诊断和治疗监测；③用于网织红细胞的测定及临床应用，为干细胞移植术后恢复的判断、贫血的治疗监测、肿瘤患者放化疗对骨髓的抑制状况等提供了依据。

**4. FCM 在血栓与出血性疾病中的应用** ①FCM 通过单抗免疫荧光标记监测血小板功能及活化情况，有利于血栓栓塞性疾病的诊断和治疗；②FCM 可以测定血小板相关抗体含量，该方法用于该病的诊断及治疗监测，具有检测速度快、灵敏度高的优点。

## 二、流式细胞分析仪的基本原理

流式细胞分析仪的工作原理如图 3-27 所示，将待测细胞染色后制成单细胞悬液，用一定压力将待测样品压入流动室，不含细胞的磷酸缓冲液在高压下从鞘液管喷出，鞘液管入口方向与待测样品流成一定角度，这样，鞘液就能够包绕着样品高速流动，组成一个圆形的流束，待测细胞在鞘液的包被下单行排列，依次通过检测区域。

流式细胞分析仪通常以激光作为激发光源。经过聚焦整形后的光束，垂直照射在样品流上，被荧光染色的细胞在激光束的照射下产生散射光和激发荧光。这两种信号同时被前向光电二极管和 90°方向的光电倍增管（PMT）接收。光散射信号在前向小角度进行检测，这种信号基本上反映了细胞体积的大小；荧光信号的接收方向与激光束垂直，经过一系列双色性反射镜和带通滤光片的分离，形成多个不同波长的荧光信号。这些荧光信号的强度代表了所测细胞膜表面抗原的强度或其核内物质的浓度，经光电倍增管接收后可转换为电信号，再通过模/数转换器，将连续的电信号转换为可被计算机识别的数字信号。计算机采集所测量到的各种信号进行计算处理，将分析结果显示在计算机屏幕上，也可以打印出来，还可以数据文件的形式存储在硬盘上以备日后的查询或进一步分析。

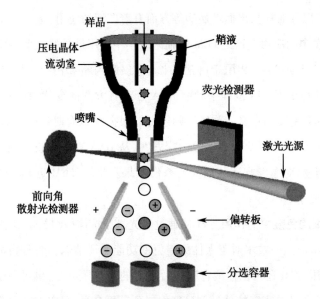

图 3-27　流式细胞分析仪工作原理示意图

细胞的分选是通过分离含有单细胞的液滴而实现的。在流动室的喷口上配有一个超高频的压电晶体,充电后振动,使喷出的液流断裂为均匀的液滴,待测细胞就分散在这些液滴之中。将这些液滴充以正负不同的电荷流经带有几千伏的偏转板,在高压电场的作用下偏转,落入各自的收集容器中,不予充电的液滴落入中间的废液容器,从而实现细胞的分离。

流式细胞分析仪检测数据的显示方式包括单参数直方图、二维散点图、等高线图、灰度图和三维的立体视图等。

## 三、流式细胞分析仪的基本组成和结构

流式细胞分析仪的基本结构主要包括五部分:激光源及光束形成系统、流动室及液流驱动系统、光学系统、细胞分选纯化系统、信号检测和分析系统。

### (一) 激光源及光束形成系统

激光光源由于其稳定性好、能量高、发散角小而在现代流式细胞仪中得到广泛应用。由于激发光源的宽度大于被测细胞,使得所测结果为整个细胞的信息,无法得到关于细胞形态学方面的信息。为了提高流式细胞仪的分辨率,目前通常在激光光束到达流动室前,设计了光束形成系统。用聚焦透镜对激光光束聚焦后,可以在照射区得到一个近似扁平的椭圆形光斑,其厚度可达 $10\mu m$(不同激光器所形成的光斑体积有差异)。当流动的细胞经过光斑时被激光照射并产生光散射和发射荧光(图 3-28)。

### (二) 流动室及液流驱动系统

流动室是仪器的核心部件,被测样品在此与激光相交。流动室由石英玻璃制成,并在石英玻璃中央开一个孔,供细胞单个流过,检测区在该孔的中心,流动室内充满了鞘液,鞘液的作用是将样品流环包(图 3-29)。样品流在鞘流的环包下形成流体聚焦,使样品流不会脱离液流的轴线方向,并且保证每个细胞通过激光照射区的时间相等,从而得到准确的细胞荧光信息。液流驱动系统由空气泵

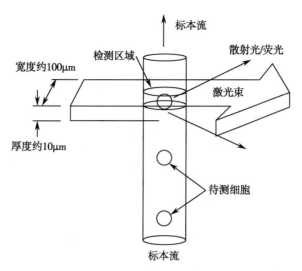

图 3-28　激光聚焦检测

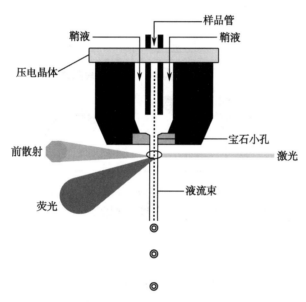

图 3-29　流动室结构示意图

产生压缩空气,通过鞘流压力调节器加在鞘液上一恒定的压力,这样鞘液以匀速运动流过流动室,在整个系统运行中流速是不变的。图 3-30 为流动室与液流驱动系统示意图,包括压缩空气泵、鞘液过滤器、鞘液压力调节器和样本压力调节器等。

（三）光学系统

流式细胞分析仪的检测是基于对光信号的检测来实现的,包括对荧光的检测和对散射光的检测。因此,在流式细胞仪中,光学系统是最为重要的一个系统,它由光学激发器和光学收集器组成。光学激发器包括激光和透镜,透镜用于形成激光束,并使之聚焦。光学收集器则由若干透镜组成,用于收集粒子发射的光束——激光束相互作用,透镜组和滤片发送激光束至相应的光学探测器。

通常,所需要检测的荧光信号包括绿色光、黄色光、橙色光和红色光 4 个光谱范围。除此之外,还需要测定散射光信号,其光谱范围取决于激发光光谱。进行光电信号转换的元件为光电倍增管,在各个荧光信号检测通路中都配有特定的带通滤片,它可以使特定波长的光信号通过,流式细胞分

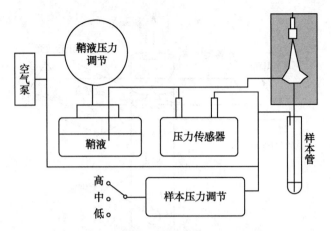

图3-30　流动室与液流驱动系统示意图

析仪中所用的滤光片包括中性滤片、带通滤片、带阻滤片、长波通滤片、短波通滤片和长波通双色性反射镜等。图3-31为一滤片系统示意图。

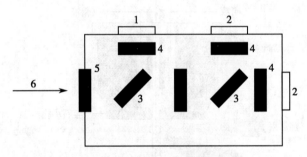

图3-31　滤片系统示意图

1. 90°散射光接收器;2. 荧光接收器;3. 分光器;4. 滤光片;5. 第一滤光片;6. 光束

### (四) 细胞分选系统

流式细胞分析仪的分选功能,可以按照所测定的各个参数将特定的细胞从细胞群体中分离出来。现今,大多数分选系统原理基本相同,都采用液滴偏转技术,结构包括3个部分:液滴的形成、液滴充电与偏转和分选控制。

流动室中的压电晶体在高频信号控制下产生振动,使流过的液流也随之产生同频振动,从喷嘴喷出后断裂成液滴。因高频振动而断裂的液滴是不带电的,但做分选时,当液滴将要从液流上断开的时候要给液流充电,这样,液滴在断开后也会带有同性电荷。下落的液滴通过一个由平行板电极形成的静电场,带正电荷的液滴向负极偏转,带负电荷的液滴向正极偏转,没有充电的液滴垂直下落。这样就可以将选定的单个细胞分离开。

为了有选择地分选细胞,需要在细胞通过测量区时判断它是否满足分选条件,即所测细胞的各个参数是否在指定范围内,如果满足就产生一个控制信号,驱动脉冲发生器产生充电脉冲,当满足条件的细胞形成液滴时对它充电。所以,充电脉冲并不是在控制信号到来时发出的,必须是在液滴分离前一刻准确加入的。细胞通过检测区到液滴分离的间隔时间被称为延迟时间,它受系统压力、喷嘴的直径、液流的速度、激发区域的位置等多方面因素的影响。精确的延迟时间是保证高质量分选的关键。对大多数电路而言,延迟控制可由单稳态振荡器实现,但在流式细胞仪上多用移位寄存器进行数字延迟,数字控制较模拟控制更精确、调整更方便。

（五）信号检测和分析系统

当细胞携带荧光素标记物通过激光照射区时,细胞内不同物质产生不同波长的荧光信号。这些信号以细胞为中心,向空间360°立体角发射,产生散射光和荧光信号。流式细胞仪的电子系统将各种光信号成比例地转换为电信号,并进行数字化处理后传入电子计算机。光电倍增管(PMT)具有较高的灵敏度,常用于收集各种细胞或微球与激光束相互作用产生的较微弱的侧向散射光或荧光信号;光电二极管的灵敏度较低,常用于检测较强的前向散射光信号。信号输出常有线性和对数放大两种方式:对强度变化范围小和代表生物学线性过程的光信号常用线性放大,如 DNA 含量检测;免疫荧光检测的信号差别相当大,多用对数放大输出信号。输出信号被转换成不同的电压脉冲,经电压脉冲高度分析和模/数转换,电压转换为通道值。最后由流式细胞分析仪的输入/输出接口电缆传输至电子计算机,以各种图形(如直方图、散点图等)显示和统计分析。计算机系统用于控制整个仪器的运行和数据采集、数据分析。

---

**知识链接**

### 流式细胞术新技术的应用

1. 液相芯片技术　将生物芯片技术和 FCM 有机结合在一起,把不同生物探针(核酸、蛋白等)标记在各种有荧光的微球上,以荧光标记微球作为反应载体在液相系统中完成生物学反应。它可以在同一液相中同时检测多个目的分子,如对血液中多种白细胞介素检测。

2. 定量流式细胞分析　是指用流式细胞术对细胞或微粒上标记荧光分子的定量分析,从而对细胞的生物分子进行精确测量。如每个分子表达的平均分子数、抗原数等。定量流式细胞分析不同于以往的相对荧光强度或阳性细胞百分率测量,它更为准确、灵敏,为 FCM 的发展趋势。

---

## 四、流式细胞分析仪的保养与维护

（一）流式细胞分析仪的使用流程

**1. 开机程序**

（1）检查鞘液桶和废液桶。确认鞘液充满状态、盖紧黑盖、管道畅通、废液桶有足够空间容纳本批标本排弃的废液。

（2）依次打开流式细胞分析仪主机开关、电脑开关、打印机。

（3）气压阀置于加压位置,待流式细胞分析仪处于"STANDBY"状态,做 PRIME,以排出管路中气泡。

**2. 预设获取模式文件。**

**3. 进行仪器的设定和调整。**

**4. 通过预设的获取模式文件进行样品分析。**

5. 关机程序。

（1）先关闭计算机。

（2）流式细胞分析仪置于"RUN"状态,清洗进样针内管和外管。

（3）上样管内加蒸馏水约1ml,使加样针浸泡在水中。

（4）仪器功能键设置在"STANDBY"10分钟左右。

（5）关闭流式细胞分析仪主机开关。

**（二）流式细胞分析仪的日常维护**

1. 仪器操作必须有经过培训的人员操作,其对仪器的原理、操作规程、使用注意事项等有充分的了解。

2. 安装单独的可靠的地线,并使激光电源的波动范围小于±10%。

3. 将仪器安装在合适的环境,远离电磁干扰和热源,保持室温在18~24℃,相对湿度小于85%。

4. 按仪器使用要求进行校正。

5. 样品和鞘液管道每周应用漂白粉液清洗。

6. 冷却水须用过滤器,并保证压力和流量。

## 五、典型流式血细胞分析仪的整机分析

**（一）BD FACSCalibur型流式细胞分析仪的整机分析**

**1. 基本结构**　FACSCalibur流式细胞仪是由美国Becton Dickison(BD)公司生产的一台分析仪器,可对有机微颗粒(细胞)和有机微颗粒内(细胞内)的物质、结构的物理和生物特性进行定量和定性分析。其主要指标为:①激发激光波长488nm;②有3个荧光检测器,FL1(535nm)、FL2(585nm)和FL3(630nm),且仪器分辨率FL的CV(变异系数)<2%;③分选纯度P>97%。

仪器前方面板的右下方有3个流速控制键和3个功能控制键。3个流速控制键分别对应于不同的样品流速控制,从低到高依次为:12μl/min、35μl/min、60μl/min。3个功能控制键为RUN、STANDBY和PRIME,代表不同的控制功能。其中,RUN代表:此时上样管加压,使细胞悬液从进样针进入流动室(正常显示绿色;黄色时表示仪器不正常,请检查是否失压);STANDBY代表:无样品或暖机时的正常位置,此时鞘液停止流动;PRIME代表:去除流动室中的气泡,流动室施以反向压力,将液流从流动室冲入样品管,持续一定时间后,以鞘液回注满流动室。PRIME结束,仪器恢复STANDBY状态。

仪器的储液箱抽屉位于主机左下方,可向前拉开,内含鞘流液筒、废液筒、鞘液过滤器及空气滤网。鞘液筒位于抽屉左侧,容积4L,装八分满鞘液筒,仪器可以运行大约3小时。筒上装有液面感应器,鞘液用完时,仪器软件上会有显示。鞘液筒盖上有金属环扣,保证鞘液筒密闭。废液筒位于抽屉右侧,容积4L。筒上装有液面感应器,废液盛满时,仪器软件上会有显示。鞘液过滤器为0.22μm过滤器,去除鞘液中的杂质,保证进入流动室的鞘液是干净的。

上样品区是样本管的上样位置,它包括3个部分:进样针、支撑架和液滴存留系统。进样针是一根不锈钢管,将细胞从样本针中吸入流动室。进样管外有一套管,是液滴保留系统的一部分。支撑

架用于支撑样本管并负责启动液滴存留系统。支撑架有 3 个位置:位于样本管之下的中位、样本管左侧或右侧。液滴存留系统由支撑架、真空泵和外套管组成。当支撑架位于左侧或右侧位置时,真空泵就会启动,将液体从外管吸入废液筒内。上样时,须注意将支撑架位于中位,以避免过多样品被抽吸到废液筒内(当支撑架位于中位,真空泵停止工作)。更换样品时,让仪器保持 RUN 的模式,使得进样针可以反冲;切换到 STANDBY 模式前,确保液路已冲洗彻底,以免碎片沉积到流动室中。

### 2. 使用流程分析

(1) 开机程序

1) 检查稳压器电源,打开电源,稳定 5 分钟。

2) 打开储液箱,倒掉废液,并在废液桶中加入 400ml 漂白水原液。打开压力阀,取出鞘液桶,将鞘液桶加满至总容量的 4/5,合上压力阀。确定盖紧桶盖,检查所有管路是否妥善安置。

3) 将 FACSCalibur 开关打开,此时仪器功能控制钮的显示应是 STANDBY,预热 5~10 分钟。排出过滤器内的气泡。

4) 如果需要打印,打开打印机电源。

5) 打开电脑,等待屏幕显示出标准的苹果标志。

6) 执行仪器 PRIME 功能一次,以排出流动室中的气泡。

7) 分析样品时,先用 FACAFlow 或 PBS 进行 HIGHRUN 约 2 分钟。

(2) 预设获取模式文件

1) 从苹果标志中选择 CELLQuest,见到一个新视窗,可利用此视窗编辑一个获取模式文件。

2) 选取屏幕左列绘图工具中的 DotPlot,绘出一个或多个 DotPlots(点图)。从 DotPlot 对话框中选取 Acquisition 作为图形资料来源,并确定适当的 x 轴和 y 轴参数。

3) 选取屏幕左列绘图工具中的 Histogram,同上法可绘出 Histogram(直方图)。

4) 将此视窗命名后储存于 FACStationG3\\EXP 文件夹中,下次进行相同实验时可直接调用。

(3) 用 CELLQuest 进行仪器的设定和调整

1) 从苹果画面中选取 CELLQuest,进入 CELLQuest 后,在 File 指令栏中打开合适的获取模式文件。

2) 从屏幕上方 Acquire 指令栏中,选取 Connect To Cytometer 进行电脑和仪器的联机。将出现的 Acquisition Control 对话框移至合适位置。

3) 从 Cytometer 指令栏中,开启 Detectors/Amps、Threshold、Compensation 和 Status 等 4 个对话框,并将它们移至屏幕右方,以便获取数据时随时调整获取文件。

4) 在 Detectors/Amps 对话框中,先为每个参数选择适当的倍增模式(amplifier mode):线性模式 Lin 或对数模式 Log。

5) 放上待检测的样品,将流式细胞仪设定于 RUN,流速可在 HIGH 或 LOW 上。

6) 在 Acquisition Control 对话框中,选取 Acquire,开始获取细胞。

7) 在 Detectors/Amps 对话框中,调整 FCS 和 SSC 检测器中的信号增益:PMT voltages(粗调)与 Amp Gains(细调),使样品信号出现在 FCSSSC 点图内,且三群细胞分布合理。

8）在 Threshold 对话框中选择适当的参数设定阈值（threshold），并调整阈值的高低，以减少噪声信号（细胞碎片）。阈值并不影响检测器对信号的获取，但可改善画面质量。

9）从屏幕左列绘图工具中选择 Region（区域），并在靶细胞周围设定区域线，即通常所说的门。圈定合适的细胞群可使仪器调整更为容易。

10）在 Detectors/Amps 对话框中，调整荧光检测器的倍增程度。根据所用的荧光阴性对照样品调整细胞群，使之分布在正确的区域内。

11）在 Compensation 对话框中，根据所用的调整补偿用标准荧光样品调整双色（或多色）荧光染色所需的荧光补偿。

12）调整好的仪器设定可在 Instrument Settings 对话框中储存，下次进行相同实验时可调出使用，届时只需微调即可。

（4）通过预设的获取模式文件进行样品分析

1）从苹果标志中选择 CELLQuest，新视窗出现后，从 File 指令栏中选择 Open，打开预设的获取模式文件。

2）从屏幕上方 Acquire 指令栏中，选取 Connect To Cytometer 进行电脑和仪器的联机。将出现的 Acquisition Control 对话框移至合适位置。

3）从 Cytometer 指令栏中选择 Instrument Settings，在其对话框中选择 Open 调出以前存储的相同实验的仪器设定参数，按 Set 确定。

4）在 Acquire 指令栏中，选择 Acquisition & Storage 决定存储的细胞数、参数、信号道数。

5）在 Acquire 指令栏中，选择 Parameter Description，以决定文件存储位置（folder）、文件名称（file）、样品代号以及各种参数的标记（panel），即安排 tube1、2、3…的检测参数。

6）在 Cytometer 指令栏中，选择 Counters，将此对话框移至合适位置，以便于随时观察 events 计数。

7）将样品管放至检测区，在 Acquire Control 对话框中选取 Acquire 以后启动样品分析测定。

8）微调仪器设定，开始正式获取信号，存储数据。

9）当设定数目的细胞被检测后，获取自动停止并自动存储数据。

10）当所有样品分析完毕，将 FCM 置于"STANDBY"状态，以保护激光管。

（5）关机程序。

1）先关闭计算机。

2）流式细胞仪置于"RUN"状态，清洗进样针内管和外管。

3）上样管内加蒸馏水约 1ml，使加样针浸泡在水中。

4）仪器功能键设置在"STANDBY"10 分钟左右。

5）关闭流式细胞分析仪主机开关。

（二）EPICS-XL 流式细胞分析仪的整机分析

EPICS-XL 流式细胞分析仪系统是由美国库尔特公司（COULTER）生产的。该仪器可同时测定前向散射光（forward scatter，FS）、侧向散射光（side scatter，SS）及荧光。因此，仪器可对各个细胞进行相关的多参量的分析。该仪器除了对人体细胞分析外,还可对植物细胞、动物细胞、海洋游动生物、细菌等进行测试分析。可测试的项目有:细胞表面抗原、核酸、动态学和细胞功能等。该系统主要由三大部分组成:细胞仪、电源和计算机控制系统(work station)。另外,还包括一些附属装置和部件(硬件和软件)。

**1. 激光束的成形**　如图 3-32 所示,在激光束到达样品流之前,正交圆柱形的透镜组使激光束聚焦,使光束垂直于样品液流向,并使激光束足够小,使其一次只能照射一个细胞。第一个透镜控制激光束宽度,第二个透镜则控制其高度。合成的椭圆形光束对准流动室的测量区。

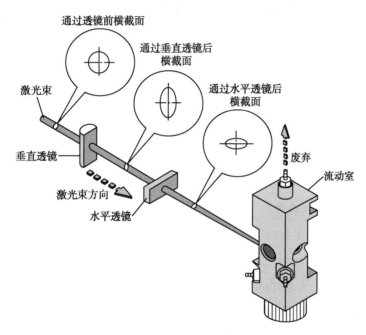

图 3-32　EPICS-XL 激光束成形示意图

**2. 光的收集、分离和测量**　图 3-33 为细胞仪的光学系统示意图。

(1)前向散射光的收集:FS 检测器收集前向散射光。当激光射到 FS 检测器时,其产生电压脉冲信号。这些信号与检测器接收到的光量成正比。信号被进行处理,用于测量该散射光的细胞的特性。当分析大细胞(直径>20μm)时,FS 检测器呈饱和状态。故仪器设置了一个中密度滤光片来减弱 FS 信号。当分子直径<20μm,不需要采用 ND1 滤光片。

(2)侧向散射光的收集:为使检测器能测定侧向散射光(SS)和荧光(FL),须先收集光信号,再将 SS 和 FL 分开。收集透镜/空间滤光片组件收集从流动室的测量区过来的 SS 和 FL,使其成平行光束。光线然后射向 SS 检测器。

SS 的波长为 488nm,比荧光强度大得多。SS 是从收集透镜/空间滤光片组件分离出的第一道光。SS 由一与光径成 45°、波长为 488nm 的分光长通滤光片(488DL)进行分离。488DL 滤光片将 SS 反射至 SS 检测器,但透过较长波长的荧光。

(3)荧光的收集:仪器有 4 个荧光检测装置。3 个 FL 检测器是标准的,第 4 个 FL 检测器则是任选的。

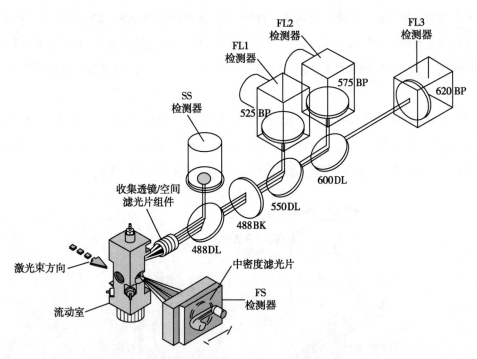

图 3-33 EPICS-XL 光学系统示意图

488DL 滤光片透过的光,射向一个 488nm 的激光截止滤光片(488BK),其截止任何残留激光,只透过荧光。其余滤光片则为 3 个 FL 检测器分离光束。

550DL 滤光片与光路成 45°角,其反射 <550nm 的光束到一个 525nm 的带通(525BP)滤光片。该滤光片将 505～545nm 的光传递到 FL1 检测器。550DL 滤光片只透过波长在 555～725nm 间的光。

下一个分光长通滤光片 600DL,也与光路成 45°角。其反射 555～600nm 的光,并射向 575BP,575BP 则将 560～590nm 的光传递至 FL2 检测器。

600DL 滤光片透过 605～725nm 的光,并将其射向 FL3 检测器前面的 620BP 滤光片。620BP 滤光片将 605～635nm 的光传递给 FL3 检测器。

**3. 信号的处理** 细胞仪最多可有 6 个检测器,当每个细胞通过激光束时,可分别产生电压脉冲信号。电压脉冲信号与检测器接收到的光的强度成正比,然后进行放大、调节、分析这些脉冲信号。散射光或荧光的强度决定了峰值脉冲的高度,荧光的分布则决定了脉冲的宽度。因此,总的荧光量决定了脉冲波形下的面积。

有些电压脉冲信号非常微弱,必须经放大后才能测定散射该激光的细胞的性能。仪器软件具有以下 2 个功能:①增大增益以线性放大积分信号和峰值信号;②对数转换线性数据。

## 六、流式细胞分析仪常见故障实例分析

下面以 BD FACSCalibur 流式细胞分析仪为例,对此类仪器的一些常见故障进行初步分析。

**故障实例一**

【故障现象】样品试管部位出现问题,发生上不去的情况。

【故障分析】可能误用不适合的试管;试管支持架需调整。

【检修方法】旋转调整试管支持架(顺时针向下、逆时针向上)。

**故障实例二**

【故障现象】仪器处于 NOT READY 状况,不能正常工作。

【故障分析】鞘液筒中的鞘液是否用完;废液筒中的废液是否已装满;开机预热时间是否过短;鞘液筒的液面检测器连接是否松动或未连接。

【检修方法】逐一排除分析上述情况,直到排除故障,使仪器恢复正常。

**故障实例三**

【故障现象】如果仪器未加压,上样管放好后,虽然控制面板处于 RUN 模式,但仪器仍未能达到 READY 状况,仍处于 STANDBY 状况。

【故障分析】这可能是由于鞘液筒盖漏气、压力阀未加压、样本管不能被加压等原因造成的压力问题。此时,样本不能良好地进入流动室,无法检测。

【检修方法】逐一检查压力阀是否未加压、鞘液筒是否漏气(盖紧鞘液筒盖)、样本管是否有破损、上样针上的 bal seal 是否已磨损、鞘液筒上的蓝色接头是否连接好等情况,直到排除故障,使仪器恢复正常。

**故障实例四**

【故障现象】仪器讯号噪声过高,超出允许范围,导致检测结果不准确。

【故障分析】是否鞘液过滤器中有气泡,仪器记录了气泡产生的信号,造成了噪声数据的干扰。气泡还可以改变样本流,造成检测结果不理想。

【检修方法】此时,仪器需要做 PRIME,排除液路中的气泡干扰。如果鞘液筒吸干了,应该重新装满鞘液,然后先取下样品管进行 5～10 次 PRIME,待鞘液流中的气泡排除之后,再进行样本测定。

**故障实例五**

【故障现象】计算机屏幕上见不到细胞显示,无法正常工作。

【故障分析】仪器状态显示是否正常;仪器的相关设置是否适当。

【检修方法】如果仪器一直处于 STANDBY 状态,则检查 System Status;如果 STATUS 窗口显示 READY,则检查样本管中细胞浓度是否够,上样前是否混匀了;检查实验的 Instrument Settings 是否正确;检查阈值是否设置过高,导致无法检测目标细胞群;检查 CELLQuest 软件 Cytometer 目录下的 Status 窗口,是否已被更新,如果未更新,说明仪器与计算机之间的通讯发生了故障,此时,应关闭计算机和 FACSCalibur,重新打开仪器,继续实验。

**故障实例六**

【故障现象】加样针出现鞘液反流现象。

【故障分析】上样针外管是否安好;液流保存系统的真空泵是否正常工作。

【检修方法】检查上样针外管是否安好,可以将外管旋下,向上推动,重新拧紧;更换上样针上部的 O 形胶环;检查液流保存系统的真空泵是否工作,如果样本管支撑架位于旁位时,听不到真空泵的工作声音,可能是真空泵停了,关闭 FACSCalibur,再启动。

**案例分析**

案例：BD FACSCalibur 流式细胞仪仪器加压，放好上样管，使控制面板处于 RUN 模式，但 RUN 指示灯颜色显示为黄色，仪器未能达到 READY 状态，仪器无法进样。

分析：此情况多是由压力问题而造成，导致样本不能顺利进入流动池进行检测。逐步查找故障原因：①确保压力阀处于加压位置；②确认鞘液筒是否漏气；③检查鞘液筒上的蓝色接口是否连接好；④检查样本管是否破损；⑤检查上样针上的 Bal Sael 是否磨损。经过仔细检查发现，在仪器加压状态下，鞘液筒仍可以前后移动，初步分析是由于鞘液筒漏气，导致仪器压力异常，系统无法进样。仪器减压，重新盖紧鞘液筒盖后，仪器加压，RUN 指示灯仍显示为黄色，仪器仍无法进样，进而考虑可能为仪器内部管路漏气所致。打开仪器右侧机盖，真空泵正常震动，且仪器内管路连接完好无掉落。拧下鞘液筒盖，盖中的气孔正常有气体冒出。逐一排除以上故障原因后，最终判断是鞘液筒损坏而导致仪器压力异常。更换新的鞘液筒，盖紧鞘液筒盖，仪器加压，RUN 指示灯显示为绿色，仪器恢复正常。

## 复习导图

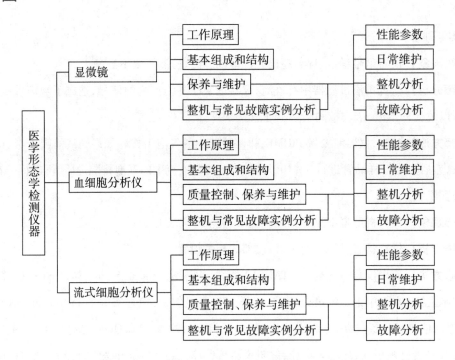

## 目标检测

### 一、选择题（单选题）

1. 以下装置**不能**用于普通显微镜调节视野内光线强弱的装置是（    ）

 A. 目镜  B. 反光镜  C. 光阑  D. 聚光镜

2. 电阻抗检测原理中，脉冲、振幅和细胞体积之间的关系是（    ）

 A. 细胞越大，脉冲越大，振幅越小  B. 细胞越大，脉冲越小，振幅越小

 C. 细胞越大，脉冲越大，振幅越大  D. 细胞越小，脉冲越小，振幅不变

3. 血液分析仪测定血红蛋白采用的是(　　)

A. 光散射原理　　　B. 光衍射原理　　　C. 光电比色原理　　　D. 透射比浊原理

4. VCS 联合检测技术中,C 代表的是(　　)

A. 体积　　　B. 电导性　　　C. 光散射　　　D. 电容

5. 下列**不属于**血液分析仪维护内容的是(　　)

A. 检测器维护　　　　　　　　B. 液路维护

C. 清洗小孔管微孔沉积蛋白　　　　D. 样本中凝块的处理

二、简答题

1. 简述光学显微镜的工作原理。

2. 简述光学显微镜的基本结构。

3. 简述电阻抗(库尔特)血细胞检测原理。

4. 对血液分析仪进行质量评价的指标有哪些?

5. 血液分析仪常见的堵孔原因有哪些?如何处理?

6. 对血液分析仪进行评价的指标有哪些?

7. 流式细胞分析仪的光学系统组成和各种滤光片的作用是什么?

8. 流式细胞分析仪所检测的信号有哪些?这些信号所代表的意义和作用是什么?

9. 流式细胞分析仪的主要性能指标有哪些?

10. 流式细胞分析仪分选器的组成和细胞分选原理是什么?

ER-03章习题

# 实训二　血细胞分析仪的操作与维护

## 一、实训目的

1. 掌握血细胞分析仪的基本组成结构、工作原理。

2. 熟悉血细胞分析仪的基本操作及安装调试技术。

3. 分析血细胞分析仪的工作过程,学习故障分析与故障排除技巧,掌握维修技术。

4. 了解血细胞分析仪的临床应用。

## 二、实训内容

(一)血细胞分析仪的基本操作实训

1. 血细胞分析仪的初步认知实训。

2. 血细胞分析仪的本底空白测试实训。

3. 血细胞分析仪的样本测试实训。

4. 血细胞分析仪的校准实训。

5. 血细胞分析仪的质控实训。

6. 血细胞分析仪的保养和维护。

（二）血细胞分析仪的常见故障分析及维修实训

参见第二节"六、血细胞分析仪常见故障实例分析"。

## 三、实训步骤

（一）血细胞分析仪的基本操作实训

**1. 血细胞分析仪的初步认知实训步骤**

（1）血细胞分析仪的总体结构分为主机部分与试剂部分,主机部分内又可分成电气控制部分、数据采集及处理与液路部分等。观察主机外部结构,熟悉仪器电源开关及地线连接、计数开关、机内打印部件、数据传输及外部试剂连接的物理位置。打开主机左右两侧及前部面板,了解仪器内部电路、液路、气路的基本组成部件及布局情况。

（2）正确连接电源输入线、地线等。

（3）认真阅读试剂说明书,弄清各试剂的作用,检查有效期。根据仪器管路连接指示,检查稀释液、冲洗液、溶血剂及废液管路和相应液位传感器接口连接情况,试剂内应无杂质,确保管路通畅。

（4）开启仪器后部电源,观察仪器开机过程中软、硬件及液路自检过程与状态,如需进行开机后液路灌注(首次装机或更换试剂时),则按提示进行灌注,灌注前应确保试剂充足有效。

（5）开机后,观察显示界面的内容,找到包括数据显示区、图示区、状态指示区(仪器状态、当前界面模式提示、联机状态、系统时间)、故障提示区、菜单及操作信息提示区的所在位置。进入菜单项,了解本机菜单项内容组成,并对分支项目作进一步了解。

（6）结合教材,弄清血液分析仪所测各项参数的内容、单位及临床意义。

**2. 血细胞分析仪的其他基本操作实训**　对照血细胞分析仪使用操作说明书,完成血细胞分析仪的本底空白测试、样本测试、校准、质控、保养和维护等基本操作实训内容。

（二）血细胞分析仪常见故障分析及维修实训

**1. 维修的准备工作**

（1）在进行血细胞分析仪的维修工作前,需掌握该仪器的基本构成及其工作原理;熟悉该仪器的基本操作以及安装调试技术。

（2）在仪器故障的维修过程中,尽可能详细询问使用的细节,如保养情况、近期更换部件与其他故障发生频率等,弄清故障现象,并根据故障代码进行故障的初步分析,判断故障发生的部位和基本判定故障的类型。采用直观检查法、电阻和电压测量法、元器件及板替换法等各种常规检查方法,对故障进行逐一分析和排查,直至解决。

（3）排除故障后,对仪器进行定标、样本测试和质控,确定仪器工作正常。最后整理维修数据,作好维修记录。

**2. 常见故障的分析排除** 参见第二节"六、血细胞分析仪常见故障实例分析"。

## 四、实训思考

1. 分析白细胞不分类的原因及检修过程。

2. 分析 PLT 数据异常的原因及维修过程。

3. 简述各种试剂在血细胞分析测定中的主要作用。

4. 简述血细胞分析仪校准与质控的意义和区别。

## 五、实训测试

| 学 号 | | 姓 名 | | 系 别 | | 班 级 | |
|---|---|---|---|---|---|---|---|
| 实训名称 | | | | | 时 间 | | |
| 实训测试标准 | 【故障现象】<br>【故障分析】<br>1. 维修前的准备工作　　　　　　　　　　　　　　　　(1分)<br>2. 对此故障现象进行故障分析　　　　　　　　　　　　(2分)<br>【检修步骤】　　　　　　　　　　　　　　　　　　　(7分)<br>每个维修实例考核满分标准　　　　　　　　　　　　　(10分) |||||||
| 自我测试 | |||||||
| 实训体会 | |||||||
| 实训内容测试考核 | 实训内容一:考核分数(　　　)分<br>实训内容二:考核分数(　　　)分<br>实训思考题1:考核分数(　　　)分<br>实训思考题2:考核分数(　　　)分<br>实训思考题3:考核分数(　　　)分<br>实训思考题4:考核分数(　　　)分 |||||||
| 教师评语 | |||||||
| 实训成绩 | 按照考核分数,折合成(优秀、良好、中等、及格、不及格)<br><br>　　　　　　　　　　　　　　　　　　指导教师签字:<br>　　　　　　　　　　　　　　　　　　　年　月　日 |||||||

(胡希俅)

# 第四章

## 尿液和流式尿沉渣分析仪器

导学情景 V

学习目标

1. 掌握尿液分析仪器的工作原理、基本组成和结构。 会分析尿液分析仪器的电路、液路、电脑控制等常见故障，并能采用各种维修方法排除故障。

2. 熟悉尿液分析仪器的基本操作、安装调试、维护和维修等技能。

3. 了解尿液分析仪器的临床应用。

学前导语

某患者3天前无明显诱因发生尿频、尿急、尿痛，无肉眼血尿，不肿，无腰痛，不发热，因怕排尿疼痛而不敢多喝水，服止痛药症状仍不好转。

经问诊及查体后，建议做尿常规检验和尿液有形成分分析，诊断为急性泌尿系统感染（膀胱炎），进行抗感染治疗，注意卫生，配合多饮水，一周后治愈。

尿液分析（urinalysis）是指运用物理学、化学（应强调定性、定量）方法，结合使用显微镜及其他仪器对尿液标本进行分析，以达到对泌尿、循环、消化、内分泌等系统的疾病进行诊断、疗效观察及预后判断等目的。尿液分析是目前各实验室、医院检验室最常规的检验之一，对于疾病的诊疗起着十分重要的作用。尿液分析仪是检测尿液中某些化学成分及有形成分含量的专用设备，有形成分的分析仪是指尿沉渣分析仪和流式尿沉渣分析仪，化学成分的分析仪可分为尿液干式化学分析仪和尿液湿式化学分析仪。其中，尿液湿式化学分析仪属于分立式生化分析仪一类，因此，尿液干化学分析仪就简称尿液分析仪，因结构简单、操作方便而备受欢迎。本章主要学习尿液分析仪和流式尿沉渣分析仪。

## 第一节  尿液分析仪

### 一、概述及临床应用

#### （一）概述

尿液是血液流经肾脏后经肾小球滤过、肾小管重吸收与分泌作用而形成。肾小管基底膜的毛细血管壁可以允许血液中的水、离子、糖、尿素以及小分子蛋白质自由通过，但是其中大部分又被肾小管重吸收入血。每天肾小球滤过约180L的液体,而其中99%均被肾小球重吸收,所以,成年人实际每天(24小时)尿量1000~2000ml。生成的尿液经过肾盂、输尿管进入膀胱暂存,最后经尿道排出体外。尿液成分及其含量的改变不仅受泌尿系统、生殖系统的影响,而且与血液循环、内分泌、消化、代谢、呼吸等系统的生理或病理变化有关。早在16世纪,人们就开始用化学方法测定尿液中的蛋白、胆红素、尿糖等。1883年,英国医师乔治·奥利弗(George Oliver)在试验中成功地将事先配制的高浓度的试剂固定于滤纸上,使临床医师能够很容易地使用它,开始了干化学试纸的使用、研究,促进了尿液分析仪的诞生和发展。

自20世纪70年代,随着自动化程度不断提高,半自动、全自动尿液分析仪相继问世,替代肉眼观察结果,减少人为误差,提高了检测的敏感性和特异性。光学系统、分析方法的不断完善、提高,分析项目不断增加,可靠性和准确率也得以不断提升。

我国尿干化学试带的研制始于20世纪60年代。1980年,国产尿试纸条问世并投放市场。1985年,我国以技术贸易方式从日本京都第一株式会社引进当时具有国际先进水平的MA-4210型尿液分析仪和专用试纸条

> ▶▶ **课堂活动**
>
> 谁有过尿常规检查的经历吗？还记得有哪些检查参数及检查结论吗？

的生产技术及设备,由此填补了国内空白。1990年,达到全部国产化。1994年,我国推出了Uritest-100尿液分析仪及专用试纸条,以后又推出Uritest-200、Uritest-300、Uritest-500尿液分析仪。国产的H-300、H-500、H-800等系列尿液分析仪采用了六波长光学分析技术,于2003年11月通过欧盟CE认证,2004年6月试带通过美国FDA认证,这是我国同类产品第一家通过此认证,标志着中国的尿液分析仪器开始进入国际市场。

（二）常用分类

**1. 按测试项目数量分类**

（1）8项尿液分析仪:可检测酸碱度(pH)、蛋白(protein,PRO)、葡萄糖(glucose,GLU)、酮体(ketone,KET)、胆红素(bilirubin,BIL)、尿胆原(urobilinogen,URO)、红细胞或血红蛋白或隐血(erythrocyte,ERY or hemoglobin,HB)、亚硝酸盐(nitrite,NIT)。

（2）9项尿液分析仪:可检测项目增加了白细胞(leukocyte,LEU or white blood cell,WBC)。

（3）10项尿液分析仪:可检测项目增加了尿比密(SG)。

（4）11项尿液分析仪:可检测项目增加了颜色或维生素C。

（5）12项尿液分析仪:可检测项目比10项尿液分析仪增加了颜色和浊度。

**2. 按自动化程度分类**

（1）半自动尿液分析仪:按其检测项目可分为尿8项、尿9项、尿10项、尿11项、尿12项。

（2）全自动尿液分析仪:按其检测项目可分为尿10项、尿11项、尿12项。

（三）临床应用

尿液检查通过了解泌尿系统的生理功能、病理变化,可间接反映全身多脏器及系统的功能。

**1. 尿液检查的用途**

（1）泌尿系统疾病的诊断与疗效观察:如炎症、结核、结石、肿瘤。

（2）协助其他系统疾病的诊断：如糖尿病、胰腺炎、黄疸、重金属中毒、库欣病、嗜铬细胞瘤。

（3）安全用药监护。

（4）产科及妇科疾患的诊断：如妊娠、绒毛膜癌、葡萄胎。

**2. 各检测项目的临床意义**

（1）酸碱度：尿 pH 的检测主要用于了解体内酸碱平衡情况，检测泌尿系统疾病患者的临床用药情况，同时了解尿 pH 变化对试带上其他膜块区反应的干扰作用。

（2）比密：尿比密主要用于了解尿液中固体物质的浓度，估计肾脏的浓缩功能。在出入量正常的情况下，比密增高表示尿液浓缩，比密减低则反映肾脏浓缩功能减退。

（3）尿糖：尿糖检测主要用于内分泌性疾病（如糖尿病）及其他相关疾病的诊断与治疗监测等。

（4）蛋白质：尿蛋白检测主要用于肾脏疾病及其他相关疾病的诊断、治疗和预后等。

（5）酮体：尿酮体检查主要用于糖代谢障碍和脂肪不完全氧化的疾病或状态的诊断及其他相关疾病的诊断和治疗。

（6）胆红素与尿胆原：尿胆红素、尿胆原检测主要用于消化系统肝脏、胆道疾病及其他相关疾病的诊断、治疗，尤其对于黄疸的鉴别有特殊意义。

（7）隐血：尿隐血主要用于肾脏、泌尿道疾病及其他相关疾病的诊断、治疗。

（8）亚硝酸盐：尿亚硝酸盐是用于尿路细菌感染的快速筛检试验。

（9）白细胞：尿白细胞检测主要用于肾脏和泌尿道疾病的诊断、治疗等。

（10）维生素 C：维生素 C 检测的作用在于提示其他项目检测结果的准确性，防止假阴性的出现，使各项干化学检测结果更准确、更科学。

## 二、尿液分析仪的测试原理

尿液分析仪测试原理的本质是光的吸收和反射。将液体样品直接加到已固化不同试剂的多联试剂带上，尿液中相应的化学成分使多联试剂带上各种含特殊试剂的膜块发生颜色变化，颜色的深浅与尿样中特定化学成分浓度成正比；将多联试带置于尿液分析仪比色进样槽，各膜块依次受到仪器光源照射并产生不同的反射光，仪器接收不同强度的光信号后将其转换为相应的电信号，再经微处理器计算出各测试项目的反射率，然后与标准曲线比较后校正为测定值，最后以定性或半定量方式自动打印出结果。测试原理示意图见图 4-1。

### （一）多联试带

多联试带是将多种检测项目的试剂块按一定间隔、顺序固定在同一条带上的试带。使用多联试带，浸入一次尿液可同时测定多个项目。多联试带的基本结构如图 4-2，采用了多层膜结构：第一层尼龙膜起保护作用，防止大分子物质对反应的污染；第二层是绒制层，包括碘酸盐层和试剂层，碘酸盐层可破坏维生素 C 等干扰物质，试剂层与尿液所测定物质发生化学反应；第三层是固有试剂的吸水层，可使尿液均匀、快速地浸入，并能抑制尿液流到相邻反应区；最后一层选取尿液不浸润的塑料片作为支持体。有些试带无碘酸盐层，但相应增加了 1 块检测维生素 C 的试剂块，以进行某些项目

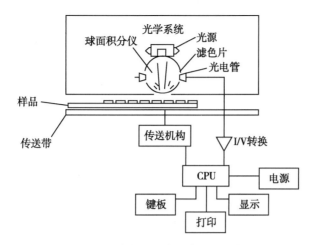

图 4-1 尿液分析仪的测试原理示意图

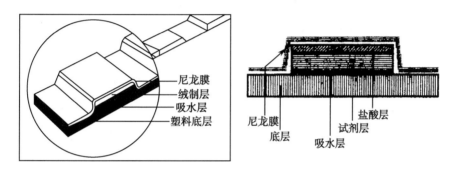

图 4-2 多联试带的基本结构

的校正。

各试剂块与尿液中被测尿液成分的反应呈现不同的颜色变化。

不同型号的尿液分析仪使用其配套的专用试带,且测试项目试剂块的排列顺序是不相同的。通常情况下,试带上的试剂块要比测试项目多一个空白块,有的甚至还有参考块,也称固定块。空白块的目的是为了消除尿液本身的颜色在试剂块上分布不均等所产生的测试误差,以提高测试准确性;固定块的目的是在测试过程中,使每次测定试剂块的位置准确,避免由此而引起的误差。

**(二)各检测项目的测试方法**

从最初的单一测试到现今的多项测试,尿分析仪检测项目随试带的发展而发展。尿试带常依测试项目分为 2 类:一类是用于初诊患者及健康体检使用的 8 ~ 12 项筛检多联试带;第二类是用于已确诊疾病的疗效观察,如尿糖、尿蛋白等单项试带和各种组合型试带。常用组合型试带有 3 种:肾病型四联试带,检测 pH、蛋白、隐血、比密等 4 项;糖尿病型五联试带:检测 pH、蛋白、葡萄糖、酮体、比密等 5 项;肝脏病型二联试带,检测胆红素、尿胆原等 2 项。目前,国内各大、中型医院多采用 8 ~ 12 项筛检多联试带。

不同的项目,使用的检测试剂不同,与相应的待测成分发生化学反应后呈现的颜色也不同。

**1. 酸碱度** 采用酸碱指示剂法。pH 试剂块含有甲基红(pH 4.6 ~ 6.2)和溴麝香草酚蓝(pH 6.0 ~ 7.6)两种酸碱指示剂,在 pH 4.5 ~ 9.0 的范围内,颜色由橙红经黄绿到蓝色变化。

123

**2. 比密**　采用多聚电解质离子解离法。该试剂块含有多聚电解质甲基乙烯基醚-顺丁烯二酸共聚物、酸碱指示剂(溴麝香草酚蓝)及缓冲物。经过处理的多聚电解质的 pKa 改变与尿液中离子浓度相关。在测试过程中,尿液中以盐类形式存在的电解质($M^+X^-$)在水溶液中解离出 $M^+$ 阳离子,并与离子交换体中的 $H^+$ 置换,释放出 $H^+$。溴麝香草酚蓝(pH 6.2 ~ 7.0)以分子型和离子型两种形式共存,不同的比例呈现不同的色泽变化。分子型居多时呈黄色,离子型居多时呈蓝色。尿比密偏高时,尿液中所含盐类成分较多,试纸条中电解质多聚体释放出的 $H^+$ 增多,溴麝香草酚蓝为分子型,呈现黄色;尿比密偏低时,尿液中所含盐类成分较少,试带中电解质多聚体释放出的 $H^+$ 减低,溴麝香草酚蓝多为离子型,呈现蓝色。这种尿液中所含盐类成分的高低可由试剂块中的酸碱指示剂变化显现出来,颜色由蓝经绿、茶绿至黄色变化,进而换算成尿液的比密值。

**3. 尿糖**　采用葡萄糖氧化酶-过氧化物酶法。GLU 试剂块含有葡萄糖氧化酶、过氧化物酶、色素原等。葡萄糖氧化酶促葡萄糖与氧作用,生成葡萄糖酸内酯及过氧化氢,后者与色素原在过氧化氢酶的作用下,使色素原呈现由蓝色经绿色至棕色的色泽变化,呈色的深浅与葡萄糖含量成正比。常见的色素原有邻联甲苯胺、碘化钾等。

**4. 蛋白质**　采用 pH 指示剂蛋白质误差法。即在 pH 3.2 的条件下,溴酚蓝产生的阴离子与带阳离子的蛋白质结合发生颜色变化。蛋白质试剂块含有溴酚蓝、枸橼酸、枸橼酸盐和表面活性剂,溴酚蓝为酸碱指示剂,同时也是灵敏的蛋白显色剂。当尿液中含有蛋白时,由于蛋白质离子对指示剂相反电荷的吸引而生成复合物,引起指示剂的进一步离电,当超过缓冲范围时,指示剂发生颜色改变。根据尿液中蛋白质含量的高低,试剂膜块发生由黄经绿到蓝的颜色变化,颜色的深浅与蛋白质含量成正比。

**5. 酮体**　采用亚硝基铁氰化钠法。酮体是脂肪分解代谢过程中的产物。尿酮体包括乙酰醋酸、丙酮和 β-羟丁酸三种形式。酮体试剂块主要含有亚硝基铁氰化钠、甘氨酸、碱缓冲剂。在碱性条件下,亚硝基铁氰化钠可与尿液中的乙酰醋酸、丙酮起反应,试剂膜块发生由黄色到紫色的颜色变化,颜色的深浅与酮体含量成正比。

**6. 胆红素**　采用偶氮反应法。胆红素试剂块主要含有 2,4-二氯苯胺重氮盐、缓冲剂及其他表面活性物质。在强酸性介质中,结合胆红素与二氯苯胺重氮盐起偶联反应,生成红色复合物。试剂膜块发生由黄色到红色的颜色变化,颜色的深浅与胆红素含量成正比。

**7. 尿胆原**　采用醛反应法或重氮反应法。尿胆原试剂块主要含有对-二甲氨基苯甲醛、缓冲剂及其他表面活性物质。在强酸性条件下,尿胆原与对-二甲氨基苯甲醛发生醛化反应,生成樱红色缩合物。试剂膜块发生由黄色到红色的颜色变化,颜色的深浅与尿胆原含量成正比。

**8. 尿红细胞或血红蛋白**　采用血红蛋白类过氧化物酶法:血红蛋白类过氧化物酶催化试剂块中的过氧化氢烯钴和色素原四甲替联苯胺(或邻甲联苯胺),后者脱氢氧化而呈色。颜色深浅与血红蛋白或红细胞含量成正比。

**9. 亚硝酸盐**　采用亚硝酸盐还原法。亚硝酸盐试剂块主要含有对氨基苯砷酸(或氨基磺酸)、N-萘基乙二胺物质。当尿液中感染的具有硝酸盐还原酶的细菌(如大肠埃希菌)增加时,可将硝酸盐还原为亚硝酸盐,并可将膜块中的氨基苯砷酸重氮化而成重氮盐,以此重氮盐再与 N-萘基乙二胺偶联,使膜块呈现由黄至红色的变化,颜色的深浅与亚硝酸盐含量成正比。

**10. 白细胞** 采用白细胞酯酶法。白细胞试剂块主要含有吲哚酚酯和重氮盐,白细胞(其中的中性粒细胞)与试剂块中的吲哚酚酯作用产生吲哚酚,吲哚酚与重氮盐发生反应形成紫色缩合物,试剂膜块区发生由黄至紫的颜色变化,颜色的深浅与白细胞含量成正比。

**11. 维生素C** 采用还原法。维生素C试剂膜块区含有2,6-二氯酚靛酚钠、中性红、亚甲基绿磷酸二氢钠、磷酸氢钠。维生素C具有1,2-烯二醇还原性基团,在酸性条件下,能将氧化态粉红色的2,6-二氯酚靛酚染料还原为无色的2,6-二氯二对酚胺。试剂膜块区发生由绿或深蓝至粉红色的颜色变化。

**12. 浊度** 采用散射比浊方法。根据浊度不同,将尿液透明度分为透明、混浊、高度混浊3个档次。

**13. 颜色** 采用校正块反射率法。将颜色分为23种色调。

▶ 课堂活动

　　学习了尿液分析仪的工作原理后,结合前面已学仪器,请大家勾画一下尿液分析仪的基本组成结构吧!

值得注意的是:①不同厂家生产的尿试带,对测试项目采用的测试原理可能不同;②尽管采用相同的测试原理,其所使用的色素原物质也有可能不同,因此,对于同一测试项目,使用不同的尿试带可产生不同的色泽反应。

## 三、尿液分析仪的基本组成和结构

尿液分析仪通常由机械系统、光学系统和电路系统三部分组成。

### (一) 机械系统

机械系统的主要功能是将待检的试纸条传送到检测区,分析仪检测后将试纸条再送到废物盒。

半自动尿液分析仪比较简单,主要有2类:一类是试纸条架式,将试纸条放入试纸条架的槽内,传送试纸条架到光学系统进行检测或光学驱动器运动到试纸条上进行检测后自动回位,此类分析仪测试速度缓慢;另一类是试纸条传送带式,将试纸条放入试纸条架内,传送装置或机械手将试纸条传送到光学系统内进行检测,检测完毕将试纸条送到废料箱,此类分析仪测试速度较快。

自动尿液分析仪比较复杂,主要有2类:一类是浸式加样,由试纸条传送装置、采样装置和测量测试装置组成。这类分析仪首先由机械手取出试纸条后,将试纸条浸入尿液中,再放入测量系统内进行检测。此类分析仪需要足够量的尿液。另一类是点式加样,即由试纸条传送装置、采样装置、加样装置和测量装置组成。这类分析仪首先由加样装置吸取尿液标本,同时由试纸条传送装置将试纸条送入测量系统后,加样装置将尿液加到试纸条上,再进行检测。此类分析仪只需尿液2.0ml。

### (二) 光学系统

光学系统一般包括光源、单色处理和光电转换三部分。光线照射到反应物表面产生反射光,反射光的强度与各个项目的反应颜色成比例关系。不同强度的反射光再经过光电转换器件转换为电信号并送到放大器进行处理。

尿液分析仪的光学系统通常有3种:发光二极管(light emitting diode,LED)系统、滤光片分光系统和电荷耦合器件(charge coupling device,CCD)系统。

**1. 发光二极管系统**　采用可发射特定波长的发光二极管作为光源,2 个检测头上都有 3 个不同波长的 LED,对应于试带上特定的检测项目分为红、橙、绿单色光(660nm、620nm、555nm),它们相对于检测面以 60°角照射在反应区上。作为光电转换的光电二极管垂直安装在反应区的上方,在检测光照射的同时接收反射光,如图 4-3 所示。因光路近,无信号衰减,使用光强度较小的 LED 也能得到较强的光信号。以 LED 作为光源,具有单色性好、灵敏度高的优点。

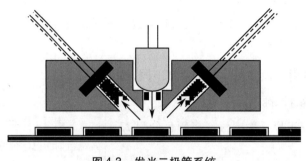

图 4-3　发光二极管系统

**2. 滤光片分光系统**　采用高亮度的卤钨灯作为光源,以光导纤维传导至 2 个检测头。每个检测头有包括空白补偿的 11 个检测位置,入射光以 45°角照射在反应区上。反射光通过固定在反应区正上方的一组光纤传导至滤光片进行分光处理,从 510 ~ 690nm 分为 10 个波长,单色化之后的光信号再经光电二极管转换为电信号,如图 4-4 所示。试带无空白块,仪器采用双波长来消除尿液颜色的影响。所谓双波长是指:一种光为测定光,是被测试剂块敏感的特征光;另一种光为参考光,是被测试剂块不敏感的光,用于消除背景光和其他杂散光的影响。

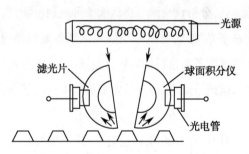

图 4-4　滤光片分光及光电二极管检测

**3. 电荷耦合器件系统**　通常采用高压氙灯或发光二极管作为光源,如图 4-5 所示。采用电荷耦合器件技术进行光电转换,把反射光分解为红、绿、蓝(610nm、540nm、460nm)三原色,又将三原色中的每一种颜色细分为 2592 色素,这样,整个反射光分为 7776 色素,可精确分辨颜色由浅到深的各种微小变化,如图 4-6 所示。CCD 的基本单元是金属-氧化物-半导体,它最突出的特点是不同于其他大多数器件以电流或电压为信号,而是以电荷为信号。当光照射到 CCD 硅片上时,在栅极附近的半导体内产生电子-空穴对,其多数载流子被栅极电压排开,少数载流子则被收集在势阱中形成信号电荷。将一定规则变化的电压加到 CCD 各电极上,电极上的电子或信号电荷就能沿着半导体表面按一定方向移动形成电信号。CCD 的光电转换因子可达 99.7%,光谱响应范围从 0.4 ~ 1.1μm,即从可见光到近红外光。CCD 系统检测灵敏度较 LED 系统高 2000 倍。

**(三) 电路系统**

电路系统将转换后的电信号放大,经模/数转换后送中央处理器(central process unit,CPU)处理,计算出最终检测结果,然后将结果输出到屏幕显示并送打印机打印。CPU 的作用不仅是负责检

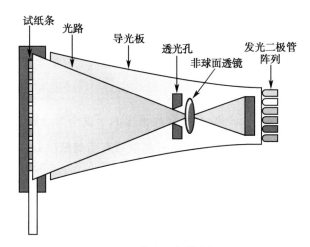

图4-5 发光二极管光源

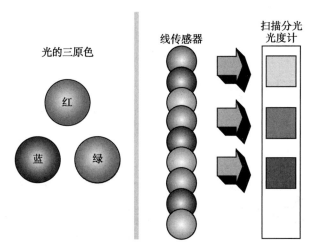

图4-6 CCD扫描技术

测数据的处理,而且要控制整个机械系统和光学系统的运作,并通过软件实现多种功能。

## 四、尿液分析仪的维护和保养

(一) 日常维护

在常规工作中,必须严格按一定的操作规程进行操作,否则会因使用不当而影响实验结果。

1. 操作尿液分析仪之前,应仔细阅读分析仪说明书及尿试纸条说明书;每台尿液分析仪应建立操作程序,并按其进行操作。

2. 对尿液分析仪要有专人负责,建立专用的仪器登记本,对每天仪器操作的情况、出现的问题以及维护、维修情况逐项登记。

3. 每天测定开机前,要对仪器进行全面检查(各种装置及废液装置、打印纸情况以及仪器是否需要校正等),确认无误时才能开机。测定完毕,要对仪器进行全面清理、保养。

4. 开瓶但未使用的尿试纸条,应立即收入瓶内盖好瓶盖。

(二) 保养

1. **每天保养** 每天用完应清除干净,并用水清洗干净。

**2. 每周或每月保养**　各类尿液分析仪的每周或每月保养,要根据仪器的具体情况而定。

## 五、典型尿液分析仪的整机分析

### (一) AX-4280 概况

ARKRAY AUTION MAX AX-4280 是 1999 年底推出的一款全自动尿液分析仪,利用 430、500、565、635、760nm 的五波长发光二极管光学系统,可测项目有葡萄糖(GLU)、蛋白质(PRO)、胆红素(BIL)、pH、隐血(BLD)、尿胆原(URO)、酮体(KET)、亚硝酸盐(NIT)、白血细胞(LEU)、比重(SG)、浊度(turbidity)、色调(color-tone)等,自动取放试纸条,自动点式加样,只需 2.0ml 尿样,每小时可检测 225 份样本;可记忆 1000 份检测结果,并可与计算机联机通讯构成尿液分析工作站。

### (二) 检测原理

**1. 试纸条检测原理**　AX-4280 对试纸条采用双(单)波长反射法进行检测。试纸条由试纸条进纸器送入后,经传递用机械抓手置于试纸条托盘中。喷嘴从样本管中吸取尿样后,点在试剂格上。60 秒后,进入光学单元中检测。检测后,试纸条被送到废弃盒中。

在光学单元中,来自多发光二极管(multi-LED)的 2 个不同波长的光线,照射到试剂格的反应部位以及色调补正区域内。这些反射光线由检波器接收。对于每一个检测项目而言,波长的组合都是不同的,具体见表 4-1。

表 4-1　检测项目与检测波长组合

| 检测项目 | 检测波长<br>(nm) | 参考波长<br>(nm) | 检测项目 | 检测波长<br>(nm) | 参考波长<br>(nm) |
|---|---|---|---|---|---|
| pH | 635 | 760 | 胆红素 | 565 | 760 |
| 蛋白质 | 635 | 760 | 尿胆原 | 565 | 760 |
| 葡萄糖 | 635 | 760 | 亚硝酸盐 | 565 | 760 |
| 隐血 | 635 | 760 | 白细胞 | 565 | 760 |
| 酮体 | 565 | 760 | | | |

照到色调补正区域的光线可针对反射光量、样本的颜色等干扰因素进行调节。按光学单元中测得的反射光线,运用公式(4-1)计算反射率:

$$R = (T_m \cdot C_s)/(T_s \cdot C_m) \tag{4-1}$$

式中:$R$ 为反射率;$T_m$ 为检测波长的反射光线量;$T_s$ 为参考波长的反射光线量;$C_m$ 为色调补正区检测波长的反射光线量;$C_s$ 为色调补正区参考波长的反射光线量。

但是,隐血检测使用的是单波长光线,计算公式(4-2)如下:

$$R = T_m/C_m \tag{4-2}$$

公式中的反射率 $R$ 符合编制好的校准曲线,并作为检测结果输出。最后,为补正温度,反射率 $R$ 用公式(4-3)校准:

$$R_t = R + A(T-25) \cdot R^2 (1-R)^2 \tag{4-3}$$

式中:$R_t$为校准后反射率;$A$为校准系数;$T$为检测温度。

**2. 比重的检测原理**　尿比重可通过光线经装有尿液的三棱镜折射后的折射角来检测。此称为折射系数法,如图4-7。发光二极管发出的光线,通过一条极细小的缝隙和透镜后,变成一束光线。这束光线穿过装有样本的三棱镜后抵达检波器。折射系数随三棱镜中样本的比重而变化。因此,对检波器而言,光线的角度发生了变化。

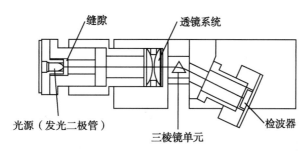

缝隙　透镜系统

光源（发光二极管）　三棱镜单元　检波器

**图4-7　折射系数法结构图**

用公式(4-4)可算得比重:

$$SG_X = (SG_H - SG_L) \cdot (K_X - K_L)/(K_H - K_L) + SG_L \tag{4-4}$$

式中:$SG_H$为高液的比重;$SG_L$为低液的比重;$SG_X$为样本比重;$K_H$为高液的位置系数;$K_L$为低液的位置系数;$K_X$为样本的位置系数。

位置系数:由检波器输出的数据计算得来(与折射系数有线性关系)。

折射系数随样本温度而变化。运用公式(4-5)可校准比重值:

$$SG_T = SG_X + (T_X - T_S) C_t \tag{4-5}$$

式中:$SG_T$为温度校准后的样本比重;$SG_X$为实测样本的比重;$T_X$为实测样本温度;$T_S$为校准测定时的温度;$C_t$为温度系数(比重0.001/3℃)。

如果尿中有大量的葡萄糖或蛋白质,比重将会受到影响。因此,本分析仪采用了试纸条所实测的葡萄糖或蛋白质的浓度的校准值,使比重可以得到校准。

$$SG = SG_T - C_{GLU} - C_{PRO} \tag{4-6}$$

公式(4-6)中:$SG$为温度补正后的比重值;$SG_T$为前一公式算得的比重值;$C_{GLU}$为葡萄糖校准值;$C_{PRO}$为蛋白质校准值。

**3. 色调的检测原理**　色调的检测采用校正板4波长反射率测定法。其中,红光(635nm)的检测反射率对应标识为$Y$,绿光(565nm)的检测反射率对应标识为$M$,蓝光(430nm)的检测反射率对应标识为$C$以及IR(760nm)的检测反射率对应标识为$r$。色调用公式(4-7)计算,式中的$\alpha$为校准系数。由系统程序据计算结果判定为浅色、正常或深色。

$$\sqrt{\left(1+\alpha-\frac{Y}{r}\right)^2 + \left(1+\alpha-\frac{M}{r}\right)^2 \left(1+\alpha-\frac{C}{r}\right)^2} \tag{4-7}$$

**4. 浊度的检测原理**　浊度的检测采用散乱光测定法,如图4-8所示,尿液由中间的透明管中流过,左边的多发光二极管发出的光经过中间的尿样后,浊度不同,对面的光敏二极管检测到的透过光以及下面光敏二极管检测到的折射(散乱)光就不同,与透明的洗涤液的检测结果一起,运用公式(4-8)可算得浊度:

$$T=(S_s/T_s-S_w/T_w)/K \qquad (4-8)$$

式中:$T$为浊度等级;$S_s$为样本的散乱光量等级;$T_s$为样本的传输光线量等级;$S_w$为洗涤液的散乱光量等级;$T_w$为洗涤液的传输光线量等级;$K$为设定系数(厂家设定)。

当$T<1$时,判定结果为透明;当$1\leqslant T<2$时,判定结果为混浊;当$T\geqslant 2$时,判定结果为高度混浊。

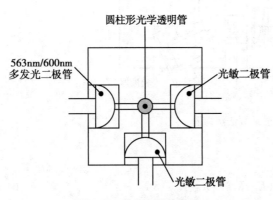

图4-8　浊度检测原理图

**(三)安装**

**1. 安装注意事项**

(1)为确保安全安装,以免因错误安装而造成人员受伤或仪器损坏,安装前,一定要仔细阅读操作指导,小心操作。

(2)装配前请先选好安置地点。

(3)如果有移动该仪器的必要,请在移动前将分析仪和样品供给部分开。否则,在搬动这2个仪器时,可能会造成人员受伤或导致仪器严重损坏。搬运此仪器时,至少应有2人以上进行该项作业。

(4)仪器的背面和墙之间要始终保持20cm以上的距离。否则,仪器会过热,连接导管和连接负载过大而可能引发火灾。

(5)连接到不适合的电源上会引起人员受伤或火灾。拆卸或变更仪器单元也会引起人员受伤或火灾。

(6)将该仪器置于稳定的无震动的水平面上。

(7)将仪器远离易受化学制品、腐蚀性气体或电器噪声影响的地方,远离水、直射阳光、冷凝或大风的环境。

(8)对于外部设备,仅用符合RS-232C接口标准的交叉缆线连接每一个设备,否则会引起触电事故或火灾。如果对终端部件的排列没有把握,请向销售商咨询。

(9)将仪器置于室温在10～30℃之间、湿度为20%～80%的房间内,否则可能会导致错误的检测结果。

**2. 连接样品供给部**　为了防止分析仪和样品供给部在运输中受到损坏,每一部件均用胶带予以固定。样品供给部的安装操作程序如下:

(1)取下前盖上的胶带。

(2)打开保养罩,松开用以固定进纸器盖的螺丝(不必取下)。

（3）取下固定侧盖的螺丝,关闭进纸器盖。

（4）取下固定试纸条进纸器的螺丝,关闭保养罩。

（5）取下固定前操作面板的螺丝,拉开前操作面板,取下固定胶带,取下固定喷嘴驱动单元的螺丝,然后关闭前操作面板,将取下的螺丝再次拧紧到前操作面板上。

（6）在仪器正面,松开固定接线盖的螺丝后将接线盖提起,露出连接器,再将螺丝暂时轻轻拧上。

（7）将样品供给部放在仪器的前面,将样品供给部的连接器连接到刚才露出的连接器（仪器的）;取下固定地线的螺丝,将其穿过地线连接孔再拧回原处。

（8）小心不要碰到电线（接地线、连接器线等）,将样品供给部的挂钩插进仪器的连接插孔并下压钩住;将(6)中的接线盖螺丝拧松,放下接线盖,拧紧固定螺丝。

（9）调整仪器底部螺母,使样品供给部底部与工作台间距 5mm 左右;取下样品供给部传送盘上部的橡胶帽(3 个),用十字螺丝刀顺时针旋转螺丝,直至其底部接触工作台面,装回橡胶帽;拉开喷嘴盖,调整 STAT 检测支架的螺丝接触到工作台面,关闭喷嘴盖。

注释:当再次运送仪器时,每一部件均须用螺丝固定（过程恰好与上相反）。螺丝包含在附件箱内。

3. 准备洗涤液及连接导管、导线,安置洗涤瓶（图 4-9）。

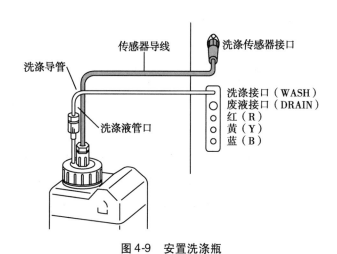

图 4-9　安置洗涤瓶

4. **安置收集瓶和废液瓶**　先将瓶架挂在分析仪的背部,然后安装收集瓶,并将收集瓶放到瓶架上,再安装废液瓶,注意拧紧接头（图 4-10,图 4-11）。

（四）检测的种类

1. **常规检测**　对放在样本架上的样本按顺序进行检测。最多可同时检测 50 或 100 个样本（可按样本架传送的方向来选择）。

2. **STAT 检测**　STAT 检测是针对有急诊样本需检测时可中断常规检测,对一个或多个急诊样本进行 STAT 检测。若仅检测一个样本,使用 STAT 检测口;如需检测多个样本（最多 7 个样本）,则使用 STAT 检测 & 质控检测专用架。检测完成后,将回到常规检测。

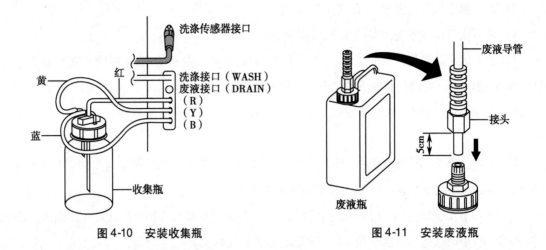

图 4-10　安装收集瓶　　　　　　　　　　　图 4-11　安装废液瓶

**3. 质控检测**　进行质控检测可保持检测的精确性。可采用低、中、高三种质控检测液。

**4. 校准检测**　要检查分析仪是否正常工作,可用附带的标准条进行校准检测。在标准条盒内装有 2 张灰色条和 2 张白色条。

（五）检测

**1. 检测操作流程**　如图 4-12 所示。

**2. 检测前的准备工作**

（1）检查废弃物(包括抛弃废试纸条、倒空废液瓶)。

（2）检查消耗品(包括洗涤液是否充足、打印纸是否装好或是否即将用尽)。

（3）打开电源进行自检和初始化。

（4）设置参数(包括试纸条类型、检测开始的序号、样本检测号、样本架输送方式、检测结果及质控检测等)。

（5）准备试纸条(包括在试纸条盒中放置已指定类型的新试纸条、放置新的干燥剂)。

（6）准备样本(包括准备样本管、导入 2ml 以上的样本、样本入架、样本架放入样品供给部)。

**3. 检测**　分常规检测、单个 STAT 检测、成组 STAT 检测、比重检测、质控检测、校准检测等,根据实际需要进行选择。

（六）维护

**1. 维护注意事项**

（1）请佩戴防护手套以避免接触病原微生物。

（2）按当地的有害生物废物处理规定丢弃废液、更换下来的部件及用过的纱布、棉签和手套。

**2. 维护类别**

（1）日常维护:每天需清洗试纸条进纸器、清洗废弃盒、处理废液。

（2）更换消耗性部件:①每 600 次检测后添加(更换)洗涤液;②每 300 次检测后或打印纸两端出现红线时更换热敏打印纸。

（3）定期维护,如表 4-2 所列。

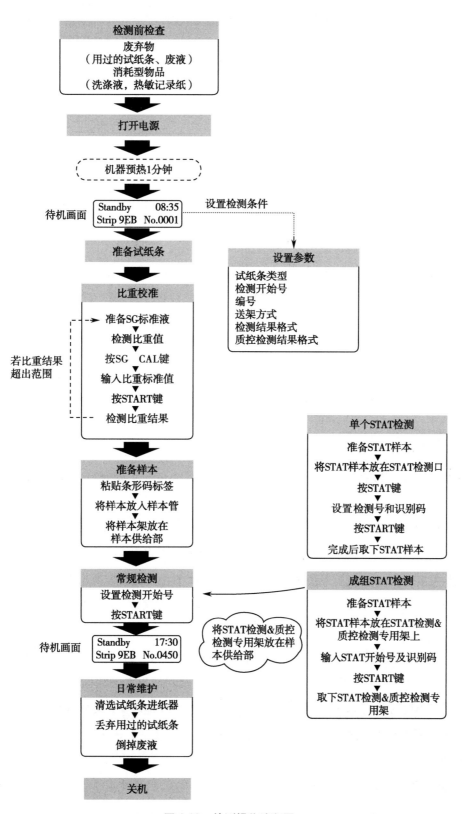

图 4-12　检测操作流程图

表 4-2　定期维护项目及频度

| 项目 | 建议频度 |
| --- | --- |
| 清洗收集瓶 | 每周或每 600 次检测更换 1 次 |
| 清洗试纸条托盘 | 每周 |
| 清洗比重单元 | 每周 |
| 更换洗涤液过滤膜 | 每 3 个月 |
| 清洗活塞泵 | 每 6 个月 |
| 清洗废液过滤膜 | 每月 |
| 清洗洗涤槽 | 每月 |

（4）长期不用的维护：如果一周以上不用分析仪，必须按长期不用的要求做好维护，否则会有结晶形成，从而造成分析仪的损坏。

长期不用时，要做到：①清洗比重单元，清洗洗涤槽，清洗液流路线；②将没用完的试纸条放回原装瓶中拧紧盖子（在进纸器中存放超过 3 天的试纸带不能继续使用），清洗试纸条进纸器，处理废弃盒中用过的试纸条；③排出过滤水；④关闭电源；⑤处理过滤水；⑥处理废液并清洗废液瓶；⑦拔下电源线。

长期不用后，若要再启用，必须重新配制洗涤液，连接电源线开机预热，根据需要设置参数，在试纸条进纸器内装入适量的试纸条和干燥剂。

## 六、尿液分析仪常见故障实例分析

大多数器件长期使用后均会出现故障。了解仪器的故障和原因，对进行仪器故障的检查与维修有一定的帮助。

（一）故障的分类

仪器的故障分为必然性故障和偶然性故障。必然性故障是各种元器件、零部件经长期使用后，性能和结构发生老化，导致仪器无法进行正常的工作；偶然性故障是指各种元器件、结构等因受外界条件的影响，出现突发性质变，而使仪器不能进行正常的工作。尿液分析仪出现故障的原因分为以下几类：

1. 人为引起的故障　这类故障是由于操作不当引起的，一般多由操作人员对使用程序不熟练或不注意所造成的。故障轻者导致仪器不能正常工作，重者可能损害仪器。因此，在操作使用前，必须熟读用户使用说明书，了解正确的使用操作步骤，慎重行事才能减少这类故障的产生。

2. 设备质量缺陷引起的故障　这类故障是指仪器元器件质量不好、设计不合理、装配工艺上因疏忽造成的故障。

3. 长期使用后的故障　这类故障与元器件使用寿命有关，因各种元器件衰老所致，所以是必然性故障，如光电器件、显示器的老化，传送机械系统的逐渐磨损，等等。

4. 外因所致的故障　这类故障是由仪器设备的使用环境条件不符合要求所引起的，常常是造成仪器故障的主要原因。一般指的是电压、温度、电场、磁场及振动等。

（二）常见故障实例分析

**故障实例一**

【故障现象】　显示无试纸条。

【故障分析】　常见原因有：①进纸器中的试纸条用完了；②试纸条的方向有误或者试纸条质量不好；③试纸条没有放平；④没有放置标准条就进行校准检测。

【检修方法】

1. 按 ENTER 键清除错误信息——在试纸条进纸器中放试纸条——按 START 或 STOP 键。如果按 STOP，请重新开始检测。

2. 按 ENTER 键清除错误信息——将试纸条按正确的方向放在进纸器中或拿掉不好的试纸条——按 START 或 STOP 键。如果按 STOP，请重新开始检测。

3. 按 ENTER 键清除错误信息——将试纸条放平在进纸器中——按 START 或 STOP 键。如果按 STOP，请重新开始检测。

4. 按 ENTER 键清除错误信息——在试纸条进纸器中放置标准条，按开始键 START。

**故障实例二**

【故障现象】　显示 STAT 检测口错误。

【故障分析】　常见原因有：①洗涤时没有在 STAT 支架上放置洗涤剂；②STAT 支架没有正确放在取样位置。

【检修方法】

1. 按 ENTER 键清除错误信息——在 STAT 支架上放置洗涤剂——按开始键（START）进行洗涤或按停止键（STOP）停止洗涤。

2. 按 ENTER 键清除错误信息——在 STAT 支架上放置一个样本，将其滑到正确位置——按开始键（START）进行洗涤或按停止键（STOP）结束洗涤。

**故障实例三**

【故障现象】　显示测不到液滴或试纸条。

【故障分析】　常见原因有：①检测了不同类型的试纸条；②检测了异常样本，如服药后的尿液；③放置了空的样本试管；④没有正确放置试纸条托盘；⑤导管系统受损。

【检修方法】

1. 放置正确类型的试纸条，重新进行检测。

2. 检查样本，重新进行检测。

3. 注入 2ml 以上的样本，重新进行检测。

4. 正确放置试纸条托盘。

5. 关闭电源，与供销商联系。

**故障实例四**

【故障现象】　显示反射过度。

【故障分析】　常见原因有：①检测中使用了不同类型的试纸条；②检测了异常尿样，如服药后的尿液。

【检修方法】

1. 放置正确类型的试纸条,重新进行检测。

2. 检查样本,重新进行检测。

**故障实例五**

【故障现象】显示试纸条偏离。

【故障分析】通常是由于试纸条放置不正确。

【检修方法】

1. 打开废弃盒检查是否已经装满用过的试纸条。

2. 在确认分析仪没有工作后,按下待机开关关机,卸下试纸条托盘,取出散放的试纸条,检查试纸条是否放在了检测区,装上试纸条托盘,关闭所有的盖子,按下待机开关开机,重新进行检测。

**故障实例六**

【故障现象】显示条形码阅读失败。

【故障分析】常见原因有:①在样本试管上没有条形码标签或条形码标签不可读;②条形码标签粘贴不当;③内置的条形码阅读器损坏。

【检修方法】

1. 粘贴一个新的条形码标签,再次进行检测。

2. 正确粘贴条形码标签,再次进行检测。

3. 请关闭电源,与供销商联系。

**故障实例七**

【故障现象】显示比重错误。

【故障分析】常见原因有:①无比重校准的结果;②比重单元有污垢;③比重校准的结果超过了AX-4280 的规定范围;④检测了异常的尿样。

【检修方法】

1. 进行比重校准。

2. 清洗比重单元。

3. 制备新的比重标准液,再次进行比重校准。

4. 检查样本。

**故障实例八**

【故障现象】显示试纸搬运部错误。

【故障分析】常见原因有:①废弃盒装满试纸条或试纸条散落在分析仪内;②马达驱动部件损坏或试纸条探测传感器损坏。

【检修方法】

1. 按 ENTER 键清除故障信息——打开废弃盒丢弃用过的试纸条——按停止键(STOP)初始化分析仪。

2. 按 ENTER 键清除故障信息——按停止键(STOP)初始化分析仪,若故障依旧,则关闭电源,与供销商联系。

**故障实例九**

【故障现象】 显示试纸进纸器、搬运部错误。

【故障分析】 常见原因有:①试纸条阻塞了试纸条排出口;②托盘中没有试纸条或托盘有污垢;③马达驱动部件损坏或试纸条探测传感器损坏。

【检修方法】

1. 按 ENTER 键清除故障信息——关闭电源——取出试纸条进纸器中的所有试纸条。

2. 按 ENTER 键清除故障信息——清洗托盘,如果同样的错误仍存在,则关闭电源,与供销商联系。

3. 按 ENTER 键清除故障信息——按停止键(STOP)初始化分析仪,若故障依旧,则关闭电源,与供销商联系。

**故障实例十**

【故障现象】 显示光学部件运行错误。

【故障分析】 常见原因有:①废弃盒装满试纸条或试纸条散落在分析仪内;②光学装置驱动部分损坏或光学装置探测传感器损坏。

【检修方法】

1. 按 ENTER 键清除故障信息——打开废弃盒丢弃用过的试纸条——按停止键(STOP)初始化分析仪。

2. 按 ENTER 键清除故障信息——按停止键(STOP)初始化分析仪,若故障依旧,则关闭电源,与供销商联系。


# 第二节　流式尿沉渣分析仪


## 一、概述及临床应用

(一) 概述

在尿液形成及流动过程中,泌尿道常有组织的脱落物和细胞渗出。尿液离体后经离心沉降处理或自行沉降,其沉降物称为尿沉渣,是尿液中的有形成分,包括红细胞、白细胞、上皮细胞、类酵母细胞、管型、细菌、真菌、结晶、药物和精子等。尿液有形成分的分析是尿液分析的重要组成部分。

1948 年,苏格兰医师 Addis 介绍了尿液的收集和计数池的使用方法,即著名的"爱迪(Addis)计数"。从此使尿液显微镜检查成为评估患者相关疾病的检测项目之一,迄今为止,尿沉渣分析仪大致有 2 类:一类是通过尿沉渣直接镜检再进行影像分析,得出相应的技术资料与实验结果;另一类是流式细胞技术分析。

### 第一个使用显微镜检查尿液的人

1630年，第一个使用显微镜检查尿液的人是法国的Claude de Peiresc（1580—1637年），他本人既不是内科医生，也不是外科医生，而是一个有着从天文到解剖多种兴趣的业余爱好者。首先在显微镜下观察到了流沙样结石尿中的菱形结晶，并认为引起排尿刺激和疼痛的可能原因就是尿液中带锐角结晶。

1988年，美国国际遥控影像系统有限公司（International Remote Imaging Systems Co.,Ltd,Iris）研制生产了世界上第一台"Yollow IRIS"高速摄影机式的尿沉渣自动分析仪，简称Y-1尿自动分析仪。这种仪器是将标本的粒子影像展示在计算机的屏幕上，由检验人员加以鉴别。该公司在2000年推出了改进型大型939UDX全自动尿液有形成分分析仪后，于2002年通过美国食品药品管理局（FDA）的论证，建立新的IQ-200系统，并推出了小型的尿沉渣检测工作站。近年来，Iris集团又推出第五代全自动尿液粒子分析仪（iQTM-200全自动尿液显微镜分析仪）。其将流式细胞分析技术和粒子成像分析技术完美地结合，同时使用先进的自动粒子识别（APR™）分析系统，用于识别和定量12种有形成分。可以依用户定义检测范围自动地给出结果报告，且可以按要求在监视器上显示出来，极大地减少额外手工显微镜分析过程，并可以对一些类型的粒子进行亚分类。

1995年，日本东亚医疗电子有限公司在原来影像流式细胞式尿沉渣自动分析仪的基础上，将流式细胞术和电阻抗技术结合起来，研制生产出新一代UF-100型全自动尿有形成分分析仪（UF-100 fully automated urine cell analyzer）。该仪器快速、操作方便，且同时给出尿有形成分的定量结果和红细胞、白细胞的细胞散射光分布直方图，便于临床人员对疾病的诊治和科研工作。2006年，该公司又推出UF-1000i全自动尿液有形成分分析装置，本装置由检测主体部分以及数据处理部分组成。

美国DavStar公司推出的Cen-Slide系统是另一类特殊的用于尿沉渣检查的一体化设备。它将沉渣计数板集成在离心管的底部。该系统由取样/加样容器、Cen-Slide管、特制的离心机、显微镜支架等组成。在Cen-Slide管中加入5ml尿液后，将其放在特制的离心机上离心，离心的速度和时间都是固定的。离心结束后，离心机可振动试管，使得尿沉渣均匀地分布在与管底连接在一起的计数板上。将Cen-slide管取下水平放在架子上，平面一侧向下，至少静置1分钟后，插入显微镜支架放到载物台上，由此进行镜检。本系统通过离心管和计数板的集成，实现了沉渣、重悬和将沉渣加入计数板过程的自动化，离心时间短且所需空间小，标本蒸发或暴露在外的机会很小，且排除了标本对外界和操作者的污染。

国内尿沉渣全自动分析仪始于21世纪。2002年8月，长沙爱威公司将"机器视觉"技术应用于临床显微镜镜检，并已开发生产出AVE-76系列尿沉渣分析仪，尿液标本经自动进样系统自动混匀后充入流动计数池，全自动显微镜对计数池前后左右移动、调焦距、高低倍物镜转换、调聚光镜，仿照人的视觉系统对计数池的有形实物目标进行采集捕捉、定位、识别，计算机对采集的目标特征进行处理、统计分析，与计算机系统中已经建立的各种有形成分特征参数（如大小、形状、灰度等）模型数据库进行运算拟合，得出有形成分结果，全过程实现了镜检过程全自动化。

（二）尿液有形成分的分析方法

尿液有形成分分析有多种方法,而目前临床常用的方法包括尿液干化学法、尿沉渣分析法和尿液流式细胞法。

1. **尿液干化学法**　尿液干化学分析仪对尿中红细胞、白细胞检测是应用化学方法进行的。干化学分析仪灵敏度较高,相对特异性较差,假阳性较多,只能作为患者诊断的初筛,不能作为确诊的依据。干化学分析对尿中红白细胞的检查不能代替显微镜,大量的临床试验证实,只有在干化学结果尿蛋白、尿亚硝酸盐、尿白细胞和尿红细胞结果均为阴性且尿液来自非泌尿系疾病患者,才可视为尿液中的 RBC 和 WBC 数量在参考范围内可免于镜检。所以,尿液干化学法是对尿液有形成分的初筛。

2. **尿沉渣分析法**　尿沉渣分析法有传统尿沉渣分析法和自动化尿沉渣分析法两种。传统的方法是:取混匀的新鲜尿液 10ml 于一离心试管内,用回转半径 15cm 的水平离心机以 1500r/min 离心 5 分钟,取出离心管倾去上层液体使剩约 0.2ml,混匀管底沉淀物,用吸管吸出沉淀物 20μl,滴于载玻片上,用盖玻片覆盖后镜检。先用低倍镜观察全片,再用高倍镜仔细观察,细胞以高倍镜所见最低和最高数字表示,管型以低倍镜所见最低和最高数字表示。这种传统方法受操作者主观影响误差较大,重复性差,判定不标准,不易定量,报告结果不利于临床动态观察,是缺乏标准化的实验方法。自动化尿沉渣分析法是指将取样、混匀、离心、镜检、分析、报告等过程自动连续进行的方法,这种仪器一般称尿沉渣分析系统,能够实现标准化、规范化的尿沉渣定量分析。但可能受到离心部分变形溶解或离心沉淀不完全等因素影响,要比实际理论值明显减低。

3. **尿液流式细胞法**　随着自动化仪器的应用,为尿液有形成分的定量分析提供了新的方法。流式尿液分析仪是根据流式细胞技术设计的专门用于尿液有形成分分析的仪器。该仪器所用尿液不用离心,经荧光染色后,应用鞘流技术将尿中有形成分单个有序通过检测系统。根据检测后发出的荧光强度和在前向角测定的散射激光强度以及脉冲的大小综合分析,报告尿中的有形成分种类和数量,仪器可自动报告红细胞、白细胞、上皮细胞、管型和细菌 5 个定量参数,还可测出尿液电导率指标。最大检测速度每小时可达 200 个样本,用于有形成分快速筛选,进行标本常规定量分析。在大工作量环境下,既保证了检验速度,又保证了检测质量,为临床诊断提供了可靠依据。

（三）临床应用

1. **红细胞**　分析尿液中红细胞的数量可帮助血尿有关疾病的诊断和鉴别诊断,如肾炎、膀胱炎、肾结核和肾结石等;通过动态观察这类患者尿红细胞数量的变化,可以确定患者的治疗效果和判断预后。尿沉渣分析仪提供的红细胞形态相关信息,对鉴别血尿来源具有一定的过筛作用。

2. **白细胞与细菌**　分析尿液中白细胞的数量可协助诊断和鉴别诊断泌尿系统的感染、结核、肿瘤等疾病;动态观察患者尿白细胞数量的变化,有助于确定患者的治疗效果和预后。泌尿系感染时,患者尿液中除了有白细胞数量上的增高,常同时存在细菌。因此,白细胞和细菌组合检查对泌尿系感染的诊断有着重要意义。尿液白细胞可以多种形态存在,当其存活时,白细胞呈现出前向散射光强和前向荧光弱;而当其受损或死亡时,呈现前向散射光弱和前向荧光强。因此,可通过仪器提供的白细胞平均前向散射强度指标,对尿液中白细胞的状态有所了解。仪器可定量报告细菌数量,但不能鉴别细菌种类,如果需要进一步明确感染为何种细菌,还需做细菌培养和鉴定。

3. **上皮细胞**　正常尿液中,可见少量鳞状上皮细胞和移行上皮细胞,如果尿液中这两种细胞增多并可见小圆上皮细胞,则认为是泌尿道炎症的表现。分析仪能给出上皮细胞的定量结果,并标记出是否含有小圆上皮细胞。但是,由于仪器所标识的小圆上皮细胞是指细胞大小与白细胞相似或略大、形态较圆的上皮细胞,并不能准确区分肾小管上皮细胞、中层或底层移行上皮细胞。因此,当上皮细胞数量明显增多时,须用显微镜检查尿沉渣进行准确分类。

4. **管型**　正常尿液中,可见极少量的透明管型。管型对诊断肾脏实质性病变有重要价值。流式尿沉渣分析仪是迄今为止第一台可以识别出管型的仪器,但由于管型的种类较多,且形态特点各不相同,仪器只能区分出透明管型和病理管型。因此,当仪器标明出现病理管型时,须进一步用显微镜检查尿沉渣进行准确分类。

5. **其他**　流式尿液分析仪还能标记类酵母细胞、结晶、精子、电导率。结晶的种类较多,其分布区域可能与红细胞有所重叠(如尿酸盐),但因结晶的中心分布不稳定,仪器可据此将它与红细胞区分。当尿酸盐浓度增高时,部分结晶会对红细胞计数产生影响。因此,当仪器提示有酵母细胞、精子细胞和结晶时,均应离心镜检。电导率反映尿中粒子的电荷,仅代表总粒子中带电荷的部分即电解质,与反映尿液中粒子总数量的尿渗量既有关系又有差别。如患者尿液电导率长期偏高,表明尿液中存在大量易形成结石的电解质,应警惕发生结石的可能。

## 二、流式尿沉渣分析仪的基本原理

### (一) 基本原理

在全自动流式尿沉渣分析仪检测分析中,应用了流式细胞技术和电阻抗分析的原理(图 4-13):尿液中细胞等经荧光色素染色后,在鞘流液的作用下,形成单个、纵列细胞流,快速通过氩激光检测区,仪器检测荧光、散射光和电阻抗的变化;当仪器在捕获了荧光强度(fluorescent light intensity,FI)、

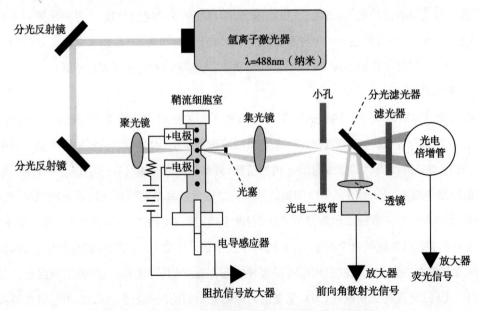

**图 4-13　流式细胞术和电阻抗分析的原理示意图**

前向荧光脉冲宽度(forward fluorescent light intensity width,FLW)、前向散射光强度(forward scattered light intensity,FSC)、前向散射光脉冲宽度(forward scattered light intensity width,FSCW)、电阻抗信号后,综合识别和计算得到了相应细胞的大小、长度、体积和染色质长度等资料,并做出红细胞、白细胞、细菌和管型等的散点图及定量报告。

在测试分析前,需先用菲啶(phenanthridine)与羰花青(carbocyanine)染料对尿液中有形成分进行染色。这两种染料有着共同的特性,那就是反应速度快(染料同细胞结合快)、背景荧光低、细胞发生的荧光强度与细胞和染料的结合程度成正比。

菲啶主要使细胞核酸成分 DNA 着色,在 480nm 光波激发时,产生 610nm 的橙黄色光波,用于区分有核的细胞和无核的细胞,如白细胞与红细胞、病理管型与透明管型。羰花青的穿透能力强,与细胞质膜(细胞膜、核膜和线粒体)的脂质成分发生结合,在 460nm 的光波激发时,产生 505nm 的绿色光波,主要用于区别细胞的大小,如上皮细胞与白细胞。荧光强度(FI)指从染色尿液细胞发出的荧光,主要反映细胞染色质的强度。前向荧光脉冲宽度(FLW)主要反映细胞染色质的长度。散射光强度(FSC)主要指前向散射光强度,反映细胞大小。前向散射光脉冲宽度(FSCW)主要反映细胞长度。电阻抗大小主要与细胞体积成正比。

（二）检测参数

流式细胞尿沉渣分析仪在检测报告中除了给出主要有形成分的定量参数外,还给出一些标记参数、散点图、直方图及红细胞的信息,如图 4-14 所示。

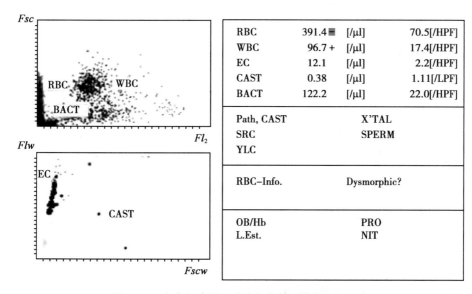

**图 4-14　流式细胞尿沉渣分析仪检测参数显示图例**

1. **定量参数**　主要包括:红细胞(RBC/μl)、白细胞(WBC/μl)、上皮细胞(EC/μl)、管型(CAST/μl)、细菌(BACT/μl)。

2. **标记参数**　主要包括:病理管型(Path. CAST)、小圆上皮细胞(SRC)、类酵母细胞(YLC)、结晶(X-TAL)和精子(SPERM)。

3. **红细胞信息**　主要提示红细胞的均一性。仪器将 80% 红细胞前向散射光(FSC)>84Ch 称为均一性红细胞,<126Ch 称为非均一性红细胞,介于两者之间的即为混合性红细胞,由此可得到均一性红细胞(isomorphic RBC)百分率、非均一性红细胞(dysmorphic RBC)百分率、非溶血性红细胞(non-lysed RBC)数量和百分率、红细胞平均荧光强度(RBC-MFI)、红细胞平均散射光强度(RBC-MFSC)和红细胞荧光强度分布宽度标准差(RBC-FI-KWSD)。

**4. 其他**　还可提供白细胞平均前向散射强度(WBC-MFSC)和电导率指标。

## 三、流式尿沉渣分析仪的基本组成和结构

流式尿沉渣分析仪一般包括光学检测系统、液压系统、电阻抗检测系统和电子系统四部分。

### (一)光学系统

光学系统由激光源、激光反射系统、活动池、前向光采集器和前向光检测器组成。

样品流到活动池,每个细胞被激光光束照射,产生前向散射光和前向荧光的光信号。散射光信号被光电二极管转变成电信号,被输送给微处理器。仪器可以从散射光的强度得出测定细胞大小的资料。荧光通过滤光片滤过一定波长的荧光后,输送到光电倍增管,将光信号放大再转变成电信号,然后输送到微处理器。

### (二)液压(鞘液活动)系统

反应池染色标本随着真空作用吸进到鞘液活动池。为了使尿液细胞进入活动池不凝固成团,而是一个一个地通过加压的鞘液输送到活动池,鞘液形成一股液涡流,使染色的样品通过活动池的中心排成单个的纵列。这两种液体不相混合,这就保证尿液细胞永远在鞘液中心通过。鞘液活动机制保证了细胞计数的正确性和可重复性。

### (三)电阻抗检测系统

电阻抗检测系统包括测定细胞体积的电阻抗系统和测定尿液电导率的传导系统。

电阻抗测定的方法是:当尿液细胞通过活动池(活动池前后有 2 个电极维持恒定的电流)小孔时,在电极之间产生的阻抗使电压发生变化。尿液细胞通过小孔时,细胞和稀释液之间存在着较大的传导性或阻抗的差异,阻抗的增加引起电压之间的变化,它与阻抗改变成正比。

假如在电极之间输出固定电流 $I$,则电压 $V$ 和电阻 $R$ 同时变化,即当细胞有较大阻抗通过小孔时,电压也增大。由于电压的不同主要依靠细胞的体积,所以细胞体积和细胞数目资料可从电压这个脉冲信号中获得。

部分尿液标本可在低温时含有某些结晶,影响电阻抗测定的敏感性,引起不正确的分析结果。为了保证尿液标本传导性稳定,采用下列措施:

1. 用稀释液稀释尿液标本。由于稀释液中含有 EDTA 盐化合物,可除去尿中所含的非晶型磷酸盐结晶。

2. 尿液标本在染色过程中,仪器将尿液和稀释液混合液加热到 35℃,加热可以溶解尿标本中的尿酸盐结晶,除去尿中结晶在电阻抗测定时引起的误差。

电阻抗检测系统的另一功能是测量尿液的电导率。测定电导率采用电极法。样品进入活动池之前,在样品两侧各个传导性传感器接收尿液样品中的电导率电信号,并将电信号放大直接送到微

处理器。这种传导性与临床使用的尿渗量密切相关。

（四）电子系统

从样品细胞中获得的前向散射光较强，光电二极管能够直接将光信号转变成电信号。从样品细胞中得到的前向荧光很弱，需要使用极敏感的光电倍增管将放大的前向荧光转变成电信号。从样品中得到的电阻抗信号和传导性信号被传感器接收后直接放大输送给微处理器。

所有这些电信号通过波形处理器整理，再输给微处理器汇总，得出每种细胞的直方图和散点图，通过计算得出每微升各种细胞数目和细胞形态。

## 四、流式尿沉渣分析仪的保养和维护

**1. 日常维护**　仔细阅读分析仪使用说明书，建立操作程序，按操作程序进行工作。

**2. 保养**

（1）每天保养：每天结束分析工作前，用清洗剂清洗仪器管路，倒净废液，并用水清洗干净废液容器。

（2）每月保养：仪器在每月工作之后或在连续进行9000次测试之后，应由专业技术人员进行保养。

（3）每年保养：每年要对仪器的激光设备进行检查。

## 五、典型流式尿沉渣分析仪的整机分析

（一）SYSMEX UF-1000i 概况

SYSMEX UF-1000i 是 2006 年推出的全自动尿有形成分分析仪，用于临床尿液体外分析。该仪器使用流细胞计数法并利用红色半导体激光分析尿液的有机元素，能以高度的精确性筛选异常样本，并可自动完成从样本抽吸到结果输出的全部操作。它能在 1 小时内分析大约 100 份样本，并显示红细胞、白细胞、上皮细胞、管型和细菌等主要参数的计数，同时还可输出如结晶和类酵母细胞等标记信息，作为分析要点。

（二）分析参数及显示参数（表 4-3）

表 4-3　分析参数及显示参数

| 分析参数<br>（定性参数） | 标记项目<br>（定量参数） | 研究参数<br>（定量参数） | 研究分析参数 |
| --- | --- | --- | --- |
| RBC:红细胞 | X-TAL:结晶 | X-TAL:结晶 | RBC-Info.:红细胞信息（红细胞形态信息） |
| WBC:白细胞 | YLC:类酵母细胞 | YLC:类酵母细胞 | Cond.-Info.:电导率信息（尿浓度信息） |
| EC:上皮细胞 | SRC:小圆细胞 | SRC:小圆细胞 | UTI-Info.:尿路感染症信息 |
| CAST:管型 | Path.CAST:病理管型（包括细胞成分等不正常的管型） | Path.CAST:病理管型（包括细胞成分等不正常的管型） | |
| BACT:细菌 | MUCUS:黏液 | MUCUS:黏液 | |
| | SPERM:精子 | SPERM:精子红细胞信息 | |
| | | Cond.:电导率(尿电导率) | |

（三）样本流程简图（图4-15）

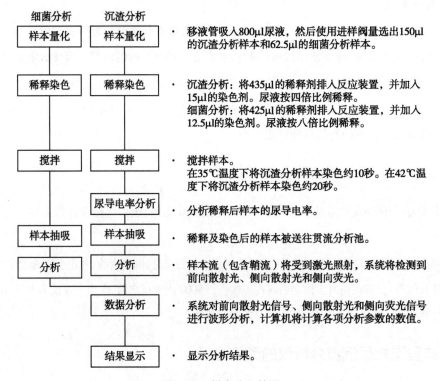

| 细菌分析 | 沉渣分析 | |
|---|---|---|
| 样本量化 | 样本量化 | · 移液管吸入800μl尿液，然后使用进样阀量选出150μl的沉渣分析样本和62.5μl的细菌分析样本。 |
| 稀释染色 | 稀释染色 | · 沉渣分析：将435μl的稀释剂排入反应装置，并加入15μl的染色剂。尿液按四倍比例稀释。<br>细菌分析：将425μl的稀释剂排入反应装置，并加入12.5μl的染色剂。尿液按八倍比例稀释。 |
| 搅拌 | 搅拌 | · 搅拌样本。<br>在35℃温度下将沉渣分析样本染色约10秒。在42℃温度下将沉渣分析样本染色约20秒。 |
| | 尿导电率分析 | · 分析稀释后样本的尿导电率。 |
| 样本抽吸 | 样本抽吸 | · 稀释及染色后的样本被送往贯流分析池。 |
| 分析 | 分析 | · 样本流（包含鞘流）将受到激光照射，系统将检测到前向散射光、侧向散射光和侧向荧光。 |
| | 数据分析 | · 系统对前向散射光信号、侧向散射光和侧向荧光信号进行波形分析，计算机将计算各项分析参数的数值。 |
| | 结果显示 | · 显示分析结果。 |

图4-15　样本流程简图

（四）SYSMEX UF-1000i 基本结构及检测原理

SYSMEX UF-1000i 主要由光学系统、液路系统和电气系统三部分组成。

1. **光学系统**　光学系统由红色半导体激光（波长635nm）、贯流分析池、聚光器和检测仪组成，如图4-16所示。多数流式细胞计数（FCM）系统均使用带有稳定波长、高能量和高度方向性的激光

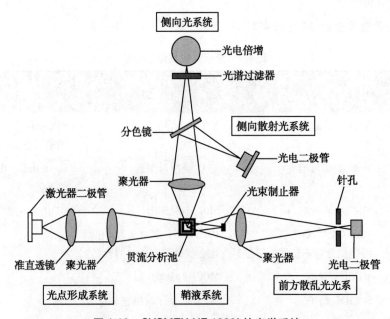

图4-16　SYSMEX UF-1000i 的光学系统

束作为其光源。聚光器透镜系统将激光集中形成一个光点,然后该光点集中照射在贯流分析池中的样本上,并在收集前向散射光、侧向散射光和侧向荧光后转化为电信号。

样本发出的前向和侧向散射光由光电二极管转化为电信号。侧向荧光较弱,因此光电检测器需要使用高灵敏度的光电倍增管。光电倍增管吸收光电表面(阴极)的光子能量,并借助金属光电效应放射光电子。放射出的光电子受外加电压增速,并生成许多次级电子,实现增幅。在较大的增幅之后,侧向荧光将被转化为电信号。所有电信号由波形处理器测量和处理,然后发送至微处理器进行分析与储存。前向散射光的强度和脉冲宽度、侧向散射光的强度以及尿细胞所产生荧光的强度和脉冲宽度将被组合在二维坐标上绘出,形成散点图。如图 4-17 所示。

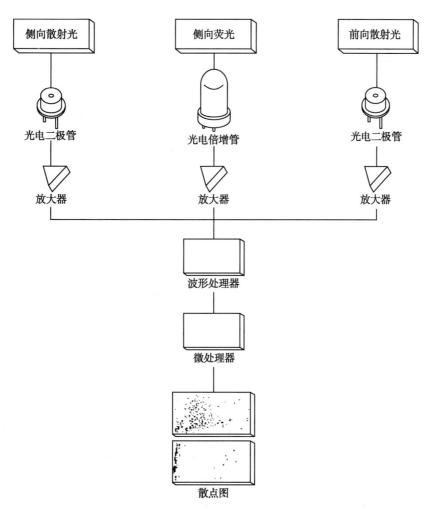

**图 4-17　光电检测及信号处理**

系统将分析前向散射光、侧向散射光和荧光信号波形的高度、振幅及其他因素。此项分析可获得如细胞大小与表面状态、染色特性和染色区长度等信息(图 4-18)。使用一项分类算法,系统即可通过枚举各细胞信号波形特性的方式对尿细胞进行分类。

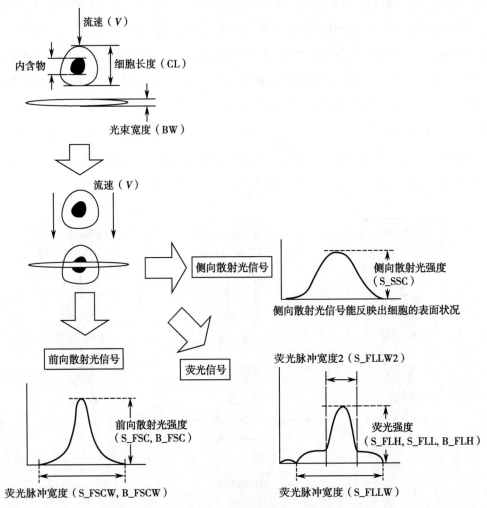

图 4-18 传感器信号

图 4-19 中的波形范例源自于前向散射光、侧向荧光和侧向散射光的信号。

2. **液路系统(鞘流)** 液路系统包括反应室、样本注射器、鞘流管、鞘液注射器、贯流分析池等几部分。系统利用样本注射器将反应室内的染色样本吸入鞘流管路,并通过鞘液注射器将固定剂量的样本压入并穿过加注管。为了使尽可能多的尿细胞逐个顺畅通过,加压的鞘流被送入贯流分析池,染色样品从中穿过。鞘流形成一个液体通道,尿细胞在其中以单行队列穿过,两种液体不会混合,这表示尿有形成分可以始终从鞘液的中心穿过。若存在较大粒子,由于周围所环绕的液体,贯流分析池也不会因此堵塞。此种鞘流机制提高了细胞计数的精确度和再现性。由于粒子是呈一条直线穿过贯流分析池的中心,鞘流机制可以防止贯流分析池出现污染。

3. **电气系统** 电气系统主要由微机控制系统(包括外围受控部件)、检测模块、信号处理模块等组成(图 4-20)。主机中的微处理器控制着液路系统、电磁阀、主阀和电机,从而可以控制样本、试剂以及废液在液路系统中的流动。来自检测器模块的信号在模拟单元处理后被发送至波形处理微机。然后微机将模拟信号转换为数字信号,并计算出结果。

(五) 清洁与维护

清洁与维护项目主要包括每天检查、每月维护和检查、按需维护和检查、消耗品及零部件更

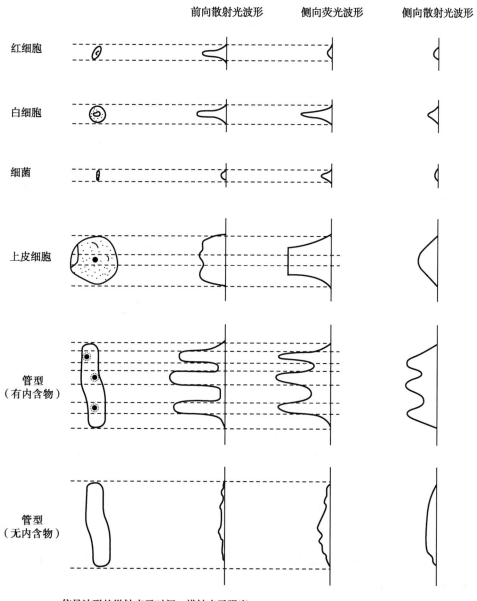

•信号波形的纵轴表示时间，横轴表示强度。

图 4-19 细胞的信号波形实例

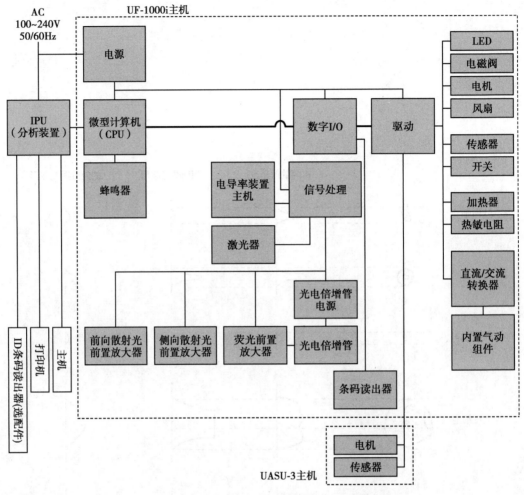

图4-20 主机电气系统

换等。

**1. 每天检查、维护重点和操作步骤**

（1）清洗样本抽吸管（关机）：执行关机程序后,仪器内包含废液的样本抽吸管和其他部件将被清洗。在每天的分析工作结束时,应让仪器运行一次关机程序。如果需要连续使用仪器,应至少每24小时运行一次关机程序。

操作步骤：①在菜单窗口中双击关机图标,系统将显示关机对话框；②在关机对话框中,选择是否在关机完成后自动关闭电源；③按下手动分析启动开关,执行关机程序,关机对话框将显示进度状态；④关机结束后,主机电源将自动关闭。如果自动关闭电源的选项被设置为"不进行",则需要在关机结束后手动关闭电源。

（2）防逆室的排空：每天结束分析工作后,请检查负压防逆室的水位,如果有积水则予以清除。

操作步骤：①关闭主机电源；②等待1分钟以便释放气压；③打开仪器的前盖；④按逆时针方向旋转防逆室并取走,见图4-21；⑤倒出废液,然后重新装回防逆室。

**2. 每月维护、检查重点和操作步骤**

（1）清洗样本旋转阀（SRV）：每月一次或每9000个样本分析周期后执行。如果自上次清洗后

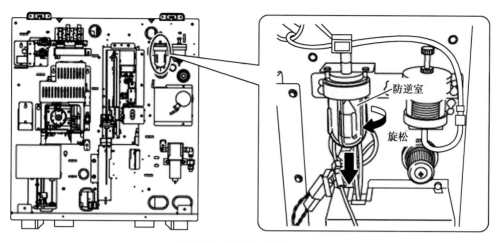

图 4-21　防逆室拆除示意图

分析了超过 9000 组的样本,则下次开机后屏幕上会显示"清洗样本旋转阀(SRV)"的提示。如何复位计数显示,请参考"计数器检查与复位"。

(2) 操作步骤:①检查主机电源是否已关闭。②等待 1 分钟以便释放气压。③打开仪器的前盖。④按逆时针方向旋转固定螺丝,然后将其从样本旋转阀(SRV)的安装轴上取下。⑤先后拆下前端固定阀和样本旋转阀(图 4-22)。阀门彼此互相封闭,因此难以分开。请轻拉阀门,并将其完整地从设备上小心旋下。⑥使用蘸有蒸馏水的纱布清洁后部固定阀、样本旋转阀和安装轴的表面,见图 4-23。⑦按与拆卸过程相反的程序装回样本旋转阀。顺时针旋转紧固螺丝,将其锁定在安装轴上。注意:请勿将样本旋转阀的前后端朝向装反。确保右侧的金属把手与阀门转换板碰在一起,如图 4-24 所示。⑧拆除托盘,将其清洗并弄干后装回原位。⑨关闭前盖,打开主机电源,检查所有本底值是否在允许范围之内。⑩清洁样本旋转阀之后,将 SRV 动作计数器复位并执行质量控制程序,确保仪器无性能问题。

### 3. 按需维护、检查重点和操作步骤

(1) 更换废液容器(只有在仪器安装有废液容器时):废液容器盛满后,请按下列步骤更换:①检查主机电源是否已关闭;②等待 1 分钟以便释放气压;③准备一个空的废液容器,并摘去盖子;

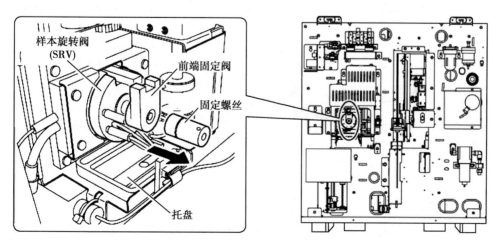

图 4-22　样本旋转阀(SRV)拆除示意图

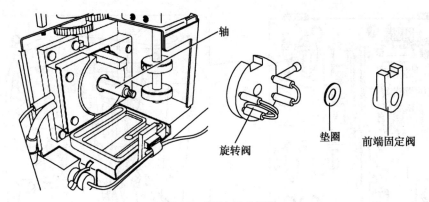

图 4-23 SRV 组成部件

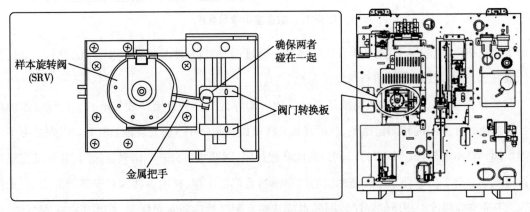

图 4-24 金属把手与阀门转换板

④拔出已盛满废液容器上的导管;⑤将导管插入到新的废液容器中,如有必要,使用胶带进行固定。

(2)更换样本过滤器:当样本过滤器阻塞导致无法抽吸样本时,需要更换样本过滤器。

操作步骤:①关闭主机电源并断开电源线。②等待 1 分钟以便释放气压。③打开仪器的前盖。④移除样本过滤器适配器上的样本过滤器。⑤移除导管支座上的过滤器装置。用手固定住导管支座,并逆时针方向旋转过滤器装置。⑥使用镊子移除过滤器装置内部的过滤器和密封圈,如图 4-25 所示。⑦依次将新的过滤器和密封圈放入过滤器装置。⑧按与拆卸过程相反的程序重新装好样本过滤器。⑨更换完毕后,抽吸规定量的清水,检查是否有液体渗出。如有,请重新执行更换操作。

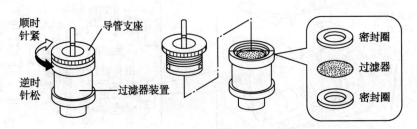

图 4-25 过滤器装置组成

**4. 消耗品更换**

(1)更换试剂:在帮助对话框中若显示试剂耗尽的错误信息,必须使用规定的试剂进行更换。

操作步骤:①检查帮助对话框所显示的错误内容,并单击确定按钮,系统将显示试剂更换对话

222222222222222222

框;②准备新试剂,并查看新试剂是否已超过其有效期;③更换试剂时,在试剂更换对话框中选择被更换试剂的标签,并输入试剂批号及有效期;④打开仪器的前盖,取下新试剂容器上的盖子;⑤取下空试剂容器上的盖子,向上垂直拔出浮控开关或软塑桶喷嘴组件;⑥把浮控开关与软塑桶喷嘴组件垂直插入新的试剂容器,然后拧紧盖子,关闭仪器的前盖;⑦单击试剂更换对话框内的执行按钮。

注意:请勿用手接触将要插入到试剂中的导管,并注意确保导管上没有灰尘。在插入导管前,用一块干净的布抹除可能存在的污物,否则将无法获得准确的分析结果。不要让试剂洒出,否则请立即用湿布擦干净,以防止地板等变色。当连接试剂时,注意不要将 UF Ⅱ SEARCH-SED 和 UF Ⅱ SEARCH-BAC 试剂相混淆。如果连接错误,将无法保证仪器的正常运转或分析结果的正确性。

(2)更换保险丝:主机和外置气动组件(选配件)均使用过流保险丝。如果保险丝熔断,请按下述步骤进行更换:①关闭电源并断开电源线;②用螺丝刀拆下保险丝底座;③更换保险丝,并将保险丝底座装回原位。

注意:在更换保险丝之前,请关闭电源并断开电源线,避免触电;请使用指定类型及规格的保险丝(本系统的主机和外置气动组件的保险丝均为 250V 6.3A 延时保险丝),否则电气故障会引起设备冒烟或起火。

**5. 定期更换零部件**　为使仪器始终保持最佳工作状态,除日常检查和维护外,还应定期更换零部件。注射器:30 000 测试或一年更换一次,所有的尿泵、充液泵及鞘液注射器的密封件(密封件属于易磨损的消耗性部件)均应定期检查、更换。

**6. 其他**

(1)计数器检查与复位:本仪器可显示运行周期的次数,为维护工作提供时间上的指引。此计数可以复位。当需要维护时,窗口上将显示相应的信息。

在清洗样本旋转阀之后,可以按下列步骤复位计数器:①在菜单窗口中双击维护图标,系统将显示维护窗口。②在维护窗口中双击计数器图标,系统将显示计数器对话框。③按下样本旋转阀计数栏旁边的复位按钮,将计数复位为零。重新打开对话框即可更新显示内容。

(2)调校:为确保分析的准确度,需要调校 UF-1000i 系统的某些零部件。最常使用到的是正压和负压的调节。正压和负压由压力传感器进行监测。如果任一项值超出允许范围,则系统将显示错误信息。出现错误信息时,请检查管路是否漏气。如果管路没有问题,请按下列步骤进行调校。

1)显示压力:①在菜单窗口中双击维护图标,系统将显示维护窗口;②在维护窗口中双击传感器图标,系统将显示传感器对话框,显示压力值。若压力超出允许的范围,则需调节相应压力调节器。(图 4-26)。

2)0.05MPa 正压调节:此压力用来驱动样本旋转阀和主阀。①按"显示压力"中所列步骤显示压力值。②打开主机的前盖,旋松 0.05MPa 降压阀的止动螺丝,如图 4-27 所示。③旋转调节旋钮以调节正压,同时观察对话框上显示的压力(0.05MPa 正压)(图 4-28)。顺时针方向旋转可以增加压力。调节范围:0.045～0.054MPa。注意:始终以增加压力的方式调节至预定值。如果压力偏高,请一次性将其调到低于标准值,然后逐渐调到设定值。④完成调节后,旋紧止动螺丝以锁定调整旋钮。

3)0.05MPa 负压调节:①按"显示压力"中所列步骤显示压力值。②打开主机的前盖,旋松波

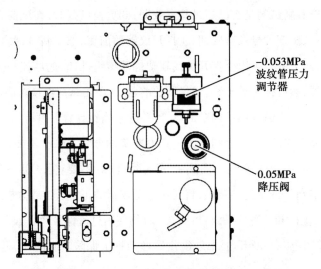

图 4-26　主机正面内部压力调节位置

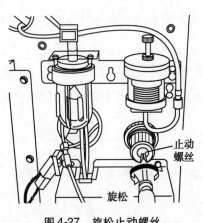

图 4-27　旋松止动螺丝

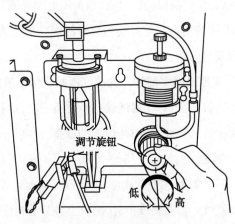

图 4-28　调节正压

纹管调节器的止动螺丝。③旋转调节旋钮以调节负压,同时观察对话框上显示的负压值(0.05MPa 负压)。顺时针方向旋转可以增加压力。正常范围:0.050～0.056MPa 负压。注意:始终以增加压力的方式调节至预定值。如果压力偏高,请一次性将其调到低于标准值,然后逐渐调到设定值。④完成调节后,旋紧止动螺丝以锁定调整旋钮。如图 4-29 所示。

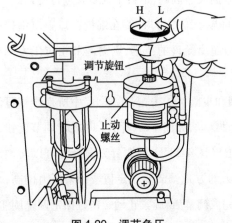

图 4-29　调节负压

## 六、流式尿沉渣分析仪常见故障实例分析

尿沉渣分析仪的自动化、智能化不仅方便了用户的使用,也方便了维护及故障的排除。售后服务人员可以根据故障报警代码和(或)故障部位、原因了解对应的处理方法,事先做好充分准备,以便顺利修复。

故障实例一

【故障现象】负压错误。

【故障分析】常见原因有:①0.053MPa 负压调节

错误;②气动组件防逆室有积液;③压力从导管或接头处漏失。

【检修方法】

1. 调节 0.053MPa 负压。

2. 排空负压防逆室的积水。

3. 检查管路连接和接头是否松动。

故障实例二

【故障现象】 更换鞘流试剂(FCM)。

【故障分析】 常见原因有:①试剂不足;②液路系统异常。

【检修方法】

1. 更换已用空的试剂容器,然后单击 OK 按钮。系统将执行试剂更换程序。如果更换试剂容器后仍无法解决问题,则可能仓室内的浮控开关或液路系统存在故障。

2. 检查接头是否松动或破损。如果存在问题,请重新连接导管或更换接头。

故障实例三

【故障现象】 样本不足。

【故障分析】 常见原因有:①样本抽吸路径存在阻塞;②样本量不足。

【检修方法】

1. 执行自动清洗程序。

2. 检查样本量。

故障实例四

【故障现象】 SRV 初始位置错误。

【故障分析】 常见原因有:①样本旋转阀机件存在故障;②样本旋转阀有污垢。

【检修方法】

1. 检查是否有管子或其他物件阻碍样本旋转阀的转动部件。然后,按下 OK 按钮。

2. 清洁样本旋转阀并按下 OK 按钮。

故障实例五

【故障现象】 开机后报警:①空白错误;②负压错误(−0.05Mpa 错误)。

【故障分析】

1. 全尿泵密封圈、充气泵密封圈及鞘液注射器损坏。

2. IPU 内的计数器相关项目达到规定更换次数。

3. 管路脏。

4. 压力传感器或者溢流杯不密封。

5. 压力监测的问题。

6. 压力传感器损坏。

7. 压缩机故障。

【检修方法】

1. 更换全尿泵密封圈、充气泵密封圈及鞘液注射器。

2. 清零 IPU 内的计数器相关项目。

3. 多次冲洗管路。

4. 排除压力监测的问题。

5. 更换压力传感器或者溢流杯的密封圈。

6. 更换压力传感器。

7. 检查压缩机。

## 复习导图

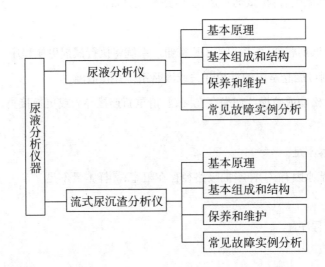

## 目标检测

### 一、选择题（单选题）

1. 尿液分析有利于对泌尿、循环、肝、胆、内分泌等疾病进行诊断、疗效观察及（　　）

    A. 治疗　　　　　　B. 分析　　　　　　C. 预后判断　　　　D. 研究

2. 尿液湿式化学分析仪根据其工作原理可归类于（　　）

    A. 血气分析仪　　　B. 电解质分析仪　　C. 血细胞分析仪　　D. 生化分析仪

3. 目前，尿液分析仪常用的试剂带是（　　）

    A. 单联试剂带　　　B. 多联试剂带　　　C. 原尿样本　　　　D. 原尿稀释样本

4. 目前，尿液分析仪不能检测的项目是（　　）

    A. pH　　　　　　　B. 尿比密　　　　　C. 尿蛋白　　　　　D. 总胆红素

5. 流式尿有形成分分析仪中常用光源是（　　）

    A. 激光　　　　　　B. 紫外线　　　　　C. 红外线　　　　　D. X 线

### 二、简答题

1. 简述尿液干化学分析仪的基本分析原理。

2. 简述尿液干化学分析仪在临床上的主要应用。

3. 简述尿液干化学分析仪的基本维护类型及方法。

4. 简述尿沉渣分析仪的基本分析原理。

5. 简述尿沉渣分析仪在临床上的主要应用。

6. 简述尿沉渣分析仪的基本维护类型及方法。

# 实训三　尿液分析仪器的维修

## 一、实训目的

1. 掌握尿液分析仪器(尿液分析仪和尿沉渣分析仪)的基本组成、结构和工作原理,以及基本维护维修技术。

2. 学会操作尿液分析仪器。

3. 能熟练安装调试尿液分析仪器,排除常见故障。

## 二、实训内容

(一) AX-4280 尿液分析仪的基本操作

1. 准备工作。

2. 常规检测。

3. 单个 STAT 检测。

4. 成组 STAT 检测。

5. 比重校准。

6. 质控检测。

7. 校准检测。

8. 保养和维护。

(二) AX-4280 尿液分析仪的故障维修

1. **故障实例一**　AX-4280 显示无法识别试纸条。

2. **故障实例二**　AX-4280 显示试纸条在进纸器中粘连。

3. **故障实例三**　AX-4280 样本架送入功能错误。

4. **故障实例四**　AX-4280 UF Ⅱ SHEATH 试剂空错误。

## 三、实训步骤

(一) AX-4280 尿液分析仪的基本操作

熟悉并按图 4-30 所示的检测操作流程图操作。

155

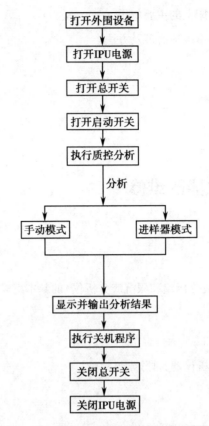

图 4-30 AX-4280 尿液分析仪检测操作流程图

### 1. 准备工作

（1）检查废弃物：抛弃试纸条，倒空废液瓶。

（2）检查消耗性物品：洗涤液、记录纸。

（3）打开电源：打开主电源开关，按下待机开关开始初始化。

（4）设置参数：试纸条类型、检测开始序号、编号、样本架输送方式、检测结果、质控检测。

（5）准备试纸条：准备试纸条，放置试纸条，放置新的干燥剂。

（6）准备样本：准备样本管，倒入样本，样本放入样本架，样本架放入引导架侧。

### 2. 常规检测

（1）输入检测开始序号。

（2）开始检测。

（3）检测结束。

### 3. 单个 STAT 检测

（1）准备 STAT 样本。

（2）选择 STAT 检测。

（3）设置 STAT 序号及患者识别码。

（4）开始 STAT 检测。

（5）结束 STAT 检测。

### 4. 成组 STAT 检测

（1）准备 STAT 样本。

（2）选择 STAT 检测。

（3）放置 STAT 检测及质控检测专用架。

（4）开始 STAT 检测。

（5）结束 STAT 检测。

### 5. 比重校准

（1）准备试纸条。

（2）准备标准液：制备标准液低液试管，制备标准液高液试管，测定比重，放置标准液，放置样本架。

（3）进行比重校准：选择比重校准屏幕，输入比重值，开始校准，检查结果。

### 6. 质控检测

（1）准备试纸条。

（2）准备质控液试管。

（3）安置质控液。

（4）开始质控检测。

（5）结束质控检测。

### 7. 校准检测

（1）准备校准检测：清洁部件，选择校准检测，准备标准条。

（2）进行第一批校准检测。

（3）进行第二批校准检测。

（4）取下标准条。

（5）校准检测的打印输出。

（6）比较结果：当校准检测的结果在标准范围之外时，以未使用过的标准条再次校准。

（7）再次校准：当校准检测的结果在标准范围之外时，该分析仪可能需要维修。

（8）打印输出。

### 8. 保养和维护

（1）维护注意事项：①请佩戴防护手套以避免接触病原微生物；②按当地的有害生物废物处理规定丢弃废液、更换下来的部件及用过的纱布、棉签和手套。

（2）分类逐一维护：①日常维护；②更换消耗性部件；③定期维护；④长期不用的维护。

如果一周以上不用分析仪，必须按长期不用的要求做好维护，否则会有结晶形成，从而造成分析仪的损坏。

长期不用时，要做到清洗比重单元、清洗洗涤槽、清洗液流路线；将没用完的试纸条放回原装瓶中拧紧盖子（在进纸器中存放超过 3 天的试纸带不能继续使用），清洗试纸条进纸器，处理废弃盒中用过的试纸条；排出过滤水；关闭电源；处理过滤水；处理废液并清洗废液瓶；拔下电源线。

### （二）AX-4280 尿液分析仪的故障维修

**故障实例一**

【故障现象】 AX-4280 显示无法识别试纸条。

【故障分析】 常见原因有：①废弃盒装满试纸条或试纸条散落在分析仪内；②检测过程中，试纸条被翻转或试纸条未正确地放在检测区；③有光线照入分析仪内部；④白板有污垢或光学装置损坏。

【检修步骤】

1. 按 ENTER 键清除故障信息——打开废弃盒丢弃用过的试纸条——按停止键（STOP）初始化分析仪。

2. 按 ENTER 键清除故障信息——整理进纸器中的试纸条——按停止键（STOP）初始化分析仪——再次进行检测。

3. 按 ENTER 键清除故障信息——避免光线直接照射到分析仪内部——按停止键（STOP）初始化分析仪，如果同样的故障仍然存在，请关闭电源，与供销商联系。

4. 按 ENTER 键清除故障信息——按停止键（STOP）初始化分析，若故障依旧，则关闭电源，与供销商联系。

**故障实例二**

【故障现象】 AX-4280 显示试纸条在进纸器中粘连。

【故障分析】 试纸条在试纸条进纸器中相互粘连。

【检修步骤】

1. 按 ENTER 键清除故障信息，确认分析仪未在运行。

2. 打开试纸条进纸器，取出阻碍进纸器的试纸条，清洁试纸条进纸器，检查试纸条进纸器是否受损。

3. 打开待机开关，初始化分析仪。

**故障实例三**

【故障现象】 AX-4280 样本架送入功能错误。

【故障分析】 常见原因有：①右侧架槽传送区内有异物；②样本架未正确放置；③样本架送入杆位传感器有污垢。

【检修步骤】

1. 清除异物。

2. 再次将样本架放回原位，重新启动进样器模式。

3. 清洁传感器。

**故障实例四**

【故障现象】 AX-4280 UF Ⅱ SHEATH 试剂空错误。

【故障分析】 常见原因有：①试剂不足；②浮控开关损坏；③液路系统异常。

【检修步骤】

1. 按下帮助对话框内的 OK 按钮，系统将显示试剂更换对话框，请补充试剂。

2. 检查浮控开关。

3. 检查吸入管路,并检查试剂接头与导管是否松动或破损。如果存在问题,请重新连接导管或更换部件。

## 四、实训思考

1. AX-4280 尿液分析仪显示无试纸条的故障分析及检修步骤?

2. AX-4280 尿液分析仪显示试纸进纸器搬运部错误的故障分析及检修步骤?

3. AX-4280 尿液分析仪显示测不到液滴或试纸条的故障分析及检修步骤?

4. AX-4280 尿液分析仪显示条形码阅读失败的故障分析及检修步骤?

## 五、实训测试

| 学　号 | | 姓　名 | | 系　别 | | 班　级 | |
|---|---|---|---|---|---|---|---|
| 实训名称 | | | | | | 时　间 | |
| 实训测试标准 | 【故障现象】<br>【故障分析】<br>1. 维修前的准备工作　　　　　　　　　　(1分)<br>2. 对此故障现象进行故障分析　　　　　　(2分)<br>【检修步骤】　　　　　　　　　　　　　(7分)<br>每个维修实例考核满分标准　　　　　　　(10分) | | | | | | |
| 自我测试 | | | | | | | |
| 实训体会 | | | | | | | |
| 实训内容测试考核 | 实训内容一:考核分数( 　　)分<br>实训内容二:考核分数( 　　)分<br>实训思考题1:考核分数( 　　)分<br>实训思考题2:考核分数( 　　)分<br>实训思考题3:考核分数( 　　)分<br>实训思考题4:考核分数( 　　)分 | | | | | | |
| 教师评语 | | | | | | | |
| 实训成绩 | 按照考核分数,折合成(优秀、良好、中等、及格、不及格)<br>　　　　　　　　　　　　　　指导教师签字:<br>　　　　　　　　　　　　　　年　月　日 | | | | | | |

（王俊起）

# 第五章

## 生化和干式生化分析仪器

导学情景 ∨ ....................................................

学习目标

1. 掌握生化分析仪和干式生化分析仪的工作原理和基本结构。

2. 熟悉生化分析仪器的日常维护和保养。

3. 了解生化分析仪器的临床应用。

学前导语

生化分析仪主要用于临床验血常规、心肌酶谱、血糖血脂、肝功能、肾功能等常规生化指标的检测。本章通过学习生化分析仪器的工作原理、基本结构、日常维护和保养等有关知识，培养医学检验从业人员和医疗器械维修工程师掌握生化分析仪的基本操作技能，会分析生化仪的各类常见故障，能够正确地使用和维护此类仪器。

## 第一节　生化分析仪

生化是生物化学（biochemistry）的简称，而临床所称的生化实际上是临床化学（clinical chemistry）的简称。生化分析仪，顾名思义是采用化学分析方法对临床标本进行检测的仪器，其检测的范围十分广泛，有小分子的无机元素，如临床上经常测定的钾、钠、氯、钙离子等；有小分子的有机物质，如葡萄糖、尿素、肌酐等；有大分子物质，如蛋白质等。因此生化分析仪是临床诊断常用的重要检测仪器之一。它是通过对血液和其他体液的分析测定各种生化指标，如肝功能、肾功能、心肌酶、葡萄糖、胰腺功能等，同时结合其他临床资料进行综合分析，来帮助临床医生进行疾病的诊断及鉴别诊断，监测临床治疗效果。

### 一、概述及临床应用

#### （一）概述

随着科学技术的发展，生化分析仪器的发展十分迅速，仪器和分析方法的更新速度较快，它的发展大大促进了临床医学的发展。因此，从生化仪器的发展历程就可以看出临床医学的发展足迹。

**1. 生化分析仪的萌芽阶段**　早在19世纪初，已有医院的化验人员开始使用碘比色法检测血和尿的淀粉酶，20世纪20年代开始检测血液中的胆红素，20世纪30年代可以检测碱性磷酸酶。一直到第二次世界大战结束，这些检测都是临床化学检验人员用原始的手工方法对患者标本进行少量指标的实验检测。在这一阶段,样品和试剂等液体的吸取用吸管、洗耳球,甚至是操作人员用嘴吸,再用手指调节吸液量至所需刻度,将充分反应后需要比色测定的液体一个一个地倒入比色杯,在光电比色计上逐个进行调零、比色、记录、计算,非常繁琐费时。20 世纪 50 年代,国外研制出了早期的生化分析仪器(半自动化的比色计或分光光度计),仪器能自动完成一部分操作,实现了自动记录测试数据、自动计算测定结果和自动打印结果,但在分析过程中的部分操作(如加样、保温等步骤)仍由手工完成,即称为半自动生化分析仪。

2. **生化分析仪的研究探索阶段** 随着计算机技术的发展,在自动稀释器、自动比色计的组合中又加上计算分析功能,实现生化分析仪器的自动化似乎水到渠成。但事实却十分复杂,首先遇到的难题是"除蛋白"问题,早期的生化分析首先要去除血液中的蛋白质干扰后再测定其他物质,手工方法是加入蛋白质沉淀剂、离心或者过滤后取无蛋白液体进行测定,这一过程既费时又不能自动化。直到 1957 年,美国医师 Skeggs 等首次提出设计方案,由美国 Technicon 公司生产出第一台单通道、连续流动式自动分析仪,它通过比例泵将标本和试剂按比例地吸到连续的管道系统中,在管道系统内样本和试剂相结合完成混合、分离、保温反应、显色、比色等步骤,然后将所测得的吸光度变化作计算,将测试结果显示并打印输出。然而,该生化分析仪去蛋白过程缓慢费时,又存在样本与样本之间的污染和干扰等问题,同时还因为血液中的很多生物活性物质都是与蛋白质结合存在的,游离的物质含量很低,因此在去除蛋白质的同时也去除了很多应该检测的物质,所以这种测定方法既使得检测结果不准确,又让很多物质无法检测出,限制了生化测定物质的种类,未能推动生化分析仪器自动化的进一步发展。直到 20 世纪 70 年代,随着生物化学反应方法和试剂的发展,特别是酶学测定方法的发展,彻底摒弃了血清除蛋白过程,血清或者血浆直接与试剂进行反应,这为自动生化分析仪发展扫除了障碍,促使生化分析仪进入了快速发展期。

3. **生化分析仪的快速发展阶段** 20 世纪 70 年代后,生化分析仪进入了全自动仪器的研制开发阶段,仪器的元器件不断进步,仪器的档次不断提高,检测精度和仪器自动化程度越来越高,各种设计新颖、技术先进的全自动生化分析仪陆续进入临床实验室。尤其是 20 世纪 90 年代以来,一些高检测速度、高度自动化、多功能组合的大型生化分析仪已成为现代化实验室的主流,成为检验医学发展现代化的重要标志。另外,在这个发展阶段中,生化分析仪器开始引入免疫化学、发光化学、电化学、干式化学等原理和方法,发展为大型的综合性生化分析仪器。

4. **生化分析仪的未来发展趋势** 随着生活质量的不断提高,人们对健康有更高的追求,检验仪器作为探测人体健康或疾病状态的最主要手段之一,越来越受到人们的重视,无论是患者还是健康体检者都希望尽可能进行全面彻底的检查,要求检查的项目也越来越多,这是检验医学的原动力。随着计算机技术、自动控制技术、新材料技术和化学技术的发展,检验仪器设备、检验项目和技术方法取得了突飞猛进的发展,生化分析仪器逐步向高度自动化、多技术多功能联合、大型数字化方向发展。此外,生物传感器技术、生物芯片技术、蛋白质谱仪等分子生物学技术和仪器的发展已经逐步从基础研究走向临床,给蛋白质和核酸的临床检测将带来革命性变化,使临床诊断深入到分子水平,对疾病的诊断有可能提前到亚健康状态,尤其是对肿瘤的早期诊断和预警具有重要意义,使疾病能够得到早期治疗或早期干预。

（二）生化分析仪的分类

随着各种化学分析技术的融合以及化学分析和标记免疫分析技术的融合,计算机、自动化、智能化技术在生化分析仪器方面得到应用,生化分析仪器的类型越来越多,功能越来越全面,性能越来越好,一般可按以下进行分类:

**1. 根据仪器自动化程度分类** 根据仪器自动化程度的高低分为全自动和半自动两大类。半自动生化分析仪多半还要靠手工完成样品及反应混合体递送,或是人工观测及计算结果,一部分操作则可由仪器自动完成,特点是体积小,结构简单,灵活性大,价格便宜。全自动生化分析仪从加样到出结果的全过程完全由仪器自动完成,由于分析中没有手工操作步骤,故主观误差很小,且由于该类仪器一般都具有自动报告异常情况、自动校正自身工作状态的功能,系统误差也较小,给使用者带来很大方便。

**2. 按反应装置的结构分类** 按反应装置的结构分为连续流动式、离心式和分立式三类。

（1）连续流动式:连续流动式生化分析仪在微机控制下,通过比例泵将标本和试剂注入连续的管道系统中,由透析器使反应管道中的大分子物质(如蛋白质)与小分子物质(如葡萄糖、尿素等)分离后,样品与试剂被混合并加热到一定温度,反应混合液由光度计检测、信号被放大并经运算处理,最后将结果显示并打印出来,由于不同含量的标本通过同一管道,前一标本不可避免会影响后一个标本的结果,这就是所谓的携带污染,这已成为制约此系统应用的一个重要因素(图5-1)。

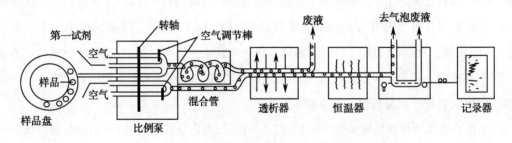

图5-1 单通道连续流动式自动生化分析仪

（2）离心式:离心式生化分析仪先将样品和试剂分别置于转盘相应的凹槽内,当离心机开动后,受离心力的作用,试剂和样品相互混合发生反应,经适当的时间后,各样品最后流入转盘外圈的比色凹槽内,通过比色计检测(图5-2)。在整个分析过程中,不同样本的分析几乎是同时完成的,又称为"同步分析"。

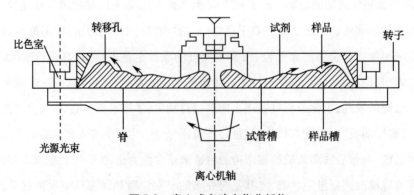

图5-2 离心式自动生化分析仪

（3）分立式：目前临床实验室所用的大部分分析仪都属于分立式生化分析仪（图5-3）。其特点是模拟手工操作的方式设计仪器并编制程序，以机械臂代替手工，按照程序依次有序地操作，完成项目检测及数据分析。工作流程大致为：加样探针从待测标本管中吸入样品，加入各自的比色杯中，试剂探针按一定的时间要求自动地从试剂盘吸取试剂，也加入该比色杯中。经搅拌棒混匀后，在一定的条件下反应，反应后将反应液吸入流动比色器中进行比色测定，或者直接将反应杯作为比色器进行比色测定。由计算机进行数据处理、结果分析，最后将结果显示并打印出来。

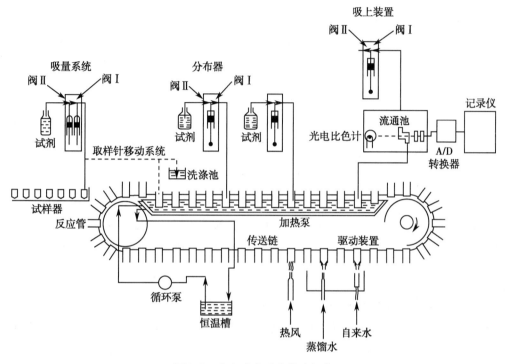

图5-3　分立式自动生化分析仪

3. **按同时可测定项目分类**　按同时可测定项目分为单通道和多通道两类，单通道每次只能检验一个项目，但项目可更换，多通道可同时测定多个项目。

4. **按仪器复杂的程度分类**　按仪器复杂的程度及功能分为小型、中型和大型三类。小型一般为单通道，中型为单通道（可更换几十个项目）或多通道，常同时可测2~10个项目，有些仪器测定项目不能任意选择，有些可任意选择，大型均为多通道，仪器可同时测10个以上项目，分析项目可自由选择。

5. **按规定程序可变性分类**　按规定程序可变与否，分为程序固定式（封闭式）和程序可变式（开放式）分析仪两类。

6. **按反应方式分类**　按反应方式分为液体和干式生化自动分析仪。所谓干式生化自动分析仪是把样品（血清、血浆或全血及其他体液）直接加到滤纸片上，以样品做溶剂，使反应片上试剂溶解，试剂与样品中待测成分发生反应，在载体上出现可检测信号，测定该信号的反射光强度，得到待测物结果。干式生化自动分析仪完全革除了液体试剂，均为一次性使用，故成本较贵，但非常环保，存在很大的发展空间。干式生化自动分析仪目前多用于急诊和床旁检验。

**7. 根据各仪器之间的配置关系分类** 根据各仪器之间的配置关系分类可分为单一普通生化分析仪和附加式或组合式分析仪。附加式分析仪就是把具有特殊功能的分立式任一分析仪附加在一起,节省了控制系统、显示系统和结果处理系统,把一台仪器变成一个实验室;组合式分析仪就是把功能相同或功能不同的各种大型生化分析仪组合在一起,用同一计算机控制,共同处理标识样品,测定后共同显示和处理结果,使测定统一化,方便管理。

（三）生化分析仪的临床应用

机体的任何生理反应过程都有生化反应的参与,生化检测在各种疾病的诊断和治疗中一直都占有重要的位置,特别是近年来随着各种疾病发病、发展机制研究的不断深入,生化检测方法和技术的日益完善,分子生物学技术、免疫学技术和计算机广泛应用到生化检测中来,以及生化检测自动化的全面提高,使得许多特异性强、灵敏度高、对诊断或鉴别诊断价值较大的新的生化检测项目,能够得以检测,为疾病的诊断和治疗提供更客观、更敏感和更准确的生化指标。

生化分析仪的常用临床生化项目按化学性质可分为:酶类、底物代谢类、无机离子类和特种蛋白类。若按临床性质则大致可分为:肝功能检测、肾功能检测、心肌酶谱检测、糖尿病检测、胰腺炎检测、血脂检测、痛风检测和免疫性疾病检测。

血液中酶来源于身体的多种组织如肝脏、肌肉等,也可来源于消化腺或前列腺等外分泌腺。当各种传染病发生造成组织病变后,可通过渗漏、释放、反流等不同机制使病变组织中的酶进入血清,临床上可借血清酶活性的改变来诊断疾病或推测预后和疗效,故血清酶活性测定具有重要的临床价值,已成为生化检测中最常用的项目之一。酶活性改变在病毒性肝炎诊治中应用的最为广泛。

脑脊液中一些酶活性的检测,对各类脑炎、脑膜炎的临床诊治意义近年来也越来越得到重视。天冬氨酸转氨酶(AST)和乳酸脱氢酶(LDH)在乙型脑炎、脊髓灰质炎时活性都有升高。LDH活性的改变还有助于细菌性与病毒性脑膜炎的鉴别。另外,脑脊液磷酸肌酸激酶(CPK)活性的改变可对脑膜炎的性质进行鉴别:化脓性脑炎患者CPK增高最明显,其次是结核性脑膜炎,病毒性脑膜炎仅轻度升高。

同工酶属于一种酶的多种形式,自20世纪50年代至今,已陆续发现了数百种酶。由于同工酶具有特异的组织定位,其测定为解决临床诊断的组织特异性提供了有力的武器。目前,国内外临床实验室已广泛测定血清中一些同工酶来诊断疾病,并逐渐取代酶总活力的测定。同工酶的检测方法也在不断改进,逐步向简化、快速和自动化方向发展。同工酶作为传染病的临床诊断标志物,其特异性明显优于总活性的测定。

肝脏是蛋白质代谢的重要场所,是平衡机体蛋白质代谢的主要器官。血浆内蛋白质除免疫球蛋白外,几乎都是在肝脏内合成的。因此,生化检验中测定血清蛋白含量和分析其成分,可作为临床反映肝脏功能有意义的指标。肝病时,白蛋白的含量既可作为急性肝病严重程度的判断依据,又是慢性肝病患者预后的良好指标。胆汁淤积性肝病时,球蛋白多有增高。球蛋白增高程度可作为诊断分型的重要依据之一。

近几年来,骨代谢的临床化学检查有了极大进步,除能测定钙、磷、镁及甲状旁腺激素、降钙素、维生素D、甲状旁腺激素相关蛋白外,还发展了能检测骨转换和骨吸收的骨代谢生化标志物,如血清骨钙素、骨碱性磷酸酶等。这些指标可以提供骨吸收和骨形成的动态变化指数,从而有利于骨代谢异常改变的早期发现及治疗监测。

## 二、生化分析仪的基本原理

生化分析仪测定的工作原理是基于吸收光谱分析的方法,采用光电比色法或分光光度法,即通过比较化学反应溶液颜色深浅的方法来确定有色溶液的浓度,对溶液中所含的物质进行定量分析,进而测得分析标本中的各生化指标。

▶ 课堂活动

　1. 常用的临床生化分析项目有哪些?

　2. 临床进行肝功能检查的生化分析项目有哪些?

### (一)光学原理

**1. 光的性质**　从物理学中我们知道,光具有波动和微粒两种性质,统称光的波粒两象性。在一些场合,光的波动性比较明显;在另一些场合,光则主要表现为微粒性。

首先,光是一种电磁波。可以用描述电磁波的术语如振动频率($v$)、波长($\lambda$)、速度($v$)、周期($T$)来描述它。我们日常所见到的白光便是波长在 $400 \sim 760nm$ 之间的电磁波。它是由红橙黄绿青蓝紫等色按照一定比例混合而成的复合光。不同波长的光被人眼所感受到的颜色是不同的。在可见光之外是红外线和紫外线。各种色光及红外线、紫外线的近似波长范围如表 5-1 所示。

表5-1　各种色光及红外线、紫外线的近似波长范围

| 颜色 | 波长范围(nm) | 颜色 | 波长范围(nm) |
|---|---|---|---|
| 远红外 | 10 001 ~ 1 000 000 | 绿 | 501 ~ 560 |
| 中红外 | 2501 ~ 10 001 | 青 | 481 ~ 500 |
| 近红外 | 761 ~ 2500 | 蓝 | 431 ~ 480 |
| 红 | 621 ~ 760 | 紫 | 401 ~ 430 |
| 橙 | 591 ~ 620 | 普通紫外 | 191 ~ 400 |
| 黄 | 561 ~ 590 | 真空紫外 | 1 ~ 190 |

除了波动性外,光还具有微粒性。在辐射能量时,光是以单个的、一份一份的能量($E = hv$)的形式辐射的。式中:$v$ 是光的频率,$h$ 为普朗克常量。同样,光被吸收时,其能量也是一份一份被吸收的。因此,我们可以说,光是由具有能量($hv$)的微粒所组成的,这种微粒被称为光子。由式中可知,不同波长的光子具有不同的能量。波长越短,即频率越高,能量越大。反之亦然。光子的存在可以从光电效应中得到充分的证明。

**2. 光的互补及有色物质的显色原理**　若把某两种颜色的光按照一定的比例混合能够得到白色光的话,则这两种颜色的光就称为互补色光。图 5-4 中处于直线关系的两种光为互补色光。如绿光和紫光、黄光和蓝光等等。

图 5-4　互补色光示意图

物质的颜色与光的吸收、透过、反射有关。有色溶液对光的吸收是有选择性的。各种溶液之所以会呈现不同的颜色,其原因是因为溶液中的有色质点(分子或离子)选择性地吸收某种颜色的光所致。实践证明,溶液所呈现的颜色是它的主要吸收光的互补色。如一束白光通过高锰酸钾溶液时,绿光大部分被选择吸收,其他的光透过溶液。从图 5-4 可以看出,透过光中除紫色外,其他颜色的光两两互补。透过光中只剩下紫色光,所以高锰酸钾呈紫色。

通常用吸收曲线来描述溶液对各种波长的光的吸收情况。让不同波长的光通过一定浓度的有色溶液,分别测出它对各种波长的光的吸收程度(用吸光度 $A$ 表示),以波长为横坐标、吸光度为纵坐标作图,所得到的曲线称为溶液的吸收曲线或吸收光谱图。例如,高锰酸钾的吸收曲线如图 5-5 所示。图 5-5 中,$C_1$、$C_2$、$C_3$ 分别代表不同的浓度,$C_1 < C_2 < C_3$。从图 5-5 中可以看出,在可见光范围内,高锰酸钾溶液对波长为 525nm 左右的绿色光吸收程度最大,而对紫色和红色光很少吸收。

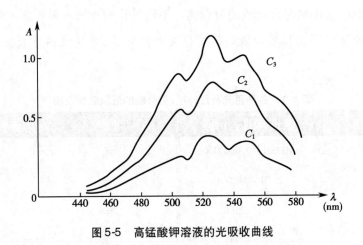

图 5-5　高锰酸钾溶液的光吸收曲线

对于任何一种有色溶液,都可以测绘出它的吸收曲线。浓度不同的同一种溶液,其吸收光谱的形状和最大吸收波长是一样的,即不同的物质都具有其特定的吸收光谱。在光谱分析中,可以根据吸收光谱的不同来鉴别物质。

从图 5-5 中还可以看出,溶液的浓度越大,对(绿)光的吸收程度越大。因此,可以利用这部分光线通过溶液后被吸收的程度来确定溶液的浓度。如可用绿色光来对高锰酸钾溶液进行比色测定。

由于有色物质对光的吸收具有选择性,因此,在进行比色测定时,只能用光波中能被有色溶液吸收的那部分光线,即应该用单色光进行比色测定。至于不被有色溶液吸收的光线,则应设法在未透过有色溶液之前或之后将其消除掉。滤光片就起这个作用。根据前面所叙述的理由可知,选择滤光片的原则应是:滤光片的颜色应与待测溶液的颜色为互补色。

**3. 朗伯-比尔定律**　溶液颜色的深浅与浓度之间的数量关系可以用吸收定律来描述,它是由朗伯定律和比尔定律相结合而成的,所以又称朗伯-比尔(Lamber-Beer)定律。

当一束平行单色光照射到均匀、非散射的溶液时,光的一部分被吸收,一部分透过溶液,一部分被比色皿的表面所反射。设入射光的强度为 $I_o$,吸收光的强度为 $I_a$,反射光的强度为 $I_r$,透过光的强度为 $I_t$。则它们之间有如公式(5-1):

$$I_o = I_a + I_r + I_t \tag{5-1}$$

在实际比色分析时,所用的比色皿都是同质料、同规格的,所以反射光的强度为一定值,不会引起误差,即反射光的影响可以不加考虑。这样,上式可简化为公式(5-2):

$$I_o = I_a + I_t \tag{5-2}$$

当入射光的强度一定时,被吸收的光的强度越大,透过光的强度就越小。这就是说,光强的减弱仅仅与有色溶液对光的吸收有关。

在比色分析中,常把透过光的强度占入射光的强度的百分比 $(I_t/I_o)\%$ 称为透过率或透射比,用 $T$ 表示,即 $T = (I_t/I_o)\%$。$T$ 越大,表明有色溶液的透光程度越大。

当一束平行单色光通过有色溶液时,由于溶液吸收了一部分光线,光线的强度就要减弱。溶液的浓度越大、透过的液层越厚、入射的光线越强,则对光线的吸收就越多。如果入射光的强度不变,则光的吸收只与液层厚度及溶液的浓度有关。它们之间的关系可以用公式(5-3)表示:

$$A = KCL \tag{5-3}$$

式中:$A$ 为吸光度,$K$ 为吸(消)光系数,$C$ 为溶液的浓度,$L$ 为液层厚度。公式说明:在入射光一定时,溶液的吸光度与溶液的浓度及液层厚度成正比。此式就是光的吸收定律的数学表达式,又称朗伯-比尔定律。这一定律是比色分析和其他吸收光谱分析的理论基础。

吸光系数 $K$ 表示有色溶液在单位浓度和单位厚度时的吸光度。在入射光的波长、溶液的种类和温度一定的条件下,$K$ 为定值。$K$ 值越大,说明比色分析时的灵敏度越高。

吸光度 $A$ 与透射比 $T$ 的关系如公式(5-4):

$$A = -\log T \tag{5-4}$$

即吸光度 $A$ 与透射比 $T$ 的负对数成正比。

(二)生化分析仪的测定原理

**1. 光电比色分析的基本原理与构成** 利用光电元件作检测器来测量通过有色溶液的透射比或吸光度,进而求出物质含量的方法叫光电比色法,其主要由光源、滤光片、比色皿、光电检测器、放大电路和显示装置六部分组成(图5-6)。

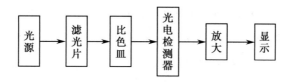

**图5-6 光电比色分析的基本构成**

光源发出的复合光经滤光片滤除后,变为近似的单色光。此单色光通过比色皿时,被比色皿中盛放的样品液吸收掉一部分,然后照在光电检测器上。光电检测器将照在它上面的光信号的强弱转变为电信号的大小,最后由显示部分将测量结果显示出来。

（1）光源:在可见光范围内,常用的光源有钨丝灯和卤钨灯。钨丝灯是可见光区和近红外区最常用的光源,光谱的波长范围在320～2500nm之间。钨丝灯靠电能将钨丝加热至白炽而发光,它的光谱分布与灯丝的工作温度有关。为了延长灯泡的寿命和提高灯泡的性能,通常采用在钨灯中加入适量的卤素或卤化物而制成的卤钨灯,从而大大减少了钨在灯泡内壁的沉积。钨灯(包括卤钨灯)的发光稳定度与所加的电压有密切的关系,这就要求给光源灯提供稳定的供电电压。目前,绝大部分采用直流供电。

（2）滤光片:滤光片又叫滤色片,其作用是控制波长或能量的分布,即它只让一定波长范围内的光通过,而将其余不需要的波长的光滤去。滤光片通过的波长范围越窄、透射比越大,说明其质量越好。滤光片通过单色光的纯度,通常用其光谱特性曲线的半宽度表示,其定义为曲线上与最大透射比的一半相对应的两点之间的波长差。半宽度越小,表示透过的单色光越纯。常用的滤光片有吸收滤光片、干涉滤光片、复合滤光片等。滤光片的透光特性与温度有关。温度升高时,不但它的半宽度会加宽,峰值波长也会起变化。温度变化还从其他途径影响比色分析。因此,在光源灯和滤光片之间常加上一块隔热玻璃,以减少温度的影响。

（3）比色皿:主要用来盛装比色分析时的样品液。在可见光范围内,比色皿常用无色光学玻璃或塑料制成;在紫外区,常用石英玻璃来制作。在使用中应该注意的是,每台仪器所配的比色皿都是成套的,所以台与台之间所带的比色皿不能混合使用,否则会带来较大的测量误差。在同一测定中所使用的所有比色皿的光径(内径)必须一致。使用比色皿时还应注意其放置方向。

（4）光电检测器:光电检测器是用来将光能转换成电能的器件。在检验仪器中常用的光电检测器有光电池、光电管、光电倍增管、光敏二极管和光敏三极管等。光电检测器必须满足以下3个条件:①光电转换须满足恒定的函数关系;②波长响应范围宽;③灵敏度高,响应速度快,产生的电信号易于检测和放大,噪声低。

（5）放大电路和显示装置:光电检测器转换成的电信号通常都加到放大电路上,经放大电路放大到足够大以后,再送到显示装置。一般采用带对数放大器的电路。它通常将光电转换器输出的信号先经阻抗变换并放大后,再送给对数运算放大器电路。经对数放大器放大后,A与T之间的关系就变成线性的了。对数放大器放大后的信号送给模拟或数字显示器去显示。

**2. 分光光度法的基本原理与构成**　分光光度法也是根据物质对不同波长的光具有选择性地吸收的特点而建立起来的分析方法,它和光电比色法的最主要区别是用单色器代替了滤光片,因而可获得连续变化的、光谱范围更窄的单色光,从而提高了仪器的灵敏度和选择性。其次,分光光度计将所使用的波长范围由可见光区扩展到红外和紫外波段。这样,许多用比色计无法进行分析的无色物质,可以在红外或紫外区得以测定,大大扩展了物质的测定范围。

单色器是从光源送来的复合光中选取出高纯度单色光的装置,可以在工作波长范围内选择任意波长的单色光。单色器主要由入光狭缝、出光狭缝、色散元件、准直镜以及附属机械装置所组成。入光狭缝起着限制复合光进入单色器的作用;色散元件起着把复合光分解为单色光的作用;准直镜的作用之一是把来自入光狭缝的光转变为平行光投射到色散元件上,其作用之二是把来自色散元件的平行光束聚焦于出光狭缝上,形成光谱像;出光狭缝是单色光的出口,它只让光谱带中额定波长的光从狭缝中透出,而将其他波长的光挡住,不让其通过。色散元件(棱镜或光栅)通过机械装置连接到波长盘(轮)上,转动波长选择钮(机构),可以改变棱镜或光栅的角度,从而改变单色器出射光束的波长,从波长盘或波长计数(显示)器上读取出射光的波长值。

(1) 色散元件:色散元件又叫分光元件,它是将复合光分解为单色光的装置。分光光度计中常用的色散元件是棱镜和光栅。棱镜是根据透明物质(如玻璃、石英)的折射率和光的波长有关这一性质而工作的。当含有不同波长的复合光通过棱镜时,由于各种波长的光在棱镜内的折射率不同,因而被分解成不同的角度而散开,这种现象称为棱镜的色散作用。色散过程如图 5-7 所示。图中 $\lambda_1$、$\lambda_2$、$\lambda_3$ 分别表示不同波长的光,且 $\lambda_1 < \lambda_2 < \lambda_3$;$\delta_1$、$\delta_2$、$\delta_3$ 表示光束从空气进入棱镜,又从棱镜进入空气,2 次折射的总偏向角;$\alpha$ 为棱镜的顶角。由于不同波长的光具有不同的偏向角,波长越短,偏向角越大,所以 $\delta_1 > \delta_2 > \delta_3$。这样,不同波长的光便以不同的方向射出棱镜,成为按照波长顺序排列起来的光谱。光栅是根据光的衍射和干涉原理工作的。不同波长的光具有不同的衍射角,两者成比例关系。波长长者衍射角大,波长短者衍射角小。因此,利用光栅可以把不同波长的光分开。

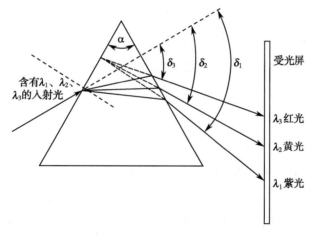

**图 5-7　玻璃棱镜的色散**

(2) 准直镜:准直镜是一块凹面反射镜,有会聚光线的作用。一束平行于主轴的近轴光线射到凹面镜上时,它的反射光线将会聚于主轴焦平面上。焦点 F 位于凹面镜曲率半径的 1/2处。利用光的可逆性可知,如果将光源放在焦点 F 的位置,则光线经凹面镜反射后,就变成一束平行于主轴的平行光,如图 5-8(1) 所示。若是一束不平行于主轴的近轴光线投射到凹面镜上时,它的反射光线将会聚于凹面镜的焦平面上,如图 5-8(2) 所示。通常入光狭缝和出光狭缝处在准直镜的焦平面上,这样,从入光狭缝来的光线经准直镜反射变为平行光投照到色散元件上。色散元件分光后的光线经准直镜会聚后,投照到出光狭缝。准直镜可以用一块,也可以使用两块。

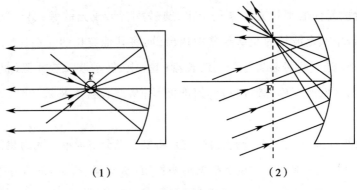

（1）　　　　　　　　　　　　　　　（2）

**图 5-8　准直镜示意图**

（3）狭缝：单色器一般有两个狭缝，一个称入光（或入射）狭缝，一个称出光（或出射）狭缝。入光狭缝是复合光进入单色器的入口，它起着限制光能的作用。出光狭缝是单色光的出口，起着控制单色光纯度的作用。当色散元件受波长机构调节而偏转时，色散后的光谱便垂直于狭缝作扫描运动。只有波长范围很窄的单色光从狭缝中透出，其余的光被挡在狭缝之外。狭缝通常是由两块加工为锐边缘的金属片组成，其边缘保持彼此平行，并处于同一平面上。

（4）波长调节机构：为了使单色光依次通过出光狭缝，在分光光度计中需要用波长调节机构来使色散元件慢慢偏转。在采用棱镜作色散元件的单色器中，由于棱镜的色散是非线性的，所以，常采用凸轮、鼓形轮等驱动机构来使波长读数趋于线性。转动凸轮，即可带动棱镜偏转。光栅的色散是线性的，即在光栅转动过程中，输出波长 $\lambda$ 与光栅的偏转角 $\theta$ 的正弦成正比。所以，光栅的波长调节机构为一正弦机构。单色器一般都单独装在一个暗盒中，并将暗盒全密封或半密封起来，以防止潮湿、灰尘以及有害气体进入单色器，对单色器造成不良的影响。无特殊情况，不要轻易打开单色器。

752 紫外可见分光光度计的光学原理如图 5-9 所示。氘灯、卤钨灯发出的连续辐射光经滤色片选择后，由聚光镜聚光后投向单色器进狭缝，此狭缝正好于聚光镜及单色器内准直镜的焦平面上，因此进入单色器的复合光通过平面反射镜反射及准直镜准直变成平行光射向色散元件光栅，光栅将入射的复合光通过衍射作用形成按照一定顺序均匀排列的连续的单色光谱，此单色光谱重新回到准直镜上。由于仪器出射狭缝设置在准直镜的焦平面上，这样，从光栅色散出来的光谱经准直镜后利用聚光原理成像在出射狭缝上，出射狭缝选出指定带宽的单色光通过聚光镜落在试样室被测样品中心，样品吸收后透射的光经光门射向光电池接收。

（三）生化分析的常用方法

**1. 终点分析法**　被测物质在反应过程中完全被转变为产物，即达到反应终点，根据终点吸光度的大小求出被测物的浓度，称为终点分析法。从时间-吸光度曲线来看，到达反应终点或平衡点时，吸光度将不再变化。分析仪通常在反应终点附近连续选择 2 个吸光度值，求出其平均值计算结果，并可根据两点的吸光度差来判断反应是否到达反应终点。终点法参数设置简单，反应时间一般较长，精密度较好，是最常用的分析方法，有一点终点法和两点终点法两种方法。

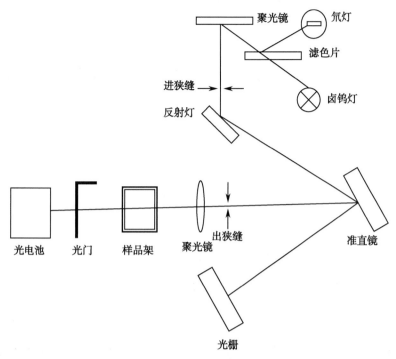

图 5-9　752 紫外可见分光光度计光学原理

（1）一点终点法：在加入试剂后，当样品和试剂充分混合且反应达到终点时，即在时间-吸光度曲线上吸光度不再改变时，选择一个终点吸光度值来求得待测物质浓度，此方法又称为一点法，如图 5-10 所示。该方法主要用于 TP（总蛋白）、ALB（清蛋白）、GLU（血糖）、TG（甘油三酯）、CHO（血清胆固醇）等项目测定。其检测结果的计算为公式（5-5）：

$$待测物浓度 = \Delta A（待测物吸光度 A_m - 试剂空白吸光度 A_0）\times K（K 为校准系数） \qquad (5\text{-}5)$$

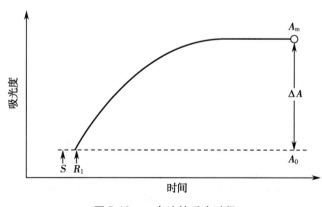

图 5-10　一点法的反应过程

（2）两点终点法：在被测物反应或指示反应尚未开始时，选择第一个吸光度（$A_1$），在反应到达终点或平衡时选择第二个吸光度（$A_2$），此两点吸光度之差用于计算结果，此方法又称为两点法，如图 5-11 所示。该方法能有效地消除溶血、黄疸和脂浊等样品本身光吸收造成的干扰。在单试剂分析加入试剂的初期或双试剂分析中第二试剂加入之初，若指示反应吸光度尚未明显变化，则可在此时选择第一个吸光度,在指示反应终点时选择第二个吸光度,从而设置成两点终点法。该方法常用于血清胆固醇(CHO)、总胆红素(TB)、直接胆红素(DB)、甘油三酯(TG)、钙(Ca)等项目测定。其检测结果的计算为公式(5-6):

$$待测物浓度=\Delta A(待测物吸光度 A_2-待测物吸光度 A_1)\times K(K 为校准系数) \tag{5-6}$$

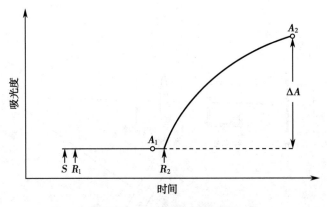

图 5-11　两点法的反应过程

2. **连续监测法**　连续监测法又称速率法,在酶活性测定或用酶法测定代谢产物的过程中,连续监测某反应中随产物或底物浓度改变所发生的吸光度值改变,计算时间-吸光度变化曲线中线性期的单位吸光度变化值($\Delta A/\min$)。此变化值即为酶促反应的初速度,其大小与被测酶活性或被测代谢物浓度成正比。图 5-12 中,$A_2$ 和 $A_1$ 分别为反应曲线线性期中两个测定点的吸光度值。速率法测定酶活性的计算公式(5-7)为:

$$酶活性=K\cdot\Delta A/\min(K 为计算因子) \tag{5-7}$$

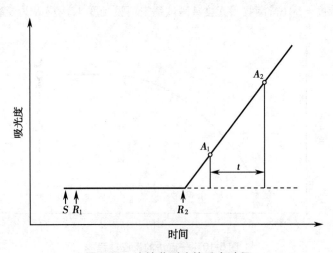

图 5-12　连续监测法的反应过程

3. **透射比浊法**　抗原与相应的抗体结合形成的免疫复合物,在反应液中形成一定浊度,浊度的高低与样品中抗原(血清)的含量呈正相关,由此可以测定出待测物的浓度,此方法称为透射比浊法。该法须做多点校准,再经非线性回归,求出抗原或抗体的含量。目前,全自动生化分析仪常采用此方法进行特种蛋白的测定。

### 三、生化分析仪的基本组成和结构

全自动生化分析仪的基本结构一般包括样品处理系统、清洗系统、温控系统、光学检测系统和计算机控制系统。

（一）样品处理系统

样品处理系统由样品盘或样品架、试剂仓、样本与试剂取样单元、反应盘和搅拌装置等构成。

**1. 样品盘或样品架**　全自动生化分析仪的进样方式主要有：固定圆盘式或长条式进样、传送带式或轨道式进样。固定圆盘式或长条式进样系统是在固定位置放置装有样品的架子。圆盘状的样品架有单圈或内外多圈之分，可放置50～100个样品或更多，可以使用样品杯，也可以将采血管离心后直接上架。待测样品、质控液、标准品以及清洗液分别放置在样品架上的固定位置。传送带式或轨道式进样系统主要是针对大批量样本分析。样品架上有条形编码，根据轨道形状相应设计成直线形或弧形。进样系统通过机械手将样品架推到样本针取样的合适位置，然后样本针将样本吸入反应盘中的比色杯内。

**2. 试剂仓**　试剂仓主要用来储存试剂，为冷藏仓，温度保持在5℃左右，一般配备有单独的电源。基于配套试剂的需要，试剂仓有不同的规格。

**3. 样本与试剂取样单元**　样本取样单元用于定量吸取样品并加入到反应杯，试剂取样单元则通过指令吸取液体试剂，但两者结构组成基本相同，都由取样臂、采样针、采样注射器、步进电机组成。采样针和采样注射器是一个密封的系统，内充去离子水形成水柱。加样量由步进电机精确控制，通过推动活塞的往复运动，使注射器内的水柱上下移动来吸取样本（或试剂）。取样单元在水平和垂直方向各有一个光电开关来为垂直和水平方向定义初始位，水平和垂直位置的步进马达精确控制采样针的垂直和水平运动，传动由同步带完成。

探针系统是控制采样针动作的结构，包括样本探针和试剂探针。目前，全自动生化分析仪多使用智能化的探针系统，具有自动液面感应功能，可保证探针的感应装置到达液面时会自动缓慢下降并开始吸样，下降高度则对应于需要的吸样量，这既可增加速度也可减少污染。目前，最新的智能化探针系统还具有防堵塞功能，即探针能自动探测血液或试剂中的纤维蛋白或其他杂物堵塞探针现象，并可通过探针内压感受器对堵塞进行处理。如当探针堵塞时，会移到冲洗池，探针内含有一强压水流向下冲，以排出异物；通过探针阻塞系统报警，可跳过当前样品，进行下一样品的测定。同时，防碰撞保护功能可使探针遇到各方向的高力度的碰撞后会自动停止，以保护探针。

**4. 反应盘**　目前的自动化分析仪一般都采用硬质玻璃比色杯，其透光性好，容易清洁，不易磨损，使用时间长，成本低。反应盘上安装有清洗站。一项检验项目完成后，反应杯随即被自动清洗，实现了实时清洗。反应杯清洗时，先吸走废液，灌入清洗液，再吸走清洗液，灌入清水，并自动进行水空白自检，确定反应杯是否清洗干净。水空白自检通过后，由冲洗站吸掉水，由真空吸湿干燥反应杯，再做下面的检验项目。假如反应污染，不能冲洗干净，仪器会自动放弃再次使用该反应杯，并且由电脑发出警告，在屏幕上显示出污染的反应杯所在位置，便于拿出反应杯进一步处理或更换新杯。

**5. 搅拌装置**　搅拌装置是指在样品与试剂加入比色杯后将其迅速混合均匀的装置，其目的是更好更快测定其反应系统中的吸光度变化。过去,普通的搅拌技术采用的手段如冲入试剂空气或振荡等,常引起反应液外溢和起泡,导致测定结果的不稳定。目前,先进的自动生化分析仪多采用三头螺旋式搅拌棒,具有:①搅拌棒为微螺旋式不锈钢,其表面采用特殊不粘涂层,避免液体的黏附,具有不沾异物、不携带污染物的特点;②旋转方向与螺旋方向相反,具有独特的三头清洗式搅拌系统,一组搅拌,同时两组清洗,保证搅拌更充分,冲洗更干净,交叉污染减至更低。

（二）清洗系统

目前,自动生化分析仪都采用了各种新的冲洗系统,即激流式单向冲洗和多步骤冲洗。样品和试剂探针采用激流式单向冲洗池,水流为从上向下的单向冲洗,将探针携带的污物冲向一排水口,改善了冲洗效果。比色杯则采用多步骤清洗法。如 OLYMPUS AU400 生化分析仪采用先进的温水八步骤自动冲洗比色杯,使用更新的抽干技术,每次冲洗后遗留水量少于 $1\mu l$,然后进行风干,使比色杯冲洗更干净、彻底,防止项目间的交叉污染。为了不影响测定速度,比色杯实行分组冲洗,即测定与冲洗同步进行,随时准备好测定使用的比色杯。通过编码盘测定每个比色杯,自动标出不合要求的比色杯,提示进一步处理。

1. **试剂探针的清洗**　如果一个项目的测定与另一个或几个项目的测定试剂有交叉影响,可将有影响的项目登录到试剂探针清洗项的选框中,并设定所需的探针清洗液（水、酸清洗液、碱清洗液以及特殊清洗试剂）。此时,分析系统自动回避有影响的分析项目,利用无影响的检测项目穿插在有影响的项目之间。在确定无法回避的情况下,在两个有影响的项目之间清洗试剂探针。这样,虽减低了分析速度,但提高了分析的准确性。

2. **比色杯的清洗**　当试剂间的影响涉及比色杯时,可登录有影响的试剂名称及所需比色杯清洗液（清洗液同上）,具体工作原理同上。

3. **样品探针的清洗**　设置此项后,探针在吸取样品前快速清洗自身,可根据不同的检测项目选用合格的清洗液:水、酸清洗液、碱清洗液。

（三）温控系统

全自动生化分析仪一般都设有 30℃ 和 37℃ 两种温度。温度对试验结果影响很大。因此,要求温度控制在 ±0.1℃,两种温度能够互换。目前,恒温系统应用较为广泛的是水浴式恒温和空气浴恒温。

水浴式恒温使反应温度控制在 37℃ ±0.1℃ 的水平,开机后水浴可以自动更换,换水后,仪器自动加入一定量的水浴保护剂,其作用有:①使恒温水具有导电性;②抑制细菌生长;③润化比色杯以免产生气泡。测定期间,恒温水浴不断循环转动,通过恒温水的导电性保持恒定的水浴量,通过温控装置保持水温 37℃ ±0.1℃ 的水平。水浴恒温的优点是温度均匀、稳定;缺点是升温缓慢,开机预热时间长,因水质（微生物、矿物质沉积）会影响测定,因此要定期换水和比色杯。为了加热均匀和防止变质,往往要设置马达循环转动和添加防腐剂。

空气浴恒温采用氟利昂,为反应槽控温。反应杯放置在内部密封有氟利昂的金属环内。仪器通过温度控制电路板来控制反应温度,使反应盘内的温度始终保持在目标温度的控制范围内。空气浴恒温的优点是升温迅速,无需保养;缺点是温度易受外界环境影响。

### 恒温液循环加温方式

目前，有的产品推出了恒温液循环加温方式，它是在比色杯周围循环流动一种无味、无污染、不变质、不蒸发的稳定液。在比色杯与恒温液间有 1mm 空气夹缝，恒温液通过加热夹缝的空气达到恒温。这种技术既有水浴恒温温度稳定、均匀的优点，又具有空气浴升温迅速、无需维护保养的优点。恒温液为热容量高、蓄热能量强、无腐蚀的液体，使恒温均匀稳定。

### （四）光学检测系统

光学检测系统由测量光路和参考光路组成。测量光路稳定提供几种波长的单色光，在反应盘旋转的过程中测定反应杯中反应液的吸光度。参考光路对测量光路进行补偿以获得更高的测量精度。光源由光源盒中的光源灯发出，经分光后，一路为参考光，监视光源灯的状况；另外几路进入反应盘的比色杯，光线透射过比色杯后，经过相应波长的滤光片再透射到相应的光电转换板，转换后的电信号在 AD 采集板上放大，A/D 转换后送到主控板，主控板将相应的吸光度送到上位机进行相应测试的计算。

### （五）计算机控制系统

计算机控制系统是自动生化分析仪的指挥中心，其功能包括控制样品试剂的识别、样品试剂的吸取、样品试剂的反应、测定方法的选择、吸光度的检测、清洗、校准方法、恒温调控、数据处理、结果打印和质量控制等。

仪器软件一般采用 Windows-NT 操作平台，彩色图形界面，可编辑和贮存样品和测试的数据，实时监测反应曲线，进行自动标定及更正因数，以进行实时质量控制。

全自动生化分析仪的数据分析可通过仪器的微处理机与实验室信息管理系统（laboratory information system，LIS）进行联网管理。测试结果一经审核确认就可以发送到医院信息系统（hospital information system，HIS）中，临床医生可以在线直接看到结果，快速方便。使用 Windows-NT 界面，还可实现遥控远程测试及维修检查等。

目前，全自动生化分析仪在结构上都设计有电解质分析模块（可选配），利用离子选择性电极（ISE）测量人体血液中 $K^+$、$Na^+$、$Cl^-$ 等离子含量。有关这方面的内容请参见后面的相关章节。

### 组合式自动生化分析仪

组合式自动生化分析仪是将相同或不同的 2 台或 2 台以上的分析部分进行组合连接，采用样品架方式使样品通过传输线在不同分析模块间进行传递并检测。各分析模块所分析项目的组合提高了分析效率，这些分析模块除了基于紫外-可见光谱分析原理的分析模块外，还有基于离子选择电极的电解质分析模块，甚至还可组合建立基于免疫发光分析原理的免疫分析模块。

## 四、生化分析仪的保养和维护

### （一）自动生化分析仪的使用

**1. 仪器的安装** 生化分析仪应由仪器生产厂商的专业人员来安装。生化分析仪的使用环境必须安装空调设备,使室温保持在 15 ~ 30℃之内。地面应平整并有足够的强度,环境应尽可能无尘,无腐蚀和可燃性气体,无机械震动,无大噪声源和电源干扰,不要靠近电刷型发动机和经常开关的电接触设备,不要放置在热源或风源附近,通风良好,避免阳光直射。仪器的系统工作电压一般为220V,应保证电压波动小于 10%,接地良好。

**2. 检测项目参数设置** 参数的正确设置是保证仪器分析质量的前提。对于试剂开放型仪器,在安装完成后首先要进行检测项目参数的设置,包括项目分析参数和试剂参数的设置。参数的设置主要包括:波长的选择、温度的选择、分析方法的选择、样品量与试剂量的选择、试剂的选择、分析时间的选择、线性范围的选择和校正方法等内容。

样品与试剂量的确定一般按照试剂说明书上的比例,并结合仪器的特性进行设置。试剂有单试剂法和双试剂法供操作者选择,在反应过程中仅加一次试剂的方法称单试剂法,该法常用做终点分析;为了消除检测体系或标本的混浊带来的影响,可选用双波长法或双试剂法,目前全自动生化分析仪的终点分析多用此法。波长的设定应根据特定反应产物对光吸收的特点进行选择设定,有色溶液则由其对光的特异性吸收波长而定,双波长测定过程中还要选择合适有效的副波长。仪器内设置的校正方法一般包含二点校正、多点校正、线性、非线性等。生化反应的时间是某些项目所特有的,分析时间的选择应根据所采用的测定方法的不同而异。仪器参数设置完成后即可进行质控和样品分析的工作步骤。

### （二）自动生化分析仪的维护与保养

生化分析仪的日常维护和保养工作,与仪器能否处于良好工作状态进而获得可靠的检测结果密切相关。对于不同类型和品牌的仪器,虽然结构有些差别,但维护和保养的基本要求和内容大致相同,均有日保养、周保养、月保养、季保养和年保养的内容和方法,主要进行检查、清洗和易损部件的保护或更换以及一些性能的检查等。

**1. 半自动生化分析仪的维护与保养**

（1）清洁仪器:包括清洁仪器外表和清洁比色池内、外部。尤其在以下几种情况下必须清洁比色池:①开机时水空白差值过大;②转换测试项目;③关机之前。

（2）仪器维护:包括更换保险丝、蠕动泵管的调整和吸液管的更换等。

**2. 全自动生化分析仪的维护与保养**

（1）每天维护

1）检查样品、试剂分配器:样品、试剂分配器是精密分配微量样品和试剂的装置。如果分配器渗漏,分配的量就不准确,甚至会损坏分配器本身。每天分析开始前,一定要检查样品、试剂分配器是否渗漏。

2）检查原浓度洗液剩余量:如果原浓度洗液剩余量不足,分析操作可能中断。每天开始分析前,一定要检查原浓度洗液桶有无足够量的洗液。如果消耗了相当量的洗液,则向桶内添加适当量的原浓度洗液。

3)检查、清洗样品探针、试剂探针和搅拌棒:如果样品探针、试剂探针和搅拌棒异常,则仪器就不能进行正确地分析运行。所以,在每天分析前,一定要检查样品探针和试剂探针是否堵塞,检查样品探针、试剂探针和搅拌棒是否异常操作,还要检查其表面有无污物和结晶。如有上述情况,应立即停止操作并清洗这些部分。

(2)每周维护

1)手工清洗样品探针、试剂探针和搅拌棒:为防止样品间交叉污染和试剂间交叉污染,每周冲洗样品探针、试剂探针和搅拌棒。

2)进行光电校正测定:如果冲洗或更换了比色杯,一定要进行光电校正来检查比色杯的异常以及获得正确的水空白结果。如果发生了比色差错,也要进行光电校正。进行光电校正后,一定要在屏幕上检查测量数据。如果光电校正结果识别出比色杯的异常,再次冲洗或更换比色杯。

(3)每月维护

1)清洗样品探针、试剂探针和搅拌棒的冲洗池,否则会由于残留异物而难以清洗。这会引起污染并降低分析数据的可靠性,污染的样品探针会污染标本。为保证分析结果的可靠性,防止标本污染,每月定期清洗冲洗池。

2)清洗空气过滤网:如果系统的空气过滤片使用了较长一段时间,它们可能被灰尘堵住,这会降低系统内部的冷却效果。

3)清洗去离子水过滤片:如果灰尘或屑片黏附在去离子水过滤片上,系统会提示分析数据异常。每月清洗去离子水过滤片,获得合适的分析结果。

4)清洗样品探针过滤片。

(4)每3个月维护

1)为防止异常分析数据,每3个月冲洗管嘴。如果管嘴堵塞,管嘴功能下降,会导致比色杯清洗不良或分析数据异常等问题。

2)清洗去离子水桶:如果碎屑或其他沉淀沉积在去离子水桶中,就会供应浑浊的去离子水,这样就不能正确分析。除了去离子水桶外,2个清洗剂稀释洗液桶和去离子水桶内的浮子开关也需要清洗。

(5)每6个月维护

1)更换光源灯(如果质控在范围内,也可继续使用):如果光源灯损坏了,将不能获得适当的结果。更换光源灯泡后,一定要进行光电校正测量。为防止电击,在更换光源灯泡前一定要关掉系统副电源;系统关闭程序完成后要等5分钟或更长时间,因为灯泡很热能引起灼伤。不要赤手摸灯泡,否则皮肤上的油污或指纹留在玻璃上会改变灯泡的光强度并降低测量的精确度。如果灯泡脏了,关掉系统至少等待5分钟到灯泡完全冷却,用蘸有乙醇的软布擦去污迹。

2）清洗比色杯和比色杯轮盘(比色杯底座)：以免比色杯上的污迹引起比色错误。

## 五、典型生化分析仪的整机分析

### (一) BS-380 全自动生化分析仪的整机分析

**1. BS-380 全自动生化分析仪的基本构成** BS-380
全自动生化分析仪主要由分析部和操作部组成。分析部

(又称主机)实施分析时的全部操作,包括加样本、加试剂、搅拌、反应与测量、自动更换反应杯等,主要结构由样本盘组件(包括样本盘)、样本分注机构、试剂盘组件(包括试剂盘、试剂冷藏系统)、试剂分注机构、搅拌机构、反应杯装卸机构(包括送料机构、机械手、废料桶)、反应盘组件、光学系统等组成,另外还包括样本针清洗池、试剂针清洗池、搅拌杆清洗池等部分(图5-13)。操作部为电脑和显示器,报告通过打印机输出。分析部和操作部通过串口通讯线连接。

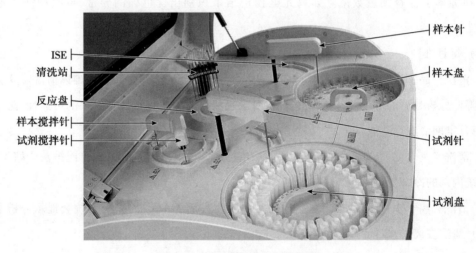

左侧标注（自上而下）：ISE、清洗站、反应盘、样本搅拌针、试剂搅拌针

右侧标注（自上而下）：样本针、样本盘、试剂针、试剂盘

**图 5-13　BS-380 分析部外形图**

BS-380 全自动生化分析仪整机性能:生化检测恒速 300T/H,选配电解质可达 450T/H,具有 75 个样本位、60 个冷藏试剂位、1 个试剂针、1 个样本针和 2 个搅拌针,可同时检测 58 个比色项目,3 个电解质项目。

样本盘组件主要指样本盘。样本盘是装载样本试管的支架,将每个样本试管转到样本针的吸样位,等待吸样。样本盘上每个试管位附近都标有编号,样本盘仅作逆时针旋转,将指定的样本送至样本针吸样位置。

样本分注机构由样本针、样本针摇臂、样本针驱动轴、样本注射器和相应的液路等组成。样本分注机构用于从样本试管吸出指定量的样本并注入反应杯中。样本量以 $2\mu l$ 为最小加样量,反应液总体积低至 $150\mu l$。样本分注机构按照样本试管、反应盘、样本针清洗池的顺序反复移动,完成加样动作。样本针具有随量跟踪和自动液面检测功能,可以准确检测样本试管里样本的液面高度。当样本针在垂直方向上碰到障碍物时,防撞系统启动,使样本针免受损坏。

试剂盘组件包括试剂盘(含试剂盘盖)和试剂冷藏系统。试剂盘是装载试剂瓶的支架,将每个试剂瓶转到试剂针的吸试剂位,等待吸试剂。试剂冷藏系统用于保证试剂瓶中的试剂始终保存在低

温环境中,以保持试剂稳定并减少挥发。试剂盘仅作逆时针旋转,将指定的试剂送至吸试剂位。

　　试剂分注机构由试剂针、试剂针摇臂、试剂针驱动轴、试剂注射器和相应的液路等组成,结构与样本分注机构基本相同。试剂分注机构用于从试剂瓶吸出指定量的试剂并注入反应杯中。试剂针摇臂有试剂预热装置,可以对即将注入反应杯的试剂进行预热。试剂分注机构按照试剂瓶、反应盘、试剂针清洗池的顺序反复移动,完成加试剂动作序列。试剂针有随量跟踪和自动液面检测功能,可以准确检测试剂瓶里试剂的液面高度。当试剂针在垂直方向上碰到障碍物时,防撞系统发挥作用,使试剂针免受损坏。

　　搅拌机构由搅拌杆、搅拌杆摇臂和搅拌杆驱动轴组成。搅拌杆用于混匀反应杯内的反应液。单试剂测试时,添加完样本后进行搅拌;双试剂测试时,添加完样本和第二试剂后分别进行一次搅拌。搅拌杆转到反应盘上方,下行插入反应杯,并以旋转运动进行搅拌。搅拌完成后回到搅拌杆清洗池,进行清洗和脱水。

　　反应杯装卸机构由送料机构、机械手和废料桶组成。反应杯装卸机构用于给反应盘输送反应杯和取出并收集已经完成测试的反应杯。其中,送料机构位于送料仓内,用于输送反应杯;机械手用于从送料仓里抓取反应杯装入反应盘中和从反应盘上取出已完成测试的反应杯;打开分析部的下门盖,可以看见正中放置的敞口的桶即为废料桶,废料桶用于收集已完成测试的废弃反应杯。反应杯为一次性使用的,每10个反应杯为一联。送料仓可以容纳30联(共300个)反应杯,可以不间断地进行300个测试。当反应盘中某个杯联中所有的反应都完成后,反应盘将该杯联停在装卸位,机械手将废弃反应杯投入废料桶中,将新反应杯装入反应盘,送料机构的拨爪把下一联反应杯压入装载位置。当送料仓内的反应杯少于10联时,系统给出报警,此时系统仍继续工作。请在系统给出报警后及时加入反应杯。当送料仓中的反应杯全部用完时,系统停止装载反应杯,并在反应盘上的反应杯用完后停止加样,但正在进行的测试仍继续进行直至反应盘中所有的测试进行完毕。

　　反应盘组件包括反应盘和温控室。反应盘和温控室都在分析部机箱内部。反应盘用于安放反应杯,反应杯同时作为反应的容器和进行比色测量的光学比色杯。温控室用于为反应提供一个恒温环境,其控制反应温度为37℃±0.3℃,温度波动为±0.1℃。反应盘仅作逆时针旋转。在分析过程中,将指定的反应杯停在加样本位、加试剂位、搅拌位或装载位。光度分析在指定反应杯通过比色光路的光轴时进行比色测量。

　　**2. BS-380 全自动生化分析仪的测试流程**　BS-380 全自动生化分析仪的测试流程如图 5-14所示。

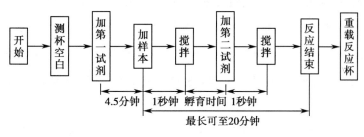

图 5-14　BS-380 测试流程

（1）操作者通过计算机编辑各测试项目的参数,设定样本试剂位置。将样本和试剂放入样本盘和试剂盘上指定的位置,并向送料仓中装入适量的反应杯。

（2）按"开始"按钮,运行测试。

（3）装料机构自动装上新的反应杯,且测量杯空白。

（4）指定的反应杯转到加试剂位前,试剂盘转动并将相应的试剂瓶送到试剂吸样位,试剂针转到试剂瓶的上方,下行插入试剂瓶中。在此过程中,吸样针检测试剂的液面,当检测到液面并插入适当深度时停止,吸取指定量的试剂,接着,试剂针抬起并转到反应盘上方加试剂位。

（5）当指定的反应杯停在加试剂位时,试剂针下行插入反应杯并吐出指定量的试剂。BS-380所采用的随量跟踪技术保证试剂针的针尖仅有很短的一部分浸入液面,有效地提高了加样精度,同时可以降低交叉污染。然后试剂针转到清洗池,进行内外壁清洗。第一试剂加入后的每个周期都进行一次比色测量直到反应结束。

（6）在第一试剂加入23个周期后加入样本。在此过程中,加入的试剂在被精确温度控制的反应室内,试剂被孵育至37℃。

（7）指定的反应杯转到加样本位前,样本盘转动并将相应的样本杯送到吸样本位,样本针转到样本杯的上方,下行插入样本杯中。在此过程中,吸样针检测样本的液面,当检测到液面并插入适当深度时停止,吸取指定量的样本,接着,样本针抬起并转到样本盘上方加样本位。

（8）当指定的反应杯停在加样本位时,样本针下行插入反应杯并吐出指定量的样本。BS-380所采用的随量跟踪技术保证样本针的针尖仅有很短的一部分浸入液面,有效地提高了加样精度,同时可以降低交叉污染。然后样本针转到清洗池,进行内外壁清洗。

（9）在加入样本后,反应盘转动4个杯位到搅拌位,搅拌杆下行进行搅拌,搅拌完成后,反应盘旋转进行吸光度测量,搅拌杆转到清洗位进行外壁清洗。

（10）加入样本后,经过指定的延迟时间加入第二试剂。同加入第一试剂相类似,试剂盘旋转把指定的试剂送至加试剂位,试剂针插入试剂瓶并吸取指定量的试剂并加入反应杯中,此后反应盘立即从加试剂位旋转到搅拌位进行搅拌。

（11）从加入第一试剂整个反应过程中的每个周期都进行比色测量,在反应结束后,根据设定计算反应结果。如果结果异常不满足相应条件,BS-380支持自动重测和样本预稀释。

（12）当一联反应杯中的比色反应全部完成后,该联反应杯被装载机构卸掉,并换上新的反应杯。

**3. BS-380 全自动生化分析仪的光路系统**　光路系统用于测定反应杯中反应液的吸光度,采用静态光纤加窄带滤光片后分光,包括9路测量光路和1路参考光路。测量光路稳定提供9种波长的单色光,在反应盘旋转的过程中测定反应杯中反应液的吸光度,其波长分别为:340nm、405nm、450nm、510nm、546nm、578nm、630nm、670nm 和 700nm。参考光路则对测量光路进行补偿以获得更高的测量精度。

BS-380 全自动生化分析仪的光路系统如图 5-15 所示,卤钨灯光源发出的光束经透镜会聚于光纤束入射端;光纤出射端出射的光束经透镜会聚,经过反应杯,成像于入射狭缝上;通过入射狭缝的光束落在凹面光栅的衍射面上,光栅衍射后会聚在狭缝阵列面上,在狭缝阵列前安置滤光片;在狭缝阵列后的 PDA(光电二极管阵列)接收各测试波长的光谱辐射。

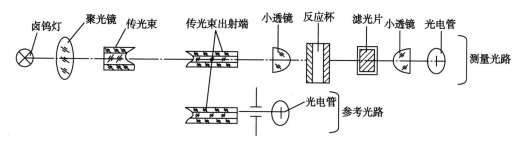

图 5-15　BS-380 光路系统图

**4. BS-380 全自动生化分析仪的控制系统**　BS-380 的控制系统由系统软件(上位机)和中下位机软件两部分构成,如图 5-16 所示。

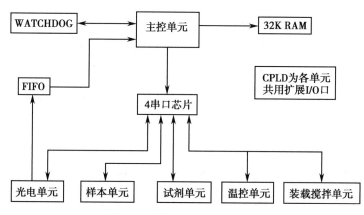

图 5-16　BS-380 控制系统框图

BS-380 系统软件的功能是根据用户的要求和输入,形成一个工作列表(指令序列),并按照工作列表中的指令顺序控制 BS-380 的中位机和下位机的各个单元协同工作,同时接收中、下位机传送回来的光电数据、应答信息或执行结果信息,输出到屏幕界面或打印机,供用户参考,得出正确的测试结果。

(1)上位机系统:整个上位机系统按功能分为以下几个部分:①系统初始化部分:主要包括上位机运行环境初始化、上位机和中下位机通信初始化、控制下位机各个单元复位的操作等;②控制系统部分:包括测试工作列表的形成、指令的发送、数据接收等;③用户界面部分:各种测试的申请(包括常规测试、急诊测试、定标测试、质控测试)、测试状态的观察(包括样本盘、反应盘、试剂盘的状态)、项目管理、定标管理、质控管理、反应结果记录查询、报警管理、帮助系统等;④关机处理部分:包括对下位机各个单元复位等操作。

(2)中下位机系统:中下位机包括:主控单元、试剂单元、样本单元、光电单元、装载搅拌单元、温控单元。试剂制冷单元不受控制。

1)主控单元(中位机):负责协调(同步)下位机工作。①向下位机转发上位机对下位机的操作指令,并将执行结果上传给上位机;②将上位机下达的完整的功能指令(比如正常测试、第二试剂、装载等)合理有序地分解成若干条下位机指令,按照一定的时序分发到各个下位机单元,通过各个物理部件的操作或动作组合,正确地实现指定的功能;③向上位机转发下位机传来的数据,包括光电数据。

2)样本单元:控制样本盘的旋转、样本针的移动和注射器推拉动作,以实现在指定的样本杯或反应杯内吸取一定量的样本,并排吐到指定的反应杯内;同时,通过对样本针内壁清洗阀、样本针内壁清洗泵、外壁清洗泵的控制,实现样本针的清洗。

3)试剂单元:控制试剂盘的旋转、试剂针的移动和注射器推拉动作,以实现在指定的试剂杯或反应杯内吸取一定量的试剂,并排吐到指定的反应杯内;同时,通过对试剂针内壁清洗阀、试剂针内壁清洗泵、外壁清洗泵的控制,实现试剂针的清洗。

4)光电单元:控制反应盘的定位,以保证样本针、试剂针能够从正确的反应杯内吸取样本/试剂或将样本/试剂排吐到正确的反应杯内,同时也保证搅拌杆能对正确反应盘内的反应物进行搅拌。另一方面,该单元在反应盘旋转过程中,在适当的时候对反应结果进行10路(不同波长)光电采集,将光电数据存入FIFO,并通知中位机取数。

5)装载搅拌单元:负责从反应盘取下废反应杯放入废料仓、从料仓抓取新的反应杯装载到反应盘上,并负责搅拌反应物,同时控制液路清洗搅拌杆。

6)温控单元:负责采集反应盘温度试剂预加热温度,并通过控制加热时间的方法将反应盘温度稳定到$37.0℃±0.1℃$,将试剂预加热温度稳定到$45.0℃±0.5℃$。

(二)SYNCHRON LX20全自动生化分析仪的整机介绍

SYNCHRON LX20是美国贝克曼公司推出的一台由计算机控制的全自动临床检测系统,可对许多物质的化学成分、治疗药物、尿素或脑脊液等进行体外的分析测定。

在标本处理方面,采用直线型样品架,各种样品管和杯可混合使用,具有标准化的条码功能。其最大的标本容量为140个,并可随时连续装载。具有先进的凝块检测功能,以避免因吸样量不准而导致检验结果的偏差;具有血清样本外观检测功能,可提示所检样本受溶血、脂血、黄疸影响的程度。

在检测系统方面,光源采用长寿闪烁式氙灯,并采用多波长检测,最大可到10个波长,测试速度达1440个/小时。在电路部分采用了先进的智能模块。在电信号传输上,采用了光纤传导系统。

在数据管理上,采用窗口式界面,可同时以触摸屏、鼠标和键盘进行操作。有80多个预编程、条码识别的检测项目可供选择,并可存储100个用户自定义检测程序,并具有智能双向功能,可连接中文电脑系统,可及时获取中文报告。

**1. LX20生化仪的基本结构**　LX20全自动生化系统主要由系统控制台、标本处理部分、CC试剂处理部分(门诊部分)、比色反应部分、MC部分(急诊部分)、液气部分、注射部分、动力部分、仪器控制模块和软件部分等组成。

(1)系统控制台:由计算机、触摸式监视器、键盘、鼠标和打印机组成。

(2)标本处理部分:由样品架、样品装载部分、样品转盘部分、条形码扫描器和凝块检测装置组成。该部分用于将标本装载在系统上以作分析及提供完成测试后样本的临时存储。

（3）CC试剂处理部分：由试剂盒（附条形码）、试剂盘、试剂条形码扫描器及试剂探针组件组成。该部分用于将试剂从各自试剂盒中传输到反应杯里，以进行相关的处理和分析。

（4）比色反应部分：由反应转盘、光度计和比色杯清洗塔组成。反应转盘可存放125个比色杯。转盘由马达控制，可作旋转运动。在8秒的分析周期中，它以78r/min的速度作逆时针旋转，期间比色杯通过光读数装置2次。该盘通过变相加热管控制在37℃左右。光度计由脉冲灯、分立式10位硅二极管检测器阵列、单色器支座及相关电子线路组成。当比色杯在旋转中通过光度计时，脉冲灯发光，其合成光通过比色杯。然后光束射到光栅上被分解为全光谱。配有下列这些波长的光检测器：340nm、380nm、410nm、470nm、520nm、560nm、600nm、650nm、670nm和700nm。当光线射到光检测器上，便产生电模拟信号，然后通过ADC控制线路转成数字信号。比色杯清洗塔由4个清洗探针、1个升降装置及相应管路组成。清洗过程中探针的上下运动通过马达控制升降装置来实现。

（5）MC部分：由试剂贮存区、比例泵、MC采样针组件、电解液注射杯（EIC）、反应池（flow cell）和6个化学反应模块组成。

（6）液气部分：由真空系统、清洗系统、去离子水系统、空气压缩系统和排废通道等组成。其功能为供给仪器不同部分以真空、压缩空气、稀释清洗液和去离子水。

（7）注射器系统：由MC样品注射器装置、CC样品注射器装置和CC试剂注射器装置组成。用于在运行中对样品和CC部分试剂提供吸液和排液功能。其中，MC样品注射器装置为100μl，将样品注入反应杯和ISE。CC样品注射器装置为100μl，将样品注入CC部分。CC试剂注射器装置为500μl，用于对CC部分试剂的吸取和排放。注射器的上下运动由步进电机控制。每一电机步长对应于一精确的吸放量。

（8）动力系统：由220V、频率为50/60Hz、单相、20A的交流电供电。

**2. LX20生化仪的工作原理** LX20生化仪包括CC和MC两大部分。CC部分采用比色分析法，可同时采用速率法、终点法和多点法等进行定量分析。MC部分包括了7个化学模块，分别为ISE（离子选择电极）反应池、尿素氮测定模块、磷测定模块、肌酐测定模块、白蛋白测定模块、总蛋白测定模块和葡萄糖测定模块等。其中，ISE反应池使用离子选择电极方法和pH电极法（测$CO_2$）；尿素氮测定模块采用传导电极法；磷测定模块、肌酐测定模块和白蛋白测定模块采用比色法；葡萄糖测定模块则采用氧传感器法。

图5-17为LX20生化仪CC部分光路示意图，具体过程为：①在旋转试剂转盘内，当比色杯通过光站，氙灯同步发出闪光，首先反射镜聚焦，将弧光灯射出的光通过一光孔，再经比色杯，直至单色仪的入口光阑处；②经过入口光阑后，光遇一物镜，其与下方球面镜组合，使光孔光成像在光栅上，以控制散射光；③球面镜也将光线导向衍射光栅上，将其分解为连续波长的光束；④这些波长的光以不同角度离开光栅，射至第二个球面镜，在通过一滤光器后，聚焦在出口光栅处；⑤光由一硅光电管阵列检测，检测器的测定波长为：340nm、380nm、410nm、470nm、520nm、560nm、600nm、650nm、670nm和700nm。

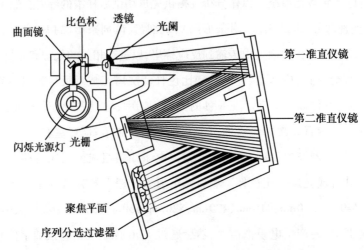

图 5-17 LX20 生化仪 CC 部分光路原理图

电子信号处理系统由信号控制器、多路扫描器、A/D 转换器和 CPU 组成。各部分功能如下：

信号控制器的 10 个光检测器通道各有一个独立的信号控制线路，其包括一个预置放大器，主要用于提高从光检测器和样品出来的低压信号；稳定线路为多路扫描器提供信号。多路扫描器用于接收来自信号控制线路的信号，通过缓冲器将其分别送至 2 个放大器。放大器名义增益为 1 和 8。被放大了的信号被送至 A/D 转换器。A/D 转换器则将各种模拟信号转换为数字信号，然后通过 CPU 计算出最后结果。CPU 用于协调 ADC 与多路扫描器间的关系。其在一模拟信号待转换时，向 ADC 发出信号。多色校正的吸光度数值也被收集，并用于计算最终结果，再送到控制台。

某反应物最终浓度的计算是由给定比色杯记录下的反应数据求得的。反应数据基于定标物的定标系数或非定标物的计算系数。

（三）日立 7180 全自动生化分析仪的整机分析

日立 7180 全自动生化分析仪是日本日立公司推出的一台多功能的大型生化分析仪。其具有同时进行最多 86 种项目的分析能力，可实现每小时 800 次测试的高效率分析，反应时间可在 3～22 分钟内任意选择。其采用了触摸式荧光屏技术，使操作十分简单直观。

**1. 日立 7180 全自动生化分析仪的基本结构** 日立 7180 全自动生化分析仪主要由样品盘、吸样机构、试剂盘、试剂吸量机构、反应盘、反应槽、搅拌机构、清洗机构、试剂冷藏装置、光度计、操作系统及附属装置等组成。

（1）样品盘：共有 2 个样品盘，均为内、外圈圆盘状结构，作为样品杯存放之用。其中，样品盘 1 内、外圈各有 55 个杯架，放置常规和急查测试样品；样品盘 2 内有 25 个杯架，外圈有 35 个杯架，用于放置标准液、质控样品和清洗剂等。

（2）吸样机构：由样品吸量管、样品针（包括一液面检测器）和探针清洗槽等组成。用于从样品杯中吸取一定量的样品，然后注入反应杯内。样品针重复上下运动，并依次在样品杯、反应杯、探针清洗槽之间往复移动。为防止交叉感染，将脱气水吸到样品针的前端为止。吸样品时，先在脱气水与样品间吸入空气，再吸入比设定的样品量多些的量，但吐出设定量。连续分析同一样品时，自第二次起，不吸多余的量，而只吸入设定的样品量。

（3）试剂盘：共有 2 个试剂盘，各有 45 个试剂瓶，用于放置 4 种试剂。

（4）试剂吸量机构：由试剂吸量管、试剂针（包括一液面检测器）及探针清洗槽组成。从各试剂瓶中吸取一定量的试剂，然后注入反应杯内。工作原理与吸样机构基本相同。

（5）反应盘：可放置 160 个比色杯（20 个/组×8 组）。比色杯为塑料材质，光径为 5mm。

（6）反应槽：其维持反应杯内的反应液在一特定温度（37℃±0.1℃）。

（7）搅拌机构：包括 2 个搅拌棒和 2 个清洗塔。在各反应杯添加完试剂后，对其进行搅拌。

（8）清洗机构：包括 2 个清洗装置。用于清除测定完了的反应液；清洗反应杯；注入及清除测水空白用的去离子水。

（9）试剂冷藏装置：用于放置试剂盘和冷藏试剂，温度保持在 5～15℃。并扫描各试剂瓶的标签。

（10）光度计：在反应盘旋转时，测定每个反应杯内去离子水（水空白）或反应液的吸光度值。其光源为 12V、20W 的卤素灯。采用分光光度法。检测器采用 12 个固定波长，在 340～800nm 之间。

（11）操作系统：由触摸式显示器、打印机、键盘和主机等组成。用于输入信息和显示、打印分析结果。

（12）附属装置：包括测定钠、钾和氯的 ISE 装置和样品 ID 附件。

**2. 日立 7180 全自动生化分析仪的工作原理**

（1）反应过程的测光方式：图 5-18 为日立 7180 全自动生化分析仪分析流程图。在 3～10 分钟的反应时间内，不断地间隔一定时间测定一次反应液的吸光度。例如，在 10 分钟内测 34 次吸光度。测定出的各个吸光度的顺序叫做测光点。反应盘约 18 秒转动 1 圈+4 个杯子的距离。在此期间，所有 160 个杯子在横切光度计的光路时的吸光度均被测试出来。

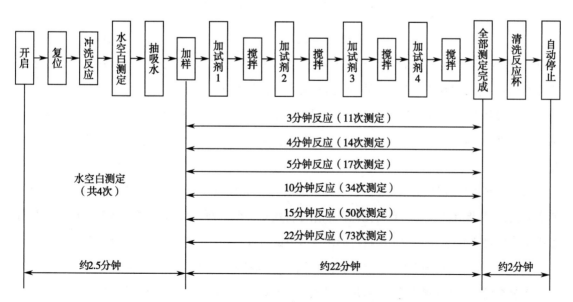

**图 5-18　日立 7180 全自动生化分析仪分析流程图**

（2）多波长光度计：透镜对来自光源的白色光聚集，首先通过测光用的杯子（反应杯），然后采用凹面光栅分光的后分光方式。分光后的各波长由 12 个固定的检测器同时接收，对其中 2 个波长

（$\lambda_1$、$\lambda_2$）的信息用 2 台放大器放大,并分别进行对数转换,求其吸光度或吸光度差。所以,双波长测光的特点是通过求得 2 个波长的吸光度差,不仅可以有效地校准样品的混浊、溶血、黄疸等,还对电源变动有补偿效果,从而达到稳定测光的目的。

（四）ADVIA1650 生化分析仪的整机介绍

ADVIA1650 是 Bayer 公司推出的全自动生化分析仪。仪器测试速度达每小时 1650 测试（1200 个比色法+450 个离子法）。利用预稀释技术,使样本量和试剂用量都大幅减少。仪器采用了先进精密的光学系统,使用 14 个波长的光谱仪,每个比色检测同时读取 14 个波长的数据,提供最可靠的报告;延长反应杯的光径至 10mm;用稳定可靠的反应油浴取代一般水浴,大大提高光学灵敏度;并应用智能系统减少测试项目间的互相干扰。

**1. 主要部件介绍** 如图 5-19 所示。

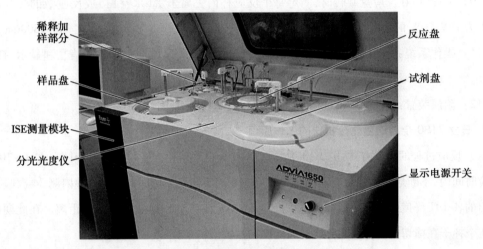

图 5-19 ADVIA1650 分析部外形图

（1）加样部分:样品稀释探针根据特定的测试条件,将样品从样品盘或样品架输送到稀释盘的比色杯里,然后再将经过标准稀释液(生理盐水)稀释的样品或经过专用稀释剂稀释的样品或未经稀释的样品,注入到稀释盘比色杯里。吸出和注入功能由稀释泵执行。

（2）稀释部分:样品稀释探针将纯样品或样品稀释液注入稀释盘内的比色杯里。当样品进入稀释盘的比色杯后,由稀释搅拌器进行搅拌,然后被样品针吸入。分析完成后,稀释清洗器清洗比色杯。

（3）试剂盘:试剂盘 1 和 2 中均含有分析用试剂、日常清洗及防污之用的清洗剂。试剂针吸入所需的试剂,并将其注入反应盘的比色杯中作分析用。每个试剂盘 50 个位置。所有的试剂瓶都可被用于多项测试项目,一项测试项目可能需要多个试剂瓶。每个试剂盘都有一个条形码阅读器。

（4）反应盘:放置装有样品和试剂的比色杯。样品和试剂在 37℃ 的温控反应杯中反应。反应比色杯旋转,通过检测器前方,测量其吸光度。开始时,反应盘逆时针转 2 圈,当 1 号比色杯到达第一试剂注入位置时停下。测试开始时,反应盘即刻逆时针旋转,当转过 49 个比色杯时暂时停下,再转过 49 个比色杯,停止。该操作重复进行,旋转的时间间隔是 2 秒/循环。反应槽内部充满惰性油,以使反应盘内比色杯的液体恒温在 37℃±0.1℃,温度由加热装置及热敏电阻控制。

有 3 个液面检测器：一个用于启动循环液的更新；一个用于停止循环液的更新；另一个则用于检测循环液的储备状态。若电源打开，而循环液的报警装置处于关闭状态，则开始温控和液体循环。若循环液的报警装置处于开启状态，则不进行温控和液体循环。循环液的更新是通过传感器控制相应的泵而实现的。

（5）离子选择性电极（ISE）：ISE 部分通过离子选择性电极的电压测量而获得在血清或者尿样中钠、钾、氯的含量。样品稀释探针吸入样品用于电解液分析，该分析采用缓冲液和参考溶液作为试剂。在两步测试过程中，先测定缓冲液电压，然后测量样品电压。电压差值、参考电压以及液体温度决定了样品中 $Na^+$、$Cl^-$、和 $K^+$ 的浓度。

（6）分光光度仪：用来测试通过装有液体的比色杯被 14 种特定波长吸收后的光量。每隔 6 秒钟，反应盘就将装有反应液体（样品及试剂）的比色杯移至卤素灯前，使其发出的光线通过这些比色杯。每次将测量一种不同的波长。光度仪根据灯的能量和比色杯的光密度，测量吸光度。这个过程将会被重复多次，波长也将会根据具体的测试条件而制定。灯的温度将由冷却槽来控制。光度计采用凹面光栅、后分光形式。有 14 个工作波长，分别为 340nm、410nm、451nm、478nm、505nm、545nm、571nm、596nm、658nm、694nm、751nm、805nm、845nm 和 884nm，测量时选择其中 1 个或 2 个波长。光源灯为 12V、50W 的卤素灯。

**2. 软件特点**

（1）检测报告及质控结果可随时查阅；线上试剂存量监测，每天翻查及补充试剂更简易；可同时阅览 14 个波长的测试反应曲线。

（2）软件在特定阅读区域内监察反应变化的吸光率，10 分钟反应内可监察 98 点数据；最少有 6 点或更多有效数据，才会计算报告结果，以确保报告可靠。

（3）对于高浓度样本，一般生化仪通常只给予"超过检测范围"警告及重检，而 ADVIA 1650 软件的向前延伸功能针对那些高浓度样本作出修正。软件能自动改变反应阅读区域至较前的反应部分，搜寻 6 个有效反应点，从而计算出检测结果，大幅减少了重检数目。

## 六、生化分析仪常见故障实例分析

**故障实例一**

**【故障现象】** 752 紫外可见分光光度计出现钨灯不亮或氘灯不亮的情况。

**【故障分析】**

1. 钨灯不亮有可能是钨灯灯丝烧断（此种原因概率最高），此时检查钨灯两端是否有工作电压；若是没有工作电压，此时检查保险丝是否被熔断。

2. 氘灯不亮可能是氘灯寿命到期（此种原因概率最高），此时检查是否灯丝电压和阳极电压均有，但灯丝也可能未断（可看到灯丝发红）；或者是氘灯起辉电路故障，因为氘灯在起辉的过程中，一般是灯丝先要预热数秒钟，然后灯的阳极与阴极间才可起辉放电，如果灯在起辉的开始瞬间灯内闪动一下或连续闪动，并且更换新的氘灯后依然如此，有可能是起辉电路有故障，灯电流调整用的大功率晶体管损坏的概率最大。

**【检修方法】**

1. 更换新钨灯或者更换保险丝(如更换后再次烧断则要检查供电电路)。

2. 更换氘灯。

**故障实例二**

**【故障现象】** RT-9200 型半自动生化分析仪吸光度不稳定或数值偏低。

**【故障分析】** 应从光路分析入手,主要是由比色池、光源灯、滤光片及透镜等问题引起的。

**【检修方法】**

1. 吸光度数值偏高多为比色池污染或老化引起,而当数值不稳定时多为比色池气泡或杂质引起。

(1) 用清洗剂(如 5% 次氯酸钠或双缩脲等)吸入流动比色池并浸泡数分钟后再进行,反复用蒸馏水冲洗,观察空白吸光度,如均有大幅度下降,则可判断为流动比色池太脏。

(2) 清洗后检测,如吸光度值降低但仍不稳定,则检查比色池是否漏液,如果漏液请更换新比色池。

2. 光源灯老化或质量不合格以及光源灯位置偏离可以导致吸光度降低,光源灯的灯丝老化粗细不均,引起吸光度数值不稳。

(1) 光源灯发生位移造成光斑不正,请按说明书中的方法调正光源灯。

(2) 如清洗流动比色池或调整光源位置后空白吸光度仍无明显好转,则可能是光源灯老化(光源灯的寿命一般在 2000 小时左右),请更换光源灯备件。

3. 滤光片及透镜不洁净导致吸光度降低或不稳。

(1) 检查透镜是否洁净,可用软毛刷清扫一下透镜、滤光片等光学元件。

(2) 检查滤光片组,在光源老化但吸光度尚稳定的前提下,可适当调整滤光片组的中性滤光片数量,以提高透光度(降低维护成本)。

(3) 滤光片发霉,可用丙酮浸泡 2 小时,再用镜纸反复擦拭,直至霉斑消失。如不能处理,则必须更换新的与仪器匹配的滤光片。

注意:经上述调试过程后,所有测试项目需重新标定。

**故障实例三**

**【故障现象】** RT-9200 型半自动生化分析仪终点法项目测试基本正常,动态法、二点法项目测试结果值明显偏低或偏高,但重复性不错。

**【故障分析】** 此故障多因加热组件异常导致。

**【检修方法】** 利用外接温度传感器检测比色池的温度,逐一排除传感器、加热元件、电路控制部分的电器元件问题,对故障元件进行更换。

**故障实例四**

**【故障现象】** RT-9200 型半自动生化分析仪出现不吸液或吸液量不稳定的情况。

**【故障分析】**

1. 不吸液可能由管路或比色池堵塞、泄漏等原因所致,也可能与蠕动泵有关。

2. 吸液量不稳定与管路连接存在堵或漏、泵管拉力不足、压紧轮没有压紧以及蠕动泵转速故障有关。

**【检修方法】**

1. 检查吸液管、泵管、废液管及管路接头是否弯折、堵塞或漏液,更换新液路管,紧密连接各管路接头;检查比色池是否异物堵塞。用蛋白酶类试剂浸泡,用5ml注射器反复抽吸,取出异物;检查蠕动泵是否工作正常,可清洗或更换新的蠕动泵。

2. 在排除管路连接方面问题后,检查泵管的弹性,更换管径适当的泵管;检查压紧轮的压紧程度,调整压紧螺钉,反复用标准液量法调整一次吸液量,直到合格;检查蠕动泵转速是否恒定。

**故障实例五**

**【故障现象】** BS-380生化仪的光源灯打不开。

**【故障分析】** 驱动板的电压不正常;光源灯电压不正常。

**【检修方法】** 从控制流角度进行分析和逐一排查,三盘板反应盘单元→电源转接板→光源灯。

1. 检查三盘驱动板的电压是否正常,其正常值应为4.6V左右。

2. 再检查电源转接板两脚间的光源灯电压是否正常,其正常值为12V左右。

3. 检查光源灯的电压,接口处的电压一般调节到12.20V左右。注意:不能将光源灯的接插件拔掉测量J16的电压,电源会保护而导致无输出。

**故障实例六**

**【故障现象】** BS-380反应盘在一定时间内温度未稳定或温度过热。

**【故障分析】** 可能由于温控参数丢失、加热器故障、硬件板卡故障等方面的原因造成;也可能与反应盘温度数据采集错误或硬件板卡故障有关。

**【检修方法】** 针对以上两方面的可能情况,分别采取以下措施:

1. 采取检查并重新配置温控参数、检查加热器的阻值和检查硬件板卡的方法来排查和解决故障。

2. 采取检查集流环及温度传感器接线或检查硬件板卡的方法来排查和解决故障。

**故障实例七**

**【故障现象】** BS-380试剂制冷部分出现:①风扇堵转;②内部温度过低。

**【故障分析】** 可能由风扇受阻或损坏所致;也可能由温度传感器故障或制冷板故障所致。

**【检修方法】** 检查风扇状态或更换风扇;检查温度传感器或检查制冷板上指示灯。

**故障实例八**

**【故障现象】** BS-380生化仪水箱空报警。

**【故障分析】** 水机、增压模块和进水模块电源不正常;储水桶空;进水管路未浸没在水下;进水模块未排气;进水管路连接错误;进水阀工作不正常。

**【检修方法】** 先依次检查水机电源、增压模块电源和进水模块电源等相关电源是否有异常情况;然后检查储水桶是否空;进水管路是否未浸没在水下;进水模块是否未排气;进水管路连接对应关系是否正确;进水阀电源线是否连接。

# 第二节　干式生化分析仪

## 一、概述及临床应用

干式生化分析仪也属于分立式生化分析仪，它的主要特点是采用多层薄膜的固相试剂技术，即把液体样品直接加到已固化于特殊结构的试剂载体即干式化的试剂中，以样品中的水为溶剂，将固化在载体上的试剂溶解后，再与样品中的待测成分进行化学反应，从而进行分析测定。干化学只是相对于湿化学而言，它实际上也是在潮湿条件下进行的化学反应。

干式生化分析仪是在 20 世纪 80 年代问世的。首先 Eastman Kodak 公司以其精湛的化学工艺造出了测定血清中血糖、尿素、蛋白质、胆固醇等的干式试剂片。当加上定量的血清后，在干片的前面产生颜色反应，用反射光度计检测即可进行定量。随着化学、酶工程学、化学计量学等多学科高新技术在干化学领域的应用，干式生化分析仪逐渐发展成了多项目、自由组合式的多功能分析仪，可检测的生化项目多达几十个，包括常规生化项目、特定蛋白、药物浓度、毒物浓度、内分泌激素等多个领域的检测项目，而且现在检测速度也可达到每小时上千个测试。

与传统的"湿化学"分析方法相比，干化学分析技术具有以下几个优点：①由于具有优异的稳定性，杜绝交叉污染，因而准确度、精密度高；②测定样品用量少；③不需配试剂；④操作简便快速，节约时间；⑤维修保养简单，无管道腐蚀老化，环保。但干式生化分析仪也有其自身的一些不足之处，如开展新的检测项目的能力受限；有些项目与湿化学的可比性较差；大部分项目的检测成本略高。

总之，干式生化分析仪操作简便，检测速度快，检验结果准确，适用于小型医院和大、中型医院的门、急诊，是一个灵活的检测系统。虽然目前干式生化分析仪主要用于急诊检验，但其涵盖的项目已完全可以满足常规生化分析的需要。随着应用技术的进一步提高，干式生化分析仪在临床的应用必将更加广泛和灵活。

## 二、干式生化分析仪的基本原理

干式生化分析仪完全抛弃了传统的管路系统，使用干试剂条作为固相试剂。将待测液体样品直接加到已固化于特殊结构的试剂载体即干式化的试剂中，以样品中的水将固化于载体上的试剂溶解，再与样品中的待测成分发生化学反应，使得干片载体上的检测信号发生变化，而检测信号的变化被与之配套的检测仪器捕获，并最终转化为待测物的定性、半定量或定量结果。

基于反射光度法的显色反应是通过测定干片颜色变化来确定化合物浓度，有终点法、固定时间法、速率法。显色反应干片由扩散层、试剂层、指示剂层和支持层组成。其中，扩散层属于多孔结构，允许标本通过，主要有四大功能：①均匀分布标本；②过滤大分子（蛋白质、血脂等）；③去除干扰物质（溶血、黄疸等）；④提供反射测定的背景。试剂层包含检测反应所需的酶、缓冲液、催化剂等，为多层试剂，控制反应顺序。指示剂层包含染料以产生显色复合物，驱使反应完成。支持层提供反应支持基垫，并允许光路自由通过。

差示电位法应用离子选择电极技术,通过直接法测定两电极间电势不同,用于测定钾、钠、氯等无机离子。干片结构包含 2 个离子选择电极,即样品电极和参比电极。每个电极均为多层膜结构,2个电极以盐桥相连。测定时,在样品电极侧加入待检样本,参比电极侧加入已知浓度的配套参比液,这样在 2 个电极间就会出现电位差,电位计用来测量 2 个电极间的电位差。通过电位差可计算出待测组分的浓度。此外,还有基于抗原抗体反应的多层膜干片,由扩散层、受体层、胶乳层和聚酯支持层组成。检测原理采用竞争性免疫速率反应模式,需要液体反应底物。主要用于药物浓度等的测定。

## 三、干式生化分析仪的基本组成和结构

全自动干式生化分析仪的基本结构包括:样品加载系统、干片试剂加载系统、孵育反应系统、检测系统和计算机控制系统。与传统的"湿化学"全自动生化分析仪相比,其最主要的结构特点体现在干片载体和相应的检测系统两个部分。

干试剂条最主要的功能就是携带试剂和提供反应场所,一般由多层薄膜组成。例如,V350 干式生化分析仪所使用的干试剂条为 3 层:第一层为分布扩散层,能使标本均匀分布,能过滤大分子,将溶血、高血脂血及胆红素干扰减至最低,同时还提供反射测定的背景;第二层为试剂层,包含干性试剂,控制反应顺序;第三层为指示剂层,包含染料,以产生显色复合物。多层薄膜技术不仅能掩盖待测物的有色物质并提供背景、选择性地阻留或去除干扰物质;而且还将等同于湿化学法反应原理的各种物质分层中进行,某一层中的反应产物又可进入另一层中进行其他反应,从而引导反应序列;其各层可以给出一种特定的环境用以控制反应序列和反应时间。样品中的待测组分浓度可以通过 Kubelka-Munk 理论来进行计算。

干式生化分析仪中存在多种化学分析技术,其中包括显色反应、差示电位法和免疫比浊等。其中,显色反应发生的方式和容器则是干式生化分析仪和普通湿式生化分析仪最主要的不同点。与此相应的两种生化分析仪的光路系统也有所不同。

## 四、干式生化分析仪的保养和维护

对干式生化分析仪进行日常的保养和维护,可降低故障率、提升试剂利用效率和延长使用寿命。

### 1. 仪器使用环境要求

（1）室内温度:15.6 ~ 29.4℃。

（2）室内湿度:15% ~ 60% 。

（3）室内洁净度:因本仪器包含较复杂的光路、电路及机械系统,故要求实验室保持尽量清洁,保证结果的稳定性及可靠性,减少仪器故障率。

### 2. 日常维护保养

（1）检查干片库存量、装载干片;检查样本架、试管、样品杯、高度适配器。

（2）排空废混合杯、废吸头收集盒;排空废干片收集盒(非常重要);排空干片盒收集桶。

（3）装载混合杯架;装载样品吸头。

（4）每 8 小时需更换参比液小吸头并清洁其吸嘴部分以及更换免疫冲洗液小吸头并清洁其吸嘴部分。

（5）清洁参比液盒盖及密封垫；清洁免疫冲洗液盒盖及密封垫；清洁稀释瓶盖。

（6）查看稀释液余量，如有必要更换之。

（7）更换主机空气滤网。

（8）核实日常质控是否已运行。

### 3. 每周保养

（1）清洁样品架进入通道和传递臂。

（2）清洁样品架。

（3）清洁稀释液瓶。

（4）清洁吸头定位器组件。

（5）清洁触摸屏；清洁键盘。

### 4. 按需保养

（1）用软盘备份仪器数据。

（2）更换保湿剂、干燥剂。

（3）更换参比液、免疫盖上的密封圈。

（4）更换稀释液瓶盖。

（5）更换孵育器防蒸发盖并清洁各个槽位。

（6）清洁加样器头部尖嘴部分。

（7）调整反射光度计光圈。

（8）更换反射光度计灯泡。

（9）执行白参考片的校正系数程序。

## 五、典型干式生化分析仪的整机分析

Vitros 350 干化学分析仪是美国强生公司推出的用于急诊生化检验的自动生化分析仪。它采用多层薄膜的干片式技术，利用光的透射和反射原理分析，通过测定干片颜色变化来确定化合物浓度。采用干式反应模式，一次性取样吸头，完全避免了交叉污染。触摸式操作功能和中文汉化界面，具有简便、快速等特点，尤其适合急诊生化检验。

### （一）仪器主要性能特点

Vitros 350 干式生化分析仪每小时可测 300 个样本，近 50 个测试项目。仪器有 60 个试剂槽，可同时容纳 4 个批号试剂；仪器具有自动机内稀释功能，同时还有监测样本中气泡和凝块，具有液面感应及短缺样本探测功能。Vitros 350 分析仪设计有智能化故障指示。

**1. 环境报警**　仪器对温度、湿度、干燥度要求较高，当温度或湿度超过范围，仪器会自动报警提示用户及时更换干燥剂或保湿剂。换下的干燥剂或保湿剂可烘烤后反复使用。

**2. 吸样报警**　仪器可以通过压力传感器对样本的凝块、气泡进行探测，还可以自动进行液面感应、短缺标本的探测,检测到符合条件的标本才能进行正常测试。若标本中有凝块、气泡或标本放错位置,仪器感应不到液面就会自动报警,提示用户对样本重新进行处理或检查是否放错位置。

**3. 样本吸头报警**　如果吸头架上无吸头或者吸头不合格,仪器会在 ACTION 里报警。处理办法:打开仪器,拿出起头架,加上吸头或拿掉不合格的吸头,盖上仪器盖子,点击初始化键即可恢复正常运行。

**4. 试剂干片被卡**　如未及时清理废干片盒,导致废干片盒内干片过多而使正常使用过的干片无法正常被丢弃,这时仪器会报警。处理办法:如果卡的干片量少,就从废干片盒上方将卡住的干片轻轻掏出;若被卡住的干片比较多,就需要打开比色盘,将废干片取出,然后点击初始化键即可恢复正常运行。

（二）仪器基本结构

V350 分析仪的基本结构包括主控单元、机械模块和外接设备。主控单元的计算机共有三套微机控制系统,包括主电脑和调度系统、子系统。机械模块分为样本处理（sample handler）和干片处理（slide processor）。外接设备可以外接打印机与中文网络系统。

V350 分析仪的控制系统主要包括两部分:硬件单元与外接设备。2 个硬件单元是人机对话单元与主控单元。主控单元包括电路板和机械模块;人机对话单元包含了显示器与键盘,是操作员与生化仪联系的唯一途径。人机对话模块显示器是带有触摸屏的,操作员通过接触屏幕所显示的功能键输入信息或命令。

V350 的三套微机控制系统中,主电脑用于处理人机对话模块与外接设备的信号输送以及主电脑与调度系统的通信;调度系统用于协调各子系统的正常运作以及主电脑与调度系统的通信,包括各种电路板;每个子系统均有各自的功能,例如控制孵育盘马达的动作或控制干片储存箱的湿度等,同时,与调度系统相联系。

仪器的软件部分的功能包括:任务管理、环境监测、诊断子程序、选项子程序、样品编程、定标编程、定标计算、结果计算和数据传输。

## 六、干式生化分析仪常见故障实例分析

下面以 Vitros 250 干式生化分析仪为例,对此类设备的一些常见故障进行初步分析。Vitros 250 干式生化分析仪的常见故障主要发生在 4 个方面,即与样本处理相关的故障、与干片处理相关的故障、与光路相关的故障以及与仪器使用环境相关的故障。

**故障实例一**

【故障现象】样品架出现故障,错误代码为:样品架钩传感器信号错误;样品架位置错误。

【故障分析】

1. 样品架脏,造成架子运动阻力过大。

2. 样品架与传送臂高度不一致。

3. 样品架钩子驱动齿轮损坏。

**【检修方法】**

1. 用无水乙醇清洁样品架、传送臂及传送臂的托架。

2. 调整传送臂前端左右两颗高度调节螺丝。

3. 更换齿轮,暂时可用稀释部分齿轮替换。

**故障实例二**

**【故障现象】** 吸头架出现故障,错误代码为:加样器与吸头之间的位置出现偏差。

**【故障分析】**

1. 没有装入吸头架;吸头架长期使用后,架子变形造成吸头放置倾斜。

2. 加样器取吸头时,其末端没有对准吸头的中心位置。

**【检修方法】**

1. 检查仪器内是否已放置有带吸头的架子。

2. 检查架子有无变形。如果已毁坏,使用新的吸头架。

3. 清洁加样器的位置传感器。

4. 观察取吸头时,加样器的末端与吸头是否成一垂直线,加样器是否由吸头的中心处下降。如果不是,调整加样器与吸头的位置。

**故障实例三**

**【故障现象】** 吸头出现故障,错误代码为:吸样时堵塞吸头;加样时堵塞吸头;样滴错误;压力传感器输出超出范围。

**【故障分析】**

1. 样品离心不良造成样品中有凝块或肉眼看不到的纤维。

2. 吸头重复使用或使用国产吸头造成吸头堵塞。

3. 加样器与加样泵之间的泵管老化造成压力检测错误;长期使用旧吸头或国产吸头造成加样器堵塞。

**【检修方法】**

1. 将样品离心重新做。

2. 将吸头一次性使用,并使用原厂吸头。

3. 更换新的泵管。

4. 用内六角螺杆将加样器卸下,用注射器注入热水浸泡冲洗加样器内部几分钟,待加样器吹干后,重装回仪器内。

**故障实例四**

**【故障现象】** 样品与干片之间出现故障,错误代码为:吸样错误(检测到有气泡);湿度检测器无液滴错误。

**【故障分析】**

1. 血清中存在气泡或样品量不足。

2. 湿度检测器脏。

【检修方法】检查是否有气泡及样品量是否充足,重新处理样品;取出吸头定位器,用棉签清洁湿度检测器,并重做样品。如果仍有报警,可能是湿度检测器灵敏度不够。

### 故障实例五

【故障现象】干片处理出现故障,错误代码:湿度检测器没有发现干片。

【故障分析】

1. 在吸头定位器处有卡片;不良的干片盒。

2. 干片传感器、湿度检测器被污染或者不良。

3. 一个空的干片盒被误认为有干片的盒子。

4. 手工放入的干片盒的项目与输入的项目不一致。

【检修方法】

1. 检查并清除卡片。

2. 由窗口观察该错误是否发生在同一个特定的干片盒上。

3. 检查干片是否没有被推出来。

4. 如果干片已经被推出来,则需清洁传感器、检测器。

5. 把有问题的干片盒卸出,检查盒子所标的项目与仪器所显示的是否一样。

### 故障实例六

【故障现象】干片盒出现故障,错误代码:干片储存器的装载口堵塞;干片储存器的卸载口堵塞。

【故障分析】

1. 装载时,空干片盒没有卸出,新的干片盒无法进入储存器内,导致新干片盒卡在装载口。

2. 卸载时,空干片盒没有完全卸出,导致盒子卡在储存器内部。

【检修方法】

1. 将新干片盒取出,观察盒子对应的位置有无干片盒。如果没有,重新装载干片盒;如果有,先将旧干片盒卸出,再装新盒子。

2. 打开卸载门。检查门内四周有无倾斜的干片盒,有则取出。随后关闭卸载门。同时,将储存器观察口下方的密封门手工打开,检查门内四周有无倾斜的干片盒,有则取出。

3. 如果以上处理仍未找到干片盒,或者已取出盒子,但初始化时,若仍有报警,请将储存器观察口的玻璃盖取出,手动旋转储存器,检查哪个槽位的干片盒有倾斜的情况,并取出。最后,做仪器初始化。

### 故障实例七

【故障现象】孵育盘卡片出现故障,错误代码:孵育盘转盘故障;推片尺故障;推废片尺故障。

【故障分析】

1. 干片卡片阻塞了电机的运动或者是推片尺的运动。

2. 推片尺位置错误。

3. 孵育器盖子的保护开关故障。

4. 在孵育器23个干片位有黏性物质。

5. 电极测量器弹簧有损伤。

6. 电极测量器推片尺、推废片尺有黏性物质。

7. 废片盒满,里面的干片阻塞推片尺动作。

8. 皮带松动。

【检修方法】

1. 检查并清洁吸头定位器、推片口、电极测量器附近的卡片,检查在重新初始化之前孵育器的运动是否通畅。

2. 手工将推片尺归位。

3. 检查孵育器上盖的保护开关。

4. 清洁孵育器,电极测量器的推片尺、推废片尺以及加热盘上的黏性物质。

5. 检查孵育器23个干片位的弹簧有无弹出,并重新安装。

**故障实例八**

【故障现象】 光路出现故障,错误代码:反射光度计尖峰干扰错误。

【故障分析】

1. 灯泡有故障。

2. 光圈需调节。

3. 灰尘污染。

4. 灯座松动。

【检修方法】

1. 打开前门检查灯泡是否亮。

2. 灯安装是否超过2个月。

3. 更换灯泡并做光圈调整工作。

4. 确信灯泡是否安装好。

5. 检查灯座与扣锁"C"是否紧密固定。

6. 运行反射光度计的静态测试。

7. 清洁反射光度计的透镜、孵育盘和读数传感器。

8. 清洁白参考片并做白校正因子。

**故障实例九**

【故障现象】 出现与仪器使用环境相关的故障,错误代码:干片储存器内部温度失控。

【故障分析】

1. 由仪器的环境监察屏幕了解房间内的环境温度是否过高。建议保持在23℃左右。

2. 是否刚完成大批量的干片装卸工作;与储存器相连的通道是否已关闭;储存器的温度检测器失效。

**【检修方法】**

1. 调节仪器房间的环境温度,并观察一段时间;

2. 检查保湿剂和干燥剂箱、干片装卸口、储存器观察口下方的密封门是否关闭。

## 复习导图

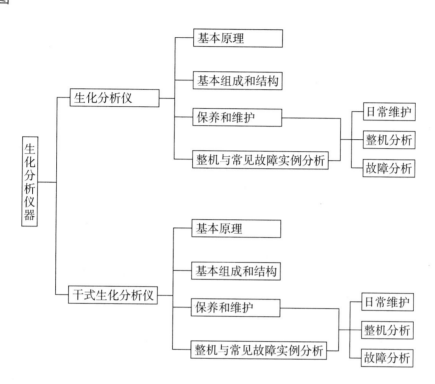

## 目标检测

一、选择题（单选题）

1. 世界上第一台自动生化分析仪属于(　　　)

　　A. 连续流动式　　　　　　　　　B. 离心式

　　C. 分立式　　　　　　　　　　　D. 干化学式

2. 连续流动式自动生化分析仪中气泡的作用是防止管道中的(　　　)

　　A. 样品干扰　　　　　　　　　　B. 试剂干扰

　　C. 交叉污染　　　　　　　　　　D. 基底干扰

3. 自动生化分析仪自动清洗样品探针主要作用是(　　　)

　　A. 提高分析精度　　　　　　　　B. 防止试剂干扰

　　C. 防止交叉污染　　　　　　　　D. 提高反应速度

4. 干化学式自动生化分析仪所用的光学系统为(　　　)

　　A. 分光光度计　　　　　　　　　B. 原子吸光分光光度计

　　C. 反射比色计　　　　　　　　　D. 固定闪烁计数器

5. 自动生化分析仪中所指的交叉污染主要来自(　　　)

A. 样本之间 　　　　　　　　　B. 仪器之间

C. 试剂与样本之间 　　　　　　D. 试剂之间

## 二、简答题

1. 什么是自动生化分析仪？有什么特点？

2. 简述分立式自动生化分析仪的基本结构。

3. 什么是干化学式自动生化分析仪？常用的测定方法有哪些？

4. 简述自动生化分析仪常用性能评价指标。

5. 自动生化分析仪常用分析方法有哪些？

6. 何谓后分光光路系统？有何特点？

7. 自动生化分析仪维护保养需注意哪些方面？

8. 简述影响全自动生化分析仪测定结果准确性的常见原因。

# 实训四　生化分析仪的维修

## 一、实训目的

1. 掌握生化分析仪的基本结构及工作原理。

2. 熟悉生化分析仪的基本操作及日常维护技术。

3. 学习生化分析仪的常见故障分析，掌握一定的排除故障的维修技术。

## 二、实训内容

（一）RT-9200 型半自动生化分析仪的基本操作实训

1. 生化分析仪的系统设置。

2. 生化分析仪的样本测试。

3. 生化分析仪的质控。

4. 生化分析仪的保养和维护。

（二）RT-9200 型半自动生化分析仪的常见故障维修实训

1. **故障实例一**　光路部分异常。

2. **故障实例二**　液路系统异常。

3. **故障实例三**　温控部分异常。

（三）BS-380 型全自动生化分析仪的基本操作实训

1. BS-380 生化仪的分析准备。

2. BS-380 生化仪的测试分析。

3. BS-380 生化仪的结束分析。

4. BS-380 生化仪的保养和维护。

（四）BS-380 型全自动生化分析仪的常见故障维修实训

**1. 故障实例一** 硬件系统的故障。

**2. 故障实例二** 液路系统的故障。

**3. 故障实例三** 反应盘温控的故障。

**4. 故障实例四** 试剂制冷的故障。

## 三、实训步骤

（一）RT-9200 型半自动生化分析仪的基本操作实训

**1. 仪器的系统设置实训步骤** 系统参数是用来设置仪器的一些最基本参数,如日期、时间等。在系统主界面中,按数字键3,进入仪器如下的系统设置画面:

```
1   打印设置            4   更换参考值
2   时间设置
3   数据上传            ID：09010001
```

（1）打印设置:在系统设置画面中,按数字键1,仪器进入打印设置画面。仪器配置内置热敏打印机,通过面板上的 < > 键选择开关。同时,在测试过程中可重新选择是否支持在线打印。

（2）时间设置:在系统设置画面中,按数字键2,仪器进入时间设置画面。使用面板上的 < > 键定位至需改变项,使用数字键更改当前日期或时间;按 ENTER 键保存设置;按 ESC 键返回系统设置画面。

（3）数据上传:在系统设置画面中,按数字键3(在此之前确认仪器与外接 PC 之间已插上通讯电缆,启动配套的数据管理软件,并正确配置通信参数),仪器进入数据上传画面。

（4）更换参考值:在系统设置画面中,按数字键4,仪器进入实时 AD 值的保存画面。AD 值是当前滤光片的实时读数,此值是更换灯泡的参考值,也可保存为计算参考值。通过左、右键( < > )切换波长。按 ENTER 键将保存当前波长的 AD 值,保存后提示"Save?"将消失;AD 值是项目测试的计算参考值,必须正确保存。

**2. 仪器的项目参数设置实训步骤**

（1）选择测试项目:进入项目选择的主界面,通过移位键选择和输入法选择等方法灵活选择目标项目。

（2）项目参数修改:选择目标项目,按 ENTER 键将进行相应项目的参数设置。

1）名称:项目名称。系统可允许设置60个测试项目,其中包括47个固定项目,48~60为用户自定义的项目。可以通过增加、修改和保存名称来实现自定义项目。

2）方法：选择测试方法，包括终点法、两点法和速率法。通过 < > 键选择方法。

3）单位：选择测试结果单位，包括 mg/L、g/L、μmol/L、mmol/L、mol/L、U/L 和 IU/L 7 个可选单位。通过 < > 键选择单位。

4）温度：选择测试温度，包括室温、25℃、30℃和37℃ 4 个可选温度。通过 < > 键选择温度。

5）主波长：根据试剂盒的要求选择测试主波长。包括 340nm、405nm、500nm、546nm 和 620nm 5 个可选波长。通过 < > 键选择主波长。

6）次波长：根据试剂盒的要求选择测试次波长，系统通过设置次波长灵活实现双波长测试方法。包括不用、340nm、405nm、500nm、546nm 和 620nm 6 个可选次波长，当采用单波长测试时，必须把次波长设置为不用。通过 < > 键选择次波长。

7）空白：选择空白方式。包括不用、试剂空白和样本空白。通过 < > 键选择空白方式。终点法测试中，试剂空白与样本空白可根据用户需要选择；两点法测试中可选择试剂空白；速率法不设空白。

8）因数：输入计算因子。系统支持直接输入因子和通过系统定标（标准测试）确定计算因子。

9）参考上限：输入结果为判断依据的上限值。

10）参考下限：输入结果为判断依据的下限值。

11）延迟时间：输入测试过程的延迟时间。延迟时间是自被测液进入比色池起到实际测试开始的时间。

12）读数时间：输入测试过程的反应时间（终点法无需此参数）。

13）小数点：测试结果的小数点保留位数。最大为 4。

14）吸液量：吸液泵吸取的溶液量。该参数表示每次吸入待测液的量。为保证测试准确，一般吸液量应大于 400μl（一般项目应设为 500μl，污染性大的试剂可增大吸液量至 700μl）。

15）标准设置：设置定标参数。光标指向"标准设置"，按照提示按 > 键进入标准参数设置界面。其中，方法表示标准测试的计算方法，分别是直线回归和折线回归，通过 < > 键选择；标准个数表示标准测试过程中使用的标准品个数，最大为 8 点定标；重复次数表示每个标准品测试的重复次数；标准浓度表示标准测试过程中使用的标准品浓度。设置各参数后，按 ESC 和 ENTER 键都将自动保存参数并返回到参数设置主界面，因此必须输入正确的标准参数。

（3）参数打印：在参数设置主界面下，按 PAPER 键将打印当前项目的参数。设置完各参数并确认后，按 ENTER 键将自动保存参数设置并进入项目测试流程；按 ESC 键将不会保存参数设置并返回项目界面。因此，必须确保输入正确的参数。

（4）项目自定义：仪器可存储 60 个测试项目，包括 47 个固定项目和 13 个可自定义的项目。具体自定义方法如下：

1）光标移至参数设置的"名称"栏。此时，项目名称加亮显示或者显示为光标符号（无项目名称）。

2）按照键盘上的字符索引图直接输入项目名称，名称最多包含 5 个字符。在输入过程中，隔 3

秒自动确定字符并提示输入下一字符。

3）输入过程中可以按 DEL 键删除输入字符。

4）设置项目参数,按 ENTER 键自动保存自定义项目名称和参数,并进入测试流程。

**3. 仪器的项目测试实训步骤**　设置完项目参数后,按 ENTER 键将自动保存参数设置并进入项目测试流程。首先系统将按照设置的波长切换滤光片并配置其他信息,输出提示信息。切换时间比较短,一般几秒完成,并自动进入温度控制。温控时间根据项目切换前后的温差而定,一般在几秒至 3 分钟之间。按 ESC 键将取消温控进入空白测试。

（1）空白测试:系统完成项目切换和温度控制后,自动进入空白测试流程。按照参数设置信息,系统将选择是否进行试剂空白。当参数设置界面的空白设置中选择无空白或样本空白时,空白测试中只进行水空白;选择试剂空白时,空白测试中将进行水空白和试剂空白。

首先进行水空白并在水空白栏提示"请吸液!"。准备蒸馏水并按吸液键,系统将自动测试并输出水空白结果。当水空白值过大时,将提示"差值过大",并在下方显示测试 AD 值。此时必须重做水空白,重复多次仍然提示"差值过大"时,建议检查光路是否松动。

水空白后自动进入试剂空白,按照提示吸入试剂,系统测试并输出结果。

试剂空白后无需按任何按键,等待几秒钟系统自动进入测试选择界面,光标默认指向"样品测试",通过 ∧ ∨ 键选择。按 ENTER 键进入相应的测试流程,在相应的测试界面下按 ESC 键返回此测试选择界面。

（2）标准测试:系统可以通过 2 种方法获取标准因数,一是在参数设置时人工输入因子,此时会在测试选择界面中显示"K=xxx";另一种是通过标准测试获取标准因子,这里着重介绍标准测试基本流程。

1）在测试选择界面下,光标移向"标准测试",此时字体加亮。系统判断标准参数设置是否正确,如果设置错误,将显示"无设置!";如果设置正确,提示"确定?",确认是否进行标准测试,确定请按 ENTER 键进入测试程序,否则移动光标选择其他测试或者按 ESC 键返回主界面。

2）进入标准测试流程后,出现标准测试界面。其中"标准测试"显示当前测试的项目名称;"样品编号"显示当前标准液的序号,并在右侧显示相应的浓度值,如"浓度:C=133.0",请在吸入标准液前确认是否输入相同浓度的溶液;"测试状态"显示测试过程进度和测试结果;界面中下部依次显示"请吸液!""测试中⋯⋯"和"保存?"。具体测试过程同项目测试过程,请参考项目测试的具体操作。

3）按照步骤吸入相应的标准液后,系统实时计算标准因子,在"测试结果"栏上显示定标的 K 和 b 值,并在系统状态栏中提示"保存?",按 ENTER 键保存定标结果,此后的项目测试均按此定标结果计算,直至重新设置标准因子或者重新定标并保存。按 ESC 键将取消保存,直接进入项目测试流程,同时此后的项目测试均按定标前的因子进行计算。需要重新定标,请重新从测试选择界面下选择"标准测试"进行定标。

（3）样本测试:测试选择界面下,光标默认指向"样品测试",并加亮显示,按 ENTER 键进入样品测试程序。

1）测试操作：当在参数设置时选择了样本空白，样品测试前首先进行样本空白；当选择无空白或者试剂空白时，已经在前面空白测试中完成，将直接进入测试界面。"样本空白"和"样品测试"将显示当前测试的项目名称。

2）测试流程：确定样品编号（显示的样品编号为将要测试的样品号），并通过 > 键打开或者关闭在线打印功能；在"请吸液！"状态下，准备测试样品，按吸液键吸入样品；测试完毕，自动保存测试结果，同时样品编号自动增一作为下一个测试样品的编号，供用户确认修改；结果打印；当前样品测试、打印完成后，样品编号增一并重新进入下一样品测试等待吸液状态；按照提示进行操作，可连续测试样品；当测试过程中需要质控、定标或者结束退出时，按"ESC"键返回测试选择界面并选择相关操作。

**4. 仪器的质控实训步骤**

（1）质控设置：光标指向"质控设置"，按照提示按 > 键进入质控参数设置界面。质控品：系统可设置2个质控品。通过 < > 键选择（在质控参数设置界面内，按 < > 键将循环选择质控品）。均值：质控品标准浓度。SD：质控品的标准偏差。批号：质控品相应的批号。

（2）质控测试

1）测试选择：在测试选择界面下，光标移向"质控测试"，此时字体加亮，并在右侧显示系统可选质控品，并在最右侧提示通过 < > 键选择。确定选中的质控品，按 ENTER 键进入质控测试界面。

2）测试操作：进入质控测试流程后，出现质控测试界面。其中"质控测试"显示当前测试的项目名称；"样品编号"显示当前质控溶液的序号，并在右侧显示相应的质控批号，如"质控品：070691"，请在吸入质控溶液前确认是否输入相同批号的质控品；"测试状态"显示测试过程进度和测试结果；界面中下部依次显示"请吸液！""测试中……"和"保存？"。

3）测试保存：按照步骤吸入相应的质控溶液后，系统实时计算结果，在"测试结果"栏上显示质控结果和判断质控状态（"C>2SD"表示质控结果大于2个SD值，否则不显示此信息），并在系统状态栏中提示"保存？"。确定质控有效后，按 ENTER 键保存质控结果；按 ESC 键重做质控；质控测试完后，系统自动跳转至测试选择界面并指向项目测试。

**5. 仪器的保养和维护实训步骤**

（1）清洁仪器外表

1）保持仪器工作环境的清洁。

2）仪器表面的清洁可以用中性清洁剂和湿布擦拭。

3）液晶显示器请用柔软的布清洁。

（2）清洁比色池

1）清洁比色池外部：如果比色池外部被污染，可用柔软的布蘸无水乙醇轻轻地擦拭。

2）清洁比色池内部：将盛有蒸馏水的容器放置在吸液管下，按 RINSE 键，启动连续冲洗功能，再次按 RINSE 键，则终止冲洗，通常连续冲洗半分钟时间；可用玻璃器皿清洁剂或稀释液（2～3滴/升）清洁流动比色池。按 RINSE 键，吸入清洁剂，再按 RINSE 键停止蠕动泵转动，让清洁剂在比色池中停留5分钟，最后用蒸馏水连续冲洗1分钟。如果一次清洗不干净，可再次用清洁剂清洗。

（3）蠕动泵管的调整：仪器在使用6个月后，可以调整一下蠕动泵管的位置。方法是：顺时针旋转蠕动泵管锁扣，打开泵管的护板；取下蠕动泵管；松开泵管接头上的固定钢丝，将泵管旋转180°，然后用钢丝重新固定；安好泵管，并锁住（逆时针旋转蠕动泵管锁扣）。

（4）吸液管的更换：如果吸液管（或流动比色池）被杂物堵塞，可用注射器清通。如果吸液管损坏或堵塞严重，可更换吸液管。方法是：拔出流动比色池；取下进口处的吸液管，更换新的吸液管，在新的吸液管一端，先套上定位管（中间的），然后再套上固定管（最粗的）；将固定管固定于流动比色池入口。

（二）RT-9200型半自动生化分析仪的常见故障维修实训

**1. 维修的准备工作**

（1）在进行RT-9200型半自动生化分析仪的维修工作前，需掌握RT-9200型半自动生化分析仪的基本构成及其工作原理；熟悉该仪器的基本操作以及安装调试技术。

（2）在仪器故障的维修过程中，首先应弄清故障现象，并根据故障代码进行故障的初步分析，判断故障发生的部位和基本判定故障的类型。采用直观检查法、电阻和电压测量法、元器件及板替换法等各种常规检查方法，对故障进行逐一分析和排查，直至解决。

（3）排除故障后，对仪器进行定标、样本测试和质控，确定仪器工作正常。最后整理维修数据，作好维修记录。

**2. 常见故障实例分析** 参见第一节"六、生化分析仪常见故障实例分析"。

（三）BS-380型全自动生化分析仪的基本操作实训

**1. BS-380生化仪的分析准备**

（1）开机前检查：BS-380全自动生化分析仪开机前，要进行以下的检查措施，以保证系统开机后正常工作。

1）检查电源和电压，确认电源有电并且能够提供正确的电压。

2）检查分析部、操作部和打印机间的通讯线和电源线，确认已连接且没有松动现象。

3）检查打印纸已足够。如不够，添加打印纸。

4）检查样本注射器和试剂注射器是否漏液。

5）检查样本针和试剂针的针尖是否挂液。

6）检查去离子水连接处和废液连接处是否漏液。

7）依次检查样本针、试剂针和搅拌杆，确认无污物、无弯折。如有污物，进行清洗；如有弯折，进行更换。

8）检查送料仓，确认送料仓中有足够反应杯。若反应杯不够，添加反应杯。

9）检查废液桶和废料桶，确认已排空或清空。若未排空或清空，则进行排空或清空。

（2）开机：系统通电后，按下列顺序依次打开电源：主电源（分析部侧面靠后部）、分析部电源（分析部侧面靠前部）、操作部显示器电源、操作部主机电源、打印机电源。

（3）启动系统软件：登录Windows操作系统后，双击桌面上的"BS-380全自动生化分析仪操作软件"的快捷图标，运行系统软件；或者点击屏幕左下方的"开始"，选中"程序"（或"所有程序"）→

"BS-380 全自动生化分析仪操作软件"。在出现的对话框中,从"选择串口"右边的下拉框中选择串口后,点击"进入系统"按钮,运行系统软件。

系统按设定程序进行开机初始化及反应盘升温,完成后进入空闲状态。

(4) 参数设置:只有正确、合理地设置参数,才能够进行申请测试等操作。系统第一次使用时,必须设置参数。在日常使用中,可以根据需要设置参数。

申请测试前,必须至少设置完成下列参数:系统设置、医院设置、项目参数设置、定标参数设置、质控参数设置、试剂设置、交叉污染设置和打印设置。

(5) 测试准备

1) 准备试剂:在试剂盘上设定的试剂位上放入相应的试剂,并打开试剂瓶盖。

2) 准备蒸馏水:在样本盘 W 位放入蒸馏水,并确认蒸馏水足够。在试剂盘的第 49 号位置放入蒸馏水,并确认蒸馏水足够。

3) 检查试剂余量。

**2. BS-380 生化仪的测试分析**

(1) 定标测试:系统第一次使用时,必须定标。在改变试剂盒批号、更改测试参数、更换光源灯及其他原因等导致测定条件改变时,也需要重新定标。

申请定标后,在样本盘上设定的定标位放入相应的定标液,运行定标测试。测试状态包括"申请""待测""运行"和"结束"四种状态。对于处于"结束"状态的测试,可查看到测试结果。

(2) 质控测试:申请质控后,在设定的质控位放入相应的质控液,运行质控测试。同样,测试状态也包括"申请""待测""运行"和"结束"四种状态。对于处于"结束"的测试,可查看到测试结果。

(3) 样本测试:申请样本后,在设定的样本盘位置放入相应的样本,运行样本测试。测试状态包括"申请""待测""运行"和"结束"四种状态。对于处于"结束"状态的测试,可查看到测试结果。

急诊样本测试的操作基本与常规样本测试相同,只是在申请时必须选中"急诊测试"右边的单选框。申请的急诊直接插入当前工作列表,并且优先测试。

(4) 可根据需要样本测试结果编辑。

(5) 样本测试结果打印:点击"测试状态"→"当前测试列表"或点击"查询统计"→"结果查询",打印样本测试结果。

**3. BS-380 生化仪的结束分析**

(1) 退出系统软件。

(2) 关机:退出 Windows 操作系统后,按下面顺序关掉各部分电源:打印机电源、操作部显示器电源、分析部电源(分析部侧面靠前面)。

(3) 关机后检查

1) 盖上试剂盘里每个试剂瓶的盖子。

2) 取走样本盘里的定标液、质控液、蒸馏水和样本。

3) 检查分析部台面是否沾有污渍,若有,用干净软布将污渍擦拭掉。

4) 清空废液桶和废料桶。

**4. BS-380 生化仪的保养和维护**　为保证系统的可靠性能、良好工作和延长系统寿命,应严格按照仪器使用说明书的要求对系统进行操作和定期维护。

（1）日维护

1）检查样本注射器和试剂注射器是否漏液。

2）检查清洗样本针、试剂针和搅拌杆。

3）检查清洗剂和去离子水桶及废液桶。

4）检查清洗废料桶。

（2）周维护

1）清洗样本针、试剂针和搅拌杆。

2）清洗去离子水桶和废液桶。

3）清洁样本盘/仓、清洁试剂盘/仓。

4）清洁仪器面板。

（3）月维护

1）清洗试剂针的内壁、外壁和清洗池。

2）清洗样本针清洗池和搅拌杆清洗池。

3）清洁试剂针驱动轴、样本针驱动轴和搅拌杆驱动轴。

4）清洗注射器。

5）清洗风扇防尘网。

6）用清洗剂清洗管道。

（4）半年维护:清洁三针组件的滚珠键轴、导向杆、滚珠轴承,用润滑脂润滑清洁机械手滑动轴、机械手双头螺杆。

（四）BS-380 型全自动生化分析仪的常见故障维修实训

**1. 维修的准备工作**

（1）在进行 BS-380 型全自动生化分析仪的维修工作前,需掌握 BS-380 型全自动生化分析仪的基本构成及其工作原理;熟悉该仪器的基本操作以及安装调试技术。

（2）在仪器故障的维修过程中,首先应弄清故障现象,并根据故障代码进行故障的初步分析,判断故障发生的部位和基本判定故障的类型。采用直观检查法、电阻和电压测量法、元器件及板替换法等各种常规检查方法,对故障进行逐一分析和排查,直至解决。

（3）排除故障后,对仪器进行定标、样本测试和质控,确定仪器工作正常。最后整理维修数据,作好维修记录。

**2. 常见故障实例分析**　参见第一节"六、生化分析仪常见故障实例分析"。

## 四、实训思考

1. 请说出生化分析仪在测定过程中为何要测空白,其意义何在,应如何设定空白参数。

2. 请说明更换光源灯后为何要调整光源位置,如何调整。

3. 在实际操作过程中如何减少两试剂间的干扰?

4. 请说出如何鉴别全自动生化分析仪中比色杯已受污染。

5. 请说出在全自动生化分析仪中,如果样本采样通道(或试剂通道)有泄漏现象,对测试结果的影响,如何判断并处理。

6. 请说出在流动比色池中如果有气泡存在,测试结果会怎样,应如何处理。

## 五、实训测试

| 学　号 | | 姓　名 | | 系　别 | | 班　级 | |
|---|---|---|---|---|---|---|---|
| 实训名称 | | | | | 时　间 | | |
| 实训测试标准 | 【故障现象】<br>【故障分析】<br>1. 维修前的准备工作　　　　　　　　　　　　　　　(1分)<br>2. 对此故障现象进行故障分析　　　　　　　　　　(2分)<br>【检修步骤】　　　　　　　　　　　　　　　　　　(7分)<br>每个维修实例考核满分标准　　　　　　　　　　　(10分) | | | | | | |
| 自我测试 | | | | | | | |
| 实训体会 | | | | | | | |
| 实训内容测试考核 | 实训内容一:考核分数(　　　)分<br>实训内容二:考核分数(　　　)分<br>实训思考题1:考核分数(　　　)分<br>实训思考题2:考核分数(　　　)分<br>实训思考题3:考核分数(　　　)分<br>实训思考题4:考核分数(　　　)分<br>实训思考题5:考核分数(　　　)分<br>实训思考题6:考核分数(　　　)分 | | | | | | |
| 教师评语 | | | | | | | |
| 实训成绩 | 按照考核分数,折合成(优秀、良好、中等、及格、不及格)<br><br>　　　　　　　　　　　　　　　　　　指导教师签字:<br><br>　　　　　　　　　　　　　　　　　　　年　月　日 | | | | | | |

(周　璇)

# 第六章

## 血气和电解质分析仪器

ER-06章PPT

导学情景 ∨ ·········································

学习目标

1. 掌握血气分析仪和电解质分析仪的工作原理、基本组成和结构。

2. 熟悉血气分析仪和电解质分析仪的基本操作、安装调试、维护和维修等技能。

3. 了解常用血气分析仪和电解质分析仪的临床应用。

学前导语

21 岁的大学生小李，男性，是糖尿病患者，近 1 周来有咳嗽、咳痰、发热，自行停用胰岛素 3 天，现在气促，呼吸频率为 40 次/分，紧急入院检查血气及电解质，发现得了呼吸性碱中毒合并高 AG 代谢性酸中毒。下面我们将进入血气和电解质分析仪器的学习与探索。

## 第一节　血气分析仪

### 一、概述及临床应用

人的血液中溶解的有氧气（$O_2$）和二氧化碳（$CO_2$）等气体，在正常情况下，这些气体在血液中维持一定的浓度和压力，参与血液中的酸碱平衡调节。

血气分析仪（blood gas analyzer）是利用电极对人全血中的酸碱度（pH）、二氧化碳分压（$PCO_2$）和氧分压（$PO_2$）进行测定的仪器，并根据测量和计算出的相关参数，可以了解人体血液的酸碱平衡情况和含氧状态，从而为病因的分析以及治疗方案的确定提供科学的依据。传统血气分析仪能检测出患者血液中的氧气、二氧化碳等气体的含量和血液酸碱度及相关指标的变化，现在已发展为能同步检测血液中钾、钠、钙等离子的含量。

（一）血气分析仪发展概况

血气分析仪起源于 20 世纪 50 年代中期，由于当时西欧脊髓灰质炎流行，丹麦的 Astrup 博士与雷度公司的工程师们合作研制成了世界上第一台血液酸碱平衡仪。随着 Astrup 学派的酸碱平衡理论在 1960 年第一次国际会议上获得公认后，血气分析作为临床重要指标被广泛普及应用，血气分析仪也得到发展。

20 世纪 50 ~ 60 年代的血气分析仪一直处于手动时代，结构笨重，所需的样品量大。20 世纪 70 ~ 80 年代随着计算机和电子技术的应用，用敏感玻璃膜制成的 pH 电极、直接测定二氧化碳分压

（$PCO_2$）和氧分压（$PO_2$）的气敏电极出现,奠定了根本上改进血气分析仪的基础;通过 Siggard-Anderson 列线图直接查得或计算得到 $TCO_2$、BE 等参数。这一改进使血气分析仪器的操作大为简化和较易掌握,以 1973 年雷度公司推出的 ABL1 型血气分析仪为标志,使血气分析实现了由手动到全自动测定的飞跃。由于采用了集成电路,仪器结构得到重要改进,传感器探头小型化使得所需的样品量降至几百到几十微升,操作可在提示下进行,可测量和计算的参数也不断增多,仪器实现了自动定标、自动进样、自动清洗、自动检测仪器故障和电极状态、自动报警,电极的使用寿命和稳定性不断提高,仪器的预热和测量时间也逐步缩短。20 世纪 90 年代以后计算机和电子技术的应用进一步渗透到血气分析领域,先进的界面帮助模式、图标模式使操作更为直观,软件和硬件的进步使现代血气分析仪具有超级的数据处理、维护、储存和专家诊断功能。

血气分析仪有半自动、全自动型。全自动血气分析仪的自动化程度高,操作简单,控制灵活,测量和分析计算的参量多,电路集成化程度高,维修方便,故障率低。这类仪器的定标是自动进行的,一般定标方式都设有 2 种:定时法和不定时法,用户可自行选择其一。定时法以特定的时间间隔进行定标,用户可在 30 ~ 60 秒内自行选择时间间隔,其中一点定标每个间隔进行 1 次、两点定标每 4 个间隔进行 1 次。不定时法可按需在两次定标间进行自动定标。

全自动血气分析仪的软件设计操作简单,显示屏引导用户一步步进行相应步骤,进行分析样品或使用其他功能。主菜单下都设有子菜单,分别为定标、维护、故障排除、数据撤销、操作设置、系统设置、准备状态、维护设置,如果选择相应的子菜单,即显示相关信息,可进行相应操作。

（二）血气分析仪在临床上的应用

血气分析仪是通过对人体血液中的酸碱度（pH）、二氧化碳分压（$PCO_2$）、氧分压（$PO_2$）进行测定,来分析和评价人体血液酸碱平衡状态和输氧状态的仪器。它还可以用于人体其他体液,如腔液、胃液、脑脊液、尿液 pH 的分析测定。在临床上的应用有:①用于昏迷、休克、严重外伤等危急患者的抢救;②用于手术尤其是用体外循环进行的心脏手术等引起的酸碱平衡紊乱的监视、治疗效果的观察和研究;③用于肺源性心脏病、肺气肿、气管炎、糖尿病、呕吐、腹泻、中毒等症的诊断和治疗。血气分析仪的连续监测不仅是混合型酸碱平衡紊乱的诊断前提,并且是其他合理治疗的分析基础。血气分析仪已作为不可缺少的抢救设备,日益受到临床重视。

## 二、血气分析仪的基本原理

（一）检测参数

**1. 主要检测参数**

（1）酸碱度（pH）:是指溶液的酸碱性强弱程度,一般用 pH 来表示。pH<7 为酸性,pH=7 为中性,pH>7 为碱性。

（2）二氧化碳分压（$PCO_2$）:是指溶解于血浆中的二氧化碳产生的压力,正常值为 35 ~ 45mmHg。此指标反映全身的呼吸状况,参考值为 4.65 ~ 5.98kPa。$PCO_2$<4.65kPa 为低碳酸血症,$PCO_2$>5.98kPa 为高碳酸血症。

（3）氧分压（$PO_2$）:此指标反映肺供氧能力,参考值为 10.64 ~ 13.3kPa。$PO_2$<7.3kPa 为呼吸衰

竭,PO$_2$在4kPa以下有生命危险。

### 2. 其他检测参数

（1）血糖(glucose):用于诊断各种原因引起的糖代谢紊乱。

（2）乳酸(lactate):用于诊断乳酸酸中毒。

（3）总血红蛋白(total hemoglobin):血红蛋白低多见于贫血;血红蛋白高多见于红细胞增多症、组织长期缺氧、脱水或输血后的并发症。

（4）氧合血红蛋白(oxyhemoglobin):用于测定血液含氧量。氧合血红蛋白能释放氧给机体组织。

（5）碳氧血红蛋白(carboxyhemoglobin):用于诊断一氧化碳中毒。碳氧血红蛋白是一氧化碳与血红蛋白的结合物,无法释放氧给机体组织。

（6）去氧血红蛋白(deoxyhemoglobin):如肺含氧量提高,去氧血红蛋白能释放更多的氧给机体组织。

（7）高铁血红蛋白(methemoglobin):高铁血红蛋白无法供氧,出现某种代谢性疾病时增高。

（8）硫化血红蛋白(sulfhemoglobin):硫化血红蛋白无法供氧,增高多见于服用含硫药物或感染。

（9）钠离子(Na$^+$):钠离子的异常浓度主要是机体水钠不足或负荷过多引起的。

（10）钾离子(K$^+$):钾离子的异常可直接导致神经肌肉麻痹、呼吸衰竭、心律失常。

（11）氯离子(Cl$^-$):多用于鉴别氯离子间隙酸中毒(酮酸中毒、乳酸中毒、尿毒症及其他中毒)和高氯酸中毒(剧烈呕吐丢失碱性离子、醛固酮分泌不足、保钾利尿、肾小管酸中毒)。正常情况下,血浆氯离子浓度与钠离子浓度基本一致,因此脱水时氯离子浓度高,补水时其值低。

（12）钙离子(Ca$^{2+}$):钙离子浓度改变可导致神经肌肉症状(如手足抽搐、意识改变)、心力衰竭或心律失常。钙离子浓度的异常改变威胁生命,必须立即纠正。

### （二）基本工作原理

生产血气分析仪的厂家很多,型号也有多种,自动化程度亦不尽相同。但是,各种仪器的结构组成基本一致,工作原理相似。

被测血液在管路系统的抽吸下进入样品室内的测量毛细管中。测量毛细管管壁上开有4个孔,pH参比电极及pH电极、PO$_2$电极、PCO$_2$电极4只电极的感测头紧密嵌于4个孔中,其中pH电极、pH参比电极共同组成对pH的测量系统。血液中的pH、PO$_2$、PCO$_2$同时被这4只电极所感测,电极将它们转换成各自的电信号,这些电信号经放大、模数转换后送达仪器的微机单元,经微机处理运算后,再将测量和计算值送达显示屏,并打印出测量结果(图6-1)。

血气分析方法是一种相对测量方法,所以无论何种型号的血气分析仪,均需要用标准的液体及气体对pH、PO$_2$、PCO$_2$三套电极进行两点定标建立工作曲线之后才能进行测量。通常把确定电极系统工作曲线的过程称为定标或校准(calibration)。每种电极都要用2种标准物质来进行定标,以便确定建立工作曲线最少所需要的2个工作点。

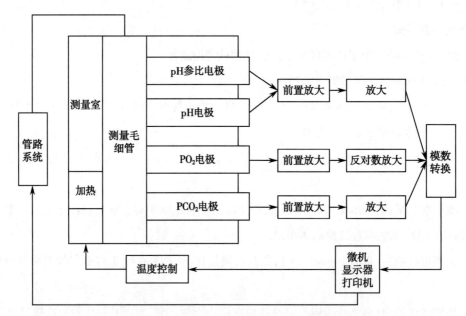

图6-1　血气分析仪工作原理方框图

pH 系统使用7.383 和6.838 左右的2 种标准缓冲液来进行定标,氧和二氧化碳系统用2 种混合气体来进行定标,第一种混合气体中含5% 的 $CO_2$ 和12% 的 $O_2$,第二种混合气体中含10% 的 $CO_2$ 和0% 的 $O_2$。也有的是将上述2 种气体混合到2 种 pH 缓冲液内,然后对3 种电极进行定标。

## 三、血气分析仪的基本组成和结构

血气分析仪主要由电极系统、管路系统和电路系统三大部分组成。

### (一) 电极系统

仪器一般使用4 只电极:pH 电极、pH 参比电极、二氧化碳分压电极和氧分压电极。pH 电极、pH 参比电极共同完成对 pH 的测量。

(1) pH 电极:常以玻璃电极为主,在一支较厚的玻璃管下端是个由特殊材料制成的玻璃泡,球泡的下半部是对 pH 敏感的薄玻璃膜,膜的厚度在 0.05～0.15nm,球泡的直径约为1cm。膜内充有 pH 恒定的缓冲液,一直浸泡在含 $Cl^-$ 的氯化物溶液内。由一条带插头的屏蔽线将 pH 电极连接到测量仪上。电极对被测样体的反应会在玻璃薄膜的内部与外部之间产生一个直流电压,该电压与内部缓冲液和样本的 pH 差成正比,它是由玻璃的金属离子与液体的氢离子在膜面上的交换所产生的。该离子交换由液体中的浓度所控制,为消除静电干扰,在外玻璃管内装有静电隔离罩。

(2) 参比电极:有汞电极和氯化银电极,汞电极容易得到稳定的电极位。汞电极由水银、甘汞和饱和氯化钾溶液组成。在内部的玻璃管中封装一根铂丝,铂丝上端与金属帽相连,下端插入水银中,下置一层水银与甘汞的糊状物,并用棉花塞着玻璃管的下半段。在外玻璃管中装有饱和氯化钾溶液并有少量氯化钾结晶,以保证溶液处于饱和状态。弯管下端有一泄漏孔,用石棉丝(或是烧结多孔玻璃及多孔陶瓷等材料)进行堵塞,以控制氯化钾溶液向外渗漏的速率。在测量时,允许微量的氯化钾溶液通过泄漏孔流入待测溶液中,起盐桥作用,传导电流。

甘汞电极的电位只取决于 Cl⁻ 的活度,这也是甘汞电极与金属电极的区别,它不是由电极材料离子进行可逆反应的,而是由溶液中的阴离子进行可逆反应的。因此,在一定温度下,若氯化钾浓度固定,则电极电位就是一个固定值,故一般都使用氯化钾作为测量 pH 的参比电极。

银-氯化银电极是由一小片金属银涂上氯化银并浸在氯化钾溶液中构成的,其电反应为 $AgCl+e \rightarrow Ag+Cl^-$。电极电位是氯离子浓度的函数,使用饱和氯化钾的目的是为了在各种温度条件下保持恒定的氯离子浓度。和甘汞电极一样,电极与待测溶液之间用氯化钾盐桥将电路连接起来。银-氯化银电极的最大特点是在较高温度时电极电位较稳定,其最高工作温度可达 250℃。

（3）二氧化碳分压电极:该电极是一种气敏电极,在电极的前端有一层半透膜。半透膜只允许某种特定的气体通过,而阻止其他气体和离子通过,如二氧化碳电极的半透膜只允许 $CO_2$ 气体通过、氧电极膜只允许氧气通过。电极膜的材料多数用高分子有机化合物制成。二氧化碳分压电极如图 6-2 所示。

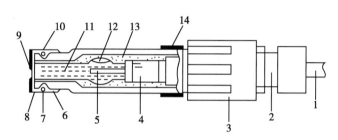

图 6-2　二氧化碳分压电极

1. 引线　2. 紧固帽　3. 外套　4. 参比电极　5. 玻璃电极
6. 敏感膜　7. O 形环　8. 透气膜　9. 尼龙网　10. 电极帽
11. 内充液　12. 气泡　13. 外冲液　14. 止液套

玻璃电极和参比电极被浸泡在一个内部充满溶液的外套中,该外套的前端为透气膜。套中的溶液称为电极液,电极液中含有碳酸氢钠、氯化钠和蒸馏水,实际上电极头部是紧贴着半透膜的。当电极的端部插到毛细管的电极插孔上,毛细管中有被测血液时,溶解在血液中的 $CO_2$ 可以通过半透膜扩散而进入电极套中,扩散一直进行到膜两边的 $CO_2$ 的浓度相同为止,进入电极套中的 $CO_2$ 和水反应生成碳酸,这样就改变了套中溶液的酸碱度。样品中 $CO_2$ 的含量越高,扩散到电极套中的 $CO_2$ 越多,生成的碳酸也越多,电极套内的溶液的 pH 下降也越大;反之,当样品中的 $CO_2$ 降低时,电极套中的碳酸分解,$CO_2$ 气体通过透气膜扩散出去,就使得套中的 pH 升高。

（4）氧分压电极:是一种气敏电极。气敏电极又是一种极谱化电极,氧的测量是基于电解氧的原理而实现的。铂阴极和银-氯化银阳极被浸在前端有半透膜的电极套中,套中还装有氧电极液。氧电极液的成分是磷酸二氢钾、磷酸二氢钠、氯化钾和蒸馏水等。磷酸二氢钾和磷酸二氢钠可稳定电极液的 pH。氯化钾可增加电极液的电导性,并参与离子的导电,和二氧化碳电极类似。当氧电极的端部插到测量毛细管上的电极插孔上,毛细管中通以被测血液时,溶液在血液中的氧可以通过半透膜扩散而进入电极套中,扩散一直进行到膜两边氧的浓度相同为止。氧电极工作原理图如图 6-3 所示。

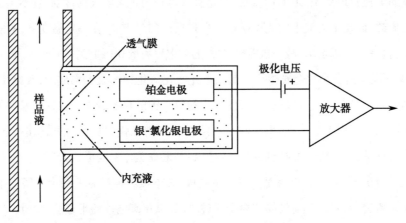

图6-3　氧电极工作原理图

在氧电极的阴极和阳极之间加有 0.7V 左右的极化电压,在极化电压的作用下,进入电极套中的氧被电解。电解电流的大小正比于 $PO_2$ 的高低,这样,通过氧电极的转换,$PO_2$ 的高低便转换成了电流的大小。

$PO_2$ 电极产生的电流很小,所以 $PO_2$ 电极所配的放大器应为高输入阻抗、低噪声的微电流放大器。

当 $PO_2$ 的值为零时,电路中的电流并不为零,仍有一个微小的电流值,通常称为基流。校准 $PO_2$ 电极时,也采用两种气体。先用不含氧的纯 $CO_2$ 气体通过测量管,将电路中的基流调为零;然后用第二种标准气体测 $PO_2$,便可得出 $PO_2$ 电流的标准曲线。

带有离子测定的血气分析仪的电极测量系统还包括 $K^+$、$Na^+$、$Cl^-$ 和 $Ca^{2+}$。带有代谢物测定的血气分析仪的电极测量系统还包括血糖电极和乳酸电极。带有血氧测定的血气分析仪还包括血氧测量系统。

(二) 管路系统

血气分析仪的管路系统是在微机的控制下,为完成自动定标、自动测量、自动冲洗等功能而设置的。管路系统比较复杂,主要包含气路系统和液路系统两部分,通常由定标和斜标气瓶、定标液、斜标液、连接管道、电磁阀、正负压泵以及转换装置等组成。该系统是血气分析仪很重要的组成部分。在实际维修过程中,这部分的故障率是最高的。

1. 气路系统　气路系统用来提供 $PO_2$ 和 $PCO_2$ 电极定标时所用的 2 种气体,每种气体中含有不同比例的氧和二氧化碳。血气分析仪的气路系统可分为两种类型:一种是压缩气瓶供气方式,又称外配气方式;另一种是气体混合器供气方式,又称内配气方式。

2. 液路系统　液路系统有两种功能:一是提供 pH 电极系统定标用的 2 种缓冲液(定标液和斜标液);二是自动将定标和测量时停留在测量毛细管中的缓冲液或血液冲洗干净。为了向测量室中抽吸样品和定标液,一般血气分析仪均采用蠕动泵来吸液。电磁阀的功能是用来控制流体通断的,有的为夹断阀,即利用电磁阀的开闭将夹在阀中的弹性管道压扁阻断或松开接通;有的为三通阀。转换装置的功能是在微机的控制下,让不同的流体按预先设置好的程序进入测量室,它的一边接有各种气体和液体管路,另一边是流体的出口。在微机的控制下,某一时刻只有一个流出口和测量毛细管的进入口相接。

（三）电路系统

血气分析仪的电路系统十分重要,依赖它的完善才能对仪器的测量信号进行放大和模数转换,对仪器进行有效温控,显示和打印出结果,通过键盘输入指令。血气分析仪近年来有很多发展,而大部分都体现在电路系统的进步,目前已发展成由电脑控制完成自动分析。

## 四、血气分析仪的保养和维护

1. **保养程序** 准备除蛋白试剂,进行5分钟倒计时除蛋白,进行5分钟倒计时活化电极。

2. **每天保养** 检查试剂和更换试剂,检查排空废液瓶,用10%漂白剂清洗进样口和仪器表面,检查打印机纸张。

3. **每周保养** ①执行日保养程序;②检查电极填充液,必要时更换;③除蛋白、活化电极及执行血细胞比容斜标定。

4. **季度保养** 与日、周保养相同,并检查蠕动泵管,必要时更换。

5. **定期保养** 根据实际使用情况的需要,更换泵管、泵轴及辅件,清洁并添加润滑剂;更换参比电极外腔;填充/更换电极填充液;更换氧电极及二氧化碳电极;更换进样口及进样口辅件;更换预热管道。

注意:执行保养程序应首先终止操作系统(暂停),且进行以上操作时应先做常规消毒。

## 五、248 型血气分析仪的整机分析

248 型血气分析仪是一款新型的全自动血气分析仪(图6-4),能够测量 pH、$PO_2$、$PCO_2$ 等 7 个检测参数,具有自动化程度高、进样量小、易保养、体积小巧等优点。

（一）248 型血气分析仪的基本组成和结构

1. **电路部分** 主要由电源/界面板、中央处理器(CPU)、分析放大板、多路输入输出板、探针界面板、显示器及打印机板等组成。

（1）电源/界面(PSU)板:PSU 板(图6-5)首先将交流 18V/AC 电源转换成 DC 电源,为整机电路提供工作电压±5V、±12V 和±24V 的直流电压,如电风扇、试剂和样本马达、电磁阀、探针室、大气压检测器和电极室等电路。所有系统中的逻辑信号都被反馈回位于 PSU 板上的多路输入输出 A/D 转换器。

图6-4 248 型血气分析仪

（2）中央处理器(CPU):CPU(图6-6)被装配于显示器后面,整个仪器由微处理器软件控制,该软件执行存储在 CPU 的 ROM(只读存储器)上的程序。所有与 CPU 相关的电路(如随机存储器、中断控制等)也都在 CPU 板上,同时 CPU 还提供显示器、打印机、键盘界面的数据接口,接收系统的其余界面提供的信号。

图6-5 248型血气分析仪的PSU板

图6-6 248型血气分析仪的CPU板

（3）放大板：放大来自于多路检测系统（如加热、标本检测等）的信号，经A/D转换，经CPU处理后送至显示组件进行显示。

**2. 管路部分** 248型血气分析仪的管路分为液路和气路两部分，参见图6-7。液路部分由定标液通道、斜标液通道、冲洗液通道、样品通道和废液通道五部分组成；气路包括定标气体通道和斜标气体通道两部分。

（1）定标液通道：定标液经过试剂泵管（P3）、定标试剂电磁阀（V5）、定标试剂或气体选择电磁阀（V3）、探针接口的T形管（T1）、流体检测器1（SD1），通过电极室的流体检测器2（SD2）、样品泵管（P5）进入废液瓶。

（2）斜标液通道：斜标液经过试剂泵管（P4）、斜标试剂电磁阀（V6）、探针接口的T形管（T2）、流体检测器1（SD1），通过电极室的流体检测器2（SD2）、样品泵管（P5）进入废液瓶。

（3）冲洗液通道：冲洗液经过冲洗液电磁阀（V1），进入探针室由探针吸液、探针接口、流体检测器1（SD1），通过电极室的流体检测器2（SD2）、样品泵管（P5）进入废液瓶。

（4）样品通道：样品由探针室探针吸入，经过探针接口、流体检测器1（SD1），通过电极室的流体检测器2（SD2）、样品泵管（P5）进入废液瓶。

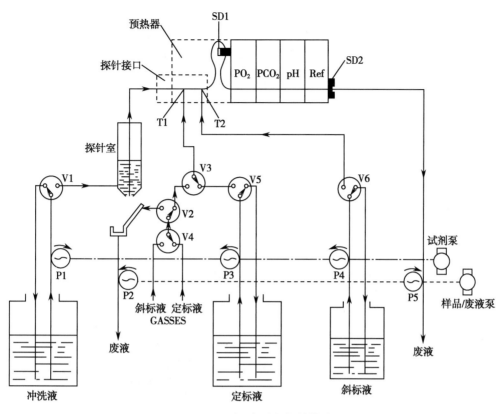

图 6-7　248 型血气分析仪的管路图

（5）气体通道:定标气体与斜标气体均经过其他选择电磁阀（V4）、过路阀（V2）、定标试剂或气体选择电磁阀（V3）、探针接口的 T 形管（T1）、流体检测器 1（SD1），通过电极室的流体检测器 2（SD2）、样品泵管（P5）进入废液瓶。

（二）248 型血气分析仪的操作

**1. 248 型血气分析仪的菜单说明**

（1）准备测定菜单说明:248 型血气分析仪的操作非常简便,屏幕上所显示的指令可以指导操作者的每一步工作。248 型血气分析仪正常显示的指令通常是"准备测定",如图 6-8 所示。

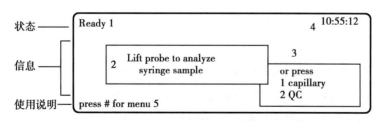

图 6-8　248 型血气分析仪的准备测定菜单
1. 准备测定　2. 打开进样口测定注射器样本　3. 或选择质控和微细管　4. 测定时间　5. 按"#"键进入主目录（主菜单）

屏幕指令显示由三部分组成:

1）状态:屏幕最上面的一行显示 Ready,说明仪器已经随时准备开始测定样本。

2）信息:屏幕中间部分,该部分将显示详细指令,指导操作者具体工作。其中包括目录显示、项目选择、数字输入等。

3）使用说明：屏幕下面一行，该部分将显示操作说明和指令选择的方法。

＊键的作用是：①微细样本的测定；②退出目录；③重复显示前一条指令；④设定选择。

#键的作用是：①选择指令；②改变数据输入显示。

248 型血气分析仪的操作是通过选择指令和输入数据两种方法完成的。

（2）主菜单说明：在图 6-8 中，指令 5 按#键进入主目录。主菜单中有 8 个子目录（辅助目录），如图 6-9 所示。

（3）定标子菜单说明：按 1 定标指令闪亮，确认指令输入，屏幕很快进入数字 1 这一定标指令的子目录，如图 6-10 所示。

```
Main Menu

1 Calibration...              5 Operating Setup...
2 Maintenance...              6 System Setup...
3 Troubleshooting...          7 Standby
4 Data Recall...              8 Service Setup...

press 1-8 or＊to Exit
```

图 6-9　248 型血气分析仪的主菜单

1. 定标　2. 保养和维护　3. 故障解除　4. 数据翻查
5. 操作设定　6. 系统设置　7. 暂停　8. 服务设定

```
Main Menu→Calibration

1 Full 1 Point                5 pH 1 Point
2 Full 2 Point                6 pH 2 Point
3 Gas 1 Point                 7 Barometer
4 Gas 2 Point

press 1-7 or＊to Exit
```

图 6-10　248 型血气分析仪的定标子菜单

1. 全一点定标　2. 全两点定标　3. 气体一点定标　4. 气
体两点定标　5. pH 一点定标　6. pH 两点定标　7. 大气压

**2. 248 型血气分析仪的定标操作**　248 型血气分析仪在做样本之前，应进行全两点定标操作。

准备测定菜单按#键，进入主菜单，选择主菜单"1. Calibration"，进入定标菜单，再选择定标菜单"2. Full 2 Point"，进入全两点定标，仪器进行全两点定标。

**3. 248 型血气分析仪的故障诊断操作**　准备测定菜单按#键，进入主菜单，选择主菜单"3. Troubleshooting"，进入故障诊断菜单，再选择故障诊断菜单"Measurement"，进入测量模块菜单。

（1）7.3 定标液在液路中的检测：选择测量模块菜单"1. Run 7.3 Buffer"进入 7.3 抽吸菜单，仪器进行 7.3 定标液在液路中的检测，从而判断 7.3 定标液在液路中工作是否正常。

（2）6.8 斜标液在液路中的检测：选择测量模块菜单"2. Run 6.8 Buffer"进入 6.8 抽吸菜单，仪器进行 6.8 斜标液在液路中的检测，从而判断 6.8 斜标液在液路中工作是否正常。

（3）定标气体在液路中的检测：选择测量模块菜单"3. Run Cal Gas"进入定标气体抽吸菜单，仪器进行定标气体在液路中的检测，从而判断定标气体在液路中工作是否正常。

（4）斜标气体在液路中的检测：选择测量模块菜单"4. Run Slope Gas"进入斜标气体抽吸菜单，仪器进行斜标气体在液路中的检测，从而判断斜标气体在液路中工作是否正常。

**4. 248 型血气分析仪电极的保养**　准备测定菜单按#键，进入主菜单，选择主菜单"2. Maintenance"，进入保养维护菜单。

▷ 课堂活动

248 型血气分析仪使用过程中，如何进行 6.8 斜标液在液路中的检测？

（1）电极除蛋白保养：选择保养维护菜单"1. Deproteinize"进入除蛋白菜单，将除蛋白液抽吸到电极测量室中，对电极及管道进行 5 分钟保养。

（2）电极活化保养：选择保养维护菜单"2. Condition"进入活化菜单，将活化液抽吸到电极测量室中，对电极及管道进行 5 分钟保养。

**5. 248 型血气分析仪的质控操作**　准备测定菜单按#键，进入主菜单，选择主菜单"5. Operating Setup"，进入质控设定菜单。

（1）质控值的输入：选择质控设定菜单"1. QC Ranges"进入质控值输入菜单，按照质控液高、中、低分别输入质控值。

（2）质控的调整：准备测定菜单选择质控菜单，打开样本口，放置质控安瓿，轻轻插入探针，将质控液抽吸到电极测量室中进行测量，测量值与质控值进行比较，调整斜率和截距。

（三）248 型血气分析仪的保养和维护

日常的保养和维护是保证仪器正常运转、操作者工作顺利的关键，以下主要介绍的是每日、每周、每季度的仪器保养程序。

**1. 仪器的日保养**

（1）保持仪器的外表整洁。

（2）检查试剂，必要时更换。

（3）检查废液瓶，必要时排空。

**2. 仪器的周保养**　在日保养的基础上，保证做到以下几点：

（1）电极除蛋白/活化。

（2）检查气压瓶内的压力。

**3. 仪器的季度保养**　在日保养和周保养的基础上，要做到以下几点：

（1）仪器灭菌消毒。

（2）必要时更换滴液盘。

（3）更换样本泵和试剂泵的泵管。

（4）检查电极内的填充液，必要时填充。

（四）248 型血气分析仪常见故障实例分析

**故障实例一**

【故障现象】定标、斜标正常，样本测试也正常，打印机无法正常打印。

**【故障分析】**

1. 定标、斜标正常,说明仪器的液路部分正常。

2. 打印机无法打印,说明打印机故障或 CPU 板故障。

**【检修步骤】**

**1. 询问了解故障现象**　询问用户故障现象,根据故障代码,进行故障分析,判断故障发生的部位,确定应携带哪些配件到现场维修。

**2. 判定故障类型**　电路故障。

3. 采用直观检查法,对整机进行认真仔细的检查,重点检查打印机和 CPU 板。

4. 采用电压测量法,测量整机工作电压±5V、±12V 和±24V 是否正常。

5. 采用清洁法,利用无水乙醇对打印机进行清洁保养,主要处理打印头、机械传动齿轮以及插头和插座,处理后重新安装上机试验。

6. 采用元器件及板替换法更换打印机。若上机试验正常,说明打印机不正常;若上机试验不正常,说明 CPU 板故障。

7. 若确定 CPU 板故障,可采用电阻测量法测量 CPU 板上的元器件,查找存在问题的元器件。

8. 采用元器件及板替换法更换损坏的元器件。

9. 上机试验,对整机进行调试,打印机正常打印,仪器工作一切正常。

10. 整理维修数据,记好维修记录。

**故障实例二**

**【故障现象】**　定标不通过,定标时管道中有气泡。

**【故障分析】**

1. 定标时有气泡,说明液路故障。

2. 定标能正常进行,定标不通过,说明电极故障。

**【检修步骤】**

**1. 询问了解故障现象**　询问用户故障现象,根据故障代码,进行故障分析,判断故障发生的部位,确定应携带哪些配件到现场维修。

**2. 判定故障类型**　液路故障。

3. 采用直观检查法,对整机液路部分进行认真仔细的检查,重点检查电极室、探针接口、探针室、样本/废液泵管、试剂泵管。

4. 采用清洁法处理探针接口、探针室,检查样本/废液泵管和试剂泵管是否堵或漏,检查电极室电极之间的 O 形圈是否正常,清洁保养液路板,检查电磁阀是否正常。

5. 经过以上清洁保养处理后,定标正常无气泡现象,定标不通过,说明电极有故障。

6. 对电极进行保养,添加电极液,处理参比电极,添加 KCl 晶体和 KCl 饱和液,对电极进行除蛋白、活化。

7. 定标还不通过,说明电极有故障,采用元器件替换法更换电极。

8. 定标通过,做质控,质控正常,样本测试,仪器工作一切正常。

9. 整理维修数据,记好维修记录。

**故障实例三**

【**故障现象**】 无法正常启动,烧保险丝。

【**故障分析**】

1. 仪器烧保险丝,说明电源电路有故障,PSU 板上有元器件击穿。

2. 仪器烧保险丝,说明负载电路有故障,CPU 板、显示板、放大板、泵电机、电磁阀等负载有故障。

【**检修步骤**】

1. **询问了解故障现象**　询问用户故障现象,根据故障代码,进行故障分析,判断故障发生的部位,确定应携带哪些配件到现场维修。

2. **判定故障类型**　电路故障。

3. 采用直观检查法,对整机进行认真仔细的检查,重点检查电源电路和负载电路,检查 PSU 板、CPU 板、放大板、泵电机、电磁阀是否有异常现象。

4. 采用电压测量法,测量整机工作电压±5V、±12V 和±24V 是否正常。

5. 采用电阻测量法,检查电源变压器以及 PSU 板上电源部分的元器件是否正常。

6. 采用断路分割法将负载电路断开,将 CPU 板和显示板断开,将泵电机、电磁阀断开,通电观察保险丝是否正常。

7. 将负载电路电磁阀接上,还烧保险丝,说明电磁阀有故障,采用电阻测量法测量电磁阀线圈,常见匝间短路。

8. 采用元器件及板替换法更换电磁阀,仪器通电测试正常。

9. 对血气分析仪进行定标,样本测试,质控,仪器工作正常。

10. 整理维修数据,记好维修记录。

**故障实例四**

【**故障现象**】 定标值不稳定、漂移,定标不通过。

【**故障分析**】

1. 检查 7.3 定标液、6.8 斜标液进样是否正常。

2. 检查定标气体和斜标气体是否正常。

3. 以上两项都正常,定标不稳定、漂移,说明电极故障。

【**检修步骤**】

1. **询问了解故障现象**　询问用户故障现象,根据故障代码,进行故障分析,判断故障发生的部位,确定应携带哪些配件到现场维修。

2. **判定故障类型**　液路和气路故障。

3. 采用直观检查法,对整机进行认真仔细的检查,重点观察定标过程是否有异常现象。

4. 利用仪器故障诊断程序,检查 7.3 定标液、6.8 斜标液进样是否正常,检查定标气体和斜标气体是否正常。

5. 经检查,若液路和气路不正常,处理液路和气路;若正常,电极故障。

6. 采用清洁保养法,对电极进行除蛋白、活化,电极添加电解液,处理参比电极,清洗电极膜,添加 KCl 晶体和饱和液。

7. 若定标还不通过,采用元器件替换法更换元器件。

8. 对血气分析仪进行定标,样本测试,质控,仪器工作正常。

9. 整理维修数据,记好维修记录。

### 故障实例五

【故障现象】pH 定标正常,气体定标不通过。

【故障分析】

1. pH 定标正常,说明 7.3 定标液、6.8 斜标液液路工作正常。

2. 检查定标气体和斜标气体是否正常。

3. 若定标气体和斜标气体正常,说明 $PCO_2$ 和 $PO_2$ 电极故障。

【检修步骤】

1. **询问了解故障现象**　询问用户故障现象,根据故障代码,进行故障分析,判断故障发生的部位,确定应携带哪些配件到现场维修。

2. **判定故障类型**　液路和气路故障。

3. 采用直观检查法,对整机进行认真仔细的检查,重点观察定标过程是否有异常现象。

4. 利用仪器故障诊断程序,检查 7.3 定标液、6.8 斜标液进样是否正常,检查定标气体和斜标气体是否正常,经检查 7.3 定标液、6.8 斜标液进样正常。

5. 经检查气路不正常,处理气路电磁阀、连接气体的毛细管,气瓶的表头是否漏气,气瓶气体是否充足;若正常,电极故障。

6. 采用清洁保养法,对电极进行除蛋白、活化,处理 $PCO_2$ 和 $PO_2$ 电极。

7. 若定标还不通过,采用元器件替换法更换电极。

8. 对血气分析仪进行定标,样本测试,质控,仪器工作正常。

9. 整理维修数据,记好维修记录。

### 故障实例六

【故障现象】定标正常,斜标进样不正常有气泡。

【故障分析】

1. 血气定标正常,说明 7.3 定标液液路工作正常。

2. 斜标进样不正常有气泡,说明 6.8 斜标液液路工作不正常。

3. 若液路和气路工作正常,定标不通过,说明电极故障。

【检修步骤】

1. **询问了解故障现象**　询问用户故障现象,根据故障代码,进行故障分析,判断故障发生的部位,确定应携带哪些配件到现场维修。

2. **判定故障类型**　液路故障。

3. 采用直观检查法,对整机进行认真仔细的检查,重点观察定标过程中定标和斜标是否有异常现象。

4. 利用仪器故障诊断程序,检查7.3定标液进样正常,检查6.8斜标液不正常。

5. 经检查6.8斜标液不正常,检查样本泵管、试剂泵管、探针接口、电磁阀等;若正常,电极故障。

6. 采用清洁保养法,对电极进行除蛋白、活化,电极添加电解液,处理参比电极,清洗电极膜,添加KCl晶体和饱和液。

7. 若定标还不通过,采用元器件替换法更换电极。

8. 对血气分析仪进行定标,样本测试,质控,仪器工作正常。

9. 整理维修数据,记好维修记录。

**故障实例七**

**【故障现象】** 定标、斜标正常,样本测试进样不正常。

**【故障分析】**

1. 定标正常,说明7.3定标液、6.8斜标液液路工作正常。

2. 定标正常,说明定标气体和斜标气体气路正常。

3. 定标正常,电极故障。

4. 样本测试进样不正常,说明样本进样通道不正常。

**【检修步骤】**

**1. 询问了解故障现象** 询问用户故障现象,根据故障代码,进行故障分析,判断故障发生的部位,确定应携带哪些配件到现场维修。

**2. 判定故障类型** 液路和气路故障。

3. 采用直观检查法,对整机进行认真仔细的检查,重点观察样本进样通道是否有异常现象。

4. 利用仪器故障诊断程序,检查7.3定标液、6.8斜标液进样是否正常,检查定标气体和斜标气体是否正常,经检查7.3定标液、6.8斜标液进样正常,定标气体和斜标气体正常。

5. 检查样本进样通道、探针室是否堵或漏,探针接口是否有微堵,电极室电极之间是否漏气,电极室出口导管是否微漏,样本泵管是否拉力不足。定标液与样本比较,血液黏稠,虽然定标正常,但是样本进样通道若微堵、微漏,样本进样就不正常,对样本进样通道进行处理。

6. 对血气分析仪进行定标,样本测试,质控,仪器工作正常。

7. 整理维修数据,记好维修记录。

# 六、GEM3000 血气分析仪的整机分析

## (一) 概述

GEM Premier 3000 血气分析仪是美国 IL(实验仪器)公司生产的高档重症监护血气分析仪(图6-11),它采用一体化、抛弃型分析包技术,以及免保养生物平板传感器,比传统的血气分析仪减少了许多消耗品和人工保养。此外,IQM(智能化质控管理)技术的使用使得分析包处于自动连续监测状态,发现错误将自动纠正、归类和记录,进而保证了仪器的稳定性。

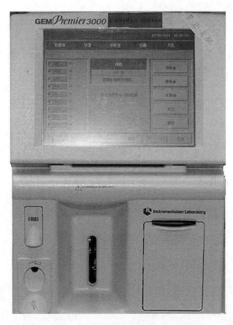

图 6-11 GEM3000 血气分析仪

**（二）GEM3000 血气分析仪的工作原理**

GEM Premier 3000 分析包的主要组分是一块传感器卡,它含有一个体积小且不透气的腔,供标本和传感器接触。pH、$PCO_2$、$PO_2$、$Na^+$、$K^+$、$Ca^{2+}$、葡萄糖、乳酸和血细胞比容的传感器,以及参比电极都附着在腔内,上面覆有化学敏感薄膜。当分析包插入仪器时,这个腔恰被安置在一个(37±0.3)℃的恒温模块上,以保持标本的温度,同时传感器被接入电路。

分析包内有 A、B 两种试剂,用于校正和(或)内部的过程控制。A、B 试剂提供除血细胞比容外所有参数的高、低浓度校正,而血细胞比容只由 B 试剂单浓度校正。校正前,A 和 B 被作为未知溶液检测,数据记录于数据库。校正时,依据这些数据来调整随时间可能产生的斜率波动和漂移。另有第三种试剂 C,既用于低浓度氧校正,又用作葡萄糖和乳酸传感器的保养液,以及用来消除微量凝集、清洁标本通道。

每种试剂都存放于一个不透气的密封袋内。试剂在生产时经气压测量达到合适的气体水平后,由灌注去除剩余的气体空间。没有气泡的试剂可以在较宽的温度范围和大气压力范围内保存和使用,而溶解其中的气体浓度不变。此外,分析包还组合有一种参比溶液、分配阀、泵管、进样器和废液袋。通向废液袋的管道上安装有单向阀,以阻止废液倒溢。

GEM Premier 3000 抛弃型分析包使用的电化学传感器构筑在一普通的塑料层上。硝酸银溶液从标有"参比液入口"的管道进入,提供给流路中的参比电极,为系统提供高稳定的参比电压。

除血细胞比容和参比电极外的其他电极由多层聚合体薄膜黏合在基底层上组成。每个传感器下面有一个金属触点露于基底层底部,构成仪器的通电界面。

**（三）GEM3000 血气分析仪的性能参数**

**1. 正常工作条件** 见表6-1。

表 6-1 GEM3000 血气分析仪的正常工作条件

| 样本 | 全 血 | |
| --- | --- | --- |
| 测试项目 | pH、$PCO_2$、$PO_2$、$Na^+$、$K^+$、$Ca^{2+}$、葡萄糖、乳酸和血细胞比容 | |
| 环境条件 | 环境温度:15~35℃<br>相对湿度:5%~90%<br>大气压力:不适用。气体校准袋内没有气泡空间,在很宽的气压范围内运作,袋内溶解的气体浓度没有变化 | |
| 电压、频率 | 电压:85~265V;频率:45~65Hz | |

**2. 保存要求**

（1）仪器的保存:保存在最初的包装内。

（2）GEM 分析包的保存：15～25℃。

（3）GEM 分析包的保存期限：有效期见分析包标签。分析包能在有效期内（包括限期当日）插入仪器。

（四）GEM3000 血气分析仪的维护和保养

**1. 清洁触摸屏**　无须拔下电源插头，但要小心别让水或清洁剂进入仪器。

（1）用水或温和的清洁剂将柔软的清洁布湿润。

（2）小心擦拭屏幕上的手指印和其他污迹。

**2. 清洁仪器**

（1）关闭仪器。

（2）拔去电源或 UPS 的插头。

（3）如果仪器还连接其他设备或电脑，拔掉并去除仪器表面的血渍和灰尘。

（4）将仪器放在一个不渗水的桌面上。

（5）用 1∶1 漂白剂混合液湿润柔软的清洁布，擦拭仪器表面，去除血渍和灰尘。

（6）检查分析包安装室，如果有明显的潮湿，用棉签蘸取清洁剂擦拭安装室底部和门口外。

（7）清除安瓿开启器抽屉内的废品，置于生物废品袋中。

（8）用清洁剂去除仪器和安瓿开启器抽屉内的质控品残留。

（9）需要时，挪动仪器于另一个位置，用 1∶1 漂白清洁剂湿润的布或纸巾清洁仪器摆放过的桌面。

（10）将擦拭过的布或纸巾置于生物废品袋中。

（11）将软布以清洁剂湿润，擦拭电源线（从插座上拔下来）。

（五）GEM3000 血气分析仪的注意事项

1. 只使用被水或温和的清洁剂湿润的柔软清洁布，不要使用含研磨成分的清洁液或漂白剂混合液，它们会损坏屏幕。

2. 如果是仪器内装有分析包，根据在 shut down 时的提示，需要在 20 分钟或 1 小时内恢复供电。

3. 标本及时检测。

（六）GEM3000 血气分析仪的故障实例

**故障实例一**

**【故障现象】** Err BAD Cal/Sample Gnd or Temp（校正/样品的本底或温度错误）。

**【故障分析】**

1. 本底或温度的模数转换结果没有达到预定值。

2. 电路板（P/N:00024005013）故障。

**【检修步骤】**

1. 当仪器在样本测量时出现此故障，系统会提示是否放弃目前的测试。我们选择放弃，待出现开始状态时，我们尝试重新测试样本。

2. 如果还是出现上述故障，我们尝试正常关机后重新开机，让仪器重新复位试之。

3. 如果故障依旧,则怀疑是电路板(P/N:00024005013)故障,可通过替代法来维修。

**故障实例二**

【故障现象】 Err Arm/Valve Homing(吸样针/分析包阀门位置错误)。

【故障分析】

1. 位置传感器问题。

2. 针/阀门控制电路问题。

3. 机械部分问题。

【检修步骤】

1. 我们可以先关机 3 分钟后重新开机,在开机初始化过程中认真观察吸样针的机械动作。

2. 如果机械动作正常,则应该考虑传感器是否正常。

3. 如果机械动作不正常,则考虑电路板(P/N:000500048)故障,这块电路板的主要功能是控制阀及马达、驱动分析包的门、控制条形码等。注意如果更换这块电路板,有可能要重装系统,否则可能会出现屏幕黑白间断性闪烁。

4. 在排除传感器及电路板故障后,便考虑机械部分故障。

**故障实例三**

【故障现象】 Err 1.05、1.06(仪器无法检测到分析液)。

【故障分析】

1. 分析包问题。

2. 蠕动泵机构问题。

【检修步骤】

1. 分析包问题可以用替代法来维修。

2. 排除分析包问题后,多数为蠕动泵机构问题引起,它需要$(6.2\pm0.1)$bs 的压力,通过滚轴挤压泵管使试剂流动,如果压力不足也可能出现以上报警,压力可以调节,但需要专用工具。如果滚轴走不顺可用无水乙醇清洁它。如果滚轴没有机械动作,可能为控制马达的电路板或马达本身有问题。

# 第二节　电解质分析仪

## 一、概述及临床应用

电解质是指在溶液中能解离成带电离子而具有导电性能的一类物质,包括无机物和部分有机物,主要指 $K^+$、$Na^+$、$Cl^-$、$Ca^{2+}$、$Mg^{2+}$、无机磷和 $HCO_3^-$ 等电解质。电解质在机体中具有许多重要的生理功能。当机体的某些器官发生病变或受到外源性因素的影响时,都可能引起或伴有电解质代谢紊乱。电解质测定的临床意义如下:

(1) 人体内电解质的紊乱属于全身性疾病,其中脏器与组织比较广泛,会引起各器官、脏器生理功能失调,特别对心脏和神经系统的影响最大。

（2）电解质含量的高低偏离往往与人体的某些疾病相联系。如体液中低钠多起因于呕吐,腹泻,慢性肾上腺皮质功能减退,急、慢性肾衰竭,糖尿病酮症酸中毒等;钠过多常见于心源性水肿、肝腹水、肾上腺皮质功能亢进、脑瘤等。

（3）电解质含量的过量偏离会影响人的正常代谢和抗病能力。

（4）电解质与水的代谢紊乱病大多为体质性慢性疾病,常伴有遗传倾向,影响人的生长、发育、成熟和衰老过程。

电解质分析仪是专门为临床实验室而设计的采用离子选择电极测量离子浓度的分析仪器。电解质分析仪主要检测 $Na^+$、$K^+$、$Cl^-$,部分机型还可检测 $Li^+$、$Ca^{2+}$、$Mg^{2+}$ 等离子。

---

**知识链接**

测定电解质的方法

测定电解质的方法很多, 有火焰光度法、离子选择电极法、原子吸收光度法、比色法、滴定法等。目前测定人体血液、尿液中的 $K^+$、$Na^+$、$Cl^-$、$HCO_3^-$、$Ca^{2+}$ 等离子一般都采用离子选择电极法。

---

## 二、电解质分析仪的基本原理

$K^+$、$Na^+$ 和 $Cl^-$ 的血液分析采用离子选择电极法。离子选择电极法是以测量电池的电动势为基础的定量分析方法,将离子选择电极和一个参比电极连接起来,置于待检的电解质溶液中,构成测量电池,此电池的电动势与测量离子活度的对数符合能斯特方程。

离子选择电极由钾、钠和氯离子活度的作用而产生不同的电位。这种电位的变化由离子活度决定,与离子浓度成比例。离子活度是指电解质溶液中参与电化学反应的离子的有效浓度。离子活度（$\alpha$）和浓度（$c$）之间存在定量关系,其表达式为 $\alpha_i = \gamma_i c_i$。式中,$\alpha_i$ 为第 $i$ 种离子的活度;$\gamma_i$ 为第 $i$ 种离子的活度系数;$c_i$ 为第 $i$ 种离子的浓度。$\gamma_i$ 通常小于1,在溶液无限稀时,离子间相互作用趋于零,此时活度系数趋于1,活度等于溶液的实际浓度。不同种类的离子选择电极的问世为选择性测定离子活度提供了方便。根据能斯特方程,电极电位与离子活度的对数成正比,因此可对溶液建立起电极电位与活度的关系曲线,此时测定了电位,即可确定离子活度。测量仪器为电位差计或专用离子活度计。

离子选择电极法有两种,一种是直接电位法,另一种是间接电位法。

**1. 直接电位法**　即样品及标准液不经稀释直接进入离子选择电极管道进行电位分析,因为离子选择电极只对水相中解离的离子选择产生电位,与样品中的脂肪、蛋白质所占据的体积无关。

**2. 间接电位法**　样品及标准液要用指定的离子强度与 pH 稀释液进行高比例稀释,而后送入电极管道测量其电位。

## 三、电解质分析仪的基本组成和结构

电解质分析仪通常是由测量毛细管、恒温室、吸样泵、冲洗泵、高输入阻抗放大器、微机、显示打印等几部分组成。电解质分析仪的结构方框图如图 6-12 所示。

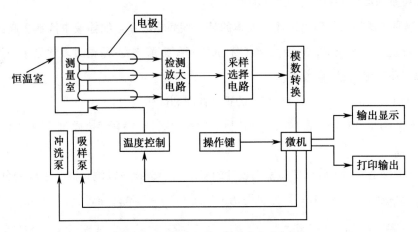

图6-12　电解质分析仪的结构方框图

1. **测量毛细管**　在临床生化检验中,使用的电解质分析仪多采用直接电位法来测量,并且为了达到进一次样能测定多种离子的功能,普遍采用流动式的毛细管结构。在毛细管的侧壁开几个孔,孔中插有各种离子选择性电极。在真空泵的负压作用下,样品液被吸入毛细管中,和各个电极接触。这样,一次进样便可以同时测得所需的多个参数。测得的参数经过各个电极自己的放大器将信号加以放大,最后将测量结果在各个显示器同时显示出来。测量室之所以做成毛细管,是为了减少试剂和样品液的用量。一般的电解质分析仪每次用样量约为0.1ml。

2. **恒温室**　由能斯特方程可知,各种电极电位均受温度变化的影响。为了得到精确的测试结果,这些电极通常都装在一个恒温室中,以减少温度变化的影响。恒温室的温度变化应≤0.1℃,有的甚至要求≤0.001℃。

3. **吸样泵和冲洗泵**　为了要进行自动吸样、冲洗等功能,电解质分析仪大都备有正压和负压两只泵。其中,负压泵产生的负压用来抽吸定标液和样品液,以便使它们依次通过各个电极;正压泵产生的压力加在清洗液瓶内,迫使清洗液去冲洗管路和电极,以防止交叉污染。

4. **高输入阻抗放大器**　医用电解质分析仪由于要适应多种电极,并且各电极所用的材料又不相同,如有的电极采用有机膜、有的电极采用玻璃膜,它们的内阻从几千欧到一千兆欧不等。这样,就要求电解质分析仪应有一个输入阻抗≥1012Ω,稳定性优于0.1mV/h的直流放大器,以适应内阻最大的选择性电极测量的需要。

5. **微机控制以及显示打印电路**　信号经过放大、模数转换后,送给仪器的微机单元。经过微机运算、处理后,再分别送到显示单元显示或由打印机打印出测量结果。微机还控制了测量室温度的高低和管路系统的动作。

## 四、电解质分析仪的保养和维护

为了保证电解质分析仪的正常使用,通常要进行每日保养、每周保养、每月保养、每季度保养以及不定期保养。

### 1. 每日保养

（1）检查试剂量,不足 1/4 时需更换。

（2）清洁仪器表面及吸样探针。

（3）倒废液瓶。

### 2. 每周保养　做除蛋白、活化及执行每天保养程序。

### 3. 每月保养

（1）取下泵管,清洗泵管内试剂通道的阻塞。

（2）清洁泵管不锈钢转轴(用乙醇棉球)。

（3）在泵管的弯形处涂上润滑剂(硅油、白凡士林等)。

（4）进行活化程序继续完成日保养和周保养。

### 4. 每季度保养　做每日、每月、每周检查保养及电极 mV 的测试,电极的 mV 值见表 6-2。

表 6-2　各电极的 mV 值

| 电极 | CAL 液体实验 | 电极 | SLOPE 液体实验 |
| --- | --- | --- | --- |
| $K^+$ | 35～100mV（A） | $K^+$ | A-6mV |
| $Na^+$ | 35～100mV（B） | $Na^+$ | B+17mV |
| $Cl^-$ | 35～100mV（C） | $Cl^-$ | C+7.5mV |

检查后更换电极内的 $K^+$、$Na^+$、$Cl^-$电极液。注意:旧电极内液倒掉,打入新电极液时,须保证电极前端无气泡。

### 5. 不定期保养

若发现定标不好,特别是 $Na^+$,而且已按上述检查保养过或更换新的试剂故障依然存在,可能是参比电极内有结晶堵塞,可做参比电极内除结晶保养。保养如下:打开参比外电极盖,用干净的注射器抽出饱和氯化钾液体,用专用工具拧开参比电极,放在盛有饱和氯化钾的小瓶内,一定注意参比电极不能在空气中多于 10 分钟,将 40℃左右的温水倒入参比内电极的小孔内,浸泡结晶堵塞物,直到堵塞物全部溶解,露出反应小孔为止。倒空溶解的水,用备用的注射器从参比内电极处打入 4ml 氯化钾液体,直到通道处和小孔处相平。拧入参比电极,从参比外电极上孔处打入 4ml 氯化钾液体灌至槽线处,拧上盖,用手甩动电极,保证电极顶部和通道处无气泡。

## 五、AVL 9181 电解质分析仪的整机分析

> **➡ 课堂活动**
>
> 为了保证电解质分析仪的正常使用,如何对电解质分析仪进行保养和维护?

AVL 9181 电解质分析仪可以快速、精确、高效地进行电解质测量。它是用来从样本中检测钠离子、钾离子、氯离子、钙离子和锂离子的仪器。样本可以是全血、血清、血浆、尿液、透析液和水性溶液。

### （一）AVL 9181 电解质分析仪的工作原理

AVL 9181 电解质分析仪是采用离子选择电极测量法来实现精确检测的。AVL 9181 电解质分析仪上有 6 种电极:钠、钾、氯、离子钙、锂和参比电极。每个电极都有一离子选择膜,会与被测样本

中相应的离子产生反应。膜是一离子交换器,与离子电荷发生反应而改变了膜电势,就可检测电极液、样本和膜间的电势。

膜两边被检测的两个电势差值会产生电流,样本、参考电极、参考电极液构成"回路"一边,膜、内部电极液、内部电极为另一边。内部电极液和样本间的离子浓度差会在工作电极的膜两边产生电化学电压,电压通过高传导性的内部电极引到放大器,参考电极同样引到放大器的地点。通过检测一个精确的已知离子浓度的标准溶液获得定标曲线,从而检测样本中的离子浓度。

(二) AVL 9181 电解质分析仪的基本结构和组成

**1. 整机结构** 如图 6-13 所示。

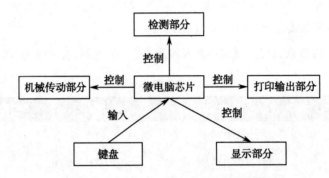

图 6-13　AVL 9181 电解质分析仪结构框图

(1) 微电脑芯片:主要对仪器各部件的动作进行控制,并对前置放大器采集的电极值进行处理和计算,完成仪器设定的工作程序。

(2) 打印机输出部分:将测试结果打印出来。

(3) 显示部分:主要是液晶显示器,作用是将测量结果显示输出,并显示仪器操作提示等参数。

(4) 键盘:用于控制仪器工作和输入数据。

(5) 检测部分:主要包括测量室、电极、检测放大电路及试剂包等,其作用是对样本进行测量,并将测量结果反馈给微电脑芯片。

(6) 机械传动部分:主要包括蠕动泵、夹断阀及液流管道系统,主要作用将校正液及吸取的样品按工作要求输送至电极管道中,并完成冲洗电极管道、排出废液的工作。

**2. 仪器主要内部结构** 如图 6-14 所示。

(1) 测量室:安放电极并进行测量的场所。

(2) 打印机:将测试结果打印出来。

(3) 蠕动泵和液体控制阀:主要将校正液及吸取的样品按工作要求输送至电极管道中,并完成冲洗电极管道、排出废液的工作。

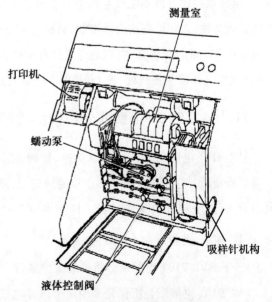

图 6-14　仪器主要内部结构

（4）吸样针机构:主要是吸取样品。

### （三）AVL 9181 电解质分析仪的保养

1. **每日保养**　每天在运行样本检测之前,需要做一个简单的清洁和调整,包括清洁和调整样本通路(含吸样针和电极),准备好清洁液和调整液瓶,并用软绒布擦净吸样针等,以确保仪器性能。这个过程称之为日常保养(每日保养),它每天都要做 1 次。

2. **每周保养**　每周或如果需要,要清洁样本注入口和样本探针,以及仪器表面。如果每天样本少于 5 个,可每周 1 次。

3. **每月保养**　每月保养,比日常保养多清洁参比电极套。要进行这一过程,需要一点家用漂白剂。

4. **半年保养**　每 6 个月,需要更换蠕动泵管。

### （四）AVL 9181 电解质分析仪的故障实例

**故障实例一**

【故障现象】标准液 A 没有检测到。

【故障分析】

1. 试剂包容量低于 5%,或有气泡。

2. 检查标准液 A 管道中或电极通道是否有堵塞。

3. 检查样本传感器安装是否正常。

4. 蠕动泵的问题。

【检修步骤】

1. 检查试剂包液体的剩余量,如果少于 5%,更换试剂包。

2. 标准液 A 管道中或电极通道堵塞,更换管道或电极。

3. 正确安装,并及时清洁样本传感器。

4. 更换蠕动泵。

**故障实例二**

【故障现象】仪器显示"INTERFACE ERROR",即接口错误。

【故障分析】这个信息只在做测试接口程序时才会出现,此时需要接口的 2/3 脚连接。

测试时,从一个脚发送 A、V、L 字符,另一个脚在规定的时间内接收。

【检修步骤】

1. 检查是否 2/3 脚相连。

2. 确认接口没有对地短路。

**故障实例三**

【故障现象】仪器显示"PAPER JAM OR PRINTER DEFECT",即纸堵塞或打印机错误。

【故障分析】仪器内部打印机出现纸堵塞。

【检修步骤】关掉电源,取出打印机模块,去掉堵塞的纸或更换新的打印纸,重新装上,开机。

## 六、XD687 电解质分析仪的整机分析

（一）概述

### 1. XD687 电解质分析仪的特点

（1）采用微处理机技术，仪器工作全部由电脑程序控制。

（2）大屏幕带背光液晶显示，菜单提示，人机对话，操作过程极为简便。

（3）从吸样到显示结果小于 60 秒，均以 mmol/L 值显示。

（4）采用独特的二氧化碳电极技术。

（5）同时测量 $K^+$、$Na^+$、$Cl^-$、$TCO_2$ 四项结果并计算出阴离子隙（AG）值。

（6）仪器自动进行一点定标校正和二点定标校正，自动化程度高。

（7）24 小时连续开机，10 分钟不测试自动进入休眠状态，每 2 小时自动进行 1 次点定标校正，确保样品随时可做。每 4 小时自动进行 1 次二点定标校正。

（8）具有质控程序，以适应不同地区的质控标准，并能进行质控数据处理，计算出 $X$、$SD$ 和 $CV\%$ 值，可绘制和打印出 32 天的质控图。

（9）分析结果不仅在液晶显示器上显示，还可用内置打印机打印出化验报告。

（10）仪器设有 RS-232 标准接口，可与外部计算机连接，进行远距离通讯和数据处理。

（11）可以存储样品测定结果（20 000 个样品）。

（12）可以选配自动采样器，组成全自动电解质分析仪。

### 2. XD687 电解质分析仪的主要用途及适用范围

XD687 电解质分析仪是一种测量快速、操作简便、由工控微机控制的临床电解质分析仪，它采用先进的离子选择性电极测量技术，主要用于临床电解质的分析。适用于直接测量生物样品如血清、血浆或脑脊液、稀释尿（只测 $K^+$、$Na^+$、$Cl^-$ 三项）等其他生物体液中的钾（$K^+$）、钠（$Na^+$）、氯（$Cl^-$）、总二氧化碳（$TCO_2$）的浓度值，并能计算出阴离子隙（AG）值。

（二）仪器的基本组成和结构

### 1. 仪器前面板说明　如图 6-15 所示。

（1）废液瓶：废液瓶用于收集测量后废弃的标准液、清洗液及各种样品液，置于仪器外部。

（2）废液管：用于收集测量后废弃的标准液、清洗液及各种样品液入废液瓶。

（3）试剂包：用于装漂移校正液、斜率校正液、缓冲稀释液。

（4）机脚：仪器底盘支撑脚。

（5）前罩板：屏蔽电极室，以防外界电磁干扰。

（6）吸样针：用于吸取样品溶液。吸样时先把吸样针推出，然后插入样品溶液中。吸完样品后，把吸样针推回到原位。

（7）电源指示灯：接通电源，绿色电源指示灯亮，表示仪器电源接通。

（8）液晶显示器：用于显示日期、时间、样品编号、各电极的 mV 值、测量的 mmol/L 浓度值，以及操作仪器的提示菜单。

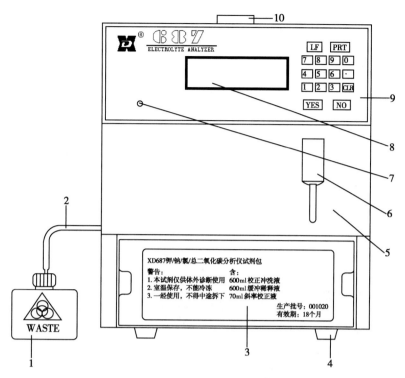

**图 6-15 XD687 电解质分析仪的前面板**
1. 废液瓶 2. 废液管 3. 试剂包 4. 机脚 5. 前罩板 6. 吸样针 7. 电源指示灯 8. 液晶显示器 9. 键盘 10. 打印机盖

（9）键盘:用于确认中文提示的项目及输入数据。PRT:打印机在线离线选择键,按动 PRT 键使液晶显示器左下角有显示即为打印机在线,无显示为打印机离线。打印机离线时仪器不打印。LF:打印机走纸键,在打印机离线时有效。YES:确认键,具体使用参照工作流程图。NO:菜单返回键,具体使用参照工作流程图。0 ~ 9:数据输入键。.:小数点。CLR:修改键,用于修改错误的数据输入。

（10）打印机盖:用于新装打印纸。

**2. 仪器后面板说明** 如图 6-16 所示。

（1）自动采样器接口:可与选配件自动采样器相连,组成自动电解质分析仪。

（2）仪器软件升级专用接口。

（3）开关电源风扇。

（4）开关电源备用插座。

（5）开关电源插座:输入 ~220V±10%、50Hz±2% 电源。

（6）熔断器:3A/250V(5×20)。

（7）电源开关:按向 0 为关,按向 1 为开。

（8）RS-232 接口:可与外部计算机相连。

（9）仪器标牌。

（10）后盖板。

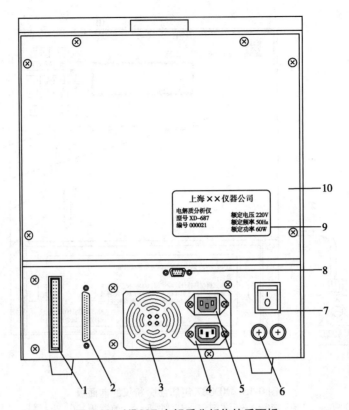

上海××仪器公司

电解质分析仪
型号 XD-687
编号 000021

额定电压 220V
额定频率 50Hz
额定功率 60W

**图 6-16 XD687 电解质分析仪的后面板**
1. 自动采样器接口 2. 仪器软件升级专用接口 3. 开关电源
风扇 4. 开关电源备用插座 5. 开关电源插座 6. 熔断器
7. 电源开关 8. RS-232 接口 9. 仪器标牌 10. 后盖板

**（三）仪器的工作原理**

XD687 电解质分析仪采用离子选择性电极的测量原理来测定样品溶液中的钠（$Na^+$）、钾（$K^+$）、氯（$Cl^-$）、总二氧化碳（$TCO_2$）的浓度值。离子选择性电极是一种化学传感器，它能将溶液中某种特定离子的活度转变成电位信号，然后通过仪器来测量。

XD687 电解质分析仪采用比较法来测量样品溶液中的 $K^+$、$Na^+$、$Cl^-$、$TCO_2$ 浓度。即先测量 2 个已知浓度的标准液（漂移校正液和斜率校正液）中 $K^+$、$Na^+$、$Cl^-$、$TCO_2$ 的电极电位，在仪器程序内建立一条校准曲线，然后再测量样品溶液中 $K^+$、$Na^+$、$Cl^-$、$TCO_2$ 的电极电位，从已建立的校准曲线上求出样品溶液中 $K^+$、$Na^+$、$Cl^-$、$TCO_2$ 的浓度（mmol/L）。

由于阴离子隙是临床上用来评价酸碱紊乱的一个重要指标，XD687 分析仪是在测定 $K^+$、$Na^+$、$Cl^-$、$TCO_2$ 的同时，由仪器内的微机计算出阴离子隙（AG）值。

**（四）仪器的维护和保养**

XD687 电解质分析仪需进行定期的维护工作，严格执行以下的维护程序将使仪器工作状态稳定，并减少故障的发生。

**1. 每天维护**

（1）每天检查显示器显示的试剂容量，显示"试剂容量 2%"时，说明试剂包内的试剂将要用完。此时，若是仪器定标出现"吸样有气泡"，即需要进行更换试剂包。

1）打开仪器前面的板罩盖,将试剂包接头从试剂管道转接头上拔下,取出空的试剂包。

2）取出新的试剂包,拉出试剂包接头,将试剂包放回仪器上。

3）将试剂包接头插入试剂管道转接头上。

4）倒空废液瓶放置在仪器左边的位置上,连好废液管。

5）重新装好前面的板罩盖。

注意:试剂包一经使用,不得中途拆下保留备用,以免试剂不密封造成试剂包溶液浓度变化。

（2）如果样品一天超过 20 个,最好每天做 1 次除蛋白保养。

（3）如发现 $Na^+$ 电极响应慢、不稳定或测试有偏差,应用电极活化剂活化玻璃电极。

### 2. 每周维护

（1）进行每天维护。

（2）对电极进行活化保养。

（3）对电极进行除蛋白保养。

（4）对参比电极组件进行保养。

1）由于参比电极组件在使用中其内充液会缓慢增加,故对参比电极组件需定期保养。

2）每周检查参比电极组件内充液的液位是否在液位线上,如果内充液高于液位线接近充满参比电极组件时,请用注射器从加液孔中抽取多余的内充液至液位线。

### 3. 每年维护

（1）进行每天维护。

（2）每周维护。

（3）更换泵管及管道,以免泵管及管道使用时间过长而老化,引起液流管道系统渗漏。注意:泵管及管道每年更换 1 次。

（五）XD687 电解质分析仪常见故障实例分析

**故障实例一**

【故障现象】仪器显示“吸定标 I 有气泡”或显示“吸定标 II 有气泡”。

【故障分析】

1. 试剂包容量低于 2%,试剂包出液管道中有气泡。

2. 样品测量管道之间的 O 形密封圈没有压紧和位置不准确。

3. 吸样针与电极管道之间的连接管道松动。

4. 泵管老化,夹断阀的管道破裂。

【检修步骤】

1. 经判定是液路故障。

2. 对整机液路部分按照液路图进行认真仔细的检查,重点检查电极室、吸样针、泵管、各个管道和试剂包等。

3. 采用清洁法处理吸样针、管道,检查吸样针与电极管道之间的连接管道是否松动;检查电极室电极之间的 O 形圈是否正常;检查泵管是否堵或漏及是否老化,夹断阀的管道是否破裂;检查试剂包容量是否低于2%,低于2%检查试剂包出液管道中是否有气泡,如有气泡请更换试剂包。

4. 经过以上清洁保养处理后,定标正常无气泡现象,定标不通过,说明电极有故障。

5. 对电极进行保养,添加电极液,处理参比电极,添加 KCl 晶体和 KCl 饱和液,对电极进行除蛋白、活化。

6. 定标还不通过,说明电极有故障,采用元器件替换法更换电极。

7. 定标通过,做质控,质控正常,样本测试,仪器工作一切正常。

**故障实例二**

【故障现象】一点定标有数据,但定标数据不稳(即仪器一直显示要求做定标 I )。

【故障分析】

1. 电源的接地线接触不良。

2. 测量电极和参比电极的电极触点与电极架上的触点接触不良。

3. 前罩板两边的直角铜片与仪器上 2 个吸珠没有可靠相吸。

4. 漂移校正液进入样品测量管道时有气泡产生。

5. 参比电极内无 KCl 晶体。

6. 仪器附近有强干扰源。

【检修步骤】

1. 判定故障类型是液路故障。

2. 对整机液路部分按照液路图进行认真仔细的检查,重点检查电极室、吸样针、泵管、各个管道等。

3. 采用清洁法处理吸样针、管道,检查吸样针与电极管道之间的连接管道是否松动;检查电极室电极之间的 O 形圈是否正常;检查泵管是否堵或漏及是否老化,夹断阀的管道是否破裂。

4. 采用电阻测量法,检查仪器所用电源的接地线是否良好,用导线将仪器外壳与专用地线可靠相接。

5. 检查各测量电极和参比电极的电极触点与电极架上的触点接触是否良好。

6. 打开仪器前罩板,观察前罩板两边的直角铜片是否与仪器上两个吸珠可靠相吸。如果没有可靠相吸,调整直角铜片的固定螺丝,使直角铜片与 2 个吸珠可靠相吸。

7. 打开仪器前罩板,观察漂移校正液进入样品测量管道时是否有气泡产生。如有气泡产生,检查混匀器、钾、钠、氯、TCO_2、参比电极组成的样品测量管道之间的 O 形密封圈是否压紧和位置是否准确;吸样针与电极管道之间的连接管道是否松动;泵管是否老化,夹断阀的管道是否破裂。

8. 仪器附近是否有强干扰源,仪器应远离干扰源。

9. 经过以上清洁保养处理后,定标正常无气泡现象,定标不通过,说明电极有故障。

10. 对电极进行保养,添加电极液,处理参比电极,添加 KCl 晶体和 KCl 饱和液,对电极进行除蛋白、活化。

11. 定标还不通过,说明电极有故障,采用元器件替换法更换电极。

12. 定标通过,做质控,质控正常,样本测试,仪器工作一切正常。

**故障实例三**

【故障现象】测定标 I mV 值时,显示屏上电极符号后面的 mV 值数据不在正常范围(30 ~

170mV)内,电极的 mV 值不正常。

**【故障分析】**

1. 仪器管道液路有脱落和破裂,漂移校正液通过液体中有气泡,管道中有漏气。

2. 试剂包容量不充足,管道中有气泡。

3. 泵管堵或漏,老化拉力不足。

4. 样品测量管道之间的 O 形密封圈没有压紧和位置不准确。

5. 钾、钠、氯、$TCO_2$ 电极的 mV(毫伏)值都不在 30 ~ 170 内。

**【检修步骤】**

1. 判定故障类型是液路故障。

2. 对整机液路部分按照液路图进行认真仔细的检查,重点检查电极室、吸样针、泵管、各个管道等。

3. 采用清洁法处理吸样针、管道,检查吸样针与电极管道之间的连接管道是否松动;检查电极室电极之间的 O 形圈是否正常;检查泵管是否堵或漏及是否老化,夹断阀的管道是否破裂。

4. 检查试剂包容量是否充足,管道中是否有气泡。

5. 对电极进行保养,添加电极液,处理参比电极,添加 KCl 晶体和 KCl 饱和液,对电极进行除蛋白、活化。

6. 经过以上清洁保养处理后,定标正常无气泡现象,定标不通过,说明电极有故障。

7. 测量电极的 mV(毫伏)值,钾、钠、氯、$TCO_2$ 电极的 mV(毫伏)值是否在 30 ~ 170 内,若不在范围内,更换电极。

8. 定标通过,做质控,质控正常,样本测试,仪器工作一切正常。

## 复习导图

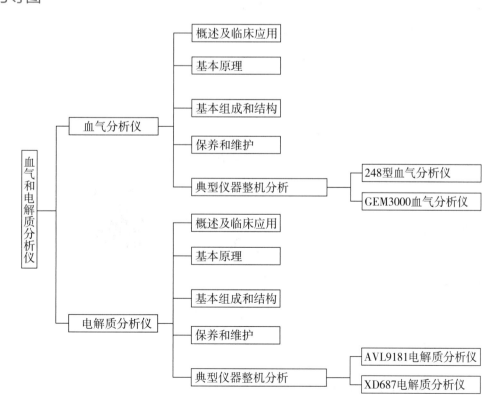

## 目标检测

### 一、选择题（单选题）

1. 血气分析仪是利用电极对人全血中的酸碱度(pH)、二氧化碳分压($PCO_2$)和氧分压($PO_2$)进行测定的仪器,主要应用于(　　)功能诊断和酸碱平衡诊断

  A. 呼吸        B. 消化

  C. 神经        D. 内分泌

2. 血气分析仪的 pH 系统使用(　　)两种标准缓冲液来进行定标

  A. 7.383 和 6.838    B. Wash 和纯净水

  C. 纯净水和 7.383    D. 6.838 和纯净水

3. 血气分析仪氧和二氧化碳系统用(　　)两种混合气体来进行定标

  A. 定标气体含 15% 的 $CO_2$ 和 10% 的 $O_2$ 和斜标气体含 10% 的 $CO_2$ 和 0% 的 $O_2$

  B. 定标气体含 5% 的 $CO_2$ 和 12% 的 $O_2$ 和斜标气体含 20% 的 $CO_2$ 和 0% 的 $O_2$

  C. 定标气体含 5% 的 $CO_2$ 和 12% 的 $O_2$ 和斜标气体含 10% 的 $CO_2$ 和 0% 的 $O_2$

  D. 定标气体含 10% 的 $CO_2$ 和 20% 的 $O_2$ 和斜标气体含 10% 的 $CO_2$ 和 0% 的 $O_2$

4. $K^+$、$Na^+$ 和 $Cl^-$ 离子的血液分析采用(　　)

  A. 荧光免疫分析法    B. 电化学分析法

  C. 酶免疫分析法     D. 离子选择电极法

5. XD687 电解质分析仪采用先进的离子选择性电极测量技术测量钾($K^+$)、钠($Na^+$)、氯($Cl^-$)和(　　)的浓度值

  A. 钙($Ca^{2+}$)      B. 钾($K^+$)

  C. 总二氧化碳($TCO_2$)   D. 钠($Na^+$)

### 二、简答题

1. 血气和电解质分析仪在临床上有哪些应用?

2. 简述电解质分析仪的工作原理。

3. 248 型血气分析仪如何进行液路分析?

4. 简述 XD687 电解质分析仪定标时出现"定标Ⅱ吸样有气泡",无法定标的故障分析及检修步骤。

# 实训五　血气分析仪的维修

## 一、实训目的

1. 掌握血气分析仪的基本组成和结构及工作原理。

2. 熟悉血气分析仪的基本操作及安装调试技术。

3. 了解血气分析仪的临床应用。

4. 学习血气分析仪的电路、液路故障分析,排除故障,掌握其维修技术。

## 二、实训内容

（一）248 型血气分析仪的基本操作实训

1. 248 型血气分析仪的菜单说明。

2. 248 型血气分析仪的定标过程实训步骤。

3. 血气分析仪的保养和维护实训步骤。

4. 血气分析仪的样本测试实训步骤。

5. 血气分析仪的质控实训步骤。

（二）248 型血气分析仪的维修实训

1. **故障实例一**　仪器无法正常启动,烧保险丝。

2. **故障实例二**　血气定标时,定标值不稳定、漂移。

3. **故障实例三**　血气定标正常,打印机无法正常打印。

4. **故障实例四**　pH 定标正常,气体定标不通过。

5. **故障实例五**　血气定标正常,斜标进样不正常有气泡。

6. **故障实例六**　血气定标、斜标正常,样本测试进样不正常。

## 三、实训步骤

（一）248 型血气分析仪的基本操作实训

1. 248 型血气分析仪菜单说明(略)。

2. 248 型血气分析仪的定标过程实训步骤(略)。

3. 血气分析仪的保养和维护实训步骤(略)。

4. 血气分析仪的样本测试实训步骤(略)。

5. 血气分析仪的质控实训步骤(略)。

（二）248 型血气分析仪的维修实训

参见"五、248 型血气分析仪的整机分析"项下的相关内容。

## 四、实训思考

1. 血气分析仪电路故障,应采用何种维修方法进行检查?

2. 血气分析仪液路故障,应怎样进行检查?

3. 血气分析仪气路故障,应怎样进行检查?

4. 血气分析仪电极故障,应怎样进行处理?

## 五、实训测试

| 学 号 | | 姓 名 | | 系 别 | | 班 级 | |
|---|---|---|---|---|---|---|---|
| 实训名称 | | | | | | 时 间 | |
| 实训测试标准 | 【故障现象】<br>【故障分析】<br>1. 维修前的准备工作　　　　　　　　　　　　　　（1分）<br>2. 对此故障现象进行故障分析　　　　　　　　　（2分）<br>【检修步骤】　　　　　　　　　　　　　　　　　（7分）<br>每个维修实例考核满分标准　　　　　　　　　　（10分） | | | | | | | |
| 自我测试 | | | | | | | |
| 实训体会 | | | | | | | |
| 实训内容测试考核 | 实训内容一:考核分数(　　)分<br>实训内容二:考核分数(　　)分<br>实训思考题1:考核分数(　　)分<br>实训思考题2:考核分数(　　)分<br>实训思考题3:考核分数(　　)分<br>实训思考题4:考核分数(　　)分 | | | | | | | |
| 教师评语 | | | | | | | |
| 实训成绩 | 按照考核分数,折合成(优秀、良好、中等、及格、不及格)<br><br>　　　　　　　　　　　　　　　　　　　指导教师签字:<br><br>　　　　　　　　　　　　　　　　　　　　年　月　日 | | | | | | | |

# 实训六　电解质分析仪的维修

## 一、实训目的

1. 掌握电解质分析仪的基本组成和结构及工作原理。

2. 熟悉电解质分析仪的基本操作及安装调试技术。

3. 了解电解质分析仪的临床应用。

4. 学习电解质分析仪的电路、液路故障分析,排除故障,掌握其维修技术。

## 二、实训内容

### (一) AVL 9181 电解质分析仪的基本操作

1. AVL 9181 电解质分析仪的认知。

2. AVL 9181 电解质分析仪的使用。

### (二) AVL 9181 电解质分析仪的常见故障维修

1. **故障实例一**　标准液 A 没有检测到。

2. **故障实例二**　仪器显示"INTERFACE ERROR",即接口错误。

3. **故障实例三**　仪器显示"PAPER JAM OR PRINTER DEFECT",即纸阻塞或打印机错误。

## 三、实训步骤

### (一) AVL 9181 电解质分析仪的安装

**1. 选择安装位置**

(1) 接地良好的电源座。

(2) 避免太阳直接照射。

(3) 室温控制在 15~32℃。

(4) 最大湿度为 85%。

(5) 仪器周围应有一定的自由空间。

(6) 远离强电磁辐射。

(7) 远离爆炸性气体。

**2. 安装**

(1) 先仔细打开 AVL 仪器包装,不要丢弃包装泡沫。装机前仔细检查仪器各种附件有没有缺损。检查电源线、电极、打印纸、ISE 试剂包、清洁液、电极调整液、ISE-trol 质控、自动进样器、样本盘、样本杯。还需要在仪器旁准备软绒布和样本杯。

(2) 将仪器放在桌子上,桌子上应有足够的操作空间,并方便与电源连接。打开仪器前盖,从阀上轻轻移去 5 个红色的阀垫,保留这些阀垫以备以后长期关机、运输等需要。

(3) 装上蠕动泵管架,确定没有过分拉伸。

(4) 将电极从保护盒中取出,放在柔软清洁的桌面上,检查每个电极左面都应有一个 O 形密封圈。从参比电极上移去红色的传输套,并检查电极上的密封圈是否完整,保留传输套,以备将来关机或维修之需。仔细将参比电极旋进参比电极套。朝前轻轻地尽量拉出测量室,放松左边的固定机构。插上样本传感器电缆插头。检查 O 形密封圈、电极架。安装电极到测量室上,从右往左依次装(参比电极最后装)。检查确定安装无误,且所有的电极安装平整(斜看电极边缘为一直线,与测量室空隙均衡)。锁紧电极左边的电极固定旋钮,从前向后即锁紧。查看电极放得是否合适。向后推上测量室。将参比电极套连着的插头插到测量室下左边的座上。

（5）移去前面板,将白色锁键扳倒针注入口左边并确认。推上自动进样器,内衬有2个插脚在吸样针机构下方。扳动锁键使其固定锁住。按凹口固定连接插头,使凹口适应相交。在阀之下插入。

（6）在自动进样器上放入干净的杯盘,确认安装稳妥。

**（二）AVL 9181 电解质分析仪的操作**

**1. 检查试剂包试剂液面水平** AVL 9181 仪器会监视试剂包试剂水平,并显示剩余量。要检查试剂剩余水平:

（1）按NO,直到提示OPERATOR FUNCTIONS? 按YES。

（2）会提示Change SnapPak?

（3）按YES,显示试剂包中的剩余量。

（4）要更换试剂包时不需进入特别的菜单,只需抓住试剂包拉出。如果较紧,可用手按住试剂包,连接头处(仪器内测量室左边),再拉出。一旦仪器探测到没有试剂包,会提示no SnapPak(没有试剂包)。另外,也可打印当前试剂包的状态。

（5）仔细取下试剂包通道嘴的保护套,保存这些套,可以套在用完的试剂包上,以防污染。

（6）将新试剂包推上仪器左侧的位置上,仪器会提示新试剂包装上吗?

（7）按YES确认已装上,反之按NO。

（8）按YES,仪器会自动复位液面计数器到100%,重新定标。

**2. 进入睡眠状态**

（1）按NO直到提示OPERATOR FUNCTIONS? 按YES。

（2）按NO直到提示Go to Standby Mode? 按YES。

（3）仪器会显示STANDBY! YES->READY。

**3. 要离开睡眠状态**

（1）按NO会提示Standby Mode?

（2）按YES。

**4. 设置日期和时间**

（1）按YES进入"time/date setting"菜单。

（2）当前的日期和时间显示,并问OK? 按NO,可以改变时间/日期;按YES则退出。

（3）按NO直到所需的"日"显示。按YES,显示跳到"月"。

（4）按NO直到所需的"月"显示。按YES。

（5）按NO直到所需的"年"显示。按YES,修改后的日期显示出来。

（6）与上相似的过程修改时间。仪器会提示OK 如果时间正确的话,按YES;否则按NO继续修改。

**5. 修改参数结构** 仪器可以修改参数结构。要改变当前参数配置,进入"OPERATOR FUNCTIONS?"菜单,按YES,再按NO,会显示选择参数结构? 按NO直到所需的参数配置出现。确认了参数结构后,按YES,仪器会回到"READY"状态。如果一个或几个参数选定了,仪器会进入保养菜单,做清洁和保养,再自动做定标。

**6. 复位样本数** 每做一次样本分析,仪器会自动将计数器进一。如想复位计数器,可以进入

OPERATOR FUNCTIONS? 菜单,按 NO 直到显示 Reset Sample Number? 复位计数器至(0),按 YES。会提示 Are you sure?（确认吗?)按 YES,则样本计数器为 0;按 NO,则取消复位动作。

### （三）AVL 9181 电解质分析仪的常见故障维修

常见故障维修参见 AVL 9181 电解质分析仪的整机分析中的故障实例。

## 四、实训思考

1. 电解质分析仪液路故障,如何检查?

2. 电解质分析仪机械故障,如何检查?

## 五、实训测试

| 学　号 | | 姓　名 | | 系　别 | | 班　级 | |
|---|---|---|---|---|---|---|---|
| 实训名称 | | | | | 时　间 | | |
| 实训测试标准 | 【故障现象】<br>【故障分析】<br>1. 维修前的准备工作　　　　　　　　　　　　　　(1分)<br>2. 对此故障现象进行故障分析　　　　　　　　　　(2分)<br>【检修步骤】(7分)<br>每个维修实例考核满分标准　　　　　　　　　　　(10分) | | | | | | |
| 自我测试 | | | | | | | |
| 实训体会 | | | | | | | |
| 实训内容测试考核 | 实训内容一:考核分数(　　　)分<br>实训内容二:考核分数(　　　)分<br>实训思考题1:考核分数(　　　)分<br>实训思考题2:考核分数(　　　)分 | | | | | | |
| 教师评语 | | | | | | | |
| 实训成绩 | 按照考核分数,折合成(优秀、良好、中等、及格、不及格)<br>　　　　　　　　　　　　　　指导教师签字:<br><br>　　　　　　　　　　　　　　　年　月　日 | | | | | | |

（王　嫣）

241

# 第七章

---

# 免疫标记分析仪器

导学情景 ∨

学习目标

1. 掌握免疫标记分析仪器的工作原理、基本组成和结构。

2. 熟悉免疫标记分析仪器的基本操作、安装调试、维护和维修等技能。

3. 了解免疫标记分析仪器的临床应用。

4. 能安装、调试免疫标记分析仪器，并能对使用人员进行培训。

5. 会分析免疫标记分析仪器的电路、液路、光路、机械传动、电脑控制等常见故障，并能采用各种维修方法排除故障。

学前导语

某患者5个月前无明显诱因出现持续钝痛性腰痛且牵涉到臀部，1个月前出现背痛，静止后加重，活动后减轻。无明显缓解来就医。经问诊及查体，患者生命体征平稳，头颈部无特殊，腰部前弯、后仰、侧弯三向活动受限，右侧膝关节肿胀、有压痛。经免疫测定，诊断为强直性脊柱炎。

免疫测定（immunoassay，IA）是指利用抗原和抗体特异性结合反应的特点来检测样本中微量物质的现代医学检验技术。免疫测定的范围不仅是具有免疫原性的物质，还包括免疫球蛋白及其片段、单个补体成分、细胞因子及其受体、细胞黏附分子及其配体、微生物抗原成分及相应抗体、血液中的多种凝血因子、酶及同工酶、小分子。免疫测定应用了现代标记免疫分析技术和非标记免疫分析技术。

现代免疫分析技术主要是指标记的免疫分析技术，根据标记物的性质，结合分析所采用的测定技术，现代免疫分析技术分为酶免疫分析技术、化学发光免疫分析技术、放射免疫分析技术、荧光免疫分析技术等，对应的就有酶免疫分析仪、化学发光免疫分析仪、放射免疫分析仪和荧光免疫分析仪4类免疫标记分析仪。免疫比浊分析技术因没使用标记物，属于非标记免疫分析技术，本章不做论述。

## 第一节　酶免疫分析仪

### 一、概述及临床应用

酶免疫分析技术（enzyme immunoassay，EIA）是用酶分子标记抗原或抗体分子，进行竞争性或非竞争性免疫分析的技术。主要原理是用酶标记的抗体(或抗原)用于免疫学反应,并以相应底物被酶分解的显色反应对样品中的抗原(或抗体)进行定位分析和鉴定;也可根据酶催化底物显色的深浅,测定样品中待测抗原或抗体的含量。酶标记免疫分析技术具有灵敏度高,特异性强,试剂性质稳定,操作简便、快速,无放射性污染等优点。根据抗原抗体反应后是否需要分离结合与游离的酶标记物,分为均相酶免疫分析和非均相(或异相)酶免疫分析。

**1. 均相酶免疫分析法**　均相酶免疫分析的测定对象主要是激素、药物等小分子抗原或半抗原,测定过程中无须分离结合和游离的酶标记物,实验都在均匀的液相中进行,可直接用自动分析仪进行测定。均相酶免疫主要有酶扩大免疫测定技术和克隆酶供体免疫测定两种方法。

**2. 非均相酶免疫分析法**　医学检验中常用的酶免疫分析法是非均相酶免疫分析法,其原理是在抗原抗体反应平衡后,用适当方式将游离的和与抗原或抗体结合的酶标记物加以分离,再通过底物显色进行测定。根据试验中是否使用固相支持物作为吸附免疫试剂的载体,又可分为液相酶免疫法和固相酶免疫法,后者最常用,称酶联免疫吸附分析法(enzyme linked immunosorbent assay,ELISA),是目前广泛应用的酶标记免疫分析技术之一,简称酶联免疫分析。在酶联免疫分析中通常采用聚苯乙烯为固相载体,有微孔板、小管、小珠、微粒、磁性微粒等类型。酶联免疫分析的优点是普通的分光光度计就可以检测,仪器的灵敏度较放射免疫测定仪有所降低,但酶分子可形成大量有色产物,可以对灵敏度进行补偿。因此酶联免疫分析也具有灵敏度高、特异性强、重复性好、所用试剂稳定和易保存、试验操作简便、结果判断客观等特点。

(1) 酶联免疫分析的原理:结合在固相载体表面的抗原或抗体仍保持其免疫学活性,故酶标记的抗原或抗体既保留其免疫学活性,又保留酶的活性。在测定时,受检标本(抗体或抗原)与固相载体表面的抗原或抗体结合。用洗涤的方法去除固相载体上形成的抗原-抗体复合物之外的其他物质,再加入酶标记的抗原或抗体,它们也通过相应反应而结合在固相载体上。此时固相载体上的酶量与标本中受检物质的量呈一定的比例关系。加入酶反应的底物后,底物被酶催化成为有色产物,产物的量与标本中受检物质的量直接相关,故可根据呈色的深浅进行定性或定量分析。由于酶的催化效率很高,间接地放大了免疫反应的结果,使测定方法达到较高的灵敏度。

(2) 酶联免疫分析的测定方法:酶联免疫分析可用于测定抗原,也可用于测定抗体。根据试剂的来源和标本的情况以及检测的具体条件,可设计出抗原抗体不同类型的检测方法。用于临床试验的酶联免疫分析测定方法主要有以下几种类型:

1) 夹心法:此法常用于测定抗原。将已知抗体吸附于固相载体,加入待检标本(含相应抗原)与之结合,温育后洗涤,去除吸附于固相载体上的抗原-抗体复合物之外的其他物质后再加入酶标抗体和底物进行测定。操作步骤如图7-1所示。

2) 间接法:此法是测定抗体最常用的方法。将已知抗原吸附于固相载体,加入待检标本(含相应抗体)与之结合。洗涤后,加入酶标抗体再次温育与固相载体上的抗原-抗体复合物结合,再次洗涤除去未结合的酶标抗体,最后加底物显色,终止反应后,目测定性或用酶标仪测光密度值进行定量测定。操作步骤如图7-2所示。

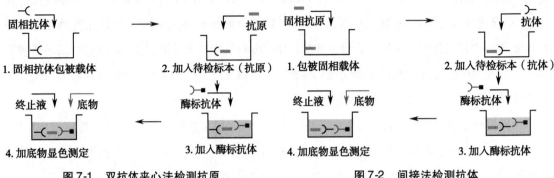

图 7-1　双抗体夹心法检测抗原　　　　　　　　　图 7-2　间接法检测抗体

3）竞争法:当抗原材料中的干扰物质不易除去,或不易得到足够的纯化抗原时,可用竞争法检测特异性抗体。其原理为标本中的抗体和一定量的酶标抗体竞争与固相抗原结合,如图 7-3 所示。标本中的抗体量越多,结合在固相上的酶标抗体愈少,因此阳性反应呈色浅于阴性反应。

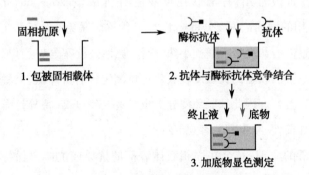

图 7-3　竞争法检测抗体

因小分子抗原或半抗原缺乏 2 个以上的结合位点,所以不能用双抗体夹心法进行测定,而需采用竞争法。其原理是用标本中的抗原和一定量的酶标抗原与固相抗体竞争性结合,如图 7-4 所示。标本中的抗原量含量愈多,结合在固相上的酶标抗原越少,最后的显色也越浅。

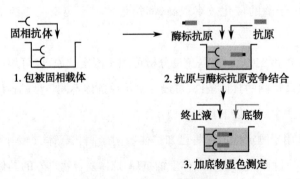

图 7-4　竞争法检测抗原

4）ABSELISA 法:亲和素生物素系统(avidin biotin system,ABS)在酶联免疫分析中的应用有多种形式,可用于间接包被,亦可用于终反应放大。可以在固相上先预包被亲和素,采用吸附法包被固相的抗体或抗原与生物素结合,通过亲和素生物素反应而使生物素化的抗体或抗原固相化。这种包被法不仅可增加吸附的抗体或抗原量,而且使其结合点充分暴露。另外,在常规酶联免疫分析中的酶标抗体也可用生物素化的抗体替代,然后连接亲和素酶结合物,以放大反应信号,如图7-5所示。

3. **临床应用**　均相酶免疫分析主要用于药物和小分子物质的检测,而酶联免疫吸附分析法(ELISA)的应用则更为广泛。

（1）病原体及其抗体广泛应用于传染病的诊断:病毒如肝炎病毒、风疹病毒、疱疹病毒、轮状病毒等;细菌如链球菌、结核分枝杆菌、幽门螺杆菌和布氏杆菌等;寄生虫如弓形体、阿米巴、疟原虫等。

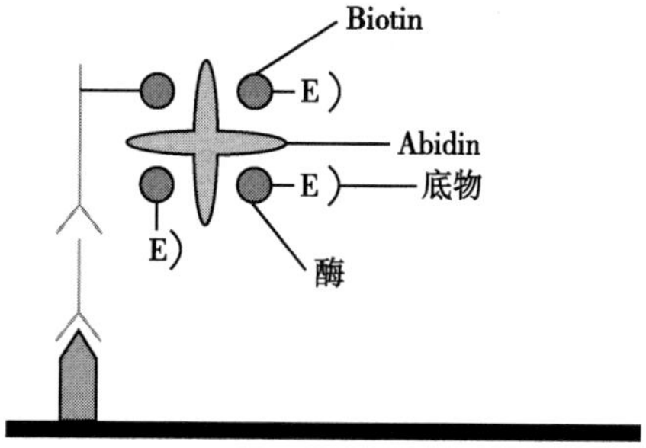

（2）各种免疫球蛋白、补体组分、肿瘤标志物(例

图 7-5　ABSELISA 法(LAB 法)

如甲胎蛋白、癌胚抗原、前列腺特异性抗原等)、各种血浆蛋白质、同工酶(如肌酸激酸 MB)、激素(如HGG、FSH、TSH)。

（3）非肽类激素如 $T_3$、$T_4$、雌激素、皮质醇等。

（4）药物和毒品如地高辛、苯巴比妥、庆大霉素、吗啡等。

## 二、酶免疫分析仪的基本原理

采用酶标记原理,可根据呈色物的有无和深浅做定性或定量观察。由于建立在抗原抗体反应和酶的高效催化作用的基础上,故具有高度的灵敏性和特异性,是一种极富生命力的免疫学技术。其具体操作方法是将可溶性

▶ **课堂活动**

学习了酶联免疫分析测定的方法,大家是否感觉到酶联免疫分析仪肯定和光电比色计或分光光度计有着某种联系呢?

抗原或抗体吸附(包被)于固相载体(目前常用微孔反应板)上,再加入待测样品。所测未知抗原或抗体与包被的抗体或抗原结合成抗原-抗体复合物。待依序加入酶结合物(酶标记抗体或酶标记抗原)和酶的底物时产生呈色反应,呈色程度与检样中待测抗体或抗原的量相关,可据此定性或定量。

根据比尔定律,溶液的吸光度($A$)正比于吸光成分的浓度($c$),即:

$$A = \log \frac{I_0}{I} = \varepsilon bc = abc \tag{7-1}$$

式中,$A$ 为吸光度;$I_0$ 为入射光强度;$I$ 为通过液体之后的光强。使用 $\varepsilon$ 时,$\varepsilon$ 为摩尔吸光系数;$b$ 为光程;$c$ 为溶液浓度(mol/L)。使用 $a$ 时,$a$ 为吸光系数;$b$ 为光程;$c$ 为溶液浓度(g/L)。

通过测定样品的吸光度,依据比尔定律可以计算出样品浓度及其对应的各种生化指标。常用的测量方法有:

1. **单波长测量**　空白孔(如注入蒸馏水的孔)的吸光度公式(7-2):

$$A_b = \log \frac{[I_0]_{ij}}{[I_b]_{ij}} \tag{7-2}$$

样品未扣除其他因素前的吸光度公式(7-3):

$$[A_s]_{ij} = \log \frac{[I_0]_{ij}}{[I_s]_{ij}} \tag{7-3}$$

样品的吸光度：
$$A_{ij} = [A_s]_{ij} - A_b \tag{7-4}$$

式中，$[I_0]_{ij}$ 为空气值，在样品盘未进入光路前，测得 8 个"空气值"；$[I_b]_{ij}$ 为空白孔值，可设定在任意位置作为整个测量的基准；$[I_s]_{ij}$ 为样品值，即各微孔实测之值。

**2. 双波长测量**　通常，在样品的吸收特征峰处取波长 $\lambda_1$，在几乎不吸收处取波长 $\lambda_2$，分别测得样品孔的透过光强为 $I_1$ 和 $I_2$。按比尔定律：

$$A_{\lambda 1} = \log \frac{I_0}{I_1}, A_{\lambda 2} = \log \frac{I_0}{I_2} \tag{7-5}$$

双波长测量得到的吸光度 $\Delta A = A_{\lambda_1} - A_{\lambda_2}$，这样就去除了污物的干扰。

## 三、酶免疫分析仪的基本组成和结构

通常，酶免疫分析仪分成以下几种类型：微孔板固相酶免疫测定仪器（酶标仪）、半自动微孔板式 ELISA 分析仪、全自动微孔板式 ELISA 分析仪、管式固相酶免疫测定仪器、小珠固相酶免疫测定仪器和磁微粒固相酶免疫测定仪器。

微孔板固相酶免疫测定仪器采用酶标记的方法测定物质含量，故常简称酶标仪。一般简单的酶标仪工作原理和主要结构与光电比色计相同，不同之处在于比色液的容器是塑料微孔板，以垂直光束通过待测液，通常使用光密度来表示吸光度。它只有检测和数据处理的功能，还需要另外配置孵育箱和洗板机等，人工操作步骤烦琐。半自动微孔板式 ELISA 分析仪在酶标仪的基础上再配置加热器、温育器、洗板机、测读仪等。全自动微孔板式 ELISA 分析仪的自动化酶免疫分析系统由加样系统、温育系统、洗板系统、判读系统、机械臂系统、液路动力系统、软件控制系统等组成。

## 四、酶免疫分析仪的保养和维护

正确使用与维护有利于设备的正常运行与延长设备的工作寿命。

1. 仪器的存放环境应保持干燥，防止受潮、腐蚀，远离强电磁场干扰源。

2. 电源开关不要连续急开急关。

3. 电源电压必须符合规定范围，即交流 220V±10%、频率 50Hz±2%（如有条件可与 UPS 电源相连）。虽然电源设计考虑到电压波动的影响，但也不能接到 380V 电压上，一旦误接，仪器将有严重损坏。

**4. 器件的更换**　仪器的基本器件均经过可靠性和有效性试验，电气性能稳定可靠，在结构设计和整机设计上也采取了强化方案，在正常使用中功能部件没有调整和更换的要求，但有些器件根据使用情况需要更换。

（1）打印机色带或墨盒：当色带或墨盒使用一段时间后，打印报告的字符会不清楚或无法打印，这时就需更换色带。

（2）冷灯：因冷灯长期工作达到使用寿命时，必须更换新冷灯，更换时认清参数指标：医用冷灯、工作电压直流 12V、功率 20W。

更换程序：正面面对仪器，更换前必须切断电源，拔下电源插头，然后打开仪器上盖，光源系统即显露在左上方,取出灯碗和灯头,一只手握住灯座的瓷体,另一只手握住灯体,小心拔下冷灯。

注意:用力要均匀,不要歪斜。将新的冷灯按相反程序装入仪器。

（3）滤光器:仪器标准配置已将滤光器装入光源系统内,如果需要其他波长的滤光器,可按下面步骤更换:打开上壳后,用手旋转滤光器紧定螺钉,并将滤光器顶出,然后换上所需要的滤光器,拧紧螺钉。

注意:两手指不要碰到滤光器玻璃,以免损坏镜片,影响测试精度。

（4）保险管:当用户需要更换熔断器中的保险管时,应先切断电源开关,拔下电源线,严格按熔断器座旁标记的保险管规格进行更换。

### 五、典型酶免疫分析仪的整机分析

SM-3 酶标分析仪是一种具有 8 条垂直光路的高精度光度计,采用单片机控制,利用酶联免疫分析法,根据呈色物的有无和深浅进行定性、定量分析的医用测量仪器。适用于各种型号的酶标微孔板,并具有如下特点:

（1）具有程序存储功能,可保存用户编制的测量程序。

（2）可选配滤光片,拓宽了仪器的测量范围。

（3）具有工作方式选择功能,提高了产品的测量精度。

（4）全中文的信息、数据处理系统。

（5）测量模块的置入、测量、数据处理和结果打印全过程实现了自动化,且快速、准确。

（一）SM-3 酶标分析仪的基本组成和结构

SM-3 酶标分析仪由送样系统、光路系统和电路系统三部分组成。

**1. 送样系统** 采用步进电机带动同步带拉动微孔板支架前后移动。支架侧边有齿形片与光电开关配合给出到位信号,使电机停止运动。支架下部有 8 路光纤输入单色光,上部前置板安装光电池、前置放大器等。要求光纤、透镜、样品中心、光电池同轴,因此须有较高的装配精度。96 孔分 8 列 12 排,每前进 1 排,变换 8 个孔。因此,支架的孔距及运动后的精确定位是确保光轴重合的重要保证,故加工精度、光开关灵敏度和步进电机运动的平稳准确是必须保证的。

**2. 光路系统** 选用卤钨灯。卤钨灯有石英壳,波长为 300～2000nm。灯光经干涉滤光片,选取特定波长。带宽越窄,峰值越高,测量结果越准确,故滤光片的质量是至关重要的。经光纤传输分束为 8 路单色光,聚焦到 8 个测量样品,再经透镜汇聚,由光电检测器检测,电信号送入电路系统。如图 7-6 所示。

**3. 电路系统** 如图 7-7 所示。

（1）前置放大器:硅光电池作为光电检测器,它将光强线性地转为电流,光电流经过放大器 LF356 负反馈电阻 33M 转为电压值。5K 电位器用来调节最终输出电压值。LF356 使用±15V 电压。25K 用来调节放大器的零点。

（2）数据采集板:从前置放大器输入的信号接入多路开关 AD7506,CPU 根据设定的程序选择,某一通道的信号进入程控放大器 AD526。AD526 程控放大器具有精度高、线性好、低漂移、可编程等

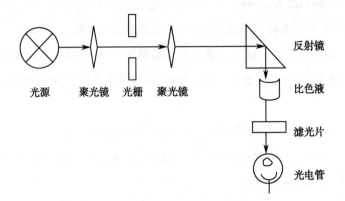

图 7-6　酶标仪光路系统简图

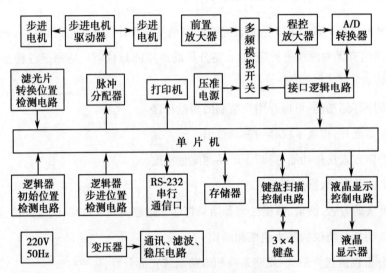

图 7-7　SM-3 酶标仪电原理方框图

优点,为仪器的性能指标提供了可靠的保证。程控放大器输出的信号接入高性能 12 位 A/D 转换器 AD1674。A/D 转换后的数据与放大器放大倍数的编码共 16 位,通过寄存器分 2 次由 CPU 读入。放大倍数通过 GAL 门译码,送入 2 片程控放大器 AD526,确定其放大倍数(图 7-8)。

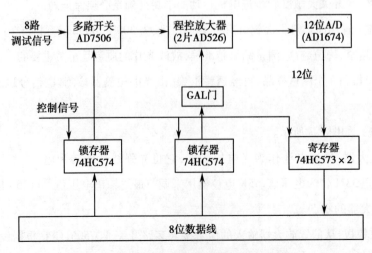

图 7-8　SM-3 酶标仪数据采集板原理方框图

（3）主机板：单片微机为8031（U1）；程序存储器用27C512（U3）（64K×8）；数据存储器用62256（U4）和24C64（U5）；键盘扫描74HC574（U15）和74HC245（U16）；2个步进电机所需的脉冲由GAL16V8（U11）译码得到，步进电机四项信号由达林顿管MC1413（U9、U10）驱动；RS-232C串行通信口使用串行发送和接收器MAX232（U7）；显示接口、打印接口的地址由74HC138（U6）和GAL16V8（U17）译码得到；74LS245（U8）作打印机的总线驱动；键盘接口的地址由74HC138（U6）和GAL16V8（U13）译码得到；74LS245（U14）为A/D总线驱动器；TLP521-2为送样器初始位置检测信号、滤光片中心检测信号、送样器步进位置检测信号的比较器，打印机的"忙"信号BUSY由8031P1.2给出。

显示器采用精电MGLS19264-03，辉度调节可通过主机板上的电位器W20K来实现。

（4）电源板

1）+5V电源：一路$V_{cc}$，一路$V_{dd}$，电流均为1A。变压器输出8V交流，经整流、滤波输出后，用2个7805并联稳压（每个7805输出1A电流）。二极管1N4001（U401和W402）起保护作用。

2）+18V电源：变压器输出的20V交流电，经整流滤波输出后，通过可调稳压管LM317调整输出18V直流。LM317输出电压分别供给两个电机。电位器W5K调节输出电压值。二极管1N4001起保护作用。

3）+12V直流电源：变压器输出的12V交流，经整流滤波输出后，得到+12V直流电。

4）+12V高精度稳压电源：变压器输出的15V交流电，经整流滤波输出后，LM399为高精度基准电源。它输出6.7～7.1V的稳压电压。此电压送到LM308H正向端，其输出接到达林顿管BDT64C的调整端。BDT64C的输出电压经分压反馈到LM308的反向输入端。调整电位器W1K，使输出电压为12.000V。

5）+15V直流电源：电流均为0.5A。变压器输出17V交流，经整流、滤波输出后，用LM7815稳压。二极管1N4001起保护作用。

6）-15V直流电源：电流均为0.5A。变压器输出17V交流，经整流、滤波输出后，用LM7915稳压。二极管1N4001起保护作用。

（二）SM-3酶标分析仪的基本工作原理

当键盘给予启动信号后，单片机送脉冲到步进电机驱动回路，步进电机前进，12排样品测量完毕后返回。

光源采用卤钨灯，经过滤光片、光纤、透镜等系统，将样品的吸收反映在光电检测器上，通过前置放大器、多路开关分选、程控放大、A/D转换后送入单片机为原始数据，然后按照预先设置的工作方式和报告方式的要求进行数据处理，并打印测量结果。人机对话通过键盘和液晶显示器来实现（图7-9）。

（三）SM-3酶标分析仪的操作

**1. 工作方式菜单（按"方式"键可进入工作方式菜单）**

（1）工作方式选择：工作方式（即测量方式）有2种：第一种为双波长测量，第二种为单波长测量。其中，单波长测量指测量波长（405、450和492nm），测量波长是由ELISA试剂的显色情况决定，例如 TMB 显色、OPD 显色等;而双波长测量包括测量波长和参考波长。双波长测量的吸光度($OD$)=测量波长的吸光度($OD$)-参考波长的吸光度($OD$);参考波长通常选取 630 或 650nm。

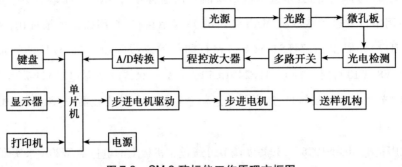

图 7-9  SM-3 酶标仪工作原理方框图

工作方式的选取方法:按转换键,可使"⊙"符号上下来回移动,并且当"⊙"符号指向某种测量方式时即被选中。

(2)测量波长选择:测量波长有 450、490 和 405nm 三种可选,选取的原则根据 ELISA 试剂盒决定。测量波长的选取方法与工作方式的选取方法相同。

(3)计算方法选择:计算方法有直接法和间接法两种,选取方法与工作方式的选取方法相同。

(4)空白孔的清除和设置:空白孔最多可设置 3 个,空白孔菜单光标有 4 个位置可以移动(A 位置、01 位置、[C]位置、↓ 位置)。A01 是孔位标记号,分为两部分调整 A 和 01,当光标在"A"位置时,按"△""▽"键调整 A-B-C-D-E-F-G-H 变化(即列的调整);当光标在"01"位置时,按"△"或"▽"键调整 01-02-03-04-05-06-07-08-09-10-11-12 变化(即行的调整)。例如当调整后为 B02 孔时,按"确认"键,则在 B02 后显示"空白"两字,即 B02 孔为空白孔,同时菜单上孔数后面显示"1",至此完成 1 个空白孔的设置;当光标移至"[C]"位置的下方时,按"确认"键,则清除所有空白孔位;当光标移至"↓"位置的下方时,按"确认"键,则进入阴性孔设置和清除菜单。

(5)阴性孔的清除和设置:阴性孔最多可设置 3 个。阴性孔清除和设置的操作方法同空白孔的清除和设置。

(6)阳性孔的清除和设置:阳性孔最多可设置 3 个。阳性孔清除和设置的操作方法同空白孔的清除和设置。

**2. 参数设置菜单(按"参数"键可进入参数设置菜单)**

(1)临界值公式的设置:临界值(CUT OFF VALUE 或缩写为 COV)计算公式(7-6):

$$2.10N_c + 0.00P_c + 0.00 \tag{7-6}$$

式中,$N_c$ 为阴性对照孔的平均 $OD$ 值;$P_c$ 为阳性对照孔的平均 $OD$ 值;$2.10N_c$ 为 2.10 乘以阴性对照孔的平均 $OD$ 值($2.10 \times N$);$0.00P_c$ 为 0.00 乘以阳性对照孔的平均 $OD$ 值($0.00 \times P$)。

临界值公式的设置方法:数字和字母($N_c$、$P_c$)的调整按"△""▽",步长为 0.01;"△△"键是模式转换键;按"模式转换"键可以调整光标"_"指向的位置,其中再按"△""▽"步长为 0.10。

注:光标指向的位置才是当前可以调整的位置,共 5 个位置,由左至右编号为①、②、③、④、⑤;光标指向的位置是按"转换"键依次可以到达的位置。

（2）阴性界值的设置:阴性界值设置的意义:ELISA 试剂盒关于阴性对照的平均 $OD$ 值小于或大于某特定常数时,阴性对照的平均 $OD$ 值将被一个特定常数替代,这个值称为阴性界值。阴性界值设置菜单正是为满足这个特定条件而诞生的。

假如阴性界值 $= 0.05$,则有:

1）采用直接法:阴性对照的平均 $OD$ 值<常数 0.05 时,阴性对照的平均 $OD$ 值 $=$ 常数 0.05;阴性对照的平均 $OD$ 值>常数 0.05 时,阴性对照的平均 $OD$ 值按照实际测量值计算。

2）采用竞争法:阴性对照的平均 $OD$ 值>常数 0.05 时,阴性对照的平均 $OD$ 值 $=$ 常数 0.05;阴性对照的平均 $OD$ 值<常数 0.05 时,阴性对照的平均 $OD$ 值按照实际测量值计算。

阴性界值设置的方法:按△或▽键调整界值,使之满足 ELISA 试剂盒规定的条件。

（3）酶标板测量行数的选择

1）测量行数选择原则:根据测量孔的数量恰当地选取测量的行数。

2）测量行数选择方法:按△或▽键调整测量行数。

**3. 报告方式菜单(按"报告"键可以进入报告方式菜单)** 共有 6 种报告方式。

（1）定性报告的设置

1）仪器处于待命状态,按报告键,进入报告方式。

2）再按转换键,可使"⊙"符号指向定性。

（2）定量报告的设置

1）报告选择:与定性报告的设置方法相同。

2）定量菜单的进入:按"参数"键,然后按"确认"键,直至显示屏显示如图 7-10 所示。

（3）原始数据报告的设置:原始数据报告的设置方法与定性报告的设置方法相同。

（4）$S/N$ 值报告的设置

1）$S/N$ 值报告的含义:$S$ 为样品的 $OD$ 值;$N$ 为阴性对照孔的平均 $OD$ 值;$S/N$ 为样品的 $OD$ 值除以阴性对照孔的平均 $OD$ 值。

2）$S/N$ 值报告的设置方法:与定性报告的设置方法相同。

（5）$S/COV$ 值报告的设置

1）$S/COV$ 值报告的含义:$S$ 为样品的 $OD$ 值;$COV$ 为临界值(cut off value);$S/COV$ 为样品的 $OD$ 值除以临界值。

2）$S/COV$ 值报告的设置方法:与定性报告的设置方法相同。

（6）质量控制报告:质控是监视全过程、排除误差、防止变化、维持标准化现状的一个管理过程。在本实验室检测质控血清20次,求出该组数据的均值($X$)和标准差($SD$),用以衡量该实验的检测工作质量。

1）SM-3 型酶标仪质控试验的规定:将同一份质控血清加入酶标板的 20 个孔中,要求加入孔位为:

定量 平行孔: $N$ ■ $OD$值: N
标准品数: 6 　　　S1=0000
S1=0000　S2=0000　S3=0000
S4=0000　S5=0000　S6=0000
S7=0000　S8=0000

**图 7-10 定量菜单**

A1、B1、C1、D1、E1、F1、G1、H1

A2、B2、C2、D1、E1、F1、G1、H2

A3、B3、C3、D3

2）选择质控报告:按"报告"键,然后按"转换"键,直至选择质控。

3）质控测试、计算、打印质控报告:选择质控报告后,按"退出"键,然后按"测量"键,仪器将自动测试,并计算 $X±2SD$,打印质控报告。

**4. 程序存储、调用** 按程序键可以进入程序方式菜单,有调用、存储、清除可选。

可存储 20 个程序模块,使用的基本原则为先清除、后存储、最后调用。

清除程序的方法:

（1）按转换键,可使"⊙"符号指向"清除"。

（2）然后按确认键,可以进入程序清除菜单。

（3）按△或▽键,寻找欲清除的程序代码。

（4）然后按确认键,此时将在欲清除的程序代码前显示"⊙"符号,即此程序代码存储的内容已被清空。

（5）按返回键,可以返回到先前的菜单。

存储程序和调用程序的操作方法基本上与清除程序的方法一致。唯一的区别是存储程序按确认键,在欲存储的程序代码前显示"◎"符号,即此程序代码已被存储;调用程序按确认键,在欲调用的程序代码后显示"√"符号,即此程序代码已被调用。

## 六、酶标分析仪常见故障实例分析

### 故障实例一

**【故障现象】** 仪器加电后液晶显示器无显示、无背光。

**【故障分析】**

1. 供电电压不正确、电源线不通电、保险管烧断、电源板故障。

2. 显示器故障。

3. 键盘显示转接板故障。

4. 各个系统控制板下的负载电路故障。

**【检修方法】**

1. 首先应检查冷灯亮不亮,如冷灯亮可排除是供电电压、保险管、电源线出问题的可能性。否则应检查保险、电源线、供电电压。

2. 如上所述的各项均正常,就应考虑为仪器内部线路的故障。开壳后采用电压测量法,对电源板各供电输出接口电压进行检查,特别是主机板供电接口和液晶显示器供电接口,如不正常则应对电源板电路进行检修或更换电源板。如果电源板各接口供电正常,就应考虑为液晶显示器故障,采用元器件及板替换法更换即可。键盘显示转接板出故障的可能性较低。

3. 若电源板烧保险,采用断路分割法将负载电路断开,将故障范围缩小。

4. 采用电阻测量法对电源板电路进行检修或更换电源板,测量系统控制板下的负载电路,找出故障点。

**故障实例二**

【故障现象】检测结果不正确或无检测结果。

【故障分析】

1. 此现象可能是数据采集板故障。

2. 电源板故障。

3. 冷灯故障。

【检修方法】

1. 首先应检查冷灯亮不亮。如冷灯亮就应打开上壳,采用电压测量法检查数据采集板各工作点电压是否正确,如不正确应按调试细则要求重新进行调试,调试完成后检查检测结果,如仍不正常则应对数据采集板进行检修或更换数据采集板。

2. 冷灯不亮则应检查冷灯灯丝是否烧断,如冷灯良好,采用电压测量法检查冷灯供电电压,如不正常则应对电源板的冷灯供电部分进行检修或更换电源板。

3. 如确认为冷灯故障,应更换冷灯。

**故障实例三**

【故障现象】开机后显示器显示正常,按键盘上的键,显示器无反应。

【故障分析】

1. 键盘故障。

2. 主机板故障。

【检修方法】

1. 开壳后更换键盘再试,如恢复正常则可确认为键盘故障。

2. 更换键盘无反应则可能为主机板的键盘接口故障,应对键盘显示接口进行检修或更换主机板。

**故障实例四**

【故障现象】开机后显示正常,键盘可操作,按启动键后仪器发出很大的噪声。

【故障分析】步进电机没有正常工作或光源组件上的配件有松动或脱落。

【检修方法】

1. 如果是送样器驱动电机出现上述情况,应首先检查送样器的动作情况。打开上壳,观察送样器动作,如按启动后送样器一直向前走没有停顿,则可断定为测量位置检测板或主机板的步进电机接口故障。更换初始位置检测板后,如故障仍然存在则应检修主机板的步进电机驱动接口或更换主机板。噪声是因为送样器撞击限位挡板造成的。

2. 如果是光源电机发出的噪声应拆开灯罩进行检查,如果光源组件上的配件有松动或脱落,重新装好即可消除故障。

**故障实例五**

【故障现象】开机后,仪器无法完成自检,并有很大的噪声。

【故障分析】初始位置检测错误导致送样器撞击挡板或光源组件松动。

【检修方法】

1. 开壳后,首先应更换初始位置检测板,如更换后仍无效则可断定为主机板上的步进电机接口故障,应对主机板的步进电机接口进行检修或更换主机板。

2. 如果是光源电机发出的噪声应拆开灯罩进行检查,如果光源组件上的配件有松动或脱落,重新装好即可消除故障。

**故障实例六**

【故障现象】不能打印结果或打印机不工作。

【故障分析】主机板故障、打印机故障或连接电缆故障。

【检修方法】

1. 造成此故障的原因可能是仪器自身故障,也有可能是打印机故障,应首先检查打印机。

2. 如打印机工作正常则可确定为仪器故障。

3. 打印机接口电路故障会导致打印机不能正常工作。

4. 处理时应先检查打印电缆再检查主机板,找出问题后对故障部件进行检修。

**故障实例七**

【故障现象】打印结果偏低。

【故障分析】数据采集板或电源板故障会出现此现象。

【检修方法】

1. 首先应检查冷灯工作电压。如冷灯工作电压正常应查数据采集板各工作点电压是否正确,如不正确应按调试细则要求重新进行调试,调试完成后检查检测结果,如仍不正常则应对数据采集板进行检修或更换数据采集板。如果冷灯工作电压不正常应对冷灯电压进行调整,如无法调整则应考虑是否为电源板故障,应对电源板进行检修,检修重点部位应为冷灯供电电路。

2. 冷灯电压过高是造成此现象的主要原因,在分析时应重点对冷灯电压进行检查,并分析造成此故障的原因,加以解决。

**故障实例八**

【故障现象】开机后液晶无显示、有背光。

【故障分析】主机板、电源板故障会出现此现象。

【检修方法】

1. 首先应按测量键对仪器进行实验,如按测量键仪器动作并能出结果则说明仪器无故障,只是液晶背光太亮,打开机壳调节背光电压即可。

2. 如按测量键仪器无动作,则应打开上壳对主机板进行检修。

# 第二节 化学发光免疫分析仪

## 一、概述及临床应用

### （一）基本原理

化学发光免疫分析技术（chemiluminescent immunoassay，CLIA）是将发光系统与免疫反应相结合以检测抗原或抗体的方法。其既具有免疫反应的特异性，更兼有发光反应的高敏感性。

一种物质由电子激发态恢复到基态时，释放出的能量表现为光的发射，称为发光。发光可分为3 种类型：光照发光、生物发光和化学发光。化学发光是指伴随化学反应过程所产生的光的发射现象。某些物质在进行化学反应时，吸收了反应过程中所产生的化学能，使反应产物分子激发到电子激发态。当电子从激发态的最低振动能级回到基态的各个振动能级时产生辐射，多余的能量以光子的形式释放出来，这一现象就称为化学发光。

### （二）标记物质及类型

化学发光免疫分析所使用的标记物可分为3 类，分别是发光免疫分析反应中直接参与发光反应的标记物、以催化作用或能量传递参与发光反应的酶标记物和以能量传递参与氧化反应的非酶标记物。

**1. 直接参与发光反应的标记物** 这类标记物在化学结构上有产生发光的特殊基团，在发光免疫分析过程中直接参与发光反应，并没有本底发光。最常用的标记物主要有吖啶酯类化合物。吖啶酯类化合物发光是典型的瞬间发光，其化学发光分析时间很短，在加入氧化剂和 pH 纠正液后，吖啶酯在不需要催化剂的情况下分解、发光，在 1 秒内光子散射达到高峰，整个过程在 2 秒内完成。

**2. 以催化反应或能量传递参与发光的酶标记物** 在这类发光反应中，采用某些酶作为标记物。这类标记物作为发光反应的催化剂或作为一种能量传递过程中的受体，其本身直接参与发光反应。主要有 2 种酶：①辣根过氧化物酶（HRP）；②碱性磷酸酶（ALP）。

**3. 以能量传递参与氧化反应的非酶标记物** 这类标记物作为化学发光反应的催化剂或能量传递过程中的中间体（或受体），不直接参与化学发光反应。最常用的有三联吡啶钌标记物。

### （三）分类

化学发光反应参与的免疫测定分为以下几种类型：

**1. 化学发光酶免疫测定** 化学发光酶免疫测定（chemiluminescent enzyme immunoassay，CLEIA）是采用化学发光剂作为酶反应底物的酶标记免疫测定。经过酶和发光两级放大，具有很高的灵敏度。以过氧化物酶为标记酶，以鲁米诺为发光底物，并加入发光增强剂以提高敏感度和发光稳定性。应用的标记酶也可以为碱性磷酸酶，发光底物为 dioxetane，固相载体为磁性微粒。

**2. 直接化学发光免疫测定** 直接化学发光免疫测定是指用化学发光剂直接标记抗原或抗体的一类免疫测定方法。吖啶酯是较为理想的发光底物，在碱性环境中即可被过氧化氢氧化而发光。用作标记的化学发光剂应符合以下 4 个条件：

（1）能参与化学发光反应。

（2）与抗原或抗体偶联后能形成稳定的结合物。

（3）偶联后仍保留高的量子效应和反应动力。

（4）应不改变或极少改变被标记物的理化特性，特别是免疫活性。

鲁米诺类和吖啶酯类发光剂等均是常用的标记发光剂。

**3. 微粒子化学发光免疫分析**　该免疫分析技术有两种方法：一是小分子抗原物质的测定采用竞争法；二是大分子的抗原物质测定采用双抗体夹心法。该仪器所用的固相磁粉颗粒极微小，其直径仅 $1.0\mu m$，这样大大增加了包被表面积，增加抗原或抗体的吸附量，使反应速度加快，也使清洗和分离更简便。其反应基本过程为：①竞争反应：用过量包被磁颗粒的抗体与待测的抗原和定量的标记吖啶酯抗原同时加入反应杯温育，其免疫反应的结合形式有 2 种，一是标记抗原与抗体结合成复合物，二是测定抗原与抗体结合成复合物；②双抗体夹心法：标记抗体与待测抗原同时与包被抗体结合，即包被抗体-待测抗原-标记抗体复合物。

**4. 电化学发光免疫测定**　电化学发光免疫测定（ECLI）是一种在电极表面由电化学引发的特异性发光反应，包括电化学和化学发光两部分。分析中应用的标记物为电化学发光的底物三联吡啶钌或其衍生物 N-羟基琥珀酰胺酯，可通过化学反应与抗体或不同化学结构的抗原分子结合，制成标记的抗体或抗原。ECLI 的测定模式与 ELISA 相似，其基本原理是发光底物 2 价的三联吡啶钌及反应参与物三丙胺在电极表面失去电子而被氧化；氧化的三丙胺失去 1 个 $H^+$ 而成为强还原剂，将氧化型的 3 价钌还原为激发态的 2 价钌，随即释放光子而恢复为基态的发光底物。这一过程在电极表面周而复始地进行，不断地发出光子而常保持底物浓度的恒定。

**（四）临床应用**

化学发光免疫测定具有明显的优越性：

1. 敏感度高，甚至超过放射免疫分析法（RIA）。

2. 精密度和准确性好，可与 RIA 相比。

3. 试剂稳定，无毒害。

4. 测定耗时短。

5. 测定项目多。

6. 已发展成自动化测定系统，因此在医学检验中可取代 RIA，应用十分广泛，如测定激素、肿瘤标志物、药物浓度、病毒标志物等。

## 二、化学发光免疫分析仪的基本原理

将化学发光反应与免疫反应相结合，采用微量倍增技术，敏感性高，特异性好，所用试剂安全、稳定；检测范围广泛，从传统的蛋白、激素、酶乃至药物均可检测。

化学发光免疫分析仪包含两部分，即免疫反应系统和化学发光分析系统。化学发光分析系统是利用化学发光物质经催化剂的催化和氧化剂的氧化，形成一个激发态的中间体，当这种激发态中间体回到稳定的基态时，同时发射出光子（hM），利用发光信号测量仪器测量光子产额。免疫反应系统是将发光物质(在反应剂的激发下生成激发态中间体)直接标记在抗原(化学发光免疫分析)或抗体(免疫化学发光分析)上,或酶作用于发光底物。

化学发光免疫分析仪器中的核心探测器件为光电倍增管(PMT),由单光子检测并传输至放大器,并加高压电流放大,放大器将模拟电流转化为数字电流,数字电流将发光信号由 R232 数据线传输给电脑并加以计算,得出临床结果。

## 三、化学发光免疫分析仪的基本组成和结构

### (一) 全自动化学发光免疫分析系统

采用化学发光技术和磁性微粒子分离技术相结合的免疫分析系统。

**1. 仪器组成**　仪器由材料装配部分、液路部分、机械传动部分、光路检测部分、电路部分和电脑控制部分组成。

**2. 测定原理**　该类分析技术有两种方法:一是竞争法,测定小分子抗原物质;二是夹心法,测定大分子抗原物质。

### (二) 全自动微粒子化学发光免疫分析系统

采用微粒子化学发光技术对人体内的微量成分以及药物浓度进行定量测定,具有高度的特异性、高度的敏感性和高度的稳定性特点。

**1. 仪器组成**　仪器由微电脑控制、样品处理系统、实验运行系统、中心供给和控制系统组成。

**2. 测定原理**　采用磁性微粒作为固相载体,以碱性磷酸酶为发光剂,固相载体的应用扩大了测定范围,免疫测定方法采用竞争法、夹心法抗体检测等。抗原抗体结合,加入碱性磷酸酶标记的抗体,形成固相包被复合物,在电磁场中进行 2~3 次洗涤分离,加入底物,通过光量子阅读系统记录发光强度,在标准曲线上计算出待测抗原的浓度。

### (三) 全自动电化学发光免疫分析系统

采用电化学发光免疫分析技术进行测定的免疫分析系统。

**1. 仪器组成**　由样品盘、试剂盒、温育反应盘、电化学检测系统及计算机控制系统组成。

**2. 测定原理**　应用 3 种抗原抗体反应方法:一是抑制免疫法,检测小分子量蛋白抗原;二是夹心免疫法,检测大分子量物质;三是桥联免疫法,检测抗体,如 IgG、IgM。待测标本与包被抗体的顺磁性微粒和发光剂标记的抗体共同温育,形成磁性微珠包被抗体-抗原-发光剂标记抗体复合物,吸入流动室,缓冲液冲洗,磁性微粒流经电极表面时,被电极下的磁铁吸引住,而游离的发光剂标记抗体被冲洗走。同时,在电极加电压,启动电化学发光反应,使发光试剂标记物三联吡啶钌在电极表面进行电子转移,产生电化学发光。光的强度与待测抗原的浓度成正比。

## 四、化学发光免疫分析仪的保养和维护

### (一) 仪器保养

为了保证化学发光免疫分析仪的正常运行,要进行每日保养、每周保养、每月保养、按需保养。

**1. 每日保养**　完成清洗程序;压缩数据库;清洗废液传感器。

### 2. 每周保养

（1）清洗水瓶、废液瓶，查看过滤器。

（2）清洗探针：样品探针 1 个，试剂探针 3 个，吸水探针 2 个。

（3）清洗探针工作台。

### 3. 每月保养

（1）废液瓶用漂白液清洗浸泡 30 分钟。

（2）查看蠕动泵。

（3）查看过滤器。

（4）每 4 个月更换过滤器。

**4. 按需保养** 清洁外表和荧光屏，清洁样品盘和试剂盘，实施灌注。

（二）仪器维护

除了按规定对仪器进行规范化保养外，还要经常地利用仪器自身的系统诊断工具对重点部位进行测试，在系统的提示下进行维护或故障排除。重点部位测试如光电倍增仪测试、吸水试验、喷注试验、真空试验、条码仪测试等。

## 五、典型化学发光免疫分析仪的整机分析

ACS 180 SE 是一台全自动化学发光免疫分析仪，它具有随机放置标本、试剂和其他实验消耗品的特性，因而可以随时运行实验，具有良好的实验速度。它用于报告个体血液样本、尿液样本、其他体液样本免疫分析的实验结果，辅助诊断和治疗疾病。

ACS 180 SE 系统可以提供多种实验诊断项目的检查，包括多种经济的工作平台组合。实验诊断项目包括生殖系统、甲状腺功能、肿瘤学、心血管系统、贫血、治疗药物监测、骨代谢、变态反应和肾上腺功能检测。所有的诊断项目均采用直接化学发光的原理。

（一）ACS 180 SE 全自动化学发光免疫分析仪的分析原理

**1. 测定的基本原理** ACS 180 SE 全自动化学发光免疫分析仪选用的化合物为吖啶酯化学基团的衍生物。该物质是具有吖啶环的有机化合物，在稀碱性溶液中被过氧化氢氧化，生成不稳定的二氧乙烷，此二氧乙烷迅速分解为 $CO_2$ 和电子激发态的 N-甲基吖啶酮，当其回到基态时发出最大发射波长为 430nm 的光子。将光信号转变为电信号，再转变为数字信号，经电脑计算，与同样处理的标准品比较，定量报告出测定结果。

吖啶酯化合物在一定的温度、湿度、酸碱度中稳定，底物背景噪声低。化学反应简单、快速、直接，不需加任何催化剂，而且小分子吖啶酯在整个反应中减少空间阻碍。使用顺磁颗粒作固相支持物，其表面积是包被管和包被珠的 50 倍，增加了反应的表面积，当顺磁颗粒被磁场吸附固定时未结合的抗原抗体被洗掉。这种小分子的标记化学发光物和纳米技术的磁颗粒的使用，使清洗和分离更方便，提高了分析的灵敏度和分析速度，测定的灵敏度达 $10^{-18}$ mol/L，应用的试剂可保存 1 年有效。

**2. 反应的基本过程** ACS 180 SE 分析系统的免疫结合技术有两种：一是"三明治"夹心法，常用于大分子抗原抗体的检测；二是竞争法，常用于小分子抗原或抗体的测定。采用固相分离技术，以

微粒子磁粉为固相包被物。

（1）竞争反应：用过量包被磁颗粒的抗体，与待测的抗原和定量的标记吖啶酯抗原同时加入反应杯温育，其免疫反应的结合形式有两种：一是标记抗原与抗体结合成复合物，二是待测抗原与抗体的结合形式。

（2）夹心法：标记抗体与待测抗原同时与包被抗体结合成一种反应形式，即包被抗体-待测抗原-标记抗体的双抗体夹心复合物。

上述无论哪种反应，凡所结合的免疫复合物均被磁铁吸附于反应杯底部，上清液吸出后，再加入碱性试剂；其免疫复合物被氧化激发，发射出 430nm 波长的光子，再由光电倍增管将光能转变为电能，以数字形式反映光量度，计算测定物的浓度。竞争法是负相关反应，夹心法是正相关反应。

（二）ACS 180 SE 全自动化学发光免疫分析仪的基本组成和结构

ACS 180 SE 全自动化学发光免疫分析仪由材料配备、电路、液路、光路检测、机械传动和电脑控制六部分系统组成。

**1. 材料配备部分**　包括反应杯、样品盘、试剂盘、纯净水瓶、清洁液瓶、废液瓶、废杯盒等部分，可提供废水在机器上的储存和处理。

（1）反应杯：每袋200 个，一次性将其倒入，不可用手直接触摸塑料管，以免产生静电影响结果。

（2）样品盘：呈圆形，有 60 个孔位，分内、外两圈，内圈有 24 个孔位，外圈有 36 个孔位。供载样品、质控物、辅助试剂、定标液。

（3）试剂盘：试剂盘有 26 个位置，分内、外两圈，内圈放入固相试剂，外圈放入液相试剂。可同时载入 13 种试剂。

（4）纯净水瓶：2.5L 塑料瓶，装满能够做 350 个试验。

（5）废液瓶：3.5L 塑料瓶，装满可接收 450 个试验废液。

（6）清洁液瓶：2.5L 塑料瓶，供配制清洁液冲洗管路用。

**2. 电路系统部分**

（1）电源组件。

（2）轨道温度控制板。

（3）试剂探针加热及恒温箱控制板。

（4）CPU 主机控制板和轨道温度控制板（图 7-11）。

（5）主机内软盘和硬盘的驱动控制板，以及其他系统控制板（8 块）（图 7-12）。

1）轨道运输、装载杯水车、装载杯提升机系统控制板。

2）样品盘和试剂盘系统控制板。

3）样品探针系统控制板。

4）试剂探针 1 系统控制板。

5）试剂探针 2 系统控制板。

6）试剂探针 3 系统控制板。

7）液路系统控制板。

图 7-11　ACS 180 SE 主机 CPU 板和轨道温度控制板

图 7-12　ACS 180 SE 各个系统控制板(8 块)

8）发光检测系统控制板。

（6）各个电路连接的界面板等。

**3. 液路系统部分**　包括过滤器、密封圈、样品针、试剂针、冲洗分离针、废液探针、样品及试剂注射器、真空泵、水泵、酸碱泵、9 寸和 5 寸压力检测器、试剂探针加热线及恒温箱、泵管、管道等（图 7-13 ~ 图 7-16）。

**4. 光路检测系统部分( 图 7-17)**　包括发光室、光电倍增管等。

**5. 机械传动系统部分**　包括装载杯的水车、排风扇、运输轨道、样品探针架、试剂探针架、冲洗分离探针架、废液探针架、装载杯的提升机等。

**6. 电脑控制系统部分**　包括控制主机电脑和打印中文报告电脑。

微机系统是该仪器的核心部分，是指挥中心，该机设置的功能有控制操作、自我监视、指示判断、数据处理、故障诊断、条码阅读等。主机配有预留接口，可通过外部储存器自动处理其他数据并遥控操作，以备实验室自动化延伸发展。

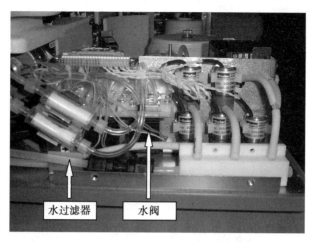

图 7-13　ACS 180 SE 液路系统中的水过滤器、水阀 1

图 7-14　ACS 180 SE 液路系统中的酸泵、碱泵

图 7-15　ACS 180 SE 液路系统中的试剂探针

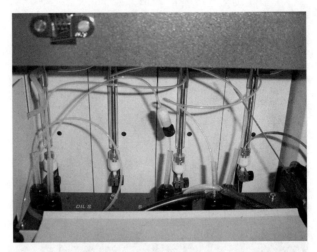

图 7-16　ACS 180 SE 液路系统中的样品、试剂探针注射器

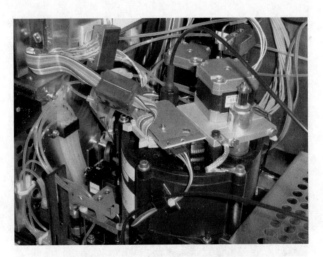

图 7-17　ACS 180 SE 光路检测系统

（三）ACS 180 SE 全自动化学发光免疫分析仪的操作

**1. 样品处理**　所需的标本杯规格为 16mm×75mm、16mm×100mm、13mm×75mm 和 13mm×100mm。

（1）常规采样,加入原机配备的样品管或自备的同规格的样品管中,离心沉淀后直接上机测定,可避免转载错误。亦可采血后加于普通试管中,离心沉淀后再将血清移至样品管中上机测定。

（2）测定结果超出正常值范围时,仪器会自动按比例稀释后重新测定。

（3）本仪器测定标本必须用血清,禁止用血浆,以防纤维蛋白将管路堵塞。

（4）根据测定项目不同,血清用量在 10~200μl。

（5）样品自动稀释的最大倍数为 20∶1。

**2. 试剂处理**　测定所用的试剂均包括 2 种:固相磁粉和液相发光试剂。每套试剂可放置于试剂托盘的任意位置上,由仪器扫描标签条码后自动加样。根据测定项目不同,试剂用量在 50~450μl。18 种复合校正液用于 42 种实验,校正天数分别为 2、7、14 和 27 天。

### 3. 运行操作

（1）将样品编号排入样品盘。

（2）按试验项目将所用的试剂放入试剂盘中,并检查辅助试剂。

（3）自由编排程序,按 START 键运行,根据所编的工作表,在微机的控制下,仪器自动放置反应杯,自动加样与试剂,并根据实验项目不同进行温育。温育时间一般在 2.5~7.5 分钟。从第一个测定开始至 16 分钟,分析仪自动计算报告结果。然后每 20 秒有 1 个结果报出,即每分钟报告 3 个结果。如果 60 个样品同时测定,120 个实验项目仅用 1 小时即可完成。

（4）随时加入急诊检查项目。

（5）打印报告方式可有 3 种:按测定混合项目排列报告;按患者编号排列报告;按每一种项目排列报告。

### 4. 仪器操作界面

（1）主菜单 System（系统）简介:见表 7-1。

表 7-1　主菜单 System（系统）简介

| System 系统 | 供给 | 20-aug-2010 11：15 | Stst 急诊 | Work list 工作单 | Quality Control 质控 | Calibration 定标 | Setup 设置 | Close 关闭窗口 |
|---|---|---|---|---|---|---|---|---|
| | 保养 | Supervis or ready | | | | | | Manual |
| | | | | | | | | Print |

1）运行记录的观察（Event log）:按 System 键,选 Event log 显示运行记录。通过运行记录,可以得到仪器在整个运行的过程中出现的正常和异常的运行状况,包括保养状态;也可得到故障信息,包括故障问题、故障说明、故障排除方法。所出现的故障提示以时间、错误原因、代码显示。

2）执行清洗程序:按 System 键,选 Cleaning,配制 3% Bayer 清洁液,装入清洁瓶。放在水瓶位置,试验用水拿下。

按 Start procedure,自动清洗 20 分钟,结束清洗换上试验用水瓶,按提示选 YES,执行 Rinse only,自动清洗 25 分钟结束清洗。注意:在清洗过程中不得中断,必须一次性完整完成,否则系统仍提示执行清洗。

3）显示盘的状态:在 System 状态,选 Tray status 即可显示盘的状态。盘状态包括样品盘和试剂盘。

4）显示轨道状态:在 System 状态,选 Track contents 即可显示轨道的状态。

轨道状态是显示试验运行时反应杯在轨道内的行走位置,也是监视试验系统的窗口。它包括样本探针,试剂探针 1、2、3 的工作情况,试验完成的倒计时剩余时间,每个杯子所做的项目,杯子编号及每个试验的完成情况。可通过轨道状态图表中下方的 Tray 键切换到盘状态。

5）手工操作:手工操作的主要应用有三部分,即混匀试剂、机械操作和灌注。

①混匀试剂:ACS 180 的试剂可直接上机。当进入 System 状态,选 Manual operation,按其下的 Mix reagents 任务键,再选 Perform procedure。系统将会自动混匀试剂,自动停止。

②机械操作:通常,在仪器发生故障的前后,应用机械操作的运动情况观察和查找事故的原因。操作方法同上,但在结束试验后,需按 Stop procedure 停止。

③灌注:系统灌注有全灌注和编排灌注,在长时间的停机后选择全灌注,一般选用编排灌注。操作方法同上。

6)诊断工具:在 System 状态,选 Diagnostic tools 即可进入诊断工具。诊断工具主要由工程师调试系统操作时应用,用户很少能用到。

(2)供应品及保养菜单:进入保养程序的界面,可以直观地了解需要对系统进行的保养编排,还可通过查看历史记录了解过去的保养状况。如不按照设定进行保养,系统会用颜色的变化提示需要做什么。如相应项目显现红色,提示保养时间超期,仪器拒绝运行,只有满足要求后红色清除,仪器才开始运行;显现黄色,提示保养临近或保养期到,应引起注意。在完成工作(如 Clear aspirate probes、Clear waste bottle wash bleach、Clear sample and reagent probe)后,在左侧格内签字。

(3)编辑工作表菜单

1)将处理好的样品编号置入样品盘中。

2)将所需的试剂盘和辅助试剂盘一并放置。

3)编辑工作表。

4)按启动键运行,第一个结果在运行后的 15 分钟报告,然后每 20 秒报告 1 个结果,直到将编入结果运行结束。

5)可随时键入急诊,加入急诊检查项目。

6)报告形式可根据自己的选择设置。

(4)质量控制编排菜单:仪器设有质控统计表和质控统计图,操作者可随时在界面观察质控结果。质控表可累计 12 个月,并计算平均值、标准差和变异系数。生产厂家有专门的质控物可供选择,如甲胎蛋白、癌胚抗原、糖类抗原及前列腺特异性抗原等。所有质控物均为冻干粉,使用时需按说明书要求保存处理。

(5)定义定标值菜单:该仪器定标有低、高两种定标浓度,按要求两点重复一次操作。仪器中存储各实验目的定标规定比率范围,测定时如果超出指定范围,仪器则显示无效定标,需重新校定。如经多次校正无效,需与商家联系。每个实验项目的定标期限按试剂盒说明书执行。

标准曲线的输入:每个试剂盒内均有标准曲线条形码,在试验前用户将其内容用扫描笔或手工输入定标曲线定义中。

(6)试验设定菜单:试验设定是试验的前提,所有项目都是通过在试验设定中设定的参数进行工作的,如测试项目单位设置、小数点位数设置、样本重复测定次数设置、定标间隔设置等。

在表中将要选择的内容,按实际需要选择或手工输入编辑,set up 的设定必须在高级工作状态下才能进行。进入高级状态的选择程序为选 System→sign in→operator,选 supervisor(高级操作),在密码(password)下的格内输入 supervisor 口令,再选 continue(继续)。此时,在显示屏上方的操作界面的状态由 general 变为 supervisor。当进入该状态,所有定义、试验定义、校正定义、标准曲线定义均可进行。

## 六、全自动化学发光免疫分析仪常见故障实例分析

### （一）ACS 180 SE 电路故障分析

**故障实例一**

【故障现象】开机后无法正常启动。

【故障分析】

1. 电源组件故障。

2. 主机软盘和硬盘驱动器故障。

3. CPU 板故障。

4. 8 块各个系统控制板故障。

5. 各个系统控制板下的负载电路故障。

【检修方法】

1. 测量电源组件电源输出电压工作是否正常。

2. 采用元器件及板替换法,判断主机软盘和硬盘驱动器是否工作正常。

3. 采用元器件及板替换法,判断 CPU 板是否工作正常。

4. 采用元器件及板替换法,分别替换 8 块各个系统控制板,判断其是否工作正常。

5. 采用电阻测量法,测量各个系统控制板下的负载电路,判断其是否工作正常。

**故障实例二**

【故障现象】轨道升温失败,无法进行样本测试。

【故障分析】

1. 轨道加热片故障。

2. 轨道温度检测器故障。

3. 轨道温度系统控制板故障。

4. 各个系统控制板下的负载电路故障。

【检修方法】

1. 采用电阻测量法,测量轨道加热片是否工作正常。

2. 检查轨道温度检测器是否工作正常。

3. 检查轨道温度系统控制板是否工作正常。

4. 检查各个系统控制板下的负载电路是否工作正常。

**故障实例三**

【故障现象】试剂探针升温失败,无法进行样本测试。

【故障分析】

1. 试剂探针加热线故障。

2. 试剂探针加热及试剂温度控制板故障。

**【检修方法】**

1. 采用电阻测量法,测量试剂探针加热线是否工作正常。

2. 采用元器件及板替换法,判断试剂探针加热和试剂温度控制板是否工作正常。

### 故障实例四

**【故障现象】** 试剂恒温箱升温失败,无法进行样本测试。

**【故障分析】**

1. 试剂恒温箱加热片故障。

2. 试剂探针加热及试剂温度控制板故障。

3. 试剂恒温箱温度检测器故障。

**【检修方法】**

1. 采用电阻测量法,测量试剂恒温箱加热片是否工作正常。

2. 采用元器件及板替换法,判断试剂探针加热及试剂温度控制板是否工作正常。

3. 检查试剂恒温箱温度检测器是否工作正常。

### 故障实例五

**【故障现象】** 样本盘和试剂盘无法进行复位。

**【故障分析】**

1. 样本盘和试剂盘检测器故障。

2. 样本盘和试剂盘系统控制板故障。

**【检修方法】**

1. 检查样本盘和试剂盘检测器是否工作正常。

2. 采用元器件及板替换法,判断样本盘和试剂盘系统控制板是否工作正常。

### 故障实例六

**【故障现象】** 样本注射器和试剂注射器动作失败。

**【故障分析】**

1. 样本注射器和试剂注射器机械受阻故障。

2. 样本注射器和试剂注射器系统控制板故障。

**【检修方法】**

1. 检查样本注射器和试剂注射器是否机械受阻,并保养。

2. 采用元器件及板替换法,判断样本注射器和试剂注射器系统控制板是否工作正常。

### 故障实例七

**【故障现象】** 真空泵不工作,无真空压力。

**【故障分析】**

1. 电源提供真空泵工作电压24V不正常。

2. 真空泵稳速控制板故障。

3. 真空泵故障。

**【检修方法】**

1. 采用电压测量法,测量电源提供真空泵工作电压24V是否正常。

2. 采用元器件及板替换法,判断真空泵稳速控制板是否工作正常。

3. 检查真空泵是否工作正常。

**故障实例八**

**【故障现象】** 条码扫描失败,不能扫样本盘和试剂盘的条码。

**【故障分析】**

1. 条码扫描器故障。

2. 条码扫描控制板故障。

3. 条码扫描控制板与条码扫描器的连接线故障。

**【检修方法】**

1. 检查条码扫描器是否工作正常。

2. 采用元器件及板替换法,判断条码扫描控制板是否工作正常。

3. 检查条码扫描控制板与条码扫描器的连接线是否正常。

**（二） ACS 180 SE 液路故障分析**

**故障实例一**

**【故障现象】** 真空压力达不到。

**【故障分析】**

1. 废液瓶密封圈失效及管道漏气故障。

2. 9 和 5 寸压力检测器以及压力表故障。

3. 真空泵故障。

**【检修方法】**

1. 检查废液瓶密封圈及管道是否漏气。

2. 检查 9 和 5 寸压力检测器以及压力表是否工作正常。

3. 检查真空泵是否工作正常。

**故障实例二**

**【故障现象】** 冲洗台冒水。

**【故障分析】**

1. 两通阀及夹断阀故障。

2. 各个管道漏气故障。

**【检修方法】**

1. 检查两通阀及夹断阀是否工作正常。

2. 检查各个管道是否漏气。

**故障实例三**

**【故障现象】** 冲洗分离 1 探针和冲洗分离 2 针冲洗失败。

【故障分析】

1. 水泵故障。

2. 两通阀及夹断阀故障。

【检修方法】

1. 检查水泵是否工作正常。

2. 检查两通阀及夹断阀是否工作正常。

### 故障实例四

【故障现象】样本探针打水失败。

【故障分析】

1. 纯净水瓶、过滤器故障。

2. 样本探针堵和漏故障。

3. 样本探针注射器故障。

【检修方法】

1. 检查纯净水瓶、过滤器是否工作正常。

2. 检查样本探针是否堵和漏。

3. 检查样本探针注射器是否工作正常。

### 故障实例五

【故障现象】试剂探针打水失败。

【故障分析】

1. 纯净水瓶、过滤器故障。

2. 试剂探针堵和漏故障。

3. 试剂探针注射器故障。

【检修方法】

1. 检查纯净水瓶、过滤器是否工作正常。

2. 检查试剂探针是否堵和漏。

3. 检查试剂探针注射器是否工作正常。

### 故障实例六

【故障现象】酸泵、碱泵打酸漏或打碱量不足。

【故障分析】

1. 酸泵漏故障。

2. 碱泵漏故障。

【检修方法】

1. 检查酸泵是否工作正常。

2. 检查碱泵是否工作正常。

**故障实例七**

【故障现象】发光室冒水。

【故障分析】

1. 废液探针或冲洗台漏或堵故障。

2. 两通阀及夹断阀故障。

3. 各个管道漏气故障。

【检修方法】

1. 检查废液探针或冲洗台是否漏或堵。

2. 检查两通阀及夹断阀是否工作正常。

3. 检查各个管道是否漏气。

**故障实例八**

【故障现象】水泵打水管路中有气泡,打水量不正常。

【故障分析】

1. 水泵漏故障。

2. 两通阀及夹断阀故障。

3. 各个管道漏故障。

【检修方法】

1. 检查水泵是否工作正常。

2. 检查两通阀及夹断阀是否工作正常。

3. 检查各个管道是否漏气。

（三）ACS 180 SE 光路故障分析

**故障实例一**

【故障现象】发光室复位不正常。

【故障分析】

1. 发光室位置检测板故障。

2. 光路检测系统控制板故障。

3. 发光室机械位置故障。

【检修方法】

1. 调整发光室机械位置。

2. 检查发光室位置检测板是否工作正常。

3. 检查光路检测系统控制板是否工作正常。

**故障实例二**

【故障现象】发光室中的光量子数测试失败。

【故障分析】

1. 光电倍增管故障。

2. 光路检测系统控制板故障。

3. 发光室漏光。

**【检修方法】**

1. 检测光电倍增管是否工作正常。

2. 采用元器件及板替换法,判断光路检测系统控制板是否工作正常。

3. 检查发光室是否漏光。

### 故障实例三

**【故障现象】** 样本测试失败,光量子数不正常。

**【故障分析】**

1. 光电倍增管故障。

2. 光路检测系统控制板故障。

3. 发光室漏光。

4. 加酸或加碱不正常。

**【检修方法】**

1. 检查光电倍增管是否工作正常。

2. 采用元器件及板替换法,判断光路检测系统控制板是否工作正常。

3. 检查发光室是否漏光。

4. 检测酸和碱是否正常。

### 故障实例四

**【故障现象】** 碱(酸)泵不正常,样本测试光量子数不正常。

**【故障分析】**

1. 光电倍增管故障。

2. 光路检测系统控制板故障。

3. 发光室漏光。

4. 碱(酸)泵漏,加碱(酸)不正常。

**【检修方法】**

1. 检查光电倍增管是否工作正常。

2. 采用元器件及板替换法,判断光路检测系统控制板是否工作正常。

3. 检查发光室是否漏光。

4. 碱(酸)泵漏,黏碱(酸)泵。

### 故障实例五

**【故障现象】** 光量子数测试失败,光路检测系统控制板故障。

**【故障分析】**

1. 光电倍增管故障。

2. 光路检测系统控制板故障。

3. 发光室漏光。

**【检修方法】**

1. 检查光电倍增管是否工作正常。

2. 采用元器件及板替换法,判断光路检测系统控制板是否工作正常。

3. 检查发光室是否漏光。

**故障实例六**

**【故障现象】** 纯净水不正常,样本测试光量子数不正常。

**【故障分析】**

1. 光电倍增管故障。

2. 光路检测系统控制板故障。

3. 发光室漏光。

4. 纯净水不正常。

**【检修方法】**

1. 检查光电倍增管是否工作正常。

2. 采用元器件及板替换法,判断光路检测系统控制板是否工作正常。

3. 检查发光室是否漏光。

4. 纯净水不正常,更换纯净水。

**故障实例七**

**【故障现象】** 冲洗分离不正常,样本测试光量子数不正常。

**【故障分析】**

1. 光电倍增管故障。

2. 光路检测系统控制板故障。

3. 发光室漏光。

4. 冲洗分离不正常。

**【检修方法】**

1. 检查光电倍增管是否工作正常。

2. 采用元器件及板替换法,判断光路检测系统控制板是否工作正常。

3. 检查发光室是否漏光。

4. 检查冲洗分离是否正常。

**(四) ACS 180 SE 机械传动故障分析**

**故障实例一**

**【故障现象】** 轨道卡杯。

**【故障分析】**

1. 运输轨道皮带轮及皮带故障。

2. 运输轨道调试不正确。

3. 运输轨道皮带机械受阻。

**【检修方法】**

1. 检查运输轨道皮带轮及皮带是否工作正常。

2. 重新调试运输轨道。

3. 处理运输轨道皮带,使机械不受阻。

**故障实例二**

**【故障现象】** 发光室卡杯。

**【故障分析】**

1. 运输轨道皮带轮及皮带故障。

2. 运输轨道调试不正确。

3. 装载杯的提升机故障。

4. 发光室机械受阻。

5. 发光室调试不正确。

**【检修方法】**

1. 检查运输轨道皮带轮及皮带是否工作正常。

2. 重新调试运输轨道。

3. 处理运输轨道皮带,使机械不受阻。

4. 检查装载杯的提升机是否工作正常。

5. 重新调试发光室。

**故障实例三**

**【故障现象】** 样本探针架复位失败。

**【故障分析】**

1. 样本探针机械受阻故障。

2. 样本探针架检测器故障。

3. 样本探针系统控制板故障。

4. 样本探针控制马达故障。

**【检修方法】**

1. 检查样本探针是否机械受阻。

2. 检查样本探针架检测器是否工作正常。

3. 检查样本探针系统控制板是否工作正常。

4. 检查样本探针控制马达是否工作正常。

**故障实例四**

**【故障现象】** 试剂探针架复位失败。

**【故障分析】**

1. 试剂探针机械受阻故障。

2. 试剂探针架检测器故障。

3. 试剂探针系统控制板故障。

4. 试剂探针控制马达故障。

**【检修方法】**

1. 检查试剂探针是否机械受阻。

2. 检查试剂探针架检测器是否工作正常。

3. 检查试剂探针系统控制板是否工作正常。

4. 检查试剂探针控制马达是否工作正常。

**故障实例五**

**【故障现象】** 冲洗分离探针动作失败。

**【故障分析】**

1. 冲洗分离探针机械受阻故障。

2. 冲洗分离探针检测器故障。

3. 冲洗分离探针系统控制板故障。

4. 冲洗分离探针控制马达故障。

**【检修方法】**

1. 检查试剂探针是否机械受阻。

2. 检查试剂探针架检测器是否工作正常。

3. 检查试剂探针系统控制板是否工作正常。

4. 检查试剂探针控制马达是否工作正常。

**故障实例六**

**【故障现象】** 废液探针动作失败。

**【故障分析】**

1. 废液探针机械受阻故障。

2. 废液探针检测器故障。

3. 废液探针系统控制板故障。

4. 废液探针控制马达故障。

**【检修方法】**

1. 检查废液探针是否机械受阻。

2. 检查废液探针架检测器是否工作正常。

3. 检查废液探针系统控制板是否工作正常。

4. 检查废液探针控制马达是否工作正常。

**故障实例七**

**【故障现象】** 装载杯的水车不动作。

**【故障分析】**

1. 装载杯的水车机械受阻故障。

2. 装载杯的水车检测器故障。

3. 装载杯的水车系统控制板故障。

4. 装载杯的水车控制马达故障。

**【检修方法】**

1. 检查装载杯的水车是否机械受阻。

2. 检查装载杯的水车检测器是否工作正常。

3. 检查装载杯的水车系统控制板是否工作正常。

4. 检查装载杯的水车控制马达是否工作正常。

**故障实例八**

**【故障现象】** 样本探针吸时,样本探针动作不正常。

**【故障分析】**

1. 样本探针液面检测器故障。

2. 样本探针系统控制板故障。

**【检修方法】**

1. 检查样本探针液面检测器是否工作正常。

2. 采用元器件及板替换法,判断样本探针系统控制板是否工作正常。

**(五) ACS 180 SE 电脑控制故障分析**

**故障实例一**

**【故障现象】** 主机控制电脑无法正常启动。

**【故障分析】**

1. 主机控制电脑硬件故障。

2. 主机控制电脑软件(操作系统及应用软件)故障。

**【检修方法】**

1. 检查主机控制电脑硬件是否工作正常。

2. 检查主机控制电脑软件,重新安装操作系统及应用软件。

**故障实例二**

**【故障现象】** 主机控制电脑操作系统启动正常,应用程序无法正常启动。

**【故障分析】**

1. 主机控制电脑硬件不正常。

2. 主机控制电脑软件操作系统不正常。

3. 主机控制电脑软件应用程序不正常。

**【检修方法】**

1. 检查主机控制电脑硬件是否工作正常。

2. 检查主机控制电脑软件操作系统是否工作正常。

3. 检查主机控制电脑软件应用程序是否工作正常。

4. 重新安装操作系统及应用软件。

### 故障实例三

【**故障现象**】 主机软盘驱动器损坏,仪器无法正常启动。

【**故障分析**】

1. 电源组件电源输出电压不正常。

2. 主机软盘驱动器损坏。

【**检修方法**】

1. 电源组件电源输出电压是否正常。

2. 采用元器件及板替换法,判断软盘驱动器是否损坏。

### 故障实例四

【**故障现象**】 主机硬盘驱动器指示灯不闪烁,仪器无法正常启动。

【**故障分析**】

1. 电源组件电源输出电压不正常。

2. 主机硬盘驱动器损坏。

【**检修方法**】

1. 电源组件电源输出电压是否正常。

2. 采用元器件及板替换法,判断硬盘驱动器是否损坏。

### 故障实例五

【**故障现象**】 主机控制电脑无法控制主机。

【**故障分析**】

1. 主机与主机控制电脑接口不正常。

2. 主机与主机控制电脑接口连接线损坏。

3. 主机 CPU 板故障。

【**检修方法**】

1. 检查主机与主机控制电脑接口是否正常。

2. 检查主机与主机控制电脑接口连接线是否损坏。

3. 检测主机 CPU 板是否工作正常。

### 故障实例六

【**故障现象**】 ACS 180 SE 样本测试结果数据传输失败。

【**故障分析**】

1. 主机与主机控制电脑接口不正常。

2. 主机与主机控制电脑接口连接线损坏。

3. 主机 CPU 板故障。

4. 主机与主机控制电脑设置不正确。

【**检修方法**】

1. 检查主机与主机控制电脑接口是否正常。

2. 检查主机与主机控制电脑接口连接线是否损坏。

3. 检测主机 CPU 板是否工作正常。

4. 检查主机与主机控制电脑设置是否正确。

**故障实例七**

【故障现象】 中文检验报告电脑无法接收数据。

【故障分析】

1. 主机控制电脑与中文检验报告电脑接口不正常。

2. 主机控制电脑与中文检验报告电脑接口连接线损坏。

3. 主机控制电脑与中文检验报告电脑设置不正确。

【检修方法】

1. 检查主机控制电脑与中文检验报告电脑接口是否正常。

2. 检查主机控制电脑与中文检验报告电脑接口连接线是否损坏。

3. 检查主机控制电脑与中文检验报告电脑设置是否正确。

**故障实例八**

【故障现象】 主机控制电脑无法存储数据。

【故障分析】

1. 主机控制电脑与中文检验报告电脑接口不正常。

2. 主机控制电脑与中文检验报告电脑接口连接线损坏。

3. 主机控制电脑与中文检验报告电脑设置不正确。

【检修方法】

1. 检查主机控制电脑与中文检验报告电脑接口是否正常。

2. 检查主机控制电脑与中文检验报告电脑接口连接线是否损坏。

3. 检查主机控制电脑与中文检验报告电脑设置是否正确。

# 第三节　放射免疫分析仪简介

## 一、概述及临床应用

放射免疫分析技术(radioimmunoassay,RIA)应用抗原抗体特异性结合和竞争性抑制的原理,采用高灵敏度的放射性标记技术进行含量极微的重要生命物质如胰岛素的测定,由美国科学家 Berson 和 Yalow 于 1959 年创立。1968 年,Miles 和 Hales 用放射性核素标记抗体,用过量的标记抗体和待测物反应,直接测定待测物的含量,建立了免疫放射分析技术(immunoradiometric assay,IRMA),统称为放射免疫分析技术。为此在 1979 年,Yalow 因放射免疫分析技术荣获诺贝尔奖。

1. **基本原理**　放射免疫分析技术是利用一定量的放射性核素标记抗原( * Ag)和未知量非标

记的待测抗原(Ag)竞争性结合其有限量的特异性抗体(Ab),反应达到平衡后,分离并分别测定结合的抗原-抗体复合物( *Ag-Ab)的放射性(B)和游离抗原的放射性(F)。由于 B 或 B/F 与非标记抗原的含量之间存在竞争性抑制的函数关系,通过已知浓度的标准曲线即可求出非标记抗原(待测样品)的含量。

放射免疫分析技术的竞争性结合反应机制可用公式(7-7)表达:

$$\begin{array}{c} \text{定量} \\ *Ag + Ab \rightleftharpoons *Ag\text{-}Ab + *Ag \\ \text{定量} \quad + \qquad (B) \qquad (F) \\ Ag \rightleftharpoons Ag\text{-}Ab + Ag \\ (\text{不定量}) \end{array} \qquad (7\text{-}7)$$

式中, $*Ag$ 为标记抗原; $Ag$ 为待测抗原或标准抗原; $Ab$ 为特异性抗体; $*Ag\text{-}Ab$ 为标记抗原-抗体复合物; $Ag\text{-}Ab$ 为非标记的待测抗原-抗体复合物。

当反应体系中 $*Ag$ 和 Ab 的量恒定时,形成 $*Ag\text{-}Ab$ 复合物的多少取决于 Ag 的量,随着 Ag 量的增加, $*Ag\text{-}Ab$ 的量就会相应减少,即与 Ag 的量呈负相关。当反应达到平衡后,将反应体系中的 $*Ag\text{-}Ab$ 与游离的 $*Ag$ 分离,用 γ 计数器测定其放射性。如果在不同的试管中分别加入已知系列浓度的标准 Ag 以同样条件参与反应,获得各标准浓度管的 $*Ag\text{-}Ab$ 量,并以已知标准抗原的浓度为横坐标,以 $*Ag\text{-}Ab$ 复合物的结合率(B%)为纵坐标,绘制出剂量-反应曲线,即为标准曲线或竞争性抑制曲线,如图 7-18 所示,未知浓度的待测 Ag 的量即从该曲线上求得。目前多采用计算机专用分析软件进行标准曲线拟合和待测抗原浓度的计算。

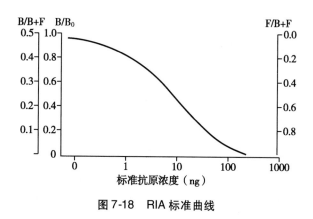

图 7-18 RIA 标准曲线

在实际工作中, $*Ag\text{-}Ab$ 复合物的结合率(B%)常以 $B/(F+B)$ 、 $F/(F+B)$ 或 $B/B_0$ 等表示,其中 $B_0$ 为零标准管的结合率。

应用标准曲线可以明确反映标准抗原的剂量与标记抗原-抗体复合物之间的负相关关系。有了这样的标准曲线,可以根据待测样品管的 $*Ag\text{-}Ab$ 生成量(结合率),就可以计算出待测抗原的含量。

放射免疫分析技术具有灵敏度高、特异性强、重复性好、准确度高、应用范围广泛等特点。

免疫放射分析技术是将放射性核素标记在抗体上,然后以过量的标记抗体与待测抗原非竞争性结合,再将标记的 $Ag\text{-}*Ab$ 与未结合的标记抗体分离,对复合物的放射性进行测量,并通过标准曲线求得待测抗原的含量。

实验进行时先以已知含量的抗原制作一条标准曲线(剂量-反应曲线),这条标准曲线反映剂量与标记复合物结合率为正相关关系。

**2. 放射免疫试剂**　放射免疫分析的主要试剂有抗体、标记抗原和非标记标准抗原(即标准品),有些试剂盒还需要分离试剂。

(1) 抗体:放射免疫分析的特异性、灵敏度在很大程度上取决于抗体的质量。衡量抗体质量的指标有亲和力、特异性和滴度。亲和力表示抗体与抗原结合的能力。亲和力高的抗体与抗原易结合且不易解离,通常用亲和力常数($K_a$)表示。亲和力高、特异性强的抗体才能建立高灵敏度和高特异性的放射免疫分析方法。在其他条件相同时,$K_a$值大的抗体,B/F值大,标准曲线的斜率增大,方法的灵敏度提高;另一方面,即使抗体的工作浓度较低,方法的灵敏度也高。特异性表示抗体识别抗原结构类似物的能力。如果抗体的特异性不高,则抗原类似物也能与抗体结合,成为干扰物质,影响分析结果。抗体的特异性测定可通过交叉反应率来评价。在血清或组织样品中,被测抗原的结构类似物往往不止1种,应择其含量高,且干扰程度大的分别进行交叉反应率测定,期望它们的交叉反应率越小越好。滴度是指抗体实际应用时的稀释倍数,滴度越高,所需的抗体量就越少,血清的稀释倍数越高,抗体中的杂质干扰也越少。通常滴度高到1:1000以上,血清中的干扰物质影响就很小。一般选用标记抗原被结合50%时所对应的抗体稀释度作为放射免疫分析法的工作浓度。

(2) 标记抗原:对标记抗原的主要要求有:

1) 用于标记的抗原必须与待测物为同一物质,且具有较高的化学纯度和免疫活性。

2) 标记后不改变原有抗原的生物活性(免疫活性、特异性等):在标记物的标记、贮存过程中,许多因素和外界条件的变化都可能造成标记物的损伤,使标记物失去免疫活性。多采用与已知活性的标记抗原绘制的标准曲线相比对的方法检查。如果待检标记抗原的免疫活性未受损伤,则标记抗原与抗体的亲和能力不会变化,两条曲线应该重合。但由于标记抗原定量的误差,两条曲线常表现为相互平行。如果两条曲线分离或交叉,说明标记抗原的免疫活性受到某种程度的损伤。造成免疫活性损伤的主要因素有:①在蛋白质中引入碘原子代替氢原子时使分子结构发生变化而引起碘化损伤;②标记在蛋白质分子的放射线使蛋白质变性引起放射损伤;③碘化反应时氧化反应和还原反应引起的化学损伤;④随着贮存时间的延长,标记蛋白质的聚合、脱碘等导致标记抗原质量下降。

3) 标记用放射性核素的选择:半衰期不能太短,以能满足商品试剂盒的制造、运输和一定的贮存使用期。$^{125}I$的半衰期为60天,可用 γ 探测器测量;也有采用$^3H$标记的,半衰期虽足够长,但需用液体闪烁计数器测量,样品处理烦琐,测量费用较高。对体外放射分析而言,$^{125}I$是最有价值的核素,其半衰期适中,既易于商品化与贮存,又有利于废物的处理;$^{125}I$只发射低能的 γ 射线,容易测量,辐射自分解小,其标记物有足够的稳定性;另外碘的化学性质活泼,容易标记,设备简单。因此,$^{125}I$的标记物在体外放射分析中得到最广泛的应用。

4) 比活度和放射化学纯度:两者必须足够高,以保证分析的灵敏度。一般要求标记物的放射化学纯度在95%以上,若放射性杂质过多,标准曲线的斜率降低,将会影响测定的灵敏度。

5) 稳定性:稳定性是指标记抗原在合理的贮存条件下,保持其全部性能不变的程度。许多因素都可以影响其性能的稳定性,如标记方法、标记位置、置换水平、理化环境等都会使放射性核素从放射性标记抗原的分子上脱落下来,或造成标记分子聚合或分离,使放射化学纯度明显下降。

(3)标准品:标准品是已知含量并呈梯度浓度的系列标准抗原,是定量的基础,其质量直接影响样品的测定值。标准抗原不仅用于制作标准曲线,也是标记抗原制备和诱发抗血清的必备试剂。对标准品,一要求同种即标准品应与待测物属同一物质,二要求同活性即标准品应与待测物具有相等的活性和亲和力,三要求高纯度即不含有任何可影响分析的杂质。同时,对标准品的量要求精确无误。

(4)分离剂:放射免疫分析反应达到动态平衡后,反应管内的放射性物质有结合(B)(即 * Ag-Ab)和游离(F)(即未与 Ab 结合的 * Ag)两部分。通常需用分离剂将两者分开,测量 B 的放射性。

非特异性分离剂:利用 B 与 F 分子量大小、等电点等理化特性的不同将两者分离开。分离剂有药用炭、离子树脂、饱和硫酸铵、聚乙二醇、纤维滤膜等。该类分离方法简便,试剂价廉易得,但分离效果不好,非特异性结合较高,且重复性不好,目前商品化试剂盒已不采用。

特异性分离剂:①葡萄球菌 A 蛋白(SPA):可以特异性结合抗体的 Fc 片段,通过离心即可分离 B 与 F;②双抗体:加入第二抗体,使其与 B 形成抗原-第一抗体-第二抗体的大分子复合物,再离心分离;③固相:将抗体包被在固相载体(可以是纤维素、磁性铁粉、玻璃微球、乳胶离子等)上或固化在试管壁,反应平衡后 B 就留在载体上,只需将反应液弃去,再洗涤数次即可达到分离目的。

免疫放射分析的主要试剂有标记抗体和标准品。标记抗体通常采用单抗,与放射免疫分析的要求类似,也要求有较高的化学纯度和免疫活性以及标记后不改变其生物学活性。此外,免疫放射分析的标记抗体应过量。标准品的要求同放射免疫分析。

### 3. 临床应用

(1)甲状腺疾病:促甲状腺激素(TSH)、高灵敏度甲状腺激素(STSH)、血清游离三碘甲状腺原氨酸(F-$T_3$)、游离甲状腺素(F-$T_4$)、抗甲状腺球蛋白抗体(TgAb)、抗甲状腺微粒体抗体(TmAb)。

(2)代谢类疾病:胰岛素原(proinsulin)、人造胰岛素(insulin specific)。

(3)骨和矿物质代谢:1,25-二羟基维生素 D 及 25-羟基维生素 D、降钙素(CT)和甲状旁腺激素(PTH)、骨钙素(OC)。

(4)肿瘤:甲胎蛋白(AFP)、癌胚抗原(CEA)、糖类抗原(carbohydrate antigen,CA)CA50、CA19-9、CA125、CYFRA21-1。

(5)心血管疾病:内皮素(ET)、肌红蛋白(Mb)、心肌钙蛋白 T(TnT)。

(6)器官移植中的药物监控:环孢素(cyclosporine)、他克莫司(FK506,tacrolimus)。

---

**知识链接**

放射性核素的种类和应用

1. 放射性核素依衰变方式分 α、β 和 γ 三种。

2. 用于放射性标记的有 β 和 γ 两类,分别用液体闪烁计数器及 γ 计数器测定。

3. 目前常用的是 γ 型放射性核素,如 $^{125}$I、$^{131}$I、$^{51}$Cr 和 $^{60}$Co,以 $^{125}$I 最常用。

4. β 型放射性核素有 $^3$H、$^{14}$C 和 $^{32}$P,以 $^3$H 最常用。

## 二、γ免疫计数器的组成及工作原理

放射免疫分析最常用的标记核素是$^{125}$I(发射γ射线),在实验领域用来测量$^{125}$I标记的放射免疫分析的仪器通常称为γ免疫计数器。

γ免疫计数器通常由固体闪烁探测器、后续电子学线路、电源、计算机系统和辅助设施组成(自动换样装置),如图7-19所示。

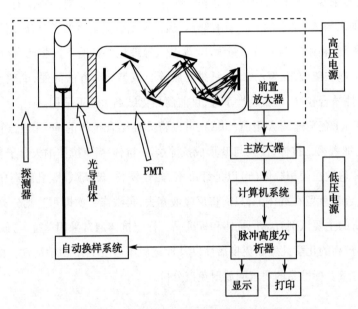

**图7-19　全自动γ免疫计数器结构示意图**

**1. 探测器**　根据探测器设计原理的不同,可将射线探测器分为气体电离探测器、半导体探测器和闪烁探测器三大类。在实验核医学工作中使用最多的γ免疫计数器是固体闪烁型探测器。该探测器是利用射线能量激发荧光物质,在退激时释放出荧光的原理而设计的射线探测器。由固体闪烁体、光导、光电倍增管、前置放大器和外周铅屏蔽组成。

(1) 固体闪烁体:闪烁体吸收射线能量后,闪烁体内的原子或分子被激发,并在退激时释放出荧光。常见的有固体闪烁体、无机晶体闪烁体、有机闪烁体和塑料闪烁体。

1) 无机晶体闪烁体:是含有少量杂质的无机盐晶体,如 NaI(Tl)、ZnS(Ag)等晶体。其中 NaI(Tl)晶体常用于γ射线的测量,在核医学测量仪器中应用最为广泛。其优点是密度大,对γ射线的阻止能力较强,能量转移效率高,发光效率高,线性关系好,荧光衰减时间短,荧光的发射光谱与光电倍增管的吸收光谱匹配性较好等;缺点是易潮解(透明度降低,性能下降),大面积的 NaI(Tl)晶体易破裂而影响测量。因此在使用 NaI(Tl)晶体的测量仪器时一定要注意保持干燥,防止剧烈振动。

2) 有机闪烁体:是用苯环结构的碳氢化合物制成的单晶,如蒽、芪晶体。受激发光是其固有属性。这类闪烁体的优点是发光效率较高,缺点是因制备困难而价格较高。

3) 塑料闪烁体:是有机闪烁体与塑料混合后的固熔体。可用于γ、X、β射线,快中子和高能粒子的测量。这类闪烁体的优点是易于制成各种形状,且不易潮解,性能稳定。缺点是其软化温度低,不宜在高温环境中使用;能量分辨率差,只能做强度测量,不宜做能谱分析。

（2）光导:有硅油和有机玻璃两种。其作用是减少闪烁体和光电倍增管之间的空气对荧光光子的全反射,提高荧光光子进入光电倍增管的概率。

（3）光电倍增管:由光阴极、聚焦极、联极和阳极构成。其作用是将射线和闪烁体相互作用后产生的荧光转换为电信号。光电倍增管的阴极将接收到的荧光转换成极其微量的光电子,这些微量的光电子通过聚焦极聚焦,并在电场作用下加速冲击联极,产生更多的电子（倍增）,经过联极多次放大后,在光电倍增管的阳极形成电压脉冲信号输出。

（4）前置放大器:即一电子学放大电路,紧跟在光电倍增管输出端,对光电倍增管输出的脉冲信号进行跟踪放大,同时与后续分析电路的阻抗匹配,以减少信号在传输过程中的畸变与损失,便于后续电路分析处理。

（5）铅屏蔽:在闪烁体、光电倍增管外加一定厚度的铅屏蔽,目的是减少外界射线引起的本底计数率。

**2. 后续电子学线路**　从探测器输出的电脉冲必须经过一系列电子学单元线路处理才能被记录和显示。最常见也是最基本的电子学单位线路有放大单元、脉冲幅度分析器和计数定量记录、显示装置等。

（1）放大单元:由于探测器输出的电脉冲信号幅度太小且形状多不规整,难以从样品信号中分出干扰信号,因此必须先放大整形,才能被有效地记录和显示。放大单元对脉冲起放大、整形、倒相等作用。

（2）脉冲幅度分析器:脉冲幅度分析器由上甄别器、下甄别器和反符合线路组成,如图7-20所示。上、下甄别器的阈值可调,其阈值差称为道宽（也称窗宽）,两个甄别器的输出端分别与反符合线路的输入端相连。只有下甄别器有输入信号而

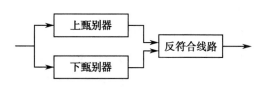

图7-20　脉冲幅度分析器结构示意图

上甄别器无信号输入时,反符合线路才有信号输出;而当反符合线路的2个输入端同时有信号输入时,则无脉冲输出,如图7-21所示。因此,它有选择性地记录一定范围的脉冲而排除过大和过小脉冲的作用。而该脉冲的高度反映了入射射线的能量,脉冲的数量反映了入射射线的强度（即放射性活度）,可见脉冲幅度分析器可以鉴别从放大器输出的脉冲信号是否由所测的核素提供。脉冲幅度分析器有单道和多道脉冲幅度分析器两种,前者用于单一射线核素的测量,后者用于分析多能量核素所释放的射线能谱分析。

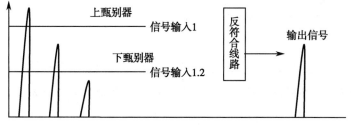

图7-21　脉冲幅度分析器作用机制

（3）计数系统：计数系统由计数和计时两部分构成，其作用是记录一定时间范围内的脉冲数。过去的计数系统由定标器（或计数率仪）完成，由于技术的进步，目前计算机已取代了定标器，由计算机系统进行数据采集和处理，同时还执行其他功能的控制任务。

**3. 电源** 有直流高压和直流低压两类。高压电源一般在 500～1000V 可调，供光电倍增管工作用；低压电源较低，主要供电子学线路工作用。稳定的电源是测量仪器正常工作的前提条件之一。

**4. 计算机系统** 计算机系统的主要作用是采集数据和处理数据、分析数据、显示数据并适时对仪器进行自动控制。

**5. 辅助设施** $\gamma$ 免疫计数器的辅助设施是自动换样系统。通过计算机控制异步电机对测量样品管进行精确定位、换样。

## 三、液体闪烁计数器

液体闪烁计数器是在固体闪烁计数器的基础上发展起来的，也可分为探测器、后续电子学线路、电源、计算机系统和辅助设施等部分，如图 7-22 所示。

这几部分均与 $\gamma$ 免疫计数器相仿，但都比其复杂，其原因在于其探测对象为低能 $\alpha$、$\beta$ 射线，产生的光子较少，不能透过 NaI(Tl) 外面的保护层，必须将样品加入闪烁液中，因此这种测量技术最有利于探测样品中的 $^3$H、$^{14}$C 等发射的穿透力极弱的低能 $\beta$ 射线。目前液闪测量技术在生物医学领域中已广泛应用于药物的吸收、分布、排泄，以及物质代谢、放射免疫、生物大分子结构与功能的关系、遗传工程等方面，在其他方面如农业、地质、考古、水文等研究领域也得到了广泛应用。

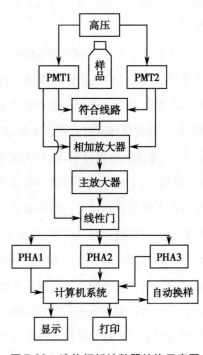

图 7-22 液体闪烁计数器结构示意图

**1. 液体闪烁探测器**

（1）液体闪烁体：由溶剂和溶于溶剂中的有机闪烁剂装在玻璃或其他材料做成的容器中组成，样品直接以固相或溶媒形式加入其中。其工作原理是射线的能量先传给溶剂分子，再由溶剂分子将能量传给闪烁剂分子，使其被激发，退激时发出荧光。如该荧光与光电倍增管不匹配，则可向闪烁液中加入第二闪烁剂将荧光的波长转变成与光电倍增管相匹配的波长。

（2）光电倍增管、光导等与 $\gamma$ 免疫计数器相仿。

**2. 后续电子线路**

（1）符合线路：与 $\gamma$ 免疫计数器中的反符合线路不同的是，液体闪烁计数器采用符合线路。其目的是去除光电倍增管的热噪声，降低本底。液体闪烁计数器通常有 2 只光电倍增管，水平相对放置，中间为样品室。样品中的 1 次衰变产生的光子为多光子，会使 2 只光电倍增管同时产生信号，即同步信号。而光电倍增管的噪声信号是随机产生的，为单光子事件，即异步信号。故使用符合线路可以使光电倍增管的噪声信号绝大部分不能被记录,从而提高仪器的信噪比,有效降低本底。

(2) 相加线路:相加线路的作用是将 2 只光电倍增管输出的同步信号叠加,使脉冲高度增高和相对稳定,而本底噪声几乎没有增加,从而进一步提高信噪比,提高探测效率,同时也改善了核素的分辨率。

(3) 线性门线路:异步信号进入符合线路,符合线路没有输出,线性门关闭,截断信号通道。而同步信号则可由符合线路输出至线性门,线性门打开,相加放大的脉冲信号以最小的畸变通过,进入脉冲幅度分析器。

(4) 主放大器:常用的是对数放大器。由于不同核素的能量相差悬殊,其脉冲高度相差很大。对数放大器对小脉冲放大倍数大,对大脉冲放大倍数小,这样保证了不同核素的脉冲经对数放大器放大后均在脉冲分析器的分析范围内。

(5) 脉冲幅度分析器:液体闪烁计数器常用"3+2"个脉冲幅度分析器,即 2 个用于淬灭校正,3 个用来测定不同能量的射线。其工作原理与 γ 免疫计数器相似。

**3. 液体闪烁计数器的计算机系统、辅助设施和电源**　液体闪烁计数器除了计算机系统、辅助设施和电源等与 γ 免疫计数器相似的部分外,还包括淬灭校正的软件和一个外标准源。外标准源是一个固体 γ 源,有足够长的半衰期和足够高的放射性活度,并在闪烁液中形成一个康普顿谱,其谱形应能满足淬灭校正的要求。不用时该外标准源藏在铅室内,不使仪器的本底升高,需要时可以从铅室中弹出到达邻近样品瓶的位置。

# 第四节　荧光免疫分析仪简介

## 一、概述及临床应用

荧光免疫分析技术(fluorescent immunoassay,FIA)是标记免疫分析技术中发展最早的一种,其标记物是荧光素,用荧光分光光度计测定荧光强度。20 世纪 80 年代以来发展起来的时间分辨荧光免疫测定(time resolved fluorescent immunoassay,TRFIA)采用稀土金属镧系如铕(Eu)作为标记物,有效地排除了非特异性荧光的干扰,极大地提高了分析的灵敏度。

### 1. 荧光及荧光特性

(1) 荧光:一些化学物质能从外界吸收并储存能量(如光能、化学能等)而进入激发态,当其从激发态再恢复到基态时,过剩的能量可以电磁辐射的形式放射(即发光)。荧光发射的特点是可产生荧光的分子或原子在接收能量后即刻引起发光;而一旦停止供能,发光(荧光)现象也随之在瞬间内消失。可以引起发荧光的能量种类很多,由光激发所引起的荧光称为致荧光。荧光免疫分析技术一般应用致荧光物质进行标记。

(2) 荧光效率:荧光分子不会将全部吸收的能量都转变成荧光,部分能量会以其他形式释放。荧光效率是指荧光分子将吸收的能量转变成荧光的百分率,与发射荧光光量子的数值成正比。

荧光效率=发射荧光的光量分子数(荧光强度)/吸收光的光量子数(激发光强度)

发射荧光的光量子数亦即荧光强度,除受激发光强度影响外,也与激发光的波长有关。各个荧光分子有其特定的吸收光谱和发射光谱(荧光光谱),即在某一特定波长处有最大吸收峰和最大发射峰。选择激发光波长量接近于荧光分子的最大吸收峰波长,且测定光波量接近于最大发射光波峰时得到的荧光强度也最大。

(3) 荧光淬灭:荧光分子的辐射能力在受到激发光较长时间的照射后会减弱甚至淬灭,这是由于激发态分子的电子不能恢复到基态,所吸收的能量无法以荧光的形式发射造成的。一些化合物有天然的荧光淬灭作用而被用作淬灭剂,以消除不需用的荧光。因此,荧光物质的保存应注意避免光(特别是紫外线)的直接照射和与其他化合物的接触。在荧光抗体技术中常用到一些非荧光的色素物质如亚甲蓝、碱性复红。用伊文思蓝或低浓度的高锰酸钾、碘溶液等对标本进行适当复染,以减弱非特异性荧光本质,使特异性荧光更突出显示。

**2. 荧光物质**

(1) 荧光色素:许多物质都可产生荧光现象,但并非都可用作荧光色素,只有那些能产生明显的荧光并能作为染料使用的有机化合物才能称为免疫荧光色素或荧光染料。常用的荧光色素有:

1) 异硫氰酸荧光素(FITC):为黄色或橙黄色结晶性粉末,易溶于水或乙醇等溶剂。分子量为389.4,吸收光波长为490~495nm,发射光波长为520~530nm,呈现明亮的黄绿色荧光。异硫氰酸荧光素有2种同分异构体,其中异构体Ⅰ型在效率、稳定性、与蛋白质的结合能力等方面都更好,是应用最广泛的荧光素。

2) 四乙基罗丹明(RIB200):为橘红色粉末,不溶于水,易溶于乙醇和丙酮。最大吸收光波长为570nm,发射光波长为595~600nm,呈橘红色荧光。

3) 四甲基异硫氰酸罗丹明(TRITC):最大吸引光波长为550nm,最大发射光波长为620nm,呈橙红色荧光。与异硫氰酸荧光素的翠绿色荧光对比鲜明,可配合用于双重标记或对比染色。

(2) 其他荧光物质

1) 酶作用后产生荧光的物质:某些化合物本身无荧光效应,一旦经酶作用便形成具有强荧光的物质。例如4-甲基伞酮-β-D-半乳糖苷受β-半乳糖苷酶的作用分解成4-甲基伞酮,后者可发出荧光,激发光波长为360nm,发射光波长为450nm。其他如碱性磷酸酶的底物4-甲基伞酮磷酸盐和辣根过氧化物酶的底物对羟基苯乙酸等。

2) 镧系螯合物:某些3价稀土镧系元素如铕($Eu^{3+}$)、铽($Tb^{3+}$)、铈($Ce^{3+}$)等的螯合物经激发后也可发射特征性的荧光,其中以$Eu^{3+}$应用最广。$Eu^{3+}$螯合物的激发光波长范围宽,发射光波长范围窄,荧光衰变时间长,最适合用于时间分辨荧光免疫测定。

**3. 荧光免疫分析的原理及常见技术**

(1) 原理:荧光免疫分析是将免疫反应的特异性与荧光技术的灵敏度相结合的一种免疫分析方法。其原理是将特异性抗体标记上荧光素,使其与相应抗原结合后,在荧光仪中测定荧光现象或强度,从而判断抗原的存在或含量。已广泛用于各种蛋白质、激素、药物及微生物的测定,是临床免疫学研究的重要手段。

(2) 常见技术

1）均相技术:用两种荧光素分别标记抗原、抗体,通过荧光激发传递使一种荧光被吸收,其吸收量与样品中的待测物质成正比,由标准曲线推算出含量。

2）时间分辨荧光免疫技术。

3）荧光偏振技术。

4）荧光免疫传感器。

**4. 临床应用**　TRFIA 可应用于多种物质的检测,例如肿瘤标志物、激素、甲状腺激素、铁蛋白等。FPIA 主要用于药物浓度的检测及分析,如叶酸、维生素 $B_{12}$、可卡因、利多卡因等。荧光酶免疫分析主要用于过敏原检测以及特异性 IgE 检测。目前,在自动化仪器上,国外已开发了许多试剂,例如检测自身抗体和其他病原体的试剂。

## 二、时间分辨荧光免疫分析仪

**1. 时间分辨荧光免疫技术（time resolved fluorescent immunoassay,TRFIA）**　时间分辨荧光免疫技术是一种非放射性核素免疫分析技术,它用镧系元素标记抗原或抗体,根据镧系元素螯合物的发光特点,用时间分辨技术测量荧光,同时对检测波长和时间 2 个参数进行信号分辨,可有效地排除非特异性荧光的干扰,极大地提高了分析的灵敏度。

（1）时间分辨荧光免疫分析的原理:以常用的荧光素作为标记物的荧光免疫测定往往受血清成分、试管、仪器组件等的本底荧光干扰,以及激发光源的杂射光的影响,使灵敏度受到很大限制。时间分辨荧光免疫分析技术是针对这些缺点加以改进的一种新型检测技术。

其基本原理是以镧系元素铕螯合物作荧光标记物,利用这类荧光物质有长荧光寿命的特点,延长荧光测量时间,待短寿命的自然本底荧光完全衰退后再行测定,所得的信号完全为长寿命镧系螯合物的荧光,从而有效地消除非特异性本底荧光的干扰。其测定原理如图 7-23 所示,其中增强液的作用是使荧光信号增强。因为免疫反应完成后,生成的抗原-抗体-铕标记物复合物在弱碱性溶液中经激发后所产生的荧光信号甚弱。在增强液

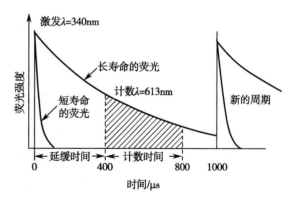

图 7-23　TRFIA 测定原理示意图

中可至 pH 2~3,铕离子很容易解离出来,并与增强液中的 β-二酮体生成带有强烈荧光的新的铕螯合物,大大有利于荧光测量。

（2）稀土离子及其标记物:稀土元素的金属离子很难直接与抗原抗体结合,因此在标记时需要有一种双功能基团的螯合物,它们分子内或带氨基和羧基或带有异硫氰酸基和羧酸基,一端与稀土离子连接,另一端与抗原或抗体的自由氨基(组氨酸、酪氨酸)连接。目前常用镧系元素标记的双功能螯合剂有异硫氰酸苯基二乙胺四乙酸(ICBEDTA)、β-萘甲酰三氟丙酮(β-NTA)、二乙基三胺五乙酸环酐(DTPAA)、4,7-二氯磺基苯-1,10-菲罗啉-2,9-二羧酸(BCPDA)及对-异硫氰酸苄基二乙三胺

四乙酸(PICBDTTA)5种。

（3）时间分辨荧光免疫分析的常见方法:根据免疫分析方法的不同分为竞争法和夹心法2种,与酶免疫分析技术和放射免疫相似。

**2. 时间分辨荧光免疫分析仪的结构原理**　所用的检测仪器为时间分辨荧光计,与一般的荧光分光光度计不同,采用脉冲光源(每秒闪烁1000次的氙灯),照射样品后即短暂熄灭,以电子设备控制延缓时间,待非特异性本底荧光衰退后,再测定样品发出的长镧系荧光。时间分辨荧光免疫分析测量仪器的基本结构如图7-24所示(以DELFIA1230型为例)。

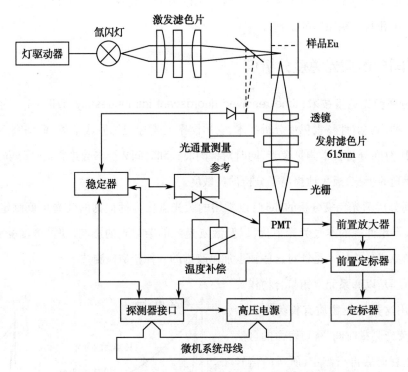

图7-24　DELFIA1230型时间分辨荧光免疫分析测量仪结构原理图

在系统中,氙闪灯是脉冲激发光源,激发光经两个石英透镜和一个滤色片将激发光束聚集到被测样品。每测量1个样品是由约1000次激发-测量循环组成的,由定标器累积记录荧光计数。反复闪烁的激发光能量的总和用光电二极管-反馈电路积分,当达到预置的阈电压水平时,闪烁灯的驱动器停止闪烁。激发光穿过样品管(孔)的侧面激发样品,而样品的发射光则穿过孔的底部后被测量。光电倍增管输出的脉冲由一个前置放大器放大,然后送到前置定标器,在测量周期完成后,微处理机读取定标器中的内容而且存储累积计数,最后计数是这1000次循环中所测计数的累积。

> **知识链接**
>
> 时间分辨荧光免疫分析的特点
>
> 特异性强;灵敏度高;标记物稳定;线性范围更宽,重复性更好;检测动态范围宽,可达4~5个数量级;标记物制备简单,稳定性好,使用时间长。

## 三、荧光偏振免疫分析仪

**1. 荧光偏振免疫测定(fluorescence polarization immunoassay,FPIA)**　荧光物质经单一平面的偏振光蓝光(波长为485nm)照射后,可吸收光能跃入激发态;在恢复至基态时,释放能量并发出单一平面的偏振荧光(波长为525nm)。偏振荧光的强度与荧光物质受激发时分子转动的速度成反比。大分子物质旋转慢,发出的偏振荧光强;小分子物质旋转快,其偏振荧光弱。利用这一现象建立了荧光偏振免疫分析技术,用于小分子物质特别是药物的测定。

荧光偏振免疫分析技术的试剂为荧光素标记的药物和抗药物的抗体,模式为均相竞争法,标本中的药物及荧光标记的药物与一定量的抗体竞争性结合。反应平衡后,与抗体结合的荧光标记药物的量与标本中药物浓度的量成反比。由于抗体的分子量远大于药物的分子量,游离的荧光标记药物与结合抗体的荧光标记药物所产生的偏振荧光强度相差甚远,因此测定的偏振荧光强度与标本中药物的浓度成反比。根据荧光偏振程度与抗原浓度成反比的关系,以抗原浓度为横坐标、荧光偏振强度为纵坐标,绘制竞争性结合抑制标准曲线。通过测定的偏振光强度大小,从标准曲线上就可精确地换算出样品中待测抗原的相应含量。

与其他免疫分析技术相比,荧光偏振免疫分析具有以下优点:①均相测定简便,易于快速、自动化进行;②荧光标记试剂稳定、有效期长,并使测定的标准化结果可靠;③可用空白校正除去标本内源性荧光的干扰,可获得准确的结果。荧光偏振免疫测定通常不适合大分子物质的测定,与非均相荧光免疫分析方法相比,其灵敏度稍低一些。为提高荧光偏振免疫测定的灵敏度,可将相对大量的标本进行预处理以去除干扰成分。如测定血清地高辛之前,血清蛋白先进行沉淀处理可使检测限达到0.2ng/ml。

**2. 荧光偏振免疫分析仪器的结构**　荧光偏振免疫分析是通过一偏振光蓝光照射后,测量产生的偏振荧光的强度而建立的,故需在仪器的光学部分加上起偏器和检偏器。以雅培 AXSYM 系统为例,该系统为一随机式持续通道的免疫测定分析仪,采用3种不同的测定技术,即微粒子酶免疫分析法、荧光偏振免疫分析法和发射能量衰减法。

AXSYM 分四大区域:取样中心、测试中心、排废及供液中心和系统控制中心。日常的操作界面是取样中心、排废和供应中心以及系统控制中心。

(1) 取样中心:包括3个圆盘,该部分的主要功能为装载样品、试剂、定标液、质控液和反应试管。其负责将所需的样品和试剂加入反应管,反应管被传送至温控的测试中心。

(2) 测试中心:包括2个圆盘和其他辅助元件,主要功能为混合和传输样品、试剂和 BULK 溶液,孵育,光学测试。

(3) 排废和供液中心:储存和传导 BULK 液,收集和储存在测试过程中产生的废液和各种消耗品废弃物。

(4) 系统控制中心:由彩色触摸屏监控器、键盘、打印机、磁盘驱动器、条形码读入器和接口部分组成。其作用是登记和复查患者信息和顺序,输入校准液和控制指令,复查结果和质量控制数据,系统维护,建立系统配置。

**3. 荧光偏振免疫分析仪的光学系统**　荧光偏振免疫分析仪的光学装置测量反应中比色皿产生的偏振光的变化。从钨卤素灯产生的光直接穿过感光滤光片,它允许485nm 波长的蓝光通过。光线穿过液晶偏振器后产生的一束单平面的蓝光。偏振蓝光透过比色皿,偏振光反射90°,经偏光镜后被测量,如图7-25所示。

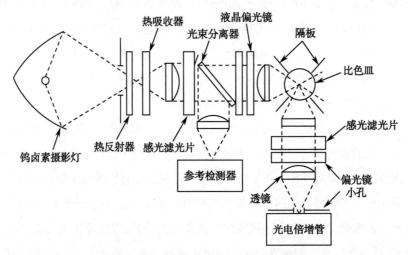

图7-25 荧光偏振免疫分析仪光路图

## 复习导图

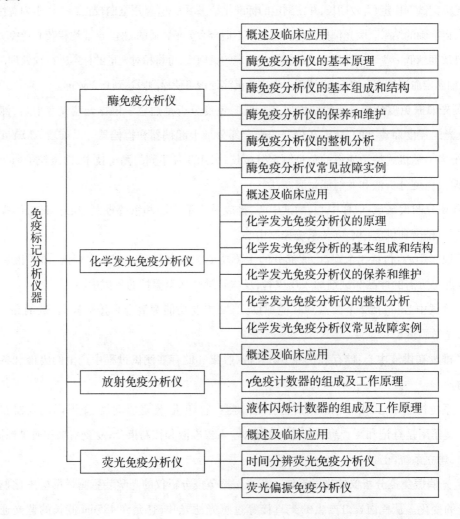

## 目标检测

### 一、选择题（单选题）

1. 免疫测定是指利用( )特异性结合反应的特点来检测标本中的微量物质的方法

    A. 抗原和抗体                 B. 分子和原子

    C. 放射性核素                 D. 荧光物质

2. 各种自动化免疫分析仪在设计原理中都使用了( )新的免疫分析基本技术

    A. 自动化控制技术            B. 化学发光技术

    C. 自动进样技术              D. 物理化学

3. 适于检测抗体的方法是( )

    A. 直接荧光法                 B. ELISA 间接法

    C. ELISA 双抗体夹心法        D. 间接凝集抑制试验

4. ACS 180 SE 全自动化学发光免疫分析仪通过( )进入仪器调校程序,对整机进行调校

    A. 自己建立的用户           B. administrator

    C. 工程师                   D. 普遍用户

5. 化学发光是指在化学反应过程中某些物质( )释放光子的现象

    A. 吸收化学能激发到电子激发态时

    B. 吸收化学能在激发态的最低振动能级振动时

    C. 释放化学能时

    D. 吸收化学能激发到电子激发态,当从激发态回到基态时

### 二、简答题

1. 酶标仪和化学发光免疫分析仪在临床上有哪些应用?

2. ACS 180 SE 全自动化学发光免疫分析仪由哪几部分组成?

3. 全自动发光免疫分析仪有哪几种类型? 其组成和工作原理是什么?

ER-07章习题

## 实训七 ACS 180 SE 全自动化学发光免疫分析仪的维修

### 一、实训目的

1. 掌握全自动化学发光免疫分析仪的基本组成和结构及工作原理。

2. 熟悉全自动化学发光免疫分析仪的基本操作及安装调试技术。

3. 了解全自动化学发光免疫分析仪的临床应用。

4. 学习全自动化学发光免疫分析仪的电路、液路、机械传动、光路、电脑控制故障分析,排除故障,掌握其维修技术。

## 二、实训内容

### （一）全自动化学发光免疫分析仪的基本操作实训

1. 开机。

2. 灌注机器。

3. 编排工作表。

4. 准备试剂、样品、定标液。

5. 开始工作。

6. 清洗程序。

7. 碱泵清洗。

8. 清理。

### （二）全自动化学发光免疫分析仪的保养和维护实训

#### 1. 仪器保养

（1）每天保养。

（2）每周保养。

（3）每月保养。

（4）按需保养。

#### 2. 仪器维护

（1）光电倍增仪测试。

（2）吸水试验。

（3）喷注试验。

（4）真空试验。

（5）条码仪测试。

### （三）全自动化学发光免疫分析仪的维修实训

1. ACS 180 SE 电路故障分析。

2. ACS 180 SE 液路故障分析。

3. ACS 180 SE 光路故障分析。

4. ACS 180 SE 机械传动故障分析。

5. ACS 180 SE 电脑控制故障分析。

### 三、实训步骤

（一）全自动化学发光免疫分析仪的基本操作实训

1. **开机**　将废液瓶放好、水瓶装满水放好、反应杯装满。开主机、电脑、打印机。查看供应屏幕,确认无异常。

2. **灌注机器**　点击系统菜单(System)→点 Manual Operations→点 Priming Operations→点 Scheduled Primes→点 Perform Procedure。大概 20 分钟后,机器会自动停止。

3. **编排工作表**　首先要删除前一天的工作表:点 Work List→选 Summary→点 Move Results→点 Move。编新的工作表。

4. **准备试剂、样品、定标液**　对照试剂表,将固相、液相试剂、辅助试剂(如需要)、冲洗液(如需要)放到试剂盘中,盖上软盖,进行混合程序:点 System 系统菜单→点 Manual Operations→选 Mix Reagents→点 Perform Procedure。试剂混合过程中,准备样品和定标液。混合 10~20 分钟,按机器面板上的 Stop 键停止。将试剂针外盖取下,看试剂瓶中有无气泡。

5. **开始工作**　一切都准备好后,按机器上的 Start 键,开始测量。测量过程中点系统菜单 System→再点 Track Contents(状态键),观察测量项目的运行位置。测量完后结果会自动打印。

6. **清洗程序**　一天工作完成后,需做机器清洗:将清洗液瓶配好清洗液(方法为 60ml 清洗液+ 2L 水),换下机器上的水瓶,将酸/碱试剂(Reagent 1/2)换成水,系统菜单 System 下→点 Cleaning Procedure,然后点 Start Procedure,开始清洗液清洗。21 分钟之后清洗液清洗完毕,机器会自动停止,并出现一个 Y/N 的选择框。这时用水瓶换下清洗液瓶,再按 Y 键,开始水清洗。25 分钟后,水清洗完毕。

7. **碱泵清洗**　在系统菜单(System)下→点 Manual Operations→点 Priming Operations→点击 Clear Prime,再将 Reagent 1 Pump、Reagent 2 Pump 后面的数字改为 10→点 Perform Procedure,开始碱泵清洗。清洗完后,关掉机器和打印机。如放假超过 1 天机器不使用,应做碱泵清洗程序。注意:应将 Reagent 1/2 后面的数字改为 20。

8. **清理**　关机后,将 Reagent 1/2 放回,清洗液放到阴凉的地方,水瓶剩下的水倒掉,废液瓶倒掉,废杯倒掉。将水瓶和废液瓶倒放在滤纸上风干,以免长菌。

（二）全自动化学发光免疫分析仪的保养和维护实训

1. 仪器保养(略)。

2. 仪器维护(略)。

（三）全自动化学发光免疫分析仪的维修实训

参见第二节"六、全自动化学发光免疫分析仪常见故障实例分析"。

### 四、实训思考

1. 全自动化学发光免疫分析仪电路故障,应采用何种维修方法进行检查?

2. 全自动化学发光免疫分析仪液路故障,应采用何种维修方法进行检查?

3. 全自动化学发光免疫分析仪光路故障,应采用何种维修方法进行检查?

4. 全自动化学发光免疫分析仪机械传动故障,应采用何种维修方法进行检查?

5. 全自动化学发光免疫分析仪电脑控制故障,应采用何种维修方法进行检查?

## 五、实训测试

| 学　号 | | 姓　名 | | | 班　级 | |
|---|---|---|---|---|---|---|
| 实训名称 | | | | | 时　间 | |
| 实训测试标准 | 【故障现象】<br>【故障分析】<br>1. 维修前的准备工作　　　　　　　　　　　　　　　(1分)<br>2. 对此故障现象进行故障分析　　　　　　　　　　(2分)<br>【检修步骤】　　　　　　　　　　　　　　　　　　(7分)<br>每个维修实例考核满分标准　　　　　　　　　　　　(10分) | | | | | |
| 自我测试 | | | | | | |
| 实训体会 | | | | | | |
| 实训内容测试考核 | 实训内容一:考核分数(　　　)分<br>实训内容二:考核分数(　　　)分<br>实训思考题1:考核分数(　　　)分<br>实训思考题2:考核分数(　　　)分<br>实训思考题3:考核分数(　　　)分<br>实训思考题4:考核分数(　　　)分<br>实训思考题5:考核分数(　　　)分 | | | | | |
| 教师评语 | | | | | | |
| 实训成绩 | 按照考核分数,折合成(优秀、良好、中等、及格、不及格)<br><br>　　　　　　　　　　　　　　　　　　　指导教师签字:<br>　　　　　　　　　　　　　　　　年　月　日 | | | | | |

（王俊起）

# 第八章

## 血液流变和血液凝固分析仪器

导学情景 ∨

学习目标

1. 掌握血液流变分析仪和血液凝固分析仪的工作原理和基本结构。

2. 熟悉血液流变分析仪和血液凝固分析仪的日常维护和保养。

3. 了解血液流变分析仪和血液凝固分析仪的临床应用。

学前导语

血液流变学包括全血比黏度、全血还原黏度、血浆黏度、红细胞电泳时间、血小板电泳时间、纤维蛋白原测定、血沉及红细胞变形能力等 10 多项指标。 主要是反映由于血液成分变化而带来的血液流动性、凝滞性和血液黏度的变化。 血流变检查的适应人群主要为中老年人。

血流变检测仪能够监测是否患有高血压、动脉硬化、冠心病、心肌梗死、肺源性心脏病、脑栓塞、脑梗死等心脑血管病以及外周血管病、糖尿病、肿瘤、神经精神病等疾病。

## 第一节 血液流变分析仪器

### 一、概述及临床应用

#### (一) 血液流变分析仪概述

人体血液是红细胞、血小板、白细胞、脂肪、纤维蛋白原和球蛋白等多种物质的特殊混合物,其流变学特性首先表现为具有一定的流动性和变形性。但它又具备各种有形成分的独立变形性、特异触变性、红细胞聚集和解聚等多种特异性,是一种特殊复杂的非牛顿流体物质。

流变学(rheology)是研究物体在外力的作用下产生流动与形变的一门新兴学科。血液流变学(hemorheology)是流变学的一个重要分支,是研究血液作为一种非牛顿流体所具有的特异性的流动性、血液有形成分的变形性(包括变形、聚集性和黏附性等)、血液凝固性、血管壁的流变性、血细胞之间及血液与血管壁之间的相互作用以及它们在不同疾病状态下的变化规律。

随着科学技术的迅速发展,各种新仪器、新方法的不断涌现,使血液流变学研究不仅在理论上,而且在临床应用方面均得到迅速发展。血液流变分析仪(hemorheology analyzer,HA)是在血液流变学的理论基础上发展起来的一种对全血、血浆或血细胞的流变特性进行分析的检验仪器。它能直接测量多项血液流变学指标:全血高切黏度(200/S)、全血中切黏度(40/S)、全血中切黏度(30/S)、全血低切黏度(3/S)、全血低切黏度(1/S)、全血高切流阻、全血中切流阻、全血低切流阻、全血卡森黏度、全血卡森应力、全血还原黏度(3/S)、全血还原黏度(1/S)、血浆黏度、红细胞聚集指数、红细胞刚性指数、红细胞变形性、红细胞内黏度。结合其他生化等指标,可对困扰人类健康(尤其是中老年人)的一些疾病,如高黏滞血综合征、心脑血管疾病、卒中、高血压、肺源性心脏病、先天性心脏病、冠心病、脑血栓、糖尿病、肝硬化、白血病等尽可能做到早发现、早治疗,尽快地为患者解除痛苦。血液黏度是血液流变学的基本指标,这些疾病的发病过程都伴随着血液流变学指标的异常变化,因此都伴有血液黏度等血液流变学指标的改变。从血液流变学角度去探讨疾病的病因和发病机制并提出新的诊断方法和防治措施,对于这些疾病的预防和治疗有着极其重要的意义。

（二）　血液流变分析仪器的发展概况

1931 年,Fahraeus 等发现,在一定的管径范围内,血液表观为黏度随管径变细而降低,即存在 Fahraeus-Lindquist(以下简称 F-L)效应。1951 年,Copley 首次提出血液流变学的概念,使血液黏度的研究有了较快的发展,随后出现了最早的毛细管式血液黏度计。1961 年,Wells 等研制出了适应于检测血液黏度的锥板旋转式黏度计,对血液流变学的发展起到了巨大的推动作用。1975 年,Bessis 等发明激光衍射测定仪,使红细胞变形性研究得以实现。20 世纪 80 年代以来,血液流变学又派生出 3 个主要分支:理论血液流变学、分子血液流变学和临床血液流变学。近年来,有关科学家发明了微孔筛滤装置及微量血细胞电比容仪等仪器,从微观上为探索一些疾病的发病机制提供了新的途径。

国内血液流变学的研究起步于 20 世纪 60 年代中期,发展于 70 年代,自 80 年代以来,血液流变学检测仪器的研究和生产日新月异,为血液流变学的研究和临床应用揭开了新的篇章。随着生物技术、电子技术和计算机技术等相关学科的发展,其研究内容日趋丰富,由最初的宏观血液流变学实验发展到血细胞流变学、分子流变学实验等新的微观血液流变学实验。

（三）　血液流变分析仪的临床应用

血液流变学的研究范围很广泛,包括血液流量、流速、流态;血液凝固性;血液有形成分;血管变形性;血管弹性和微循环等内容。

**1. 研究高黏滞血综合征**　这是一个临床医学上的新概念,它是由于机体一种或多种血液黏滞因素升高而造成的,如血浆黏度升高、全血黏度升高、红细胞刚性升高、红细胞聚集性升高、血小板聚集性升高、血小板黏附性升高、血液凝固性升高、血栓形成趋势增加等。由于这些因素的异常改变,使机体血液循环(特别是微循环)障碍,导致组织、细胞缺血和缺氧。临床可见于真性红细胞增多症、肺源性心脏病、充血性心力衰竭、先天性心脏病、高山病(高原反应)、烧伤、创伤、卒中、糖尿病、冠心病心绞痛、急性心肌梗死、血栓闭塞性脉管炎、高脂血症、巨球蛋白血症、肿瘤等。

**2. 研究低黏滞血综合征**　主要表现为血液黏滞性低于正常,形成的原因主要是血细胞比容降低,多见于出血、贫血、尿毒症、肝硬化腹水、晚期肿瘤、急性白血病等。血液流变性改变在临床上可用于某些疾病的鉴别诊断,例如红细胞变形能力的降低可用于鉴别急性心肌梗死与重度心绞痛。

**3. 用于治疗疗效的判断指标**　高黏滞血症和低黏滞血症时,血液流变学的各项指标为临床观察的重要指标。真性红细胞增多症患者的血细胞比容和血液黏度是判断临床疗效的指标。

**4. 用于临床治疗(等容量血液稀释疗法)**　用于闭塞性脑血管病、冠心病心绞痛、视网膜中心静脉栓塞等疾病。该方法基于血液流变学的理论,先将血液放出,分离红细胞,再回输血浆与补充相应的液体,这样可使血容量稳定,但血细胞比容下降,血液黏滞性降低,从而改善了血液的流变特性,使微循环改善,组织细胞缺血和缺氧的状况好转。临床试验表明,血细胞比容由49%降低到42%时,脑血流量增加50%。

**5. 用于疾病的预防**　血液流变性检测对疾病的预防具有不可忽视的价值。健康人的一生中,血液流变学参数的变化幅度较小,但在某些情况下,当尚未表现出临床症状时,某些血液流变性参数就已经出现异常。如临床观察到,血细胞比容升高时,脑梗死发生的危险性增加;当血细胞比容为36%～45%时,脑梗死的发生率为18.3%;当血细胞比容升至46%～50%时,脑梗死的发生率增加到43.6%。恰当地运用血液流变性检测,可及时地检测人的半健康状态,并指导医师和患者对这种半健康状态作出积极的反应,及时改善机体的失调,有效地阻止疾病的发生,提高人的生活质量,延长寿命,也避免了治疗疾病过程中人力和物力的耗费。

**6. 用于检测药物的副作用**　如在应用蛇毒注射液治疗卒中病、应用溶栓疗法治疗急性心肌梗死的过程中,应随时了解患者的血液黏度、血小板功能和凝血功能,以防止患者继发出血性疾病。

## 二、血液流变分析仪的基本原理

目前在临床上常用的血液流变学分析仪器主要有血液黏度计、红细胞变形仪、红细胞聚集仪等。

### (一) 血液黏度计

一般情况下,在体外测定血液和血浆的黏度。全血黏度主要取决于红细胞数量的多少,血浆黏度主要取决于血浆蛋白。血液的黏度在体内并不是一个物理常数,在大血管和微血管中血液的表观黏度不一样。一般在大血管(如主动脉、腔静脉)中,血液的流动表现为牛顿流体,黏度基本保持为一个常数。而在$100\mu m$以下的小血管乃至微血管范围,血液黏度随血管管径的变化而变化。血液黏度的大小直接影响血液循环中阻力的大小,必然影响组织的血液灌流量。对血液黏度进行测定有十分重要的临床意义,而能否准确测量血液黏度依赖于黏度计性能的好坏。

**1. 毛细管黏度计**　不同黏度的流体流过相同的管道时所用的时间不同,流体的黏度愈大,所用的时间就愈长。根据哈根-泊肃叶(Hagen-Poiseuille)定律,即一定体积的液体在恒定的压力驱动下,流过一定长度和管径的毛细管所需的时间与黏度成正比($Q=\pi R^4 P/8\mu L$)。式中,$Q$为流体流量;$R$为毛细管半径;$L$为毛细管长度;$P$为压力差;$\mu$为黏度。实际测量时,让水和血液分别通过同样长度、同样管径的玻璃管,分别测量水和血液通过时所用的时间$t_w$和$t_b$,已知水的黏度为$\mu_w$,则血液黏度可按公式(8-1)计算出来:

$$\mu_b = (t_b/t_w)\times\mu_w \tag{8-1}$$

整个测量管道系统处于37℃恒温的水浴箱中。

**2. 旋转式黏度计**　此类仪器的测量原理是将血液置于一个切变率已知的切变场中,测量一定

的剪切率 $\gamma$ 下所产生的切应力 $\tau$ 大小,然后按公式(8-2)计算血液的表观黏度 $\mu$:

$$\mu = \tau / \gamma \tag{8-2}$$

目前,常见的旋转式黏度计有圆筒式黏度计和锥板式黏度计两种。

(1) 圆筒式黏度计:由 2 个同轴的圆筒组成,圆筒间隙内置放待测量的液体,内筒与一个弹簧游丝相连。一般固定内筒不动,外筒以已知的角速度 $\omega$ 旋转,通过测量液体加在内筒壁上的扭力矩 $M$ 换算成液体的黏度 $\mu$:

$$\mu = K \times M / (2\pi R\omega) \tag{8-3}$$

式中,$K$ 为仪器常数;$R$ 为内筒半径。

测量时,一般采用循环水浴对样品进行保温,测试样品的温升很小,试样用量也较少。这种仪器可用来研究血液的凝固过程、黏弹性、红细胞变形性、聚集性以及血液特性的时间相关性等。

(2) 锥板式黏度计:由一个圆平板和一个同轴圆锥组成,圆锥角为 $\theta$,待测量的液体放在圆锥和圆板间隙内。一般固定圆板,圆锥以已知的角速度 $\omega$ 旋转,通过测量液体加在圆锥上的扭力矩 $M$ 换算成液体的黏度 $\mu$。剪切速率 $\gamma$ 等于:

$$\gamma = \omega / \theta \tag{8-4}$$

可见,剪切速率与圆锥半径无关,即在圆锥面上的剪切速率处处相等。因此,锥板式黏度计在设计原理上较圆筒式更合理,更适合直接测量非牛顿流体的黏度和流动曲线。由于采用循环水浴保温,仪器测量时测试样品的温升很小,试样用量也较少。这种仪器可用来研究血液的凝固过程、黏弹性、红细胞变形性、聚集性以及血液特性的时间相关性等。

图 8-1 是一台锥板式黏度计的工作原理图,步进电机通过变速齿轮包和传动皮带带动刻度盘旋转,扭丝弹簧连接刻度盘与圆锥,当圆锥与平板间没有流体时,圆锥转动不受黏性阻力的作用,弹簧处于初始状态,称为仪器的测量零点,此时圆锥与刻度盘同步旋转。当圆锥与平板间有流体时,圆锥转动时会受到流体黏性阻力的作用而旋转一个角度,同时扭丝弹簧也受到扭力矩的作用,从而产生一个相同大小的反力矩 $M$,达到平衡。此时圆锥与刻度盘同步旋转,但与初始状态相比,圆锥旋转了一个角度 $\theta$,这个角度与流体的黏度大小成正比。用适当的传感器可以记录下扭丝弹簧的力矩 $M$ 和圆锥的旋转角度 $\theta$,则流体的黏度为:

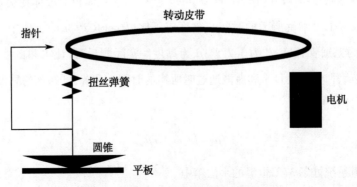

**图 8-1　锥板式黏度计的工作原理示意图**

$$\mu = 3\theta M/(2\pi\omega R) \tag{8-5}$$

式中,$R$ 为锥板半径;$\omega$ 为圆锥角速度。

（二）红细胞变形仪

　　红细胞能否顺利通过毛细血管,保持正常的微循环灌注主要取决于红细胞变形能力。红细胞变形性主要是由内在因素决定,包括细胞膜的黏弹性、胞质的黏度(内黏度)、细胞的几何形状等。此外流场切应力、pH、渗透压、温度等外部因素对红细胞变形也有影响,因此在做红细胞变形测量时,这些外部因素应加以控制。目前红细胞变形性的测定方法很多,主要采用的方法有黏性检测法、微孔滤过法、激光衍射法。

　　**1. 黏性检测法**　血液的表观黏度随切变率升高而降低,高切变率下血液的表观黏度主要由红细胞的变形性决定,在相同的血细胞比容、介质黏度和切变率下,表观黏度越低者红细胞的平均变形性越高。因此,通过测量血液在高切变率下的表观黏度及相应的血浆黏度和血细胞比容值可间接估计红细胞的平均变形性。

$$变换形式: TK = (\mu r^{0.4} - 1)/\mu r^{0.4} \cdot C \tag{8-6}$$

式中,$\mu r$ 为悬浮液的相对黏度;$T$ 为 Taylor 因子;$K$ 为红细胞群集指数;$C$ 为红细胞的体积浓度,常以血细胞比容代替。$TK$ 值可用来估计红细胞的变形性,在正常状态下 $TK$ 值约为 0.9。$TK$ 值越大表示红细胞的变形性越差。

　　**2. 微孔滤过法**　微孔滤过法是国内外广泛用于测量红细胞变形性的方法。正常的红细胞很容易通过比自身直径小的孔道,在病理状态下,由于红细胞的变形性降低,通过微细孔道的能力下降。该法就是在一定负压下使红细胞悬液通过一定孔径的滤膜,由于孔径小于红细胞的直径,红细胞在通过时发生变形,从一定数量的红细胞通过微孔滤膜的时间或速度反映出红细胞的变形能力。测定一定体积的悬浮介质和细胞悬液流过滤膜所需要的时间 $t_0$ 和 $t_s$,用滤过指数($IF$)表示红细胞的变形性。$IF = (t_s - t_0)/t_0$(Hct),式中的 Hct 表示悬浮液中的血细胞比容。病理状态下由于红细胞的变形能力降低,通过微细孔道的阻力增加。

　　**3. 激光衍射法**　内、外圆筒均由透明材料制造,内、外圆筒间隙内流场的切应力($\tau$)按 $\tau =$

$\pi RN\mu / h$ 计算。式中,$R$ 为内圆筒半径;$N$ 为外圆筒转速(r/min);$\mu$ 为介质黏度;$h$ 为内、外圆筒间隙的宽度。

红细胞悬浮于内、外圆筒间隙内,当一束激光射入样品层时便发生衍射现象,产生反映细胞几何状态的衍射图。无切应力作用时,未变形的红细胞产生圆形的衍射图。当外圆筒旋转时,在切应力的作用下红细胞被拉伸成椭圆形,同时产生椭圆形的衍射图,只是方向相差 $\pi / 2$。由衍射图照片测量中心亮斑的长轴($b$)和短轴($a$)来计算椭圆指数($EI$),红细胞在某切应力下的变形性可用 $b/a$ 值表示,即 $EI = b/a$。

(三)　红细胞聚集仪

红细胞聚集性增高,可导致低切变率下的血液黏度增高。不同类型的红细胞聚集仪采用的原理也不同,目前主要采用黏性检测法、红细胞沉降法、光学检测法。

**1. 黏性检测法**　在低切变率下,细胞因血浆蛋白的桥联作用形成缗钱状的聚集体,进而形成三维立体网状结构,从而使血液流动阻力增大。红细胞聚集性愈强,形成的聚集体愈大,血液黏度升高愈显著,随着切变率的升高,这种立体结构逐渐被破坏,血液黏度随之降低。因此,可利用测量血液黏度来估计红细胞的聚集性。

**2. 红细胞沉降法**　红细胞沉降率($ESR$)在一定程度上反映了红细胞的聚集性,但是血沉受血细胞比容、血浆黏度、红细胞表面电荷、温度及血浆与细胞之间的密度差等因素的影响。有学者提出利用血沉方程求出 $K$ 值,由 $K$ 值估计红细胞的聚集性。

$$ESR = K\left[-(1-H+\ln H)\right] \tag{8-7}$$

式中,$H$ 为血细胞比容;$ESR$ 为红细胞沉降率;$K$ 为常数;$1-H$ 为血浆的比值;$\ln$ 指以 e 为底物的自然对数。

令 $R = -(1-H+\ln H)$,则 $K = ESR/R$。

**3. 光学检测法**　红细胞聚集程度不同可导致其透光率改变的程度和速率不同。若利用光敏器件将这种与红细胞聚集状态有关的光信号转换成电信号并适当放大,输入显示器或记录器,即可描记出红细胞的聚集曲线,由聚集曲线可计算出一些聚集参数。最新的 Myrenne 红细胞聚集测定仪既可测量静态试样中的红细胞聚集过程,也能测出低切变率红细胞的聚集过程。

## 三、血液流变分析仪的基本组成和结构

(一)　血液黏度计

血液黏度计主要分为毛细管黏度计和旋转式黏度计 2 种。

**1. 毛细管黏度计**　毛细管黏度计是测定牛顿流体黏度应用最广泛的仪器,它主要包括毛细管、储液池、恒温控制仪和计时器等结构,如图 8-2 所示。

(1)毛细管:毛细管黏度计中的毛细管结构很关键,其内径必须圆、直、长,而且应均匀。对于血液来说,管径越细,毛细管中流动的可变形红细胞向轴向集中的趋势越明显,测出的血液黏度偏低。用于血液黏度测量的毛细管黏度计要求 $2R$($R$ 是毛细管半径)大于或等于 1mm,并且 $L/2R$ 大于

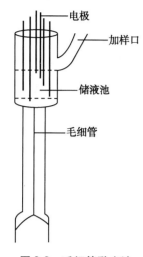

**图 8-2 毛细管黏度计**

或等于 200（$L$ 是毛细管长度）。要求测量血浆黏度的毛细管黏度计能分辨出两个浓度相差 1% 的蔗糖溶液的黏度。

（2）储液池（样品池）：一般位于毛细管的顶端，是贮存样品和进行温育的场所。储液池和毛细管应处于恒温环境中。

（3）恒温控制仪：是浸没毛细管和储液池下部的恒温装置，液体黏度与温度呈负相关关系，故黏度测量对温度要求较高，其波动范围应小于 0.5℃。

（4）计时器：用于控制样品经加样口进入储液池向毛细管流动时，通过测定液面从接触到断开各电极的时间来反映试样流经毛细管所需的时间。目前，国内生产的毛细管黏度计大多采用液体自身的压力驱动，其液面位置多数采用多根电极检测计时，现正逐步被无接触式的光电检测计时代替。

2. **旋转式黏度计** 旋转式黏度计为同轴圆筒或锥板式结构，如图 8-3 所示。平板部分为样品杯，它与调速电机相连，当平板以某一转速旋转时，转动的扭矩通过血样传递到锥体，血样越黏，传入的扭矩越大，锥体受力大小由测力传感器检测。它主要包括：①样品传感器，由同轴圆筒或锥与板等组成；②转速控制与调节系统；③力矩测量系统；④调控样品温度的恒温系统。

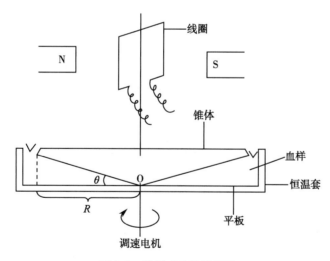

**图 8-3 锥板式旋转黏度计**

（二）红细胞变形检测仪

1. **黏性测定仪** 常采用有较宽切变率范围的旋转式黏度计，切变率选择在 100/S 以上。

2. **微孔滤过测定仪** 用于测量血细胞变形性。主要结构由滤膜、负压发生系统和恒温系统三部分组成。其中滤膜的性能很关键，要求膜孔大小和分布均匀，孔道为直通型，长度约 $10\mu l$，孔径为 $5\mu l$，膜孔的分布密度在 $4\times10^5$ 目/cm$^2$，重孔率应低于 30%。因细胞的形状、大小对悬浮液的滤过阻力有影响，为避免细胞在洗涤和存放过程中的影响，悬浮液应采用等渗的 PBS 溶液（pH 7.4）。

3. **激光衍射测定仪** 该仪器主要由同轴圆筒式流变仪、氦氖激光器及光路系统、摄像系统和控温系统等部分组成。

（三）红细胞聚集仪

红细胞聚集测定仪的基本结构与锥板黏度计相似,只是其圆锥和平板均由透明材料制成。为了使血样中的红细胞充分解聚,先使血液在 600/S 的切变率下作用 10 秒,随即将切变率降至零,描绘透光率随时间变化的曲线。

## 四、血液流变分析仪的保养和维护

血液流变分析仪直接用于全血样本的测量,所以它的保养至关重要。

1. **日常保养**　每天标本处理完毕后连续清洗 8 ~ 10 次,并清洁废液瓶,检测废液瓶内的干簧管传感器是否灵敏可靠,最后加满蒸馏水瓶,以备下次使用。最后一次清洗后拿掉定心罩,并用柔软干净的纸巾清洁切液锥以及液槽。

---

**知识链接**

### 血液流变分析仪的操作提示

1. 开机预热　开机后仪器测头温度稳定到 37℃后,再等待 15 ~20 分钟后进行测量(可以减少因温度原因造成的测值不稳的现象)。

2. 水平调整　每次移动仪器或测值不良时,首先检测水平是否良好,使用随机配送的专用水平仪放在仪器测头上并观察水平仪上的气泡是否在允许的圆圈内,如果不在,可以通过调整几个地脚螺钉即可。

---

2. **切液锥保养**　每天使用完仪器后,清洗工作结束后使用柔软干净的纸巾清洁切液锥,如果切液锥表面有血凝块或纤维蛋白等污染物,可使用温水加中性洗涤剂对切液锥表面进行清洁。

清洁完成后,用干布或不掉屑的纸巾清洁干净,放在安全稳固的地方待用,注意不要把切液锥滚落到地面上,这样会使切液锥报废。

严禁使用强酸、碱及腐蚀性溶液清洗,这样也会使切液锥报废。

3. **液槽保养**　每天使用完仪器后,清洗工作结束后检查排液口是否排液流畅,并使用柔软干净的纸巾清洁液槽,如果液槽内有血凝块或纤维蛋白等污染物,可使用温水加中性洗涤剂进行清洁。

同样严禁使用强酸、碱及腐蚀性溶液清洗,否则会导致液槽报废。

4. **定心罩的安装与拆除**　注意拆装定心罩时不要用力过猛,轻轻转动并向上用力拔下。向下安装时更要注意对准立轴尖并轻轻向下用力,以免粗暴安装导致立轴顶端的合金轴尖断裂。

5. **清洗系统保养**　如发生清洗无力、不上水的现象,首先检查进液泵管是否良好、液体是否足够;其次检查管道是否通畅,并使用注射器抽吸各清洗管道。

6. **排废系统保养**　每天清洁废液桶并检测瓶内的干簧管传感器是否灵敏可靠。检测方法为将废液瓶盖颠倒,仪器屏幕提示"废液瓶满"说明正常。

当废液不吸时,需检查管道是否通畅,可使用较大的注射器(20ml 以上)套接在仪器排废接口上,并在仪器菜单中选择"排堵"功能,抽吸注射器,清理排废系统。

## 五、典型血液流变分析仪的整机分析

HT100 型全自动双通道血液流变分析仪是一款全自动、双通道同时测量全血黏度(高切、中切、低切)、血浆黏度、血沉、比容的新型血液流变分析仪。该仪器采用压力传感式测量方式;恒温加热全自动自控技术;样本自动程控非牛顿流体科学混匀技术(不破坏血液非牛顿流体的原始状态);样本位自动跟踪微调技术;光电装置、液面探针自动识别样本技术;样本不转移、不分离,通用采血试管直接上机技术;双针、双盘同时或独立工作技术;三重自动清洗严密防堵技术(六套独立自动清洗系统);故障自动甄别报警技术;计算机集成数据优化自动处理技术等。

（一）基本组成与结构

HT100 型全自动双通道血液流变分析仪主要由电路、液路和自动样品转盘三大部分组成。

**1. 电路部分**　如图 8-4 所示,主要由 CPU 中央处理板、电源板、分析放大板、多路输入输出板组成。

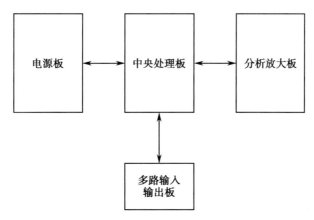

图 8-4　HT100 型全自动双通道血液流变分析仪电原理方框图

电源板首先将交流 220V 电源转换成 DC 电源,为整机电路提供工作电压±5V、±12V 和±24V 的直流电。

CPU 中央处理板上的微型处理器是整个电路系统的核心。通过执行存储在 CPU 中的自带的ROM 程序,控制电机和电磁阀的运行,接收和分析放大板的信号。

放大板上的高精度压力传感器采集到 U 型水平测量系统的压力信号,经过 A/D、D/A 转换送至CPU 板。

**2. 液路部分**　如图 8-5 所示,液路部分分为样品管路、清洗管路、压力管路、蠕动泵和 U 型水平测量系统。

样品管路:样品通过样品探针、探针接口、样品控制电磁阀,进入 U 型水平测量系统。

清洗管路:清洗液通过清洗管,清洗选择电磁阀,进入 U 型水平测量系统。

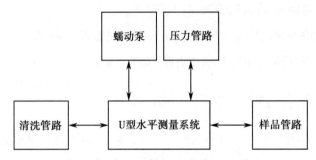

图 8-5　HT100 型全自动双通道血液流变分析仪液路方框图

压力管路:连接 U 型水平测量系统的压力端和压力传感器。

**3. 自动样品转盘**　自动样品转盘由样品盘和控制电机组成,用于放置待测样品和转动选择样品。

（二）技术指标

**1. 切变率范围**　1/S ~ 200/S。

**2. 黏度范围**　0 ~ 50mpa·s。

**3. 检测温度**　（37±0.1）℃。

**4. 重复性误差**　全血高切≤1.0%、全血低切≤1.5%、血浆≤1.5%。

**5. 测试速度**　80T/H。

**6. 标本用量**　≤1.0ml 数据输出:RS-232 串口接口。

**7. 电源**　~ 220V、50Hz。

**8. 功率**　200W。

**9. 工作环境**　温度为 5 ~ 35℃,相对湿度不大于85%。

（三）仪器的保养和维护

日常的保养和维护是保证仪器正常运转、操作者工作顺利的关键。以下主要介绍的是仪器每天、每周和每季度的保养程序。

**1. 仪器的日保养**　①保持仪器的外表整洁;②检查清洗液,必要时更换;③检查废液瓶,必要时排空。

**2. 仪器的周保养**　在日保养的基础上保证做到以下几点:①分析仪的自动标定;②对分析仪进行浸泡清洗。

**3. 仪器的季度保养**　在日保养和周保养的基础上要做到以下几点:①分析仪的灭菌消毒;②更换蠕动泵的软管。

## 六、血液流变分析仪常见故障实例分析

血液流变分析仪的故障多围绕着液、电两个方面,而常见的典型故障多为液路问题,同时还有参数设置不当造成的,而且不同原因可能造成同一故障现象。下面以 HT100 型全自动双通道血液流变分析仪为例,对此类仪器的一些常见故障进行初步分析。

**故障实例一**

【故障现象】仪器无法正常启动,烧保险丝。

【故障分析】仪器烧保险丝,通常说明存在以下故障:①电源电路有故障,PSU 板上有元器件击穿;②负载电路有故障,CPU 板、显示板、放大板、泵电机、电磁阀等负载有故障。

【检修方法】

1. **询问了解故障现象**　询问用户故障现象,根据故障代码,进行故障分析,判断故障发生的部位,确定应携带哪些配件到现场维修。

2. 采用直观检查法,对整机进行认真仔细的检查,重点检查电源电路和负载电路,检查 PSU 板、CPU 板、放大板、泵电机、电磁阀是否有异常现象。

3. 采用电阻测量法,检查电源变压器以及 PSU 板上电源部分的元器件是否正常。

4. 采用电压测量法,测量整机工作电压±5V、±12V 和±24V 是否正常。

5. 采用断路分割法将负载电路断开,将 CPU 板和显示板断开,将泵电机、电磁阀断开,通电观察保险丝是否正常。

6. 将负载电路电磁阀接上,烧保险丝,说明电磁阀有故障,采用电阻测量法测量电磁阀线圈,常见匝间短路。采用元器件及板替换法更换电磁阀,仪器通电测试正常。

7. 维修完毕后,须对血液流变分析仪进行定标、样本测试、质控,确保仪器工作正常。且及时整理维修数据,做好维修记录。

**故障实例二**

【故障现象】测量清洗时不吸清洗液。

【故障分析】不吸清洗液,通常说明存在以下故障:①液路故障;②清洗控制电磁阀可能有问题;③蠕动泵可能有问题。

【检修方法】

1. **询问了解故障现象**　询问用户故障现象,根据故障代码,进行故障分析,判断故障发生的部位,确定应携带哪些配件到现场维修。

2. 采用直观检查法,对整机液路部分进行认真仔细的检查,重点检查清洗管路、蠕动泵。

3. 检查清洗控制电磁阀,如不能正常开闭,则电磁阀有问题;如能正常开闭,则蠕动泵有问题。

4. 检查蠕动泵,若转动正常,则存在蠕动泵管磨损。更换蠕动泵管,清洗吸液正常,仪器工作一切正常。

5. 维修完毕后,须对血液流变分析仪进行定标、样本测试、质控,仪器工作正常。且及时整理维修数据,做好维修记录。

**故障实例三**

【故障现象】切血池内的抽液孔堵塞。

【故障分析】工作中这种情况发生较多,原因是采集血液标本时血液与防凝剂未能充分混匀,使血液标本中有微小的血凝块,清洗时造成血凝块堵塞抽液孔。

【检修方法】轻轻取下定心罩和锥板,用 5ml 注射器注水后,针尖插入抽液孔内反复加压提抽,一般可以解决。

#### 故障实例四

【故障现象】洗针槽溢水。

【故障分析】原因是血液标本中的微小血凝块和纤维蛋白原长期积累,堵塞了洗针槽内的溢水口和针芯的出水孔。

【检修方法】取下洗针槽的上盖,拿出里面的溢水环和针芯,用注射器反复冲洗溢水环的溢水口和针芯的出水孔,以清除其内的血凝块和纤维蛋白原。

#### 故障实例五

【故障现象】仪器设置正常,启动程序时加样针不移动。

【故障分析】原因是加样针支柱缺乏润滑。移动时阻力增大,导致加样针支柱和转轴的连接松开,使其缺乏动力所致。

【检修方法】打开仪器后盖,把加样针支柱与转轴重新连接牢固,同时用润滑油润滑加样针支柱和转轴,问题便可解决。

#### 故障实例六

【故障现象】仪器测试时,标本无结果或结果值很低。

【故障分析】原因是切血池内的抽液孔堵塞时,废液溢出,造成切血池下的光耦被废液污损,失去作用。

【检修方法】用工具将切血池周围的螺丝卸开,轻轻地取出切血池(注意不要弄坏其他的连接线),小心更换下面的光耦。为防止光耦再次被污损,最好用塑料布将其包裹。

#### 故障实例七

【故障现象】全血黏度值过高。

【故障分析】原因是切血池内有血凝块或定心罩内的轴尖弯曲或损坏。

【检修方法】

1. 轻轻取下定心罩和锥板,用棉签清除池内的血凝块。

2. 卸掉定心罩上部的螺丝,维修轴尖或更换新的轴尖。

#### 故障实例八

【故障现象】仪器和微机连接正常的情况下,显示连接测试组件失败。

【故障分析】原因是先进入血流变操作界面,后打开血流变仪。

【检修方法】关闭操作界面,先打开血流变仪,然后再进入操作界面。

#### 故障实例九

【故障现象】自动样品盘不转动。

【故障分析】自动样品盘不转动,通常说明存在以下故障:①控制电机可能有问题;②电机驱动可能有问题。

【检修方法】

**1. 询问了解故障现象**　询问用户故障现象,根据故障代码,进行故障分析,判断故障发生的部位,确定应携带哪些配件到现场维修。

2. 采用直观检查法,对整机进行认真仔细的检查,重点检查控制电机和电机驱动。

3. 采用电压测量法,测量整机工作电压±5V、±12V 和±24V 是否正常。

4. 若上述步骤无问题,则采用元器件及板替换法更换控制电机,若上机试验正常,说明控制电机不正常,故障排除。

5. 若上机试验不正常,说明电机驱动不正常。采用电阻测量法测量 CPU 板上的电机驱动芯片,检查电机驱动芯片有无烧毁。若电机驱动芯片损毁,采用元器件及板替换法更换损坏的元器件。

6. 维修完毕,上机试验,对整机进行调试,自动样品转盘转动正常,仪器工作一切正常。且及时整理维修数据,做好维修记录。

# 第二节　血液凝固分析仪器

## 一、概述及临床应用

### (一) 血液凝固分析仪概述

血栓与止血是血液重要的功能之一,血栓与止血的形成及调节组成了血液内存在的复杂、功能对立的凝血系统和抗凝系统,它们通过各种凝血因子的调节保持着动态平衡,使得生理状态下血液维持了正常的流体状态,既不溢出于血管之外(止血),又不凝固于血管之中(血栓形成)。止血与血栓试验的目的就是通过各种凝血因子的检测,从不同的侧面、不同的环节了解发病原因、病理过程,进而进行疾病的诊断和治疗。

近几年检验方法不断增多,使得先进仪器在检验医学中应用,如利用流式细胞仪检测血小板膜蛋白和血浆内的各种抗凝血因子抗体;使用分子生物学技术进行遗传病的诊断;利用激光共聚焦显微镜观察不同病理过程血小板中的钙离子浓度、钙流及钙波动,进一步研究止血与血栓疾病的病理生理及药物作用机制。这些方法使用的仪器昂贵且试剂不易获得,不适合广泛推广应用,更适合于实验室研究。血液凝固分析仪(automated coagulation analyzer,ACA)的出现解决了此类难题。

在血栓/止血试验中使用的最基本的设备是血液凝固分析仪(以下简称血凝仪)。利用血凝仪进行血栓与止血的实验室检查,可为出血性和血栓性疾病的诊断、溶栓以及抗凝治疗的监测和疗效观察提供有价值的指标。随着科学技术的日新月异,血栓与止血的检测从传统的手工方法发展到全自动血凝仪,从单一的凝固法发展到免疫法和生物化学法,血栓与止血的检测也因此变得简便、迅速、准确、可靠。

### (二) 血液凝固分析仪器的发展概况

1910 年,Kottman 发明了世界上最早的血凝分析仪器,通过测定血液凝固时黏度的变化来反映凝固时间;1922 年,Kugelmass 用浊度计通过测定透射光的变化来反映血浆凝固时间;1950 年,Schnitger 和 Gross 发明了基于电流法的血凝仪器。20 世纪 60 年代开发出了机械法血凝仪器;70 年代前为血凝仪的初级阶段。70 年代,由于机械、电子工业的发展,使各种类型的自动血凝仪先后问世,其特点是单通道、终点法的半自动血凝仪,也称第一代产品;80 年代起,由于发色底物的出现并应用于血液凝固的检测,使自动血凝仪器除了可以进行一般筛选试验外,还可以进行凝血、抗凝、纤维蛋白溶解系统单个因子的检测。磁珠法(黏度法)的发明给血栓与止血的检测带来新概念,由于其独特的设计原理,可完全消除光学法检测的一些影响因素,称之为第二代产品;90 年代,免疫通道的开发将各种检测方法融为一体,为血栓与止血的检测提供了新的手段,进入了分子生物学时代,其特点为多通道、多方法、多功能、全自动,即第三代血凝仪。近年来血凝仪又得到新的发展和改进,主要体现在如下几个方面:检测原理的复杂化、检测速度的增加、试剂分配系统准确性的提高和仪器随机分析功能的增强等。

（三） 血液凝固分析仪的临床应用

目前的半自动血凝仪以凝固法测定为主,而全自动血凝分析仪可以进行凝血、抗凝和纤维蛋白溶解系统功能的测定。

**1. 凝血系统** 可以进行凝血系统的筛选实验,如凝血酶原时间(PT)、活化的部分凝血活酶时间(APTT)、凝血酶时间(TT)测定;也能进行单个凝血因子含量或活性的测定,如纤维蛋白原(FIB)和凝血因子 II、V、VII、VIII、IX、X、XI、XII。

**2. 抗凝系统** 可进行抗凝血酶 III(AT-III)、蛋白 C(PC)、蛋白 S(PS)、抗活化蛋白 C(APCR)、狼疮抗凝物质(LAC)等的测定。

**3. 纤维蛋白溶解系统** 可测定纤溶酶原(PLG)、$\alpha_2$-抗纤溶酶($\alpha_2$-AP)、FDP、D-二聚体(D-dimer)等。

**4. 临床用药监测** 当临床应用如普通肝素(UFH)、低分子量肝素(LMWH)及口服抗凝剂(如华法林)时,可用血凝分析仪进行监测以确保用药安全。

## 二、血液凝固分析仪的基本原理

不同类型的血凝仪采用的原理也不同,目前主要采用的检测方法有凝固法、底物显色法、免疫法、乳胶凝集法等。由于在血栓/止血检验中最常用的参数均可用凝固法测量,故目前半自动血凝仪基本上以凝固法测量为主,而全自动血凝仪则以光学法居多。但也有少数高级全自动血凝仪中凝固法测量采用无样品干扰的双磁路磁珠法,而其他测量采用光学法,并可同时进行检测。

（一） 凝固法（生物物理法）

凝固法是将凝血因子激活剂加入待测血浆中,使血浆发生体外凝固,凝血仪连续记录血浆凝固过程中的一系列物理量的变化(光、电、机械运动等),并将变化信号转变成数据,由计算机收集、处理数据并将之换算成最终的检测结果,所以也可将其称作生物物理法。

**1. 电流法** 电流法利用纤维蛋白原无导电性而纤维蛋白具有导电性的特点,将待测样品作为电路的一部分,根据凝血过程中电路电流的变化来判断纤维蛋白的形成。但由于电流法的不可靠性及单一性,所以很快被更灵敏、更易扩展的光学法所淘汰。

**2. 光学法（比浊法）** 这是当前凝血仪使用方法最多的一种检测方法。一束光通过样品杯会发生散射和折射。样品杯中的血浆在凝固过程中,纤维蛋白原逐渐转变成纤维蛋白,其物理学形状会发生改变,透射光和散射光的强度也会随之发生改变。这种根据由于血液凝固而导致光强度的变化来判断凝固终点的方法称之为光学法。光学式血凝仪是根据凝固过程中浊度的变化来测定凝血的。

光学法根据不同的光学测量原理,又可分为散射比浊法和透射比浊法两类。

（1）散射比浊法:散射比浊法(图 8-6)是根据待验样品在凝固过程中散射光的变化来确定检测终点的。在该方法中检测通道的单色光源与光探测器呈 90°直角,当向样品中加入凝血激活剂后,随着样品中纤维蛋白凝块的形成过程,样品的散射光强度逐步增加,仪器将这种光学变化描绘成凝固曲线,当样品完全凝固以后,散射光的强度不再变化。通常是把凝固的起始点作为 0%,凝固终点作为 100%,把 50%所对应的时间作为凝固时间。光探测器接收这一光的变化,将其转化为电信号,经过放大再被传送到监测器上进行处理,描出凝固曲线。当测定含有干扰物(高脂血症、黄疸和溶血)或低纤维蛋白原血症的特殊样本时,由于本底浊度的存在,其作为起始点 0%的基线会随之上移或下移,仪器在数据处理过程中用本底扣除的方法来减少这类标本对测定的影响。但是,这是以牺牲有效信号的动态范围为代价的,对于高浊度标本并不能有效解决问题。

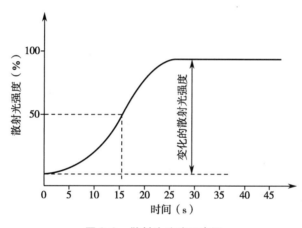

图 8-6　散射比浊法示意图

（2）透射比浊法:透射比浊法(图 8-7)是根据待测样品在凝固过程中吸光度的变化来确定凝固终点的。与散射比浊法不同的是该方法的光路同一般的比色法一样呈直线安排:来自于光源的光线经过处理后变成平行光,透过待测样品后照射到光电管变成电信号,经过放大后在监测器处理。当向样品中加入凝血激活剂后,开始吸光度非常弱,随着反应管中纤维蛋白凝块的形成,标本的吸光度也逐渐增强,当凝块完全形成后,吸光度趋于恒定。血凝仪可以自动描记吸光度的变化并绘制曲线,设定其中某一点对应的时间为凝固时间。

就浊度测量原理而言,散射比浊法更为合理、准确。在这类仪器中,光源、样品、接收器呈直角排列,接收器得到的完全是浊度测量所需的散射光。

而在透射比浊法中,光源、样品、接收器呈一直线排列,接收器得到的是很强的透射光和较弱的散射光,前者是有效成分,后者应扣除,所以要进行信号校正,并按经验公式换算到散射浊度。此法虽仪器简单,但精度较差。

光学法凝血测试的优点在于灵敏度高、仪器结构简单、易于自动化;缺点是样品的光学异常、测

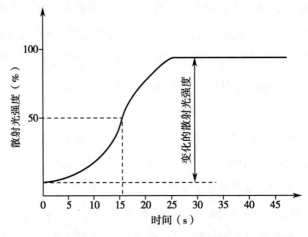

**图 8-7　透射比浊法示意图**

试杯的光洁度、加样中的气泡等都会成为测量的干扰因素。针对光学法血凝仪遇到有较高初始浊度的样品就无能为力的弱点，不同型号的光学法血凝仪采取了各种不同的措施。例如有的用本底扣除的百分浊度法，这对中、低初始浊度有补偿作用，但仍不能解决高浊度样品的测试；又如有的利用一阶微分的峰值作为凝固终点，但微分处理会引起重复性变差。

**3. 双磁路磁珠法**　早期的磁珠法是在检测杯中放一粒磁珠，与杯外的一根铁磁金属杆紧贴呈直线状，标本凝固后，由于纤维蛋白的形成，使磁珠移位而偏离金属杆，仪器据此检测出凝固终点。这类仪器也可称为平面磁珠法。早期的平面磁珠法虽能有效克服光学法中样品本底干扰的问题，但也存在着灵敏度低等问题。

现代磁珠法在 20 世纪 80 年代末提出、90 年代初商品化。现代磁珠法曾被形象地称为摆动磁珠法，不过双磁路磁珠法的名称更为确切。

双磁路磁珠法的测试原理如图 8-8 所示。测试杯的两侧有一组驱动线圈，它们产生恒定的交替电磁场，使测试杯内特制的去磁小钢珠保持等幅振荡运动。凝血激活剂加入后，随着纤维蛋白的产生增多，血浆的黏稠度增加，小钢珠的运动振幅逐渐减弱，仪器根据另一组测量线圈感应到小钢珠运动的变化，当运动幅度衰减到 50% 时确定凝固终点。

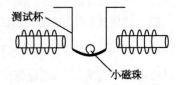

**图 8-8　双磁路磁珠法示意图**

双磁路磁珠法进行凝血测试，完全不受溶血、黄疸及高脂血症的影响，甚至加样中产生气泡也不会影响测试结果。

光学法血凝仪的试剂用量只有手工测量的一半，而磁珠法的试剂用量只有光学法的一半。这是因为在比浊测定过程中，激发光束必须打在测试杯的中间，所以要有足够的试剂量。在双磁路磁珠法测量中，钢珠在测试杯的底部运动，因此试剂只要覆盖钢珠运动即可。

双磁路磁珠法中的测试杯和钢珠都是专利技术，有特殊要求。测试杯底部的弧线设计与磁路相关，直接影响测试的灵敏度。小钢珠经过多道工艺特殊处理，完全去掉磁性。在使用过程中，加珠器应远离磁场，避免钢珠磁化。为了保证测量的正确性，钢珠应当一次性使用。

血凝仪的测量过程中，充分搅拌至关重要，这对于凝血过程的描述和凝固终点的判断都会有很大帮助,变异系数(CV)会有很大改进。在仪器中常用磁珠搅拌或离心的方式来达到目的。现在,有相当一部分光学式半自动血凝仪采用磁珠搅拌,有人误以为这就是磁珠法。实际上,以测量吸光度变化来研究凝血过程的,其实质都属于光学比浊法,例如"光电磁珠法""光电电磁法"等都回避不了光学法的缺陷。

如果把测试杯用墨涂黑,那么在磁珠法血凝仪中仍可测量,而在光学法血凝仪则是"一团漆黑",无法测量了。至此,也就容易理解为何双磁路磁珠法不受样品的黄疸、溶血等浑浊的影响。

由于磁珠法中测量的是磁电信号,对测试杯无任何光学要求,所以测试杯可反复清洗使用。而在光学比浊法中,测试杯不能有擦痕,一般不宜重复使用。

**4. 超声分析法**　利用超声波测定血浆在体外凝固过程中发生变化的半定量方法。目前该法使用较少,主要用于测定凝血酶原时间、活化的部分凝血活酶时间及纤维蛋白原。

**(二) 底物显色法(生物化学法)**

底物显色法实质为光电比色法,通过测定产色底物的吸光度变化来推测所测物质的含量和活性,该方法又可称为生物化学法。检测通道由一个卤素灯为检测光源,波长一般为405nm。探测器与光源呈直线,与比色计相仿。

血凝仪使用产色底物检测血栓与止血指标的原理是通过人工合成与天然凝血因子有相似的一段氨基酸排列顺序并还有特定作用位点的小肽,并将可水解产色的化学基团与作用位点的氨基酸相连。测定时,由于凝血因子具有蛋白水解酶的活性,它不仅作用于天然蛋白质肽链,也能作用于人工合成的肽段底物,从而释放出产色基因,使溶液呈色。产生颜色的深浅与凝血因子活性呈比例关系,故可进行精确的定量。目前,人工合成的多肽底物有几十种,而最常用的是对硝基苯胺(PNA),呈黄色,可用405nm的波长进行测定。

底物显色法的灵敏度高、精密度好,而且易于自动化,为血栓、止血检测开辟了新途径。

底物显色法通常使用以下3种形式:

1. 先将被检血浆中的某种酶加以激活,然后由此活化的凝血因子对人工合成的底物进行水解而呈色,如纤溶酶原、蛋白C的测定等。

2. 向被检血浆中加入过量的有关试剂,以中和相应的抗凝因子,然后测定其残余的酶活性,如AT-Ⅲ活性、$\alpha_2$-抗纤溶酶、肝素的测定等。以测定抗凝血酶Ⅲ(AT-Ⅲ)为例,在反应体系中加入过量的凝血酶,后者与血浆中的AT-Ⅲ形成1:1的复合物,剩余的凝血酶作用于合成的凝血酶底物S-2238(H-D-Phe-Pip-Arg-PNA·2HCl),释放出显色基团PNA,显色反应的深浅与剩余凝血酶的量呈正相关,而与AT-Ⅲ的活性呈负相关。

3. 直接测定被检血浆中某种蛋白水解酶的活性,如凝血酶、凝血因子Ⅹa、尿激酶的测定等。

**(三) 免疫学方法**

在免疫学方法中,以纯化的被检物质为抗原制备相应的抗体,然后用抗原抗体反应对被检物进行定性和定量测定。常用的方法有:

**1. 免疫扩散法**　将被检物与相应抗体在一定的介质中结合,测定其沉淀环的大小,与标准进行比较,计算待测物的浓度。此法操作简单,不需特殊设备,但耗时过长,且灵敏度不高,仅适于含量较高的凝血因子的检测。

**2. 火箭电泳**　在一定的电场中,凝胶支持物内的被检物与其相应抗体结合形成一个个"火箭峰",火箭峰的高度与其含量成正比,通过测定峰高并与标准比较而进行定量测定。此法操作复杂,临床应用较少。

**3. 双向免疫电泳**　通过水平与垂直两个方向进行电泳,可将某些分子结构异常的凝血因子进行分离。

**4. 酶联免疫吸附试验(ELISA法)**　用酶标抗原或抗体和被检物进行抗原结合反应,经过洗涤除去未结合的抗原或抗体及标本中的干扰物质,留下固定在管壁的抗原-抗体复合物,然后加入酶的底物和色源性物质,反应产生有色物质,用酶标仪进行测定,颜色的深浅与被检物的浓度呈比例关系。该法的灵敏度高、特异强,目前已用于许多止血、血栓成分的检测。

**5. 免疫比浊法**　将被检物与其相应抗体混合形成复合物,从而产生足够大的沉淀颗粒,通过透射比浊或散射比浊进行测定。此法操作简便,准确性好,便于自动化。免疫比浊法可分为直接浊度法分析和乳胶比浊法分析。

(1)直接浊度法:既可通过透射比浊,也可通过散射比浊。透射比浊法是指血凝仪光源的光线通过待检样本时,由于待检样本中的抗原与其对应的抗体反应形成抗原-抗体复合物,使透过的光强度减弱,其减弱程度与抗原量呈一定的数量关系,通过这一点可从透过光强度的变化来求得抗原的量。散射比浊法指血凝仪光源的光通过待测样本时,由于其中的抗原与特异性抗体形成抗原-抗体复合物,使溶质颗粒增大,光散射增强。散射光强度的变化与抗原的量呈一定的数量关系,通过这一点可从散射光强度的变化来求得抗原含量。

(2)乳胶比浊法:即将待检物质相对应的抗体包被在直径为 15～60nm 的乳胶颗粒上,然后与被检物结合,形成抗原-抗体复合物的乳胶颗粒凝集,体积增大,使透射光和散射光的变化更为显著,从而提高实验的灵敏性。用仪器或肉眼进行定量或半定量分析,目前多用于 FDP 和 D-二聚体的检测。

### 三、血液凝固分析仪的基本组成和结构

血凝仪按自动化程度,可分为半自动化仪器和全自动化仪器。前者需手工加样,检测速度较慢,原理较单一,主要检测一般常规凝血项目,仪器配备的软件功能也很有限;后者则有自动吸样、稀释样品、检测、结果储存、数据传输、结果打印、质量控制等功能,除对凝血、抗凝、纤维蛋白溶解系统功能进行全面的检测外,还能对抗凝、溶栓治疗进行实验室监测。多数全自动血凝仪可任意选择不同的项目组合进行检测,样品的检测具有随机性,仪器的数据处理和存储功能也较强。

(一)半自动血凝仪

目前,市售的半自动血凝仪主要由样品、试剂预温槽、加样器、检测系统(光学、磁场)及电子计算机组成。有的半自动仪器还配备了发色检测通道,使该类仪器同时具备了检测抗凝及纤维蛋白溶解系统活性的功能。

针对光学式半自动血凝仪受人为的因素影响多、重复性较差等缺陷,仪器中应有自动计时装置,

以告知预温时间和最佳试剂添加时间;在测试位添加了试剂感应器,后者感应从移液器针头滴下的试剂后自动振动,使反应过程中血浆与试剂得以很好地混合;此外,该类仪器在测试杯顶部安装了移液器导板,在添加试剂时由导板来固定移液器针头,从而保证了每次均可以在固定的最佳的角度添加试剂并可以防止气泡产生。这一系列的改进提高了光学式半自动血凝仪检测的准确性。

一般半自动血凝仪都可进行凝固法测试,而需要用其他测试方法实现的凝血项目则可用生化分析仪、酶标仪等进行。

### (二) 全自动血凝仪

该类仪器的基本构成如图8-9所示,包括样品传送及处理装置、试剂冷藏位、样品及试剂分配系统、检测系统、电子计算机、输出设备及附件等。

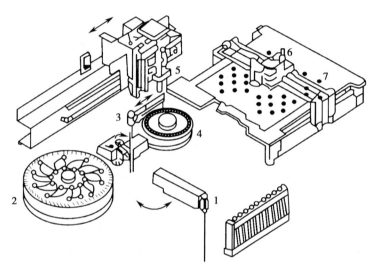

**图8-9 全自动血液凝固分析仪示意图**
1. 吸样针　2. 试剂冷藏位　3. 样品臂　4. 样品预温盘　5. 试剂臂
6. 旋涡混合器　7. 测试位

**1. 样品传送及处理装置**　一般血浆样品由传送装置依此向吸样针位置移动,多数仪器还设置了急诊位置,可以使常规标本检测必要时暂停,急诊标本优先测定。样品处理装置由标本预温盘及吸样针构成,前者可以放置几十份血浆样品。吸样针将血浆标本吸取后放于预温盘的测试杯中,可供重复测试、自动再稀释和连锁测试之用。

**2. 试剂冷藏位**　为避免试剂变质,仪器往往有试剂冷藏功能,一般同时可以放置几十种试剂进行冷藏。

**3. 样品及试剂分配系统**　样品臂会自动提起标本盘中的测试杯,将其置于样品预温槽中进行预温。然后试剂臂将试剂注入测试杯中(性能优越的全自动血凝仪为避免凝血酶对其他检测试剂的污染,有独立的凝血酶吸样针),带有旋涡混合器的装置将试剂与样品进行充分混合后送至测试位,经检测的测试杯被该装置自动丢弃于特设的废物箱中。

**4. 检测系统**　这是涉及仪器测量原理的关键部分。血浆凝固可以通过凝固反应检测法检测,即当纤维蛋白凝块形成时,检测散射光在660nm处浑浊液吸光度的变化;或通过凝固点检测法检测,即计算达到预先设定好的吸光度值时的凝固时间;而磁珠法则是通过测定在一定的磁场强度下小钢珠的摆动幅度变化来测定血浆凝固点。发色底物法及免疫法是检测反应液在 405nm、575nm 及 800nm 时的吸光度变化来反映被检测物质的活性。

**5. 电子计算机** 根据设定的程序,计算机指挥血凝仪进行工作并将检测得到的数据进行分析处理,最终得到测试结果。计算机尚可对患者的检验结果进行储存,记忆操作过程中的各种失误及进行质量控制有关的工作。

**6. 输出设备** 通过计算机屏幕或打印机输出测试结果。

**7. 附件** 主要有系统附件、穿盖系统、条码扫描仪、阳性样品分析扫描仪等。

（三）全自动血凝仪的性能特点

**1. 检测速度快、检测项目齐全** 目前,广泛使用的检测速度多在 50～300 测试/小时,较快的可达 700 测试/小时;检测项目除常规的凝血筛选实验外,可进行单个凝血抗凝、纤溶系统因子的检测,也可以进行抗凝及溶栓疗法的监测。

**2. 活性与抗原性同时检测** 目前,有的全自动血凝仪除了利用血浆凝固法和显色底物法进行有关因子的活性检测外,尚可利用免疫比浊的原理进行这些因子的抗原含量测定。

**3. 检测通道同时检测项目** 性能优越的血凝仪有多个检测通道,同时检测的项目可以多达 10 个。

**4. 标本及试剂位** 全自动血凝仪一般有超过 50 个标本位,有的尚设有急诊位,可以使紧急标本优先检测。条形码的运用使仪器对标本及所需的检测项目进行快速识别。性能优越的血凝仪设有几十个 15℃ 的试剂位,可以满足多个检测同时进行的需求。由于配备了盖帽贯穿式进样机,有的仪器检测时可以不打开样品管,从而使检测的自动化程度又有提高。

**5. 平行线生物学分析功能** 有的血凝仪可以进行全自动多浓度稀释分析,根据与标准曲线呈平行状态的平行线图像来显示不同稀释浓度的测试结果。

**6. 自动重检、连锁功能** 当检测结果异常时,有的全自动血凝仪可以根据先前的设定,自动对样品进行稀释重检或不稀释重检,并进行自动连锁筛选实验。如当 APTT 检测结果异常时,仪器可以自动进行重检;结果如仍然异常,血凝仪自动进行 PT 测定;若结果正常,根据设定,仪器可以自动检测 FⅧ:C、FⅨ:C、FⅪ:C 或 FⅫ:C;若 PT 的结果亦为异常,仪器可以自动检测 FIB 的含量。

**7. 质量控制** 有些全自动血凝仪拥有 10 组各 2 个质控文件,一个为现用质控文件,另一个是新批号质控文件,以全面支持实验室质控要求。在均数或 L-J 之外,有的全自动血凝仪还另外附加了一种新型的多规则质控方法(Westgard),从而为检验提供具有高可靠性的测试结果。

**8. 结果的储存、传递** 计算机技术的应用使仪器可以进行大量检测数据的储存,通过特定的接口可以使检验结果迅速传递到各临床科室。

**9. 科研通道** 目前,较高级的血凝仪均为用户设计了科研通道,使其应用范围得以扩大。

**10. 开放的试剂系统** 根据我国的国情,许多仪器厂商在血凝仪上设置了开放的试剂检测系统,以使用户可以灵活选用不同试剂进行检测。

### 四、血液凝固分析仪的保养和维护

血液凝固分析仪直接用于全血样本的测量,所以它的保养至关重要。

1. **每天保养**　清洗样本探针,在根菜单屏幕上按[Rinse Probe]键。注意:CA CLEAN I 吸引以及吸液管清洗需要大约 3 分钟,在必要的情况下进行手工清洗及探针的肉眼检查。检查废液桶的液面高度,确认废液能够顺畅地流入废液桶中,必要时要倒空废液。为避免因为血液凝块形成可能会造成废液管的堵塞,每次完成日常工作后要执行废液管清洗程序。

2. **每周保养**　使用 0.1mol/L HCl 对仪器外表、自动吸样器、比色盘间隔部分(不包括比色盘固定器)的内部进行擦洗,然后用去离子水漂洗。清洗针头确保除去针头内外的蛋白质及其他沉积物。当标本溅出到自动吸样器或比色盘间隔部分时,要对自动吸样器、比色杯传感器以及测量室的 2 个光路部分进行清洗。用 0.1mol/L HCl 稀溶液浸泡后的洁净布或棉签擦拭比色杯传感器的 2 个垂直面,然后用去离子水清洗并用洁净布或棉签擦干。

3. **季度保养**　与日周保养相同,并清洁传动滑轨、上润滑油,防止因积尘而使样品针运行不到位,向下扎错位置而造成样品针弯曲或断裂。

▶▶ **课堂活动**

如何保养和维护血液凝固分析仪?

## 五、典型血液凝固分析仪的整机分析

CA-500 系列包含了多款机型(510、520、530、540、550 和 560),以凝固法、发色底物法为测定原理,可自由组合检测项目,为临床提供准确的检测结果。具有如下特点:

1. **全面自动化**　自动进样、稀释、检测、清洗、进样针液面感应、清洗筒压力感应。

2. **成本低**　可实现 Flog 演算法,自动再检连锁筛选系统。

3. **结果准确**　涡旋式混匀、准确时间控制、温度控制,抗黄疸、脂血干扰。

4. **方法先进**　可实现 5 个项目同时随机检测。

（一）仪器的组成和结构

仪器主要由电路、液路、机械传动及电脑控制四部分构成(图 8-10 和图 8-11)。

1. **电路部分**　由电源板、主机控制板(CPU)、注射器、转接板、各种传感器、检测电路、打印机控制面板、显示屏和触摸按键等组成,见图 8-12。

图 8-10　CA-500 系列自动血液凝固分析仪前面板

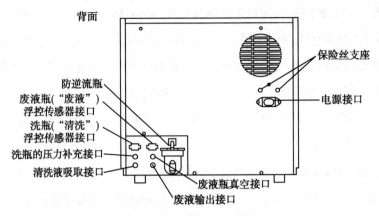

图 8-11 CA-500 系列自动血液凝固分析仪后面板

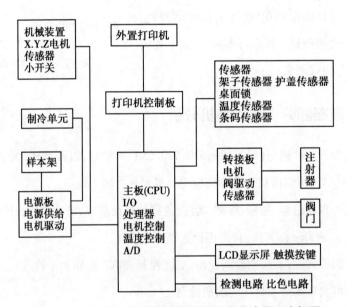

图 8-12 CA-500 系列自动血液凝固分析仪电原理方框图

**2. 液路部分** 由反应杯、孵育和测量孔、样品试剂针、试剂架、样品架、清洗液和废液桶、真空泵、压力泵等组成,见图 8-13。

**3. 机械传动部分** 由样本探针架、X. Y. Z 电机、旋涡混合器等组成。

**4. 电脑控制部分** 由微机控制系统、内置打印机、触摸屏等组成。

(二) 仪器的工作原理

CA-500 是采用凝固法进行检测的。如图 8-14 所示,用一束红光(660nm)照射样品血浆/试剂混合物,发光二极管产生的光束被样品反射及散射,光敏二极管吸收散射光,并将检测到的光强度转换为电信号。由于纤维蛋白原变为纤维蛋白而使混合物的浊度增加,从而引起散射光强度的变化。由一个微处理器对这些信号进行监控,并使用这些信号计算样品的凝固时间。分别以时间和散射光强度作为 X 和 Y 轴绘出凝固曲线,使用百分比测定法决定凝固时间。即将试剂刚加入样品中时的散射光强度定义为0%,待样品完全浑浊且完成凝固时的散射光强度定义为100%,取凝固曲线上一个预定点的时间为凝固时间(例如50%),如图 8-15 所示。

使用该方法,即使散射光强度只有轻微改变的标本,仍可测定其凝固时间。因此,仪器可有效地

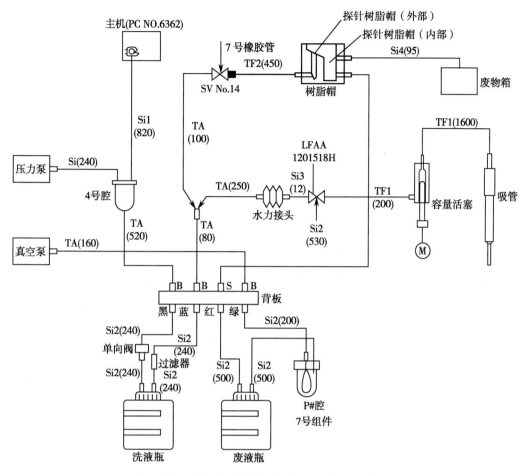

图 8-13　CA-500 系列自动血液凝固分析仪液路图

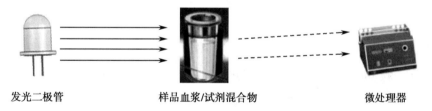

图 8-14　CA-500 系列自动血液凝固分析仪凝固法检测原理图

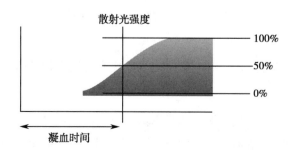

图 8-15　CA-500 系列自动血液凝固分析仪凝固曲线图

315

用于低纤维蛋白原血浆样品或具有长凝固时间的缓慢凝固的血浆样品的测试,前者中散射光强度的变化几乎观察不到。

（三）样本分析程序

仪器执行分析的程序如下:

1. 将装有样品的样品支架安放在取样器上,并使支架置于合适的分析位置。依照每个样品的分析设置,从管位置 1 号的样品开始分析。样品支架上的试验管一个接一个地处于样品吸取的位置。

2. 加热的探头从样品支架上吸取所需体积的血浆,根据每个样品指定的检测参数的多少自动计算所需的样品体积。

3. 加热的探头将吸取的样品分配到样品管支架上的反应管中。

4. 捕捉手将加入样品血浆后的反应管移到孵育孔,根据指定的时间孵育(加热)。

5. 加热的探头从试剂支架上的试剂瓶中吸取一定量的指定试剂,被吸取的试剂在加热的探头中预温一段时间。

6. 样品捕捉手移动反应管到试剂存放的位置,然后孵育的试剂加入捕捉手中的反应管中。

7. 样品捕捉手通过振动反应管以混匀样品和试剂。

8. 反应管移动到检测孔并暴露于红光下。

9. 通过散射光或透射光的改变检测反应。

10. 最后,样品捕捉手移动反应管并将其丢入反应管收集箱中。

（四）CA-500 血液凝固分析仪的保养和维护

在实际工作中,仪器难免会发生故障,那就需要我们及时正确地排除,使仪器顺利工作。要使仪器保持良好的工作状态,日常保养是尤为重要的。

**1. 保养**

（1）样品针的保养

1）在主屏下按 Rinse Probe 键,仪器自动进行样品针冲洗。

2）自动冲洗完毕后,若样品针外部仍有残留的血清,可用无水乙醇棉球擦拭。

3）标本中有微小的凝块存在时,会导致样品针堵塞或半堵塞而影响测定结果。此时,可用比样品针内部直径更细的金属丝疏通。

（2）压力泵的检查:检查压力泵防止液体回流的存水腔内是否有液体,如果有液体应立即关闭仪器排出液体。

（3）废弃反应杯的清除:在每天开机前,务必清除废弃的反应杯,以防止反应杯卡在盛反应杯的漏斗处。

（4）试剂的存放和使用:每天关机前,应将剩余试剂放置在 2~8℃ 的冰箱内存放,最好做到当天冻融的试剂当天使用完毕。如有剩余,也不要同新鲜试剂混合使用,以免影响检测结果。

（5）每周保养:为保证仪器良好运转,每周彻底清洁仪器 1 次。用干燥洁净的棉布擦拭仪器内部。仪器各轴承、轨道需用润滑油加以擦拭,以减少运动中的摩擦。

**2. 常见故障及处理**

（1）检测结果均出现异常：仪器及打印结果无任何报警提示的情况下，可更换试剂重新测试。

（2）加样针悬挂液体：加样针在分配血浆或试剂时有"打不尽"的现象，甚至样品针悬挂有气泡或液体来回移动或血浆和试剂污染。此现象可能是由于灌注通道存在漏气现象所致，检查并密封灌注通道的每个接口即可。

（3）检测数据错误：仪器在检测标本时，个别标本在分析过程中未得出结果。此时，在数据库中找到该标本的数据后，按 Graph 键观察凝固曲线。可根据打印结果上的警告提示做处理。

▶▶ **课堂活动**

　　为了保证血液凝固分析仪的正常使用，应做好哪些保养和维护？

## 六、血液凝固分析仪常见故障实例分析

血液凝固分析仪的故障多围绕着液、电两个方面，而常见的典型故障多为液路问题，同时还有参数设置不当造成的，而且不同原因可能造成同一故障现象。下面以 CA-500 型血液凝固分析仪为例，对此类仪器的一些常见故障进行初步分析。

**故障实例一**

【故障现象】未出现报警，但所做的标本结果 FIB 全部较低，PT、APTT 基本在正常范围内。

【故障分析】常见原因有：①试剂问题；②光源及光电池老化；③样本针和试剂针部分堵塞；④没有将样本和试剂充分混匀。

样本和试剂不混匀对 PT、APTT、FIB 结果均有影响，但影响的程度不一样，APTT 血浆用量（50μl）较大，而 FIB 的检测先是将血浆（10μl）用缓冲溶液（90μl）以 1∶9 稀释后进行分析，FIB 血浆用量小而反应总体积较大，所以在样本和试剂未混匀的情况下，FIB 受到的影响较大，导致其较低。

【检修方法】

**1. 询问了解故障现象**　询问用户故障现象，根据故障代码，进行故障分析，判断故障发生的部位，确定应携带哪些配件到现场维修。

2. 检查试剂是否正常、光源及光电池是否老化。若存在，及时更换，故障排除。

3. 检查样本针和试剂针部分是否堵塞。若存在，及时通堵，故障排除。

4. 打开仪器前部的灯罩盖，压住感应灯罩开关的弹簧片，反复观察仪器分析标本的全过程，是否存在加完试剂后，振动搅拌机械臂上的混匀电动机在混匀时摇摆幅度太小，没有将样本和试剂充分混匀的情况。若存在，采用电阻测量法测量给电机供电的 2 条线路，通常存在其中某条线路接触不实，对其进行更换焊接，故障排除。

5. 维修完毕后，须对血凝分析仪进行测试，安装后重新开机。及时整理维修数据，做好维修记录。

**故障实例二**

【故障现象】机器在工作过程中报警"Pressure pump error"，停止工作。

【故障分析】压力泵工作时，打出的正压经储压瓶分成两路，一路送到压力传感器，由主板监测压力值（图 8-13），在待机状态，压力达到 250g/cm² 时停止打压；另一路给洗液瓶，利用正压驱使蒸馏水冲洗样本管路及样本针。当机器开始测量标本时，由于消耗压力，此值就会降低，压力泵就会启动

继续打压。进入 Service→Adjust→Adjust of pump 可查看压力值。当开始分析样本时,若此值低于 $225g/cm^2-10\%$ 或者高于 $225g/cm^2+10\%$ 报警压力泵错误,故可能存在如下故障:

1. 管路漏气。

2. 压力泵故障。

3. 压力泵控制电路故障。

4. 压力传感器及其监控电路故障。

【检修方法】

1. **询问了解故障现象** 询问用户故障现象,根据故障代码,进行故障分析,判断故障发生的部位,确定应携带哪些配件到现场维修。

2. 打开机器右侧外壳后开机,用手摸泵体感觉泵体振动,检查泵工作状态。

3. 检查硅胶管路以及洗液瓶,是否有破损或者脱落的情况。常见洗液瓶的瓶盖出现裂痕,用胶带绷紧裂纹并夹住 check valve 处的管子,泵仍无法达到停止状态。

4. 采用元器件及板替换法更换存在破损的元件。

5. 维修完毕后,须对血液凝固分析仪进行测试,机器运行正常。整理维修数据,做好维修记录。

故障实例三

【故障现象】振动杆断裂。

【故障分析】常见原因有:①未接地线。新机器中带的是没有零线的两插的插头,电网质量不好的医院很可能会由此造成静电干扰而导致振动杆定位错误,弯折太厉害而断裂。②水平轴太脏,机械受阻,导致电机丢步。

【检修方法】换一根三相电源线,将机壳接地,保养水平轴。

故障实例四

【故障现象】误报警撞针。

【故障分析】撞针传感器上的小触点日久失去弹性而导致过于敏感。

【检修方法】更换撞针传感器。

故障实例五

【故障现象】报警撞针。

【故障分析】撞针传感器失效、不敏感。

【检修方法】更换撞针传感器。

故障实例六

【故障现象】机械位置偏差,出现抓杯错误。

【故障分析】由于吸样针及振动杆的位置均未绝对固定,日久发生形变。

【检修方法】重新调整机械位置。

故障实例七

【故障现象】不时掉杯子,位置随机。

【故障分析】常见原因有:①位置偏差;②抓手没装好。

【检修方法】 在 Service 中调整位置;重新安装抓手。

**故障实例八**

【故障现象】 在洗针时,探测没有液体而报警。

【故障分析】 常见原因有:①洗针槽内有脏物,导致针下到洗针槽时,液面感应被激发,仪器报警;②废液瓶的盖子松了或者是破损。

【检修方法】

1. 清理洗针槽内的脏物即可(经常会有一些纤维蛋白物附着在内壁)。

2. 拧紧或者更换即可。

**故障实例九**

【故障现象】 针不能移到正确位置。

【故障分析】 常见原因有:①更换试剂时将针碰斜;②样品盘中的试管没放在正确的位置上;③开始常规工作以前或更换针以后没有检查试验位置;④移动过程中加液臂被碰撞;⑤因为灰尘或干燥,Y 轴(前后方向)、X 轴(上下方向)被阻塞。

【检修方法】

1. **询问用户故障现象** 根据故障代码,进行故障分析,判断故障发生的部位,确定应携带哪些配件到现场维修。

2. 按 STOP 键选择退出,等待 1 分钟后关闭计算机和主机。再开机,选择试验位置,重新进行调节。

3. 关闭主机,检查轴杆的可动性,抬起针前后左右移动,连带着将轴上下移动到一个合适的位置。如果移动轴有困难,用乙醇清洗轴,抬起针轻轻滑动,再开机到试验位置,仪器工作一切正常。

4. 维修完毕后,须对仪器进行测试。整理维修数据,做好维修记录。

## 复习导图

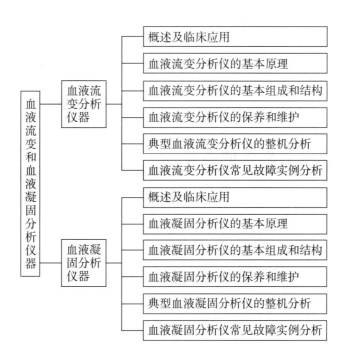

## 目标检测

### 一、选择题（单选题）

1. 全血黏度主要取决于(　　)数量的多少

    A. 红细胞　　　　　　　B. 白细胞　　　　　　　C. 血小板　　　　　　　D. 血浆蛋白

2. 血液流变分析仪是一种通过检测人体(　　)来诊断疾病及疾病早期诊断的专用检测仪器

    A. 血细胞数量　　　　　B. pH　　　　　　　　　C. 血栓　　　　　　　　D. 血液黏度

3. 锥板式黏度计的剪切速率与圆锥半径(　　)

    A. 成正比　　　　　　　B. 成反比　　　　　　　C. 无关　　　　　　　　D. 有关

4. (　　)是测定牛顿流体黏度应用最广泛的仪器

    A. 毛细管黏度计　　　　B. 圆筒式黏度计　　　　C. 锥板式黏度计　　　　D. 都不对

5. (　　)是测定非牛顿流体黏度应用最广泛的仪器

    A. 毛细管黏度计　　　　B. 圆筒式黏度计　　　　C. 锥板式黏度计　　　　D. 都不对

### 二、简答题

1. 毛细管黏度计的检测原理是什么？

2. 锥板式黏度计的检测原理是什么？

3. 红细胞变形仪的检测原理是什么？

4. 红细胞聚集仪的检测原理是什么？

5. 简述血液流变分析仪的临床应用。

6. 简述血液凝固分析仪的临床应用。

7. 简述磁珠法血凝仪的测量原理。该方法有何特点？

8. 全自动血液凝固分析仪由哪几部分组成？各部分的作用是什么？

# 实训八　血液流变分析仪的维修

## 一、实训目的

1. 掌握血液流变分析仪的基本组成和结构及工作原理。

2. 熟悉血液流变分析仪的基本操作及安装调试技术。

3. 了解血液流变分析仪的临床应用。

4. 学习血液流变分析仪的电路、液路故障分析和排除故障，掌握其维修技术。

## 二、实训内容

（一）血液流变分析仪的基本操作实训（以 HT100 为例）

1. 血液流变分析仪的初步认知实训。

2. 血液流变分析仪的定标过程。

3. 血液流变分析仪的样本测试。

4. 血液流变分析仪的保养和维护。

（二）血液流变分析仪的常见故障分析及维修实训（以 HT100 为例）

1. **故障实例一** 仪器无法正常启动,烧保险丝。

2. **故障实例二** 测量清洗时,不吸清洗液。

3. **故障实例三** 切血池内的抽液孔堵塞。

4. **故障实例四** 洗针槽溢水。

5. **故障实例五** 仪器设置正常,启动程序时,加样针不移动。

6. **故障实例六** 仪器测试时,标本无结果或结果值很低。

7. **故障实例七** 全血黏度值过高。

8. **故障实例八** 仪器和计算机连接正常的情况下,显示连接测试组件失败。

## 三、实训步骤

（一）HT100 型全自动双通道血液流变分析仪的基本操作实训

**1. 血液流变分析仪的初步认知实训**

（1）HT100 型全自动双通道血流变分析仪主要由电路、液路和自动样品转盘三大部分组成。观察主机外部结构,熟悉仪器电源开关及地线连接和面板结构。打开主机仪器面板,了解仪器内部电路、液路的基本组成及布局情况。

（2）正确连接电源输入线、地线等。

（3）开机后,观察显示界面的内容,进入菜单项,了解菜单项的内容组成。

**2. 血液流变分析仪的定标过程实训步骤**

（1）取全血校正液 2ml,放入 1 号测量位。

（2）取血浆校正液 2ml,放入 2 号测量位。

（3）打开血流变控制系统,选择自动校正。

（4）点击全血校正,仪器进行全血自动校正。

（5）点击血浆校正,仪器进行血浆自动校正。

**3. 血液流变分析仪的样本测试实训步骤**

（1）采集 5ml 静脉血,加入 20μl 肝素钠并混匀。

（2）把混匀好的血液放入自动转盘进样器中。

（3）打开血流变控制系统,选择样品测量。

（4）选择全血黏度,输入样品编号和测量位编号,点击添加按钮。

（5）全部样品添加完毕后,点击开始测量,仪器开始自动分析测量。测量完毕后,测量结果会在结果显示区显示。

（6）把测量完毕的血样放入离心机,在3500r/min下离心1分钟。

（7）把离心完毕的血样放入自动转盘进样器中。

（8）打开血流变控制系统,选择样品测量。

（9）选择血浆黏度,输入样品编号和测量位编号,点击添加按钮。

（10）全部样品添加完毕后,点击开始测量,仪器开始自动分析测量。测量完毕后,测量结果会在结果显示区显示。

**4. 血液流变分析仪的保养和维护实训步骤**　血液流变分析仪直接用于全血样本的测量,所以它的保养至关重要。

（1）每天保养:检查清洗液;检查排空废液瓶;仪器使用完毕后,用专用的浸泡液执行浸泡程序30分钟,再用清洗液清洗仪器3次。

（2）每月保养:①执行每天保养程序;②用专用的定标液对仪器进行标定;③定期保养,更换泵管、泵轴及附件清洁并添加润滑剂。

**（二）HT100型全自动双通道血流变分析仪的故障维修实训**

**1. 维修前的准备工作**

（1）掌握HT100型全自动双通道血流变分析仪的基本组成、结构和工作原理。

（2）熟悉HT100型全自动双通道血流变分析仪的基本操作以及安装调试技术。

**2. 常见故障的分析排除**　参见第一节"六、血液流变分析仪常见故障实例分析"。

## 四、实训思考

1. 仪器烧保险丝故障,应采用何种维修方法进行处理?

2. HT-100型血液流变分析仪自动样品盘不转动故障分析及检修步骤。

## 五、实训测试

| 学　号 | | 姓　名 | | 系　别 | | 班　级 | |
|---|---|---|---|---|---|---|---|
| 实训名称 | | | | | | 时　间 | |
| 实<br>训<br>测<br>试<br>标<br>准 | 【故障现象】 | | | | | | |
| | 【故障分析】 | | | | | | |
| | 1. 维修前的准备工作 | | | | | （1分） | |
| | 2. 对此故障现象进行故障分析 | | | | | （2分） | |
| | 【检修步骤】 | | | | | （7分） | |
| | 每个维修实例考核满分标准 | | | | | （10分） | |

续表

| 学　号 | | 姓　名 | | 系　别 | | 班　级 | |
|---|---|---|---|---|---|---|---|
| 实训名称 | | | | | | 时　间 | |
| 自我测试 | | | | | | | |
| 实训体会 | | | | | | | |
| 实训内容测试考核 | 实训内容一:考核分数(　　　)分<br>实训内容二:考核分数(　　　)分<br>实训思考题1:考核分数(　　　)分<br>实训思考题2:考核分数(　　　)分 | | | | | | |
| 教师评语 | | | | | | | |
| 实训成绩 | 按照考核分数,折合成(优秀、良好、中等、及格、不及格)<br><br>指导教师签字:<br><br>年　月　日 | | | | | | |

（曲怡蓉）

# 第九章

## 微生物检测仪器

导学情景 ∨

学习目标

1. 掌握血培养检测系统、微生物鉴定及药敏分析系统的工作原理和基本结构。

2. 熟悉血培养检测系统、微生物鉴定及药敏分析系统的日常维护和保养。

3. 了解血培养检测系统、微生物鉴定及药敏分析系统的临床应用。

学前导语

微生物的种类很多，类似的临床感染症状可能源于不同的致病菌。针对同种细菌的抗菌药物有很多，只有判断出来患者体内的细菌对哪种药物最敏感，才能对症下药达到更好的杀菌效果。

血培养系统能为微生物生长提供合适的营养物质和环境，通过血培养，能快速判断标本是否感染了致病菌。微生物鉴定及药敏分析系统能准确地判断出致病菌种属，并分析其对多种抗菌药物的敏感性，为临床诊疗提供有力依据。

## 第一节　血培养检测系统

### 一、概述及临床应用

血培养检测是一种检验血液样本中有无细菌存在的微生物学检查方法,可用于脑脊液、关节腔液、腹腔液、胸腔液、心包积液等体液中是否存在病原微生物的检测,为菌血症、败血症、脑膜炎、骨髓炎、关节炎、肺炎等感染性疾病的诊断和治疗提供重要依据。在感染初期或抗生素治疗后,患者血液中的细菌数量很少难以发现,需将带菌的标本进行增菌培养以便于检测。及早进行微生物培养,并根据培养、鉴定、药敏的检验结果,有针对性地使用抗生素治疗,是临床必要的重要措施。

早期的血培养检查是由检验人员用肉眼观察,根据培养基中是否溶血、浑浊、出现菌膜及指示剂的变化等宏观指标来判断病原微生物的生长情况。该操作受人为因素的影响较大,且效率较低,逐渐被自动化的血培养检测系统替代。

自动血培养检测系统始于20世纪70年代,该系统减少了血培养的手工操作步骤,实现了血培养检测标准化,发展到现在,仪器更加自动化、智能化。培养基的种类、接种量更加丰富,且不含放射性物质,没有射线污染;检测速度更快,自动化程度更高,培养、振荡、检测三项工作任务可同时进行;

检测环节无须损伤培养瓶,减少了交叉污染的机会,且对细菌的最低检出限要高于人工操作;除放入和取出培养瓶外,整个血培养过程均无须人工介入;用户可以设定每天、不同种类培养瓶的生长指数。

## 二、血培养检测系统的基本原理

血培养过程中,随着细菌的生长繁殖,培养基中会发生一些变化,如糖类会被分解产生二氧化碳,pH、浑浊度、导电性等会改变。用特定装置检测培养基中某参数的变化,并与细菌的生长建立对应关系,就可判断出样品中细菌的含量。

血培养检测系统的原理不尽相同,可总结为以下几种:

### (一) 基于光电比色的检测原理

各种微生物在代谢过程中必然会产生终末代谢产物二氧化碳,导致培养基发生 pH 及氧化还原电势的改变。利用光电比色法检测培养瓶中这些代谢产物的变化,就可判断微生物的生长情况。该方法适用的微生物范围广,从结构上较易实现,准确度高,非接触式测量无污染,技术上成熟稳定,应用最为广泛。

以 BacT/ALERT 系列的血培养检测系统为例,其检测原理如图 9-1 所示,每个培养瓶底部装一个含水指示剂的二氧化碳传感器,传感器与瓶内的液体培养基之间相隔一层离子选择性透过膜,仅允许 $CO_2$ 透过,而阻止氢离子通过。当培养瓶内有微生物生长时,其释放出的 $CO_2$ 可以使传感器上的饱和水发生化学反应,产生游离氢离子,从而降低 pH,使传感器上的指示剂溴麝香草酚蓝由绿变黄。反应式如下:

$$CO_2 + H_2O = H_2CO_3 = H^+ + HCO_3^-$$

当培养瓶进入仪器开始孵育后,发光二极管每隔 10 分钟发射 1 次光线到传感器上,由光电二极管接收传感器上的反射光。随着微生物的生长,产生更多的 $CO_2$,反射光也会逐渐增强,会在处理器内绘成 $CO_2$ 的生长曲线图。再根据 3 个标准判断阳性或阴性:①$CO_2$ 产生的速率持续增加;②$CO_2$ 的生长速率异常高;③$CO_2$ 的初始值超过生物指数基数。前两个标准较为常用,符合 1 个标准就判断为阳性。反之,如果经过规定的时间后 $CO_2$ 水平没有明显变化,就判断为阴性。

以 BACTEC 系列的血培养检测系统为例,该系列产品根据检测标本的数量不同有 9050、9120 和 9240 三种型号。与 BacT/ALERT 系列的不同之处在于,该系列中使用的二氧化碳传感器中含有染料,如图 9-2 所示,染料会与培养瓶内产生的 $CO_2$ 发生作用,在紫外线、激光等光源的照射下产生荧光,再用光电倍增管检测并记录荧光强度。随着 $CO_2$ 的增多,荧光强度会逐渐变大。数据传

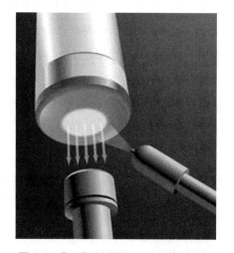

图 9-1　BacT/ALERT 系列的检测原理

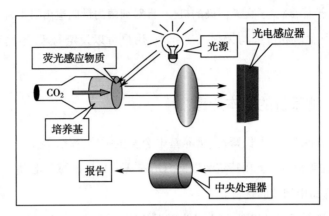

图 9-2　BACTEC 系列的检测原理

输到处理器后,可根据荧光的变化曲线分析细菌的生长情况,判断样品的阳性或阴性。

以 VITAL 血培养检测系统为例,该系统与前两种的区别在于,前两种是随着微生物的生长检测光强度的增加量,而该系统恰好相反。它的液体培养基中结合了一定的荧光分子,当样品中有微生物生长时,产生的 $CO_2$、pH 或氧化还原造成的电位改变等均可使培养基中的荧光分子结构发生改变,成为无荧光的化合物,即发生荧光衰减。用光电比色计检测荧光衰减水平,可判断微生物的生长情况。该系统报告阳性的 3 个标准是:①斜率方式:将样品检测到的曲线斜率与仪器的参考斜率比较,当检测到的斜率较大时,判读为阳性,缓慢生长的微生物多以此方式报告;②均值方式:以单位时间内荧光值的变化速度来判断,大于参考数值即判读为阳性,多数长期生长的细菌以此方式报告;③阈值方式:判断样品的荧光衰减情况,只要降到比仪器参考值低的培养瓶均报阳性。此方式有点武断,可用于判断培养基是否过期。以前两种方式较为多见。

(二)　基于气体压力的检测原理

许多微生物生长过程中伴有吸收或产生气体($O_2$、$CO_2$、$H_2$、$N_2$ 等)的现象,如需氧菌在胰酶消化大豆肉汤中生长时,由于消耗氧气表现为吸收气体,而厌氧菌生长时表现为产生气体。

以 VersaTREK 系列的血培养检测系统为例,该系列继承了 ESP 系列的核心理念,其检测原理如图 9-3 所示。玻璃培养瓶顶部通过装置连接到压力传感器,加载培养瓶并开始孵育后,压力传感器每隔一段时间监测 1 次培养瓶内的气体压力,并将数据传到处理器。仪器软件以气体压力和时间为纵横轴绘制微生物的生长曲线,再按照特殊的算法进行分析。当瓶内气体压力的改变量超过某参考值时,判断为阳性,反之判断为阴性。该方法属于侵入式测量,容易引起污染而导致结果错误,且使用的是玻璃培养瓶,存在摔破或其他损坏的可能性,已经逐步被市场淘汰。

以 OASIS 自动菌血测试系统为例,它与 VersaTREK 系列的检测方式区别在于,培养瓶顶部不是用压力传感器来测定瓶内压力变化,而是在培养瓶上方用激光照射瓶口的隔膜,如图 9-4 所示,瓶内气压的改变会使隔膜鼓起或凹下,激光可探测到隔膜的微小变动。该方法的准确性较差,受隔膜材料性能的影响较大,故市场占有率很小。

(三)　基于导电性的检测原理

在培养基中加入不同的电解质,使其具有一定的导电性能。微生物在生长代谢过程中会产生质

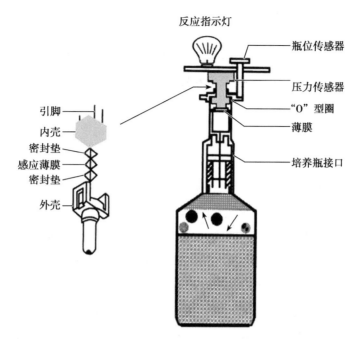

图 9-3　VersaTREK 系列的检测原理

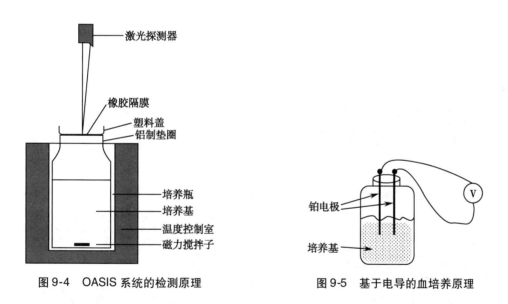

图 9-4　OASIS 系统的检测原理　　　　图 9-5　基于电导的血培养原理

子、电子和各种带电荷的原子团,如液体培养基中的 $CO_2$ 会变成 $CO_3^-$,改变培养基的导电性,检测该变化,就可判断有无微生物生长。

　　以 Malthus 培养仪为例,该系统有 4 个恒温水浴箱可容纳 28 个培养瓶,每个培养瓶的瓶盖上有两个铂电极,均与培养基相连,培养基为脑心浸液内附加了多种细菌生长所需的营养因子。培养瓶加载后,瓶盖上的两电极与仪器连接好(图 9-5),微处理器会控制电极每隔一段时间检测 1 次瓶内的电压,当两电极间测得的电压差变化明显时,用特制的注射器抽取培养液接种到固体平板培养基中进一步验证是否有微生物生长,连续观察一段时间,数据可处理成图像、曲线或数值的形式,分析该数据来判断样品的阳性或阴性。

### 三、血培养检测系统的基本组成和结构

血培养检测系统的仪器种类繁多,外观也各不相同,但内部结构有很大的相似性。自动血培养检测系统主要由培养瓶及配套装置、孵育及检测装置、数据管理系统等部分组成。

（一）培养瓶及配套装置

培养瓶(图9-6)内有不同成分的培养基。需氧和兼性厌氧菌培养瓶中加入含有复合氨基酸和碳水化合物的胰消化豆汤培养基,并用氧气和二氧化碳的混合气体填充,或用酚红肉汤、脑心浸液、布氏肉汤等,用于检测血液、体液等样品中的需氧细菌、真菌。厌氧培养瓶中加入含有消化物、复合氨基酸和碳水化合物的胰酶消化豆汤培养基,并用氮气和二氧化碳的混合气体填充,并加入酵母浸膏和具有还原作用的硫乙醇酸钠、L-半胱氨酸及高铁血红素等,用于检测血液、体液等样品中的厌氧微生物。检测细胞壁缺陷型细菌的培养瓶,需在基础培养基中加入100g/L的蔗糖。分枝杆菌培养瓶中加入 Middlebrook 7H9 肉汤,并用氧气、氮气和二氧化碳的混合气体填充,使用前还应加入营养添加剂或 MB/BacT 抗生素和营养添加剂,用于检测无菌部位的标本以及血液和经消化去污染的标本中是否有分枝杆菌。有些培养瓶中还添加了药用炭物质,用于吸附标本中可能存在的抗微生物药物,消除其对微生物生长的阻碍作用。如果患者在做血培养之前已经用过抗菌药物,在培养基中需加入抗菌药物拮抗剂,如拮抗磺胺药的对氨基苯甲酸、拮抗某些抗生素的硫酸镁、拮抗氨基糖苷类和糖肽类抗生素的聚茴香脑磺酸钠等。

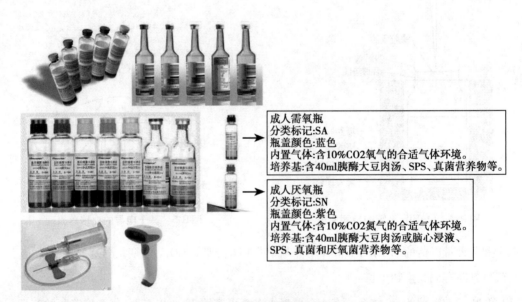

成人需氧瓶
分类标记:SA
瓶盖颜色:蓝色
内置气体:含10%CO2氧气的合适气体环境。
培养基:含40ml胰酶大豆肉汤、SPS、真菌营养物等。

成人厌氧瓶
分类标记:SN
瓶盖颜色:紫色
内置气体:含10%CO2氮气的合适气体环境。
培养基:含40ml胰酶大豆肉汤或脑心浸液、SPS、真菌和厌氧菌营养物等。

**图9-6　血培养瓶及配套装置**

成人用的培养瓶的接种血量一般为10ml,小儿培养瓶的接种量少些,一般为5ml,同时瓶内培养基的量也相应减少。接种的血容量对提高病原微生物的阳性检出率至关重要,采血时应注意根据不同的培养瓶采集适量的血液标本。血培养物每增加1ml,真性菌血症成年人微生物的检出率增加3%。

血培养瓶内一般为负压,采血时可用一次性蝶翼双向采血针或注射器配合操作。培养瓶身上均

有条形码,用条形码扫描器可将该培养瓶信息输入系统,并与患者的信息对应起来。

培养瓶多为碳纤维塑胶材质,不易摔碎,经过高温高压消毒,符合生物安全性。根据不同的培养要求,有需氧培养瓶、厌氧培养瓶、小儿培养瓶、分枝杆菌培养瓶、双相培养瓶、高渗培养瓶、中和抗生素培养瓶等多种类型,通过瓶盖颜色及瓶身标识进行区分,各有特点,可根据临床需要灵活选用。

新的培养瓶应放于 15~30℃,避光、阴凉、干燥处存放,以免阳光照射导致瓶底颜色改变,一般有效期为 18 个月,过期不能使用。如在冰箱内存放,会出现沉淀,应将培养瓶重新恢复到室温,待沉淀消失后再使用。采集标本后的培养瓶应在 2 小时内送检,如不能立即送检,需室温保存,切勿冷藏。

(二) 孵育及检测装置

为了给微生物生长提供合适的温度、充足的营养,血培养系统的孵育装置具有恒温、连续振荡功能。工作温度为 10~30℃,相对湿度为 10%~90%。

根据不同的检测原理,培养瓶的底部或顶部装有二氧化碳传感器、压力传感器或电极等装置,可以通过气体含量、气体压力、培养基的导电性等变化即时感受到瓶内微生物的生长情况,并把这些变化转换成颜色、电压的变化,就可以被光电二极管、电压表等检测装置获取。每个培养瓶架的底部或侧面设一个检测孔,检测装置按顺序对所有培养瓶进行检测。

**知识链接**

生活中有关微生物的妙用

公元前两千多年前的夏禹时代, 就有"仪狄作酒""始作酒醪"的记载, 相传仪狄是位善酿美酒的匠人, 他用糯米或大米经过酵母菌发酵制成粥状的醪糟儿, 性温软, 味甜, 洁白细腻, 可当主食, 上层清亮汁液颇近于酒, 开胃又有营养, 至今还流传于江浙一带。 北魏贾思勰《齐民要术》一书中详细记载了制醋的多种方法, 用小米、高粱、糯米、大麦、小麦及黄豆等谷物, 利用酵母菌、醋酸菌发酵而成, 是老少皆宜的调味佳品。 类似地, 以豆类、小麦、水果、肉类等为主要原材料, 利用真菌的发酵过程, 可做成各种口味的酱。 而民间常用的盐腌、糖渍、风干、烟熏等保存食物的方法, 则是抑制细菌的生长以防止食物腐烂变质的措施。

(三) 数据管理系统

数据管理系统由主机、监视器、键盘、打印机、不间断电源等部分组成,是自动血培养系统不可分割的一部分,能完成标本条码信息采集、设定分析参数(日期、参考值、靶值、质控品定值、报告格式、打印方式等)、控制并提示各部件的运行状态(正常或故障提示)、数据存储传输、仪器自动清洗和维护等功能。处理器获取检测装置发出的电信号后,绘制成细菌的生长曲线(图9-7),进一步判断标本的阴性、阳性结果,发出并打印检验报告。

## 四、血培养检测系统的保养和维护

为了保证仪器正常运行,除了严格按照厂家提供的操作手册进行外,还应该从使用环境、日常保

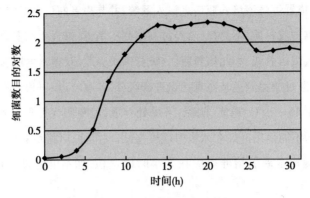

图9-7 某细菌的生长曲线

养方面符合以下基本要求：

1. 仪器不宜阳光直射。工作台顶部的水平线应在5°之内，工作台应至少能承受100kg的重量。

2. 室内温度稳定且在10～30℃的范围内。相对湿度为10%～90%，无凝结水珠。

3. 仪器的背部、上部应分别留出5cm和30cm的距离，以便于空气流通。

4. 输入电压为220V交流电,50Hz;附近2m内无高射频电器(如离心机、空调等)干扰。

5. 每日检查仪器表面、条形码扫描器窗口、操作屏幕、键盘、鼠标等设备，看是否有污染或灰尘，并用软布擦拭。检查打印机纸张供给是否充足。检查仪器内部，确保放置培养瓶的位置无纸屑等杂物。检查并记录孵育箱内的温度。检查瓶上的条形码标签，若损坏则要尽可能撕下并粘贴新条形码标签，再扫描确认培养基信息。

6. 定期检测各瓶位指示灯、报警音是否正常，记录并禁用指示灯故障的瓶位。

7. 每月清洁，必要时更换仪器空气过滤器、背面排风口滤板。

8. 每半年进行1次仪器的全面维护，如校准孵育箱温度、校准单元孔。

9. 在保养维护过程中要注意采取安全防护措施，如戴上保护手套、HEPA过滤口罩等。如有任何标本溢出物溅到仪器上，应将被污染物用消毒液擦拭、高压灭菌、丢弃，或按实验室规则进行去污处理。

## 五、BacT/ALERT 3D 全自动细菌培养监测系统的整机分析

BacT/ALERT 3D(图9-8)是比 BacT/ALERT Classic 新一代的全自动化检测系统,用于孵育、搅拌和连续监测用怀疑菌血症、真菌血症或分枝杆菌血症的标本接种的需氧与厌氧培养基,有较高的灵敏度和特异性。

### (一) BacT/ALERT 3D 系统的检测原理

系统采用非侵入性方法检测微生物的生长情况,用条码技术追踪样品信息,把样品瓶放入仪器后,无须对其进行任何操作即可获得检测结果。触摸激活式用户操作界面无须使用文字,可以直接快速加载、卸载样品瓶。系统能单独处理每个培养瓶,对检测完成的培养瓶会给出可移除提示,并可随时开始检测新的样品瓶。

培养瓶是包含一个液体乳化传感器的一次性培养瓶,含有培养基和气体,无须通气即可检测种类众多的微生物。当微生物代谢培养基中有底物时,就会产生二氧化碳,使培养瓶底部的传感器颜

图9-8　BacT/ALERT 3D 系统的外观

色发生变化。发光二极管将光线投射到传感器上,反射回来的光被光电装置探测到,二氧化碳的量越多,反射光强度就越大。根据大量试验及理论依据,设定软件自动甄别条件,如果二氧化碳的最初值较高、生成率异常高或持续升高,均判断样品为阳性,并在监视器上显示结果,如果需要还可以用声音报警提示。若在规定时间内一直没有检测到微生物生长,则判断样品为阴性。

（二）BacT/ALERT 3D 系统的基本组成和结构

BacT/ALERT 3D 系统采用灵活模块式设计,可选择两种硬件配置:控制模块、组合模块。每个控制模块最多可控制6个孵育模块。每个组合模块内包含2个孵育抽屉,最多也可控制3个额外孵育模块。

1. **控制模块**　控制模块的外观如图9-9所示,需与孵育模块配合使用。

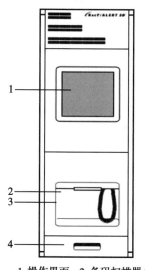
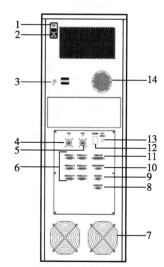

1. 操作界面　2. 条码扫描器仓
3. 备份驱动器　4. 键盘抽屉

1. 电源开关　2. 电源连接器　3. 显示器开关　4/5. CPU端口
6. 模块端口　7. 风扇　8. 监视器端口　9. 调制器端口
10. LIS端口　11. 打印机端口　12. 通讯端口
13. 外接音箱端口　14. 报警音箱

图9-9　控制模块正、后面

（1）操作界面:显示培养瓶和系统信息,包括一个触摸屏幕,便于操作者输入选择和数据。

（2）条码扫描器仓:内装一个可拆除的码扫描器,用于在加载或卸载培养瓶时扫描培养瓶上的条码标签,以便确定样品信息,如果需要也可以拆除扫描器。

（3）备份驱动器:位于条码扫描器仓内,用于系统备份和软件更新。可以是 ZIP 驱动器,也可以是 USB 端口,具体取决于系统配置。

（4）键盘抽屉:内含一个拉出式工作台面、常用错误代码卡和键盘。常用错误代码卡描述具体的错误代码,便于用于参考以排除简单故障。键盘提供一种替代输入方法,以便在触摸屏幕或条码扫描器出现故障时备用。

控制模块使用环境要求:工作温度范围为 10 ~ 30℃;工作湿度范围为相对湿度 10% ~ 90% ,无凝结;电源要求为 220/240V(50/60Hz) ,功率消耗为 72W;噪声为 46.4dB;最大工作和存放的海拔高度为 2000m。

2. **组合模块** 组合模块(图 9-10)中的操作界面、条码扫描器、键盘、备份驱动器与前述控制模

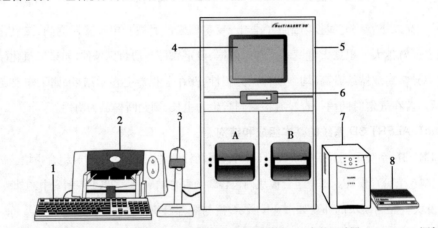

1.键盘　2.打印机　3.条码扫描器　4.操作界面　5.组合模块　6.备份驱动器　7.UPS　8.调制器

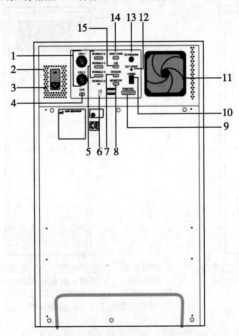

1.CPU端口　2.电源开关　3.电源连接器　4.UPS端口　5/7.调制器接口　6.显示器开关　8.监视器端口
9.打印机端口　10.通讯端口　11.风扇　12.外接音箱端口　13.键盘端口　14.条码扫描器端口　15.LIS端口

图 9-10　组合模块外观

块中的类似。不同的是在组合模块中的抽屉是孵育模块(图9-10中的A、B)。组合模块的工作环境要求与控制模块相同。

3. **孵育模块** 孵育模块(图9-11)内有加热装置,为血培养瓶提供合适的温度条件,可采用左、右侧排列方式。采用右侧排列的孵育模块放在控制或组合模块的右侧,便于从打开抽屉的左侧面取放培养瓶。孵育模块中有4个抽屉,每个抽屉中有3个支架,每个支架可容纳20个检测孔,每个抽屉最多可容纳60个培养瓶,通过配置,可以控制一个孵育模块中的一个或多个抽屉,以便容纳60、120、180和240个培养瓶。

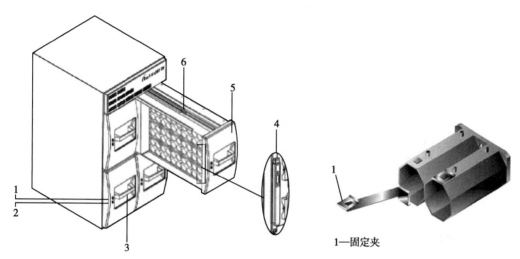

1—固定夹

1. 绿色指示灯　2. 黄色指示灯　3. 抽屉标签　4. 数字式温度计　5. 抽屉　6. 抽屉开启插销

**图9-11　孵育模块及检测孔**

每个检测孔容纳和监测1个培养瓶,并用指示灯表示抽屉状态。黄色指示灯在抽屉被打开时亮起,在抽屉被关闭时熄灭。绿色指示灯在用户所选操作涉及抽屉时亮起。如果抽屉打开时间过长,黄色和绿色指示灯一起闪烁。孵育模块的工作温度、湿度范围与控制模块的要求一样。

(三) BacT/ALERT 3D 系统的操作简介

1. **开机程序**

(1) 打开 UPS 电源。

(2) 将仪器电源开关置于 ON 的位置。

(3) 仪器按程序顺序启动(包括仪器自检)。

(4) 数秒钟后,仪器主操作屏幕出现。

2. **装载培养瓶**

(1) 将培养瓶的可撕取条形码粘贴到化验单上,以便于记录检测结果。

(2) 按下主屏幕上(图9-12)的装瓶键,出现装载界面(图9-13)。图9-12中培养瓶计数表各参数的意义如图9-14所示。

(3) 使用条码扫描器扫描培养瓶上的条形码,听到嘀声后,屏幕会自动显示培养瓶的ID,培养瓶类型、培养时间(如果需要用户也可以手动调整培养时间,图9-13)。再依次输入化验单ID、医院

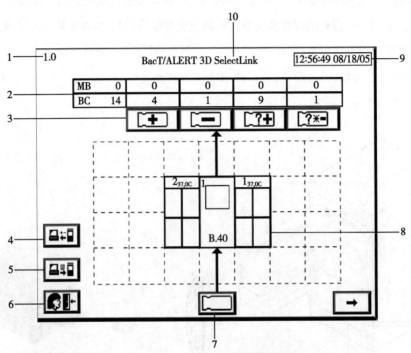

1. 屏幕ID号　　　　　　　　　　　　　2. 培养瓶计数表
3. 卸载按钮　　　　　　　　　　　　　4. 手动上传检测结果按钮（只限SelectLink）
5. 手动下载检测信息按钮（只限SelectLink）　6. 登出按钮（只限21CFR11模式）
7. 加载培养瓶按钮　　　　　　　　　　8. 仪器图标
9. 当前日期/时间　　　　　　　　　　　10. 软件配置

图 9-12　BacT/ALERT 3D 系统的主屏幕

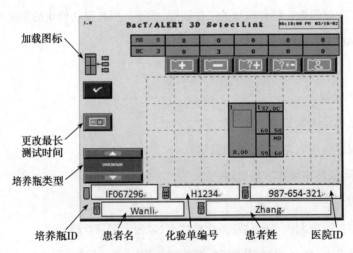

图 9-13　BacT/ALERT 3D 系统的装载界面

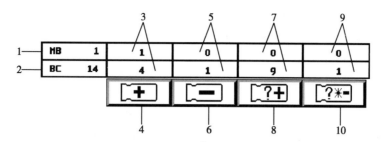

1. 系统中加载的分枝杆菌（MB）培养瓶　　2. 系统中加载的血液或无菌体液培养
　　总数。　　　　　　　　　　　　　　　　　　（BC）瓶总数。
3. 检测状态为阳性的已标识培养瓶总数。　　4. 卸载阳性已标识培养瓶按钮
5. 检测状态为阴性的培养瓶（已标识和匿　　6. 卸载阴性培养瓶按钮
　　名的）总数。
7. 检测状态为阳性的匿名培养瓶总数。　　　8. 卸载阳性匿名培养瓶按钮
9. 检测状态为正在检测或阴性的匿名培养　　10. 卸载匿名阴性或正在检测的培养瓶
　　瓶总数。　　　　　　　　　　　　　　　　　按钮

图 9-14　培养瓶计数表各参数的意义

ID、患者姓名。

（4）打开亮灯的孵育室门,可用单元孔的指示灯是亮的。将培养瓶放入（瓶底朝向孔底）,待单元指示灯缓慢闪烁即提示该培养瓶被成功加载。依次加载其他样品瓶。

（5）加载完所有培养瓶后,完全关闭孵育室门,按确认键开始监测。

### 3. 卸载培养瓶

（1）观察培养瓶计数表中的数字,当检测到阳性、阴性培养瓶时,仪器显示屏会变成黄色,主屏幕上的卸载按钮会从灰色变成蓝色,点击（阳性或阴性）卸载按钮,出现卸载屏幕界面,如图 9-15 所示。

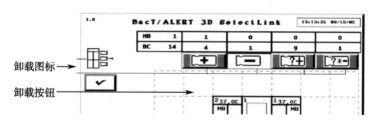

图 9-15　BacT/ALERT 3D 系统的卸载界面

（2）可以卸载的抽屉指示灯变绿,单元指示灯也会变亮。取下培养瓶后,指示灯缓慢闪烁提示卸载完成。

（3）卸载下的培养瓶的对应信息（培养瓶 ID、类型、化验单 ID、医院 ID、患者姓名等）会显示在屏幕上,操作人员要核对这些信息。若卸载的是匿名瓶,则需用扫描器扫描获取或手工输入各信息。

（4）依次卸下所有培养瓶后,轻轻关紧所有抽屉,并按确认键完成卸载。

### 4. 关机程序

（1）按键盘的 Esc 键,听到嘟声。

（2）依次按键盘的 Y、E、S 键。

（3）屏幕出现蓝屏闪烁。

（4）当屏幕出现 C:\>状态时,将仪器电源开关置于 Off 的位置。

### （四）BacT/ALERT 3D 系统常见故障实例分析

#### 故障实例一

【故障现象】孵育模块不工作。

【故障分析】孵育模块的电源开关被关闭,电源线、通讯导线遗失或松动。

【检修方法】固定电源线、通讯导线两端,接通电源开关,重启孵育模块。

#### 故障实例二

【故障现象】孵育模块温度过高。

【故障分析】

1. 孵育模块的理想温度设置改变,尚未平衡达到新的温度。

2. 工作温度不在孵育或组合模块的规格范围内。

3. 培养瓶可能受一些因素的影响,如控制模块或组合箱主板硬件错误;加热的固状继电器的硬件错误;温度传感器错误。

【检修方法】

1. 等待孵育箱温度达到平衡。

2. 检查控制模块或组合箱主板硬件是否正常。

3. 检查加热的固状继电器的硬件是否正常。

4. 检查温度传感器是否正常。

#### 故障实例三

【故障现象】孵育模块温度过低。

【故障分析】

1. 孵育模块的理想温度设置改变,尚未平衡达到新的温度。

2. 一个或多个抽屉没关好门。

3. 培养瓶可能受一些因素影响,如控制模块或组合箱主板硬件错误;加热的固状继电器的硬件错误;温度传感器错误。

【检修方法】

1. 等待孵育箱温度达到平衡。

2. 将抽屉完全关闭且允许模块温度平衡 1 小时。

3. 检查控制模块或组合箱主板硬件是否正常。

4. 检查温度传感器是否正常。

#### 故障实例四

【故障现象】无法打印报告。

【故障分析】打印机本身或连接故障。

【检修方法】

1. 检查打印机是否接通电源,且与仪器正确连接。

2. 检查打印机内有无打印纸,有无卡纸现象。

### 故障实例五

【故障现象】 单元孔被污染。

【故障分析】 培养仪单元孔内的培养瓶破裂或泄漏。

【检修方法】

1. 需按各仪器要求及时进行清洁和消毒处理。

2. 更换培养仪单元孔内的培养瓶。

### 故障实例六

【故障现象】 条形码扫描不能发出嘟声被扫描。

【故障分析】

1. 由于培养瓶标签朝上,造成条形码扫描条图形不出现。

2. 条形码枪脏,造成条形码不能被扫描。

3. 条形码枪连接器接触不良,造成条形码不能被扫描。

4. 设置条形码枪扫描操作参数错误。

【检修方法】

1. 确保条形码扫描器充分安装在支架上,这样触发器才能充分启动。

2. 用布和水将条形码枪表面擦干净。

3. 除条形码阅读框外,用键盘输入条形码。

4. 重新设置操作参数后,扫描重新设置条形码。

### 故障实例七

【故障现象】 测试数据不完全。

【故障分析】

1. 匿名培养瓶放入仪器,就会发生此故障。当培养瓶为匿名瓶时,初始数据就不能同收集到的测试数据结合比较。

2. 当有错误的培养瓶存在时,错误的培养瓶会被标记为阳性而且培养瓶读数不能进行。

【检修方法】

1. 在主屏幕上经"取下阳性瓶"功能键取下匿名瓶。

2. 重新培养。

3. 在主屏幕上经装瓶功能重新放入瓶子,重新开始测试,维持初始数据和时间。

### 故障实例八

【故障现象】 单元孔装载状态报告错误。

【故障分析】 单元孔处于失控状态。

【检修方法】 用单元孔状态屏幕确定受影响单元孔的位置,按下列步骤重新确定培养瓶的位置:

1. 按"Ctrl+F10"键进入特殊的"bottle relocation"状态,允许培养瓶重新定位。装载培养瓶的单元孔连续闪,重新装置的可利用孔灯不亮。

2. 马上将瓶子拿出重新放入任何一个可利用孔中。

3. 若瓶子为匿名瓶(瓶子的 ID 号是空的),键入瓶子的 ID 号。当所有的瓶子取下时,在屏幕上按"check"按钮。

4. 试着去校准孔,如果校准失败,那么孔就不能用了。

5. 在失效的孔中插入橙色瓶子。

### 故障实例九

【故障现象】检测孔加载无效。

【故障分析】在检测孔状态屏幕上,白色圆圈表示该检测孔的质控周期,在质控周期内无法使用该检测孔的最长时间是 12 分钟,如果此时将培养瓶放置在该孔内,会出现加载无效的故障。

【检修方法】

1. 从报故障的检测孔中取出培养瓶。

2. 再次扫描培养瓶 ID,将其加载至可用检测孔内。

### 故障实例十

【故障现象】仪器对测试中的培养瓶出现异常反应。

【故障分析】

1. 培养仪运行中,有时仪器测定系统认为某一单元孔目前是空的,但是实际上孔内还有一被测的培养瓶(无论是阳性或阴性的),此时应通过打印或"problem log"命令读出存在问题的单元孔号。

2. 若整个区块中的所有单元孔号都被显示出来,那可能是区块有问题;若只列出 1 个单元孔号,那就只是这个单元孔有问题。

【检修方法】

1. 如果这一孔内的培养瓶已经被非法卸出,则可以不管这一信息。

2. 如果孔内还有培养瓶,则卸出此瓶,装入到另一孔内,然后对前孔做质控。

---

### 案例分析

2013 年 4 月,梅里埃诊断产品(上海)有限公司报告:

1. 由于部分批号的产品中有可能有部分培养瓶感应器未固化,可能会导致出现假阳性和假阴性的检测结果等原因,美国 bioMerieux. Inc 公司对其生产的部分型号批次的成人需氧培养瓶[注册号:国食药监械(进)字 2010 第 2402070 号]进行主动召回。

2. 由于在某些特别条件下产品系统电脑连接实验室信息管理系统可能会将测试结果与患者记录进行错配等原因,美国 bioMerieux. Inc 公司对其生产的部分型号编号的全自动微生物鉴定及药敏分析系统[注册号:国食药监械(进)字 2011 第 2403275 号]和全自动微生物鉴定及药敏分析仪系统[注册号:国食药监械(进)字 2009 第 2402809 号]进行主动召回。

## 六、BACTEC FX40 全自动细菌培养系统的整机分析

BACTEC FX40 全自动细菌培养系统是继 BACTEC 9000 系列之后的新一代血培养产品(图 9-16),适用于快速检测血液等临床标本中的细菌、真菌,传承和发扬了原系列产品卓越的荧光技术和出色的培养基性能,显著提高了血液培养速度,减少疾病诊疗的延误率,并可远程获得实时检测结果。

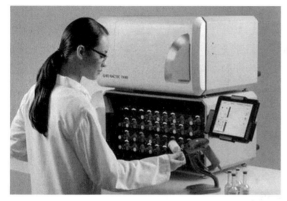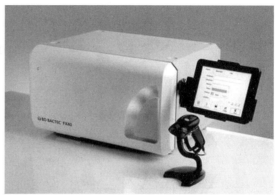

图 9-16　BACTEC FX40 系统的外观

（一）BACTEC FX40 系统的检测原理

从患者体内抽取血液等标本加入培养瓶中,再放入仪器进行孵育测试,当培养瓶中有微生物生长时,它们会代谢培养基中的营养物质,并产生 $CO_2$。培养瓶底部有传感器,传感器中含有荧光材料,并会与 $CO_2$ 反应发生变化。用发光二极管照射培养瓶底部,传感器内会发出荧光,用光探测器读取荧光,并转换成电信号,再经数据处理系统分析,通过显示器给出检测结果,并用指示灯、报警声音进行提示,如图 9-17 所示。

（二）BACTEC FX40 系统的组成

BACTEC FX40 系统主要由孵育、测量、混匀、控制、数据管理等子系统组成。可以将 1~4 个 BACTEC FX40 仪器连接到一台电脑上,继而共享一台打印机和条码阅读器。

1. **孵育子系统**　孵育子系统的主要功能是对孵育箱内实施强制空气对流,使仪器内任何位置的培养瓶温度保持在(35±1.5)℃。该子系统包括鼓风机、加热器、温度传感器等,根据稳定设定值和实际温度测量值来调整对流空气的速度、温度。

2. **测量子系统**　测量子系统包括传感器、发光二极管、光探测器等。测量操作后采集的数据会针对热变化进行处理、标准化和补偿。

3. **混匀子系统**　搅拌子系统的作用是使培养瓶内的液体成分实现营养物质和微生物的均匀分布。通过联动装置耦合到电机上,在相对于水平方向 0°~20° 的范围内进行晃动混匀。每个瓶位都有瓶驻留的传感器和指示灯,可以即时显示每个瓶位的状况,如图 9-18 所示。

4. **控制子系统**　控制子系统负责温度控制、内置测试、混匀电机、瓶位照明、系统指示灯、监控瓶驻留和门传感器、系统通讯等内容。其中,内置测试是仪器自检以确保正常工作的前提,每个子系

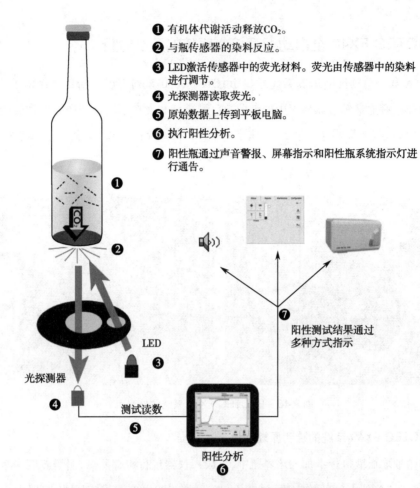

❶ 有机体代谢活动释放$CO_2$。

❷ 与瓶传感器的染料反应。

❸ LED激活传感器中的荧光材料。荧光由传感器中的染料进行调节。

❹ 光探测器读取荧光。

❺ 原始数据上传到平板电脑。

❻ 执行阳性分析。

❼ 阳性瓶通过声音警报、屏幕指示和阳性瓶系统指示灯进行通告。

阳性测试结果通过多种方式指示

图 9-17　BACTEC FX40 系统的检测原理

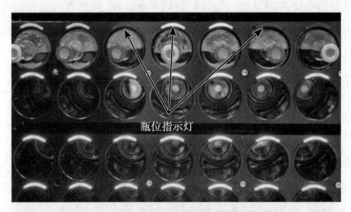

瓶位指示灯

| 指示灯颜色 | | 状态 | 含义 |
|---|---|---|---|
| 红色 | ☀ | 闪烁 | 阳性瓶 |
| 绿色 | ☀ | 闪烁 | 阴性瓶 |
| 黄色 | ☀ | 闪烁 | 匿名瓶 |
| 红色/黄色(交替) | ☀ ☀ | 闪烁 | 阳性匿名瓶 |
| 所有指示灯 | ⌒ | 关闭 | 正在进行的瓶/不可用瓶位 |
| 绿色 | ⌒ | 打开 | 可用瓶位 |

图 9-18　BACTEC FX40 系统的瓶位指示灯

统都有内置测试,测试中出现的任何故障都将导致测量系统发生严重错误,故若测试不通过,不会开启测量系统。

**5. 数据处理子系统**　数据处理子系统需要分析测量子系统传来的数据,绘制细菌生长曲线,用多种算法判断出培养瓶的阳性、阴性,显示在操作界面上,并将每个培养瓶的监测结果保存在数据库中,与条形码等标本信息关联起来。

仪器使用的培养瓶有标准(需氧、厌氧)瓶、树脂(需氧、厌氧、儿童)瓶、含溶血素(厌氧、分枝杆菌、真菌)瓶。其中,树脂瓶可以吸附抗生素、破解血细胞、为微生物生长提供广大的附着表面、涂片染色镜检时不会对背景造成干扰。培养瓶采用小酒瓶设计,有助于配合持针器的使用和标本混匀。瓶上有双条码、采血量刻度,瓶壁较厚不宜摔破,安全可靠。仪器支持延迟瓶、3 小时重新放入功能。

**(三) BACTEC FX40 系统的操作简介**

为防止仪器报假阳性和假阴性,操作时首先要注意仪器环境温度、血培养瓶的存放温度、孵育温度不能超出要求范围,取样时要充分颠倒混匀培养瓶。

仪器采用电容式触摸屏平板电脑,可以用指尖或电容式触控笔轻敲屏幕上的按钮,而不能使用铅笔或尖锐器具,否则屏幕将无法识别甚至会被损坏。

系统可以由 4 个仪器构成群集,每个仪器有 2 个支架,每个支架有 2 排瓶位。排号用字母(A、B、C 和 D)表示,各瓶位从左向右依次编号为 1～10,总共 40 个瓶位可以用于测试。如瓶位代号 01-B-D8 表示第 1 个群集中仪器 B 的 D 排第 8 个瓶位。

**1. 输入瓶**

(1) 在"Status"界面点"瓶输入"按钮,出现瓶输入界面,如图 9-19 所示。

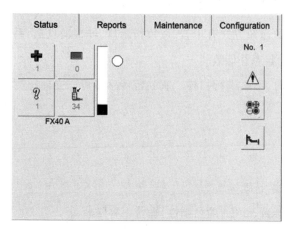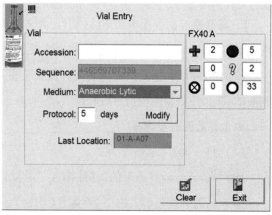

**图 9-19　BACTEC FX40 系统的 Status 界面、输入界面**

(2) 打开具有可用瓶位的仪器门(如 FX40 A),条形码扫描器自动打开,扫描培养瓶上的条形码标签,其信息将自动填到输入界面内的相应位置。

(3) 将瓶放入常亮绿色指示灯的瓶位,瓶驻留传感器会立即感测到,系统会发出蜂鸣提示音,并更新该瓶位指示灯状况,表示完成了该瓶的输入。如果将瓶放入不可用的瓶位,仪器不会发出提示音,需要重新扫描输入。培养瓶放置好后,不要再移动到其他位置,以免造成数据错误。接着可以继续扫描条形码输入其他培养瓶,然后关闭仪器门。门打开的时间不要超过 10 分钟,以免影响孵育箱内的温度。

对于一些无条形码的培养瓶可以不扫描而直接放入可用瓶位内,仪器将作为"匿名瓶"处理,默认培养基类型及监测时间,并使用一般阳性标准进行评估。如果在仪器给出检测结果之前移除了该瓶,则自动丢弃已经读取的数据。匿名瓶也可以通过主界面中的"识别匿名"按钮补充信息。

仪器门关上后,系统自动执行瓶监测,每 10 分钟启动 1 次测试周期,群集中各仪器的监测相互独立。监测过程中,可通过"View Station"界面(图 9-20)查看各瓶位的状况。许多阳性瓶都会在 24 小时内被检测到,但没给出阳性结果的培养瓶一般会被保留 5 天,若仍未检测到微生物生长,则判断为阴性瓶。

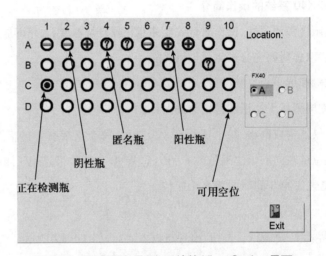

图 9-20　BACTEC FX40 系统的 View Station 界面

**2. 移除瓶**　系统检测到阳性(阴性)培养瓶时的通知方式有声音、瓶位指示灯、屏幕消息框、系统指示灯,"Status"界面上阳性(阴性)图标变成活动状态并计数。

单个瓶移除时,需要扫描以确认。批量瓶移除时,不必进行扫描。瓶驻留传感器可以立即感测到瓶的移除,并更新瓶位指示灯状况。

单个移除瓶的步骤有:

(1) 打开仪器门。

(2) 点"Status"界面上的"移除阳性""移除阴性"按钮。

(3) 从闪烁红色(阳性)、闪烁绿色(阴性)、闪烁黄、红色(匿名阳性)瓶位上移除瓶。

(4) 系统将会显示瓶"Positive Removal"或"Negative Removal"界面,扫描刚取出的瓶上条形码,确认信息后退出,该瓶位会更新为空位以备新瓶放入。

批量瓶移除的步骤比较简单,打开仪器门,从闪烁灯瓶位取出培养瓶,移除所有检测完成的培养瓶后,会发出操作结束提示音。

系统可以手动强制更改正在进行检测瓶的状态,还可以移除正在检测的培养瓶,若 20 分钟内仍放回原位,可保留所有数据继续检测。最终绘出生长曲线图,判断出细菌培养结果(阴性或阳性)。

（四）BACTEC FX40 系统常见故障实例分析

**故障实例一**

【故障现象】仪器 A：孵化失败。

【故障分析】仪器已在 40℃以上连续孵育超过 60 秒。

【检修方法】重新启动仪器。将瓶位标记为不可用。将所在行的所有瓶位标记为"Affected Vials"。

**故障实例二**

【故障现象】仪器 A：温度低于（或高于）设定点。

【故障分析】仪器加电后已在低于（或高于）设定温度 15℃以上连续孵育了 180 分钟，房间可能太冷（或太热）。空气过滤器脏污。

【检修方法】验证室温是否符合规范。将温度恢复到范围内连续 5 分钟，重启仪器后报警会清除。检查并清洁空气过滤器。

**故障实例三**

【故障现象】仪器 A：鼓风机电机出现故障。

【故障分析】如果鼓风机在连续 3 次重试后未能启动，则出现该提示信息。受影响仪器的加热器会关闭。

【检修方法】重启仪器后，警报会消除。瓶位标记为不可用。若依然存在该故障信息，则应进一步检修电机。

**故障实例四**

【故障现象】仪器 A：温度传感器出现故障。

【故障分析】传感器温度偏离温度传感器 1℃以上超过 5 分钟。

【检修方法】如果温度恢复到允许范围内连续 5 分钟，或重新启动仪器后，警报会消除。

**故障实例五**

【故障现象】瓶位 X-X0：读数采集数据库对象已重新初始化。

【故障分析】闪存驱动器上的某个扇区已损坏或某个读数对象或集合出现校验和错误。

【检修方法】此消息只供提供信息用，不影响仪器继续工作。如果连续 4 个读数损坏，将会发生读数差距，瓶将自动变为"Affected Vials"。

**故障实例六**

【故障现象】培养基类型无效，请重新输入条形码。

【故障分析】扫描或输入了瓶序列号而未在仪器中定义培养基类型。

【检修方法】只能使用原始瓶条形码或厂家提供的替换条形码。若条码破损，可手动输入序列号。

## 第二节 微生物鉴定及药敏分析系统

### 一、概述及临床应用

微生物鉴定及其药敏分析是对已经培养分离出来的微生物进行菌属鉴定,从而为临床诊断及治疗提供可靠的实验室依据。微生物鉴定的方法有很多,如光学显微镜或电镜形态学检查、生化鉴定技术、免疫学诊断技术、分子生物学检验技术等。其中,免疫学诊断技术、分子生物学检验技术主要用来检测病毒,本节中讨论的"微生物"仅包括细菌、真菌。

形态学检查是最基本、直观的传统常规细菌、真菌鉴定方法。先对标本进行涂片、染色、培养、分离等一系列操作后,再通过光学显微镜或电学显微镜观察细菌细胞形态(大小、形态、鞭毛、荚膜、芽孢等)和菌落形态(大小、形状、高度、边缘、排列、颜色等),由操作者(或专家组)对观察到的微生物进行特征描述,并根据现有的知识储备判断其菌属。该方法涉及的手工操作步骤非常繁杂,试验成本较小,但效率低下,影响了报告的时效性,还增加了人工成本,且在方法学、结果判定解释等方面均受操作者主观影响较大,不利于进行质量控制。

生化鉴定技术不关注微生物形态,而是利用微生物的代谢特性进行其种属的鉴定。该方法省去了烦琐低效的染色、观察环节,但也需要对标本进行培养、分离等操作,不同的是在基础培养基中加入了特殊的物质,如糖(醇、苷)、甲基红、明胶、含硫氨基酸、尿素、苯丙氨酸、氨基酸、枸橼酸盐、丙二酸盐等。这些特殊的物质可参与微生物的生长代谢,并指示出颜色变化,如变绿、变红、变紫等。最初的微生物生化鉴定方法是利用手工配制的试管培养基进行细菌培养,项目较少,鉴定的微生物种类有限,且操作烦琐。后来随着科技的发展,物理的、化学的分析方法和技术逐渐融入微生物学的研究中来,逐步发展了微量快速培养基和微量生化反应系统,能更细致地区分不同微生物的生物学性状和代谢产物的差异。在此基础上,又集成了读数仪、计算机分析技术,形成了半自动化、全自动化的微生物鉴定及药敏分析系统,实现了生化模式到数字模式的转变,突破性地解决了微生物检测的烦琐问题,缩短了报告发出时间,具有简易化、系统化、微量化、商品化和标准化等优点,能进行很多种细菌、真菌等微生物的鉴定,检测微生物的药物敏感性,测定最低抑菌浓度,还能定期发出统计学报告,广泛应用于临床微生物实验室、卫生免疫和商检系统,为临床诊疗、医院感染检测、流行病学调查、新药研究提供可靠的依据。

以自动化系统代替传统的手工操作是微生物检验的进步标志之一。20世纪80年代中期,在中国细菌检验领域开始应用自动化分析仪器,由北京医院从美国麦道公司引进第一台全自动细菌鉴定及药敏系统 VITEKAMS 并成功地应用于临床。20世纪90年代中后期,美国 BD 公司提供 SEPUT 半自动细菌鉴定系统,由原卫生部主持以赠送仪器、购买试剂的形式发放至全国20余家医院的细菌实验室,但该系统未能持久地应用于临床,至今已有相当一部分单位或闲置不用或已更换其他系统。1991年西门子公司的 Walkaway 全自动微生物鉴定及药敏分析系统上市,于1996年进入中国市场。同年由英国 AccuMed Inc 公司研制的组装式半自动和全自动细菌鉴定系统 Sensititre Microbiology

Systems 也进入中国。法国梅里埃公司的基于 API 系统的半自动细菌鉴定系统 ATB 自 1992 年开始在中国的中、小临床细菌实验室中推广应用,及后续的一系列产品如 VITEK 2 Compact 在全国微生物检验市场上得到广泛认可。

---

**知识链接**

**微生物学大师要事**

1. 丹麦的细菌学家革兰 1884 年在柏林开发了将细菌分成两大类的方法——革兰染色。该方法主要包括初染、媒染、脱色、复染 4 个步骤。革兰阳性菌由于细胞壁较厚,能将结晶紫与碘复合物留在壁内,复染后仍呈现紫色;而革兰阴性菌细胞壁较薄,复染后呈红色。

2. 法国的微生物学家巴斯德用毕生的精力证明了 3 个问题:①每种发酵都是微菌的发展,发现了巴氏消毒法,应用在食物、饮料上;②每种传染病都是微菌的发展,由于发现并根除了一种侵害蚕卵的细菌,巴斯德拯救了法国的丝绸工业;③传染病的微菌可从致病菌变成疫苗,研制出了多种疫苗。

3. 德国医师科赫致力于病原微生物的研究,1882 年在柏林生理学会上宣布结核菌是结核病的病原菌,后又发现阿米巴痢疾和两种结膜炎的病原体,提出用结核菌素治疗结核病,并因此获得诺贝尔生理学奖和医学奖。

---

## 二、微生物鉴定及药敏分析系统的基本原理

不同的微生物在生长过程中,其各自独特的酶系统会与培养基中特定的物质发生代谢分解,同时产生一些变化,如基质 pH 变化、释放色源或荧光源、产生四氮唑标记碳水化合物代谢活性、产生挥发性或非挥发性酸、可见生长等。基于这样的生化反应基础,生产了具有很多孔的细菌鉴定卡,每个孔里都预填充了一种含有特殊物质的培养基。对于某种未知的微生物,将其菌悬液加入鉴定卡的每个孔中,与各孔中的基质分别发生反应,检测记录所有生化反应结果,再根据数据库进行数码鉴定,判断该微生物的种属。然后,对已知种属的微生物选取相应的药敏卡,药敏卡上也有很多孔,每个孔内预填充了一种抗菌药物,将符合比例要求的菌悬液加到药敏卡上,一定时间后,检测该微生物对每种药物的敏感性。这就是微生物鉴定及药敏分析系统的基本原理。

常用的生化反应有:①发酵试验:为碳水化合物分解产酸的代谢试验,反应结果通过 pH 的变化引起指示剂颜色的改变;②同化试验:将待测菌分别培养于含各种基质的培养基中,根据其能否利用其中的单一碳水化合物为碳源而得以生长来帮助鉴定,是一种生长试验;③同化或发酵抑制试验:待测细菌如遇到对其有毒的化合物就不能生长或不出现相应的反应,据此可以帮助鉴定病原菌;④酶试验:为分解某些合成底物的化学反应,如待测菌含有相应的酶就可以分解底物自发显色或经添加试剂后显色;⑤其他生化试验。

（一）生化反应结果的检测方法

**1. 光电比色法** 将待测菌悬液加入多孔的细菌鉴定卡内后,各孔内的物质不同,经过一段时间的培养,有的孔参与了该微生物的生长代谢,即细菌体内特有的酶分解了孔内物质,有的孔未参与微

生物代谢,各孔会呈现不同的颜色变化。仪器用光电法每隔1小时检测每个孔的透光度,以对照孔的透光度达到终点阈值为时间点表示完成。

**2. 荧光测定法**　用荧光物质来标记细菌表面特异性酶的底物,即在细菌鉴定卡的各孔中加入荧光物质,经过微生物的生长代谢,各孔会激发出不同强度的荧光,再用光电倍增管读取各孔的荧光强度。

用光电比色法或荧光测定法得到的生化反应结果(透光度、荧光强度)都是以模拟电信号的形式存在,与系统软件中设定的阈值相比较(图9-21),判断出阴性、阳性结果。

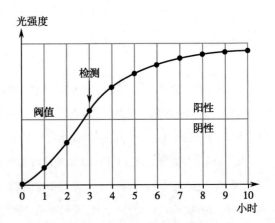

图9-21　微生物鉴定结果判读

**(二) 数码鉴定原理**

**1. 编码**　每张细菌鉴定卡上都有很多反应孔,如30个,按照特定的位置排列,将每3个作为1组,每组的第1、2、3个孔的阳性值分别记为1、2、4,阴性值均记为0,将3个孔的反应值相加得到1位数字,共可得到一个10位数字的编码。对于某一待测菌,让其菌悬液与每个孔的基质进行生化反应,对检测反应结果进行编码,如表9-1所示,假如待测菌编码为5742316271,可在细菌条目数据库进行检索,确定该待测菌的菌属。

表9-1　细菌鉴定结果编码

| 反应孔号 | 1 | 2 | 3 | 4 | 5 | 6 | 7 | 8 | 9 | 10 | 11 | 12 | … |
|---|---|---|---|---|---|---|---|---|---|---|---|---|---|
| 阳性设定值 | 1 | 2 | 4 | 1 | 2 | 4 | 1 | 2 | 4 | 1 | 2 | 4 | … |
| 阴性设定值 | 0 | 0 | 0 | 0 | 0 | 0 | 0 | 0 | 0 | 0 | 0 | 0 | … |
| 生化反应结果 | + | – | + | + | + | + | – | – | + | – | + | – | … |
| 待测菌编码 | | 5 | | | 7 | | | 4 | | | 2 | | … |

**2. 数值鉴定**　当一个编码仅对应一个菌名时,很容易确定细菌的种属。而有些情况,一个编码下有多个细菌名称,需要进一步计算鉴定百分率(%id)、模式频率值($T$)来进一步确定细菌种属。该计算过程又被称为数值鉴定。

(1) 假如待测菌可能是A、B、C、D中的一种,选取能分辨出这4种细菌的5项生化反应,检索数据库,如表9-2所示,其中存储着每种细菌对各项生化反应反复多次实验得出的阳性百分率($p$),如93.6、1.4,可以理解为前者更易出现阳性结果,后者更易出现阴性结果。

表9-2　数据库中的各细菌对不同生化反应的阳性百分率

| 细菌条目 | 生化反应 | | | | |
|---|---|---|---|---|---|
| | 1 | 2 | 3 | 4 | 5 |
| A | 93.6 | 86.9 | 1.4 | 43.7 | 7.2 |
| B | 17.1 | 84.9 | 3.5 | 62.1 | 36.9 |
| C | 100 | 90.9 | 24.8 | 0 | 59.6 |
| D | 94.9 | 11.1 | 14.2 | 99.3 | 100 |

（2）计算待测菌对每种反应的出现频率（表9-3）。若为阳性,出现频率$=p/100$;若为阴性,出现频率$=1-p/100$。若为0或100,用0.01或0.99代替。

表9-3　待测菌对各生化反应的出现频率

| 细菌条目 | 生化反应 | | | | |
|---|---|---|---|---|---|
| | 1 | 2 | 3 | 4 | 5 |
| 待测菌 | + | − | − | + | + |
| A | 0.936 | 0.131 | 0.986 | 0.437 | 0.072 |
| B | 0.171 | 0.151 | 0.965 | 0.621 | 0.369 |
| C | 0.990 | 0.091 | 0.752 | 0.010 | 0.596 |
| D | 0.949 | 0.889 | 0.858 | 0.993 | 0.990 |

（3）计算待测菌的单项总发生频率PO(每个细菌条目对所有反应的出现频率之积)、多项总发生频率(各单项总发生频率之和)(表9-4)。

表9-4　待测菌的单项、多项总发生频率

| 细菌条目 | 频率 |
|---|---|
| A | 0.936×0.131×0.986×0.437×0.072＝0.00380 |
| B | 0.171×0.151×0.965×0.621×0.369＝0.00571 |
| C | 0.990×0.091×0.752×0.010×0.596＝0.00040 |
| D | 0.949×0.889×0.858×0.993×0.990＝0.71161 |
| 总发生频率 | 0.003 80+0.005 71+0.000 40+0.711 61＝0.72152 |

（4）计算待测菌的鉴定百分率(%id)＝(单项总发生频率/多项总发生频率)×100(表9-5)。

表9-5　待测菌的鉴定百分率

| 细菌条目 | 鉴定百分率（%id） |
|---|---|
| A | 0.00380÷0.721 52×100＝0.53 |
| B | 0.00571÷0.721 52×100＝0.79 |
| C | 0.00040÷0.721 52×100＝0.06 |
| D | 0.71161÷0.721 52×100＝98.63 |

（5）检索数据库中每种细菌条目中的最典型菌株(A′、B′、C′、D′)对这几项生化反应的单项总发生频率PT(表9-6)。

表9-6　数据库中最典型菌株的单项总发生频率

| 细菌条目 | 生化反应 | | | | | 单项总发生频率 |
|---|---|---|---|---|---|---|
| | 1 | 2 | 3 | 4 | 5 | |
| A′ | 0.936 | 0.918 | 0.986 | 0.437 | 0.072 | 0.02666 |
| B′ | 0.171 | 0.653 | 0.965 | 0.621 | 0.914 | 0.06116 |
| C′ | 0.990 | 0.651 | 0.752 | 0.813 | 0.596 | 0.23484 |
| D′ | 0.949 | 0.956 | 0.858 | 0.993 | 0.990 | 0.76524 |

（6）计算模式频率值 T＝待测菌的单项总发生频率 PO/典型菌株的单项总发生频率 PT（表9-7）。

表9-7　待测菌的模式频率值

| 细菌条目 | PO | PT | T |
| --- | --- | --- | --- |
| A | 0.00380 | 0.02666 | 0.1425 |
| B | 0.00571 | 0.06116 | 0.0934 |
| C | 0.00040 | 0.23484 | 0.0017 |
| D | 0.71161 | 0.76524 | 0.9299 |

（7）按%id 大小排序，相邻两项该数值之比为 R 值（表9-8）。

表9-8　待测菌各参数排序

| 排序 | 细菌条目 | %id | R | T |
| --- | --- | --- | --- | --- |
| 1 | D | 98.63 | | 0.9299 |
| | | | 124.85 | |
| 2 | B | 0.79 | | 0.0934 |
| | | | 1.49 | |
| 3 | A | 0.53 | | 0.1425 |
| | | | 8.83 | |
| 4 | C | 0.06 | | 0.0017 |

（8）解释：鉴定百分率（%id）表示待测菌属于某种已知菌种的可能性，越接近100，可能性越大。模式频率值 T 表示待测菌与已知菌种中最典型菌株的相似度，越接近1，相似度越高。R 值表示首选条目与次选条目的差距，值越大，越有参考价值。综合%id、T 值、R 值，鉴定待测菌为细菌条目 D。

如果排序第一的%id≥80.0，则可将未知菌鉴定在此条目中，并按%id 值的大小对鉴定的可信度作出评价；%id≥99.9 及 T≥0.75 为最佳的鉴定；%id 为99.0～99.8 和 T≥0.5 为很好的鉴定；%id 为90.0～98.9 和 T≥0.25 为好的鉴定；%id 为80.0～89.9 为可接受的鉴定。

如果排序第一的%id<80.0，就将排序前两名的%id 加在一起；若还不足80.0，则将排序前三名的%id 加在一起。若其和≥80.0，有2种可能性：①鉴定到种水平，加在一起的条目是同一菌种内的不同生物型；②鉴定到属水平，加在一起的条目是同一菌属内的不同种。

如果相加的几个条目既不属于同一种，又不属于同一属，在评价中会指出"补充生化反应"的项目及阳性反应率，可通过增加的生化反应将其区分开。如果前3个条目的和<80.0，则认为此结果是不可接受的。

仪器经过软件分析给出的结果可以分为两种：

1）有该数码，并写有以下信息：①有一个或几个菌名条目及其%id 值（鉴定百分率）和 T 值。②对鉴定结果好坏的评价有最佳、很好、好、可以接受、不可接受等。③用小括号指出关键的生化结果，并列出数据库中该项反应的阳性百分率。④遇到分辨不清或多条菌名排列在一起时，指出必须增加补充试验的项目及数据库中该项反应的阳性百分率。⑤指出某些注意要点，需用"推测性鉴定",并将此菌送至参考实验室;需用"血清学鉴定",进行进一步的证实等。

2）无该数码,原因有:①此菌的生化谱不典型;②不能接受%id<80.0;③可疑,被测菌的某一生化反应为阳性,而相似的典型菌对该反应的阳性百分率为0%。如果不是污染,即保证是纯菌的前提下,可联系厂家客服以求进一步解决。

### （三）药敏分析原理

细菌对药物的敏感性分析实质是微型化的肉汤稀释试验。对于已知的微生物,选择对应的药敏测试卡,将一定比例的菌悬液加入药敏卡的各孔中,与其中的抗菌药物相互作用,一段时间后,用光电法测定各孔浊度。根据不同的药物对不同菌的最低抑菌浓度不同,故每种药物一般选用3种不同的药物浓度,经一段时间孵育后,断续多次自动检测各孔浊度,计算出该菌在各浓度药物作用下的生长率。以时间对生长率作图,待检菌斜率与阳性对照孔斜率之比值,经回归分析得到MIC值,并根据美国临床实验室标准化研究所（Clinical and Laboratory Standard Institute,CLSI/NCCLS)的标准获得相应的敏感（susceptible,S)、中度敏感（intermediate,I)和耐药（resistant,R)结果。药物敏感报告通常包括MIC值、敏感性、药物一次剂量及在该剂量下的血清和尿液内的最高药物浓度。

与光电法对应的另一种方法是在药敏卡的每个孔中加入荧光底物。当有细菌生长时,底物被细菌表面的特异性酶系统水解,会产生荧光;若无细菌生长,则不会产生荧光。将无荧光产生的最低药物浓度记录为最低抑菌浓度（MIC)。

## 三、微生物鉴定及药敏分析系统的基本组成和结构

不同型号的微生物自动鉴定及药敏分析系统其自动化程度不同,仪器组成也有差异,但完成主要功能的基本部件相似度比较高,简述如下。

### （一）测试卡

测试卡分细菌鉴定卡和药敏卡两类。细菌鉴定卡上有很多生化反应孔,各孔都预置了不同的试剂,根据细菌的大致类型不同,有很多种鉴定卡。对于未知的样品细菌,需要根据预试验（如革兰染色)结果判断出大致的细菌类型,选用合适的鉴定卡,再根据该鉴定卡上各反应孔的结果判断出具体的细菌名称。药敏卡有很多种对应不同的细菌,每种药敏卡的各反应孔内预置了常用的抗菌药物。对于已知的细菌,选择相应的药敏卡,通过各孔的反应结果判断该菌对每种药物的敏感性。

### （二）自动接种器

自动接种器是微生物鉴定及药敏分析系统自动化的重要部件。用户使用比浊仪将标本配制成所需浓度的菌悬液放入试管后,自动接种器会将标本菌悬液转移到测试卡中。根据原理不同,有真空接种器、活塞接种器,都带有封口切割功能。

### （三）孵育箱

测试卡经接种菌悬液后需放入孵育箱,孵育箱内有加热器及温度传感器,会为微生物生长提供合适的温度环境。孵育箱通常是一个圆形架,以某个设定的速度旋转,能储纳很多检测卡。圆形架旁边某处设有光源、检测器,并且光源、圆形架上的某个位置、检测器三者按顺序呈直线排列,可以对该位置上检测卡的各反应孔进行检测。孵育箱内的检测卡不是同时监测,而是每隔一段时间对同一

个卡检测 1 次,直到系统软件能判读出结果为止,屏幕会同时提示可以卸载检测完成的测试卡。

### (四)数据处理系统

检测器会将各反应孔的吸光度或荧光信号转换成电信号,数据处理系统通过软件算法将这些电信号转换成编码,与数据库中的细菌编码进行检索匹配,判断出标本细菌的菌属、对各种抗菌药物的敏感程度。数据处理系统会控制孵育箱的温度、检测卡的加载和卸载、数据的采集传输,进行菌种发生率、分离率、抗生素耐药率等流行病学统计,给出分析报告,并自动打印。

## 四、微生物鉴定及药敏分析系统的保养和维护

临床常用的自动化微生物鉴定及药敏分析系统种类、型号繁多,检测原理和仪器结构不尽相同。为保证检测结果的可靠性和准确性,必须做好系统设备的保养和维护,使其处于良好的工作状态。

1. 严格按手册规定进行开、关机及各种操作,防止因程序错误造成设备损伤和信息丢失。

2. 鉴于所有的患者标本和微生物培养物都有潜在的传染性,在处理时要采用通用的预防措施,一旦检测板经过接种,就应当小心操作。若操作中发生泄漏,需要用新鲜配制的漂白剂溶液对所有的受影响区域进行彻底的冲洗。

3. 建立仪器使用、保养程序和维修记录,详细记录每次使用的情况和故障的时间、内容、性质、原因和解决办法,尽量做到防患未然,保证仪器正常工作。

4. 每日检查打印机纸张是否充足,仪器表面是否清洁、有无污染,用软布擦拭仪器表面;每天清洁计算机屏幕、键盘、鼠标等附属设备。清洁条形码扫描仪窗口,需要用不掉毛的抹布蘸取蒸馏水小心擦拭。

5. 每周检查各指示器灯、声音报警器,以免因此造成的伪故障。

6. 定期检查孵育室等多个位置的空气过滤器,使其保持清洁畅通无阻,以免气流受限导致仪器内温度过高,从而影响结果并可能导致硬件故障或失灵。

7. 定期清洁比浊仪、仪器内部各传感器、内置扫描仪、光源、CCD 等部件,以免灰尘引起误差影响结果判读的准确性。

8. 按仪器说明书要求和卫生部门的要求做质控,如遇到测定卡批号更换、设备软件升级、故障排除、储存卡片的冰箱故障等情况时。

9. 定期由厂家的工程师做全面保养,以排除故障隐患。

## 五、VITEK 2 Compact 全自动细菌鉴定及药敏分析系统的整机分析

VITEK 2 Compact 系统专用于细菌和酵母菌鉴定及重要临床细菌的药敏试验,百年来一直是自动化细菌鉴定及药敏分析的研发领导者,其产品被视为细菌鉴定的金标准。该系统的主要技术参数有:

1. **鉴定原理** 终点法、阈值法、比色、比浊动态法。

2. **菌液浓度控制** 液晶数码显示比浊仪,测量细菌的浓度范围为 0.0 ~ 7.5 麦氏单位,多点测量,自动显示平均值。

3. **加样** 真空批量自动加样,每批可同时处理 10 个测试卡(鉴定卡或药敏卡),每卡的需菌悬液<4ml。

4. **软件** 系统采用 Windows XP 操作系统,简易图形界面。

5. **打印机** 激光打印机,自动打印实验结果。

6. **配套** 一次性 64 孔封闭式鉴定/药敏卡片,带有条形码可指示卡片序列号和测试种类,不需外加试剂,避免菌悬液洒出,防污染。

7. **鉴定范围** 能自动鉴定 400 余种细菌,包括革兰阴性杆菌(含大肠埃希菌 0157 及非发酵菌)、革兰阳性菌(含猪链球菌 1、2 型和 7 种李斯特菌)、酵母菌、需氧芽孢杆菌(含炭疽芽孢杆菌)、奈瑟菌、嗜血杆菌、弯曲菌、厌氧菌。

8. **鉴定速度** 95% 的常见细菌能在 5 小时内出鉴定结果,对各种菌的鉴定时间为 2~18 小时。

9. **药敏试验** 能进行革兰阴性和革兰阳性两大类细菌的药敏试验,95% 的常见细菌能在 6 小时内出药敏结果。

10. **工作容量** 30 个测试卡。

11. **认证** ISO9001 认证、FDA 认证、进口医疗器械注册证。

(一) VITEK 2 Compact 系统的工作原理

VITEK 2 Compact 系统能自动完成一系列任务:真空批量接种、扫描卡片条码、核查卡片与标本资料、密封卡片、上载试卡、孵育、每 15 分钟进行 1 次检测、卸载废卡、报告结果。

测试卡是进行细菌鉴定、药敏试验的重要载体,每个卡片上有 64 个生化反应孔,每个孔内含有生化或抗生素的风干悬液。测试卡与人工提前配好的样品菌悬液试管一起放在卡架上,之间有移液管相连。当卡架放入仪器填充仓时,仓内的气泵会先将空气排空,形成真空,再缓慢增压,使样品试管中的菌悬液经移液管进入试剂卡内的各反应孔。整个过程仪器会实时监测气压下降和上升速度,以确保测试卡被正确填充。

系统指示充填完成后,手工将卡架放入装载/卸载仓内。内部有根被加热的金属丝,接触并熔化移液管,同时测试卡被封口,可能伴随有少量烟雾,是正常、无毒的。接着,内置的扫描器会自动扫描卡片上的条码,获取测试卡类型、有效期、批号、序列号信息。然后进入孵育和读取周期。系统会将每张测试卡放在孵育架的某个卡位上,以平均 35.5℃ 的温度孵育。孵育架会旋转,使每张测试卡间隔 15 分钟到达读取位置。读数头将测试卡带至光学读数头,然后再回到孵育架上。透光光学读数头使用可见光监测微生物的生长,并与最初的光学读数比较。再进一步将每张测试卡各孔的生化反应结果按照前述的数码鉴定原理进行判读,给出报告结果后仪器将从孵育架中移除该测试卡,进入废卡收集仓。

(二) VITEK 2 Compact 系统的基本组成和结构

系统包括 VITEK 2 Compact 仪器、计算机和打印机、分析和数据管理程序(图 9-22)。

1. **测试卡** VITEK 2 Compact 系统有 7 种细菌鉴定卡:GP 卡(革兰阳性菌鉴定卡)、GN 卡(革兰阴性菌鉴定卡)、NH 卡(奈瑟菌-嗜血杆菌鉴定卡)、ANC 卡(厌氧菌-棒状杆菌鉴定卡)、YST 卡(酵母菌鉴定卡)、BCL 卡(需氧芽孢杆菌鉴定卡)、CBC 卡(棒状杆菌鉴定卡);4 类药敏卡:AST-GN 类(革

图 9-22 VITEK 2 Compact 系统的外观

兰阴性菌药敏试验)、AST-GP(革兰阳性菌药敏试验)类、AST-ST(链球菌药敏试验)、AST-YS(酵母样菌药敏试验)。测试卡上有条形码,标注了各孔所含的试剂或抗生素成分。

经过预试验(如革兰染色)选择合适的测试卡,并与样品的位置对应,将测试卡的塑料移液管插入样品试管放在卡架上(图 9-23)。

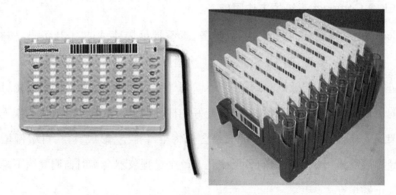

图 9-23 VITEK 2 Compact 系统的测试卡、卡架

2. VITEK 2 Compact 仪器  VITEK 2 Compact 仪器打开各操作门时如图 9-24 所示。

(1) 填充仓:填充仓包括填充仓门、填充室和一个指示 LED。在填充仓内,卡架上所有的测试

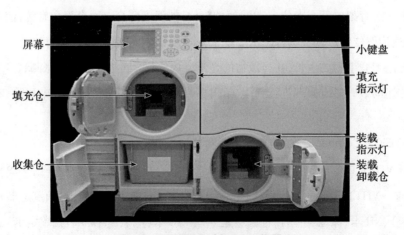

图 9-24 VITEK 2 Compact 仪器

卡用对应试管内的菌悬液自动接种。

指示灯及其表示的状态见图9-25所示。

| 指示灯(LED) | 状态 |
| --- | --- |
| **熄灭** | **充填仓就绪** |
| 实心蓝色箭头 | 正在充填卡片 |
| 蓝色闪烁箭头 | 充填周期完成,无错误 |
| X(红色LED) | 充填错误 |

图9-25　VITEK 2 Compact 仪器的充填指示灯

（2）装载和卸载仓：装载和卸载仓包括装载仓门和一个指示LED（图9-26），仓门带有锁定机制。

| 指示灯(LED) | 状态 |
| --- | --- |
| 熄灭 | 装载仓就绪且仓门被锁定,或现可装载卡架且仓门解锁 |
| 实心蓝色箭头 | 此仓正在处理测试卡,卡架装载仓门被锁定且无法打开 |
| 蓝色闪烁箭头 | 现可从仓中移除卡架。卡架装载仓门被解锁。移除卡架并关闭仓门后指示LED熄灭 |
| X(红色LED) | 表示处理错误 |

图9-26　VITEK 2 Compact 仪器的装载指示灯

在装载仓内设置有条码阅读器,将扫描每个卡架、测试卡条码标签上的信息（图9-27）,如测试卡类型、测试卡有效期、测试卡批号和序列号。并且,经认证符合IEC 60825-1 LED安全性要求,该仪器中的条码阅读器不含激光。

在装载仓内还有个密封仓,该仓内装有一根金属丝,会被加热,用于熔断测试卡一端的移液管,封闭填充完样品的测试卡。残端最长保留1.5mm,不影响后续正常运行。

测试卡及卡架在经过条码阅读、封口操作后,在运输系统的作用下被移入装载处,然后每张测试卡会被置入孵育架上的某个卡位,直到孵育周期结束。孵育架（图9-28）因仪器型号差异而不同,可容纳15~60张测试卡。测试卡被装载到孵育架上后,以平均35.5℃的温度进行孵育。黑盒温度计

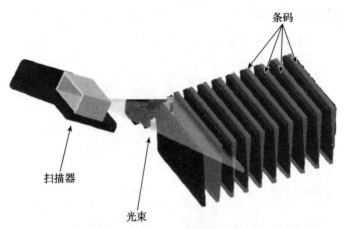

图 9-27 VITEK 2 Compact 仪器装载仓内的条码阅读器

图 9-28 VITEK 2 Compact 仪器的孵育架

可以按 NIST(National Institute of Standards and Technology,美国国家标准与技术研究院)的可追溯标准独立校准,提供独立于内部装置的温度测试方法。圆形的孵育架按 90°平均分成 4 个小架,可轻松取出以便于做定期清洁。

光学读数头(图 9-29)的表面玻璃可以透过可见光,用发光二极管和硅光电探测器每隔 15 分钟对同一测试卡进行透光监测,用反应孔对光的吸收量来反映微生物的生长情况。

直到系统软件根据吸光度判断出某测试卡上的细菌鉴定结果时,该卡的孵育周期结束,将被自动弹出孵育架,传送进废卡收集仓。也可通过系统设置成手动弹出测试卡。

(3) 废卡收集仓:废卡收集仓中有一个黄色的废卡收集箱,最多可容纳 60 张测试卡,系统设有传感器,会对箱内卡片进行计数,并给出仓满或箱缺失的提示信息。从仪器前面打开废卡收集仓门,可取出收集箱。要注意的

图 9-29 VITEK 2 Compact 仪器的光学读数头

是,若不需清理收集箱时不要打开收集仓门,并且取出收集箱后一定要清空后再放回,不然系统会默认收集箱被清空。

(4)控制部件:控制部件包括屏幕、小键盘。屏幕可显示操作菜单、仪器的各个状态;用户使用小键盘发送命令,作出回应。也可通过系统计算机进行软件操作。

**3. 计算机**　计算机能完成对仪器的控制、数据的存储和分析、系统状态信息显示、用户命令输入、分析报告的生成等任务,可存储3万个测试结果。软件操作采用基于图形的友好交互界面,提供在线帮助。软件可自动识别细菌类型、耐药机制,给出治疗解释和临床治疗建议。

(三) VITEK 2 Compact 系统的操作简介

**1. 开机**　确认仪器所接的电源符合电器要求后,打开不间断电源,打开 AC 电源开关,打开电脑主机、显示器、打印机电源。仪器自检,5~15分钟后,孵育架温度上升至合适的温度范围。仪器上方小屏幕(图9-30)左下角的状态为 OK 时,表示启动完成。

**2. 配制待测溶液**　对标本进行预备试验,根据结果选择合适的测试卡,并使用比浊仪(图9-31)按表9-9配制成待测溶液。在准备上机前15~20分钟将测试卡从冰箱中取出,恢复至室温备用。使用的悬浮液为0.45% NaCl 溶液,pH 范围为4.5~7.2。配好后与相应的测试卡一起放在卡架上,并将测试卡的移液管插入菌悬液试管中。

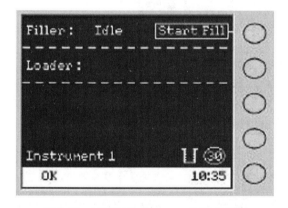

图9-30　VITEK 2 Compact 仪器主屏幕

图9-31　VITEK 2 Compact 配套比浊仪

表9-9　VITEK 2 Compact 仪器对待测液的配制要求

| 测试卡 | | 待测溶液配制 |
|---|---|---|
| 细菌鉴定卡 | GN、GP | 0.5~0.63麦氏单位菌悬液 |
| | YST、BCL | 1.8~2.2麦氏单位菌悬液 |
| | CBC、NH、ANC | 2.7~3.3麦氏单位菌悬液 |
| 药敏卡 | AST-GNxx/Nxx | 3.0ml 盐水+145μl 0.5~0.63麦氏单位菌悬液 |
| | AST-GPxx/Pxx | 3.0ml 盐水+280μl 0.5~0.63麦氏单位菌悬液 |

**3. 开始测试**　选择好合适的测试卡,配制好符合浓度要求的待测液后,操作流程简要如图9-32所示。

(1)进入仪器软件主界面,扫描卡架,输入标本信息、实验号、菌株编号。

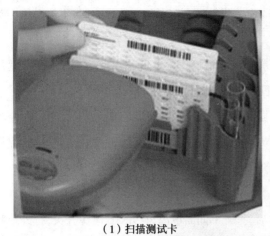
（1）扫描测试卡

（2）放入填充仓

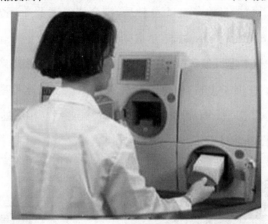
（3）放入装载仓

图 9-32　VITEK 2 Compact 系统操作流程

（2）将卡架放入填充仓,按"充入",70 秒左右填充完毕。

（3）取出卡架,放入装载仓,仪器自动扫描审核,封口,孵育,监测。得出鉴定或药敏结果后,给出提示,由操作者确认可发放临床报告。

4. 关机　从 VITEK 2 Compact 仪器上的小键盘选择关机指令,若孵育箱内有测试卡,屏幕会提示是否取出,用户可根据需要进行选择。然后关掉交流电源,拔掉电源插头,依次关掉电脑、打印机等设备。

（四）VITEK 2 Compact 系统常见故障实例分析

仪器采用了许多光学、机械、温度传感器对各部件的状态进行连续监测。如某传感器发现异常情况,会及时以声音、亮灯或弹出窗口的形式给出提示信息,有的需要用户立即处理,有的不需要立即响应。

故障实例一

【故障现象】屏幕提示"transport motor failed to home during initialization"。

【故障分析】

1. 机械装置中的异物导致的堵塞。

2. 机械部件故障,造成传动受阻。

3. 控制电机或控制板故障。

**【检修方法】**

1. 对屏幕出现的故障提示作出回应。

2. 打开各仓门,检查组件上是否有污物或堵塞(正常堵塞清除操作)。

3. 如果该错误和运输堵塞相关,在关门之前在运输模块上重新放置载卡架。

4. 对机械传动部分进行保养处理。

5. 检查控制电机和控制板是否正常。

**故障实例二**

**【故障现象】** 提示:卡架条码无法识别,某测试卡条码无法识别,或测试卡条码不匹配。

**【故障分析】**

1. 若错误信息短时间内自动消失,且用户未打开各仓门,则仪器继续工作。

2. 终止当前卡测试,记录一条错误信息,继续装载其他测试卡。

3. 如果装载门开着,当前所有的测试卡将被终止,且不会再装载测试卡。

**【检修方法】**

1. 使用仪器上小键盘手工输入条形码的 ID 号,然后确认。

2. 在小屏幕上选择跳过当前测试卡。

**故障实例三**

**【故障现象】** 操作系统错误。

**【故障分析】** 仪器初始化,如果感应器检测发生问题,就会报警。

**【检修方法】**

1. 当仪器传感器检测到错误时,在许多情况下先试图自行纠正,如果失败,会弹出错误信息,并激活报警系统。

2. 用户进入屏幕上的错误信息报警查看,读取并记录所有信息,从信息中找到错误代码和位置,根据提示进行处理。

**故障实例四**

**【故障现象】** 光学读数头被卡住。

**【故障分析】**

1. 初始化过程中弹出马达无法返回原位。

2. 机械装置内异物造成光学读数头被卡住。

3. 控制模块出现指令故障。

**【检修方法】**

1. 在屏幕上对错误信息提示作出回应。

2. 打开检修门,检查是否有污物或阻塞。

3. 重新定位运输组件上的卡架,关闭检修门。

## 六、BD Phoenix 100 全自动微生物分析系统的整机分析

BD Phoenix 系统(图9-33)用于细菌的快速鉴定(ID)和药敏测试(AST),能同时检测100份标本,细菌鉴定最快2~3小时出结果,药敏试验一般3~5小时出结果。仪器的自动化程度高,自动质控,能鉴定112种革兰阳性菌、158种革兰阴性菌,进行98种抗生素的药物敏感试验。有多种测试卡可选。提供中文临床试验报告,可输入手工检测结果,大容量的数据存储能进行基本的耐药监测及流行病学统计。

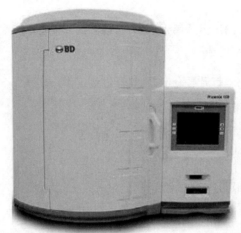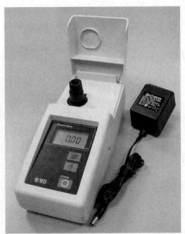

**图9-33　BD Phoenix 100 系统的外观及配套比浊仪**

### (一) BD Phoenix 100 系统的工作原理

Phoenix 鉴定板基于微生物对特异性底物的发酵、氧化、降解和水解,利用一系列常规的显色反应、荧光生化测试及单碳源试验对微生物进行鉴定。当分离菌株能够利用碳水化合物时,产生的酸性产物会造成酚红指示剂变色。如 p-硝基苯酚或 p-硝基苯胺化合物的酶催化水解可使呈色底物产生黄色,荧光底物经酶催化水解后会释放一种荧光的香豆素衍生物,利用特定碳源的微生物,可使刃天青指示剂发生还原反应。

Phoenix 药敏板是基于肉汤微量稀释测试的方法,使用氧化还原反应指示剂,用于在抗生素环境下监测微生物生长情况。每个药敏板内含有若干种抗菌药物,且具有很广的倍比稀释浓度范围。用微生物生长情况解释各抗生素 MIC 值的结果。能进行抗生素药敏测试的细菌有产 ESBL 肠杆菌属、耐万古霉素肠球菌属和金黄色葡萄球菌属、高水平耐氨基糖苷类抗生素肠球菌属和链球菌属、耐甲氧西林葡萄球菌属、产 β-内酰胺酶葡萄球菌属、耐大环内酯类抗生素链球菌属等。

### (二) BD Phoenix 100 系统的基本组成和结构

BD Phoenix 100 系统包括主机和比浊仪。主机包括检测板、培养系统、光学系统、扫描仪、数据处理系统。

**1. 检测板**　BD Phoenix 100 系统的一次性检测板有 ID(鉴定)板、AST(药敏)板、ID/AST(鉴定/药敏)复合板。检测板配有密封盖子,可防止菌液泄漏,以保证标本无干扰及生物安全性。每个复合检测板中有51孔用于细菌鉴定试验,85孔用于药敏试验。每个微孔中有约50μl 菌悬液,要储存

在防显著蒸发的环境中。可同时进行 17 种抗生素 5 种浓度或 28 种抗生素 3 种浓度的药敏试验。

检测板接种台可放置 3 个检测板和 6 个试管孔,检测板以 24°倾斜,使菌液在板内因重力作用而流动。检测板转移架是注模式塑料托盘,用来放置填充和密封好的检测板。每个转移架可容纳 20 个检测板(图 9-34)。

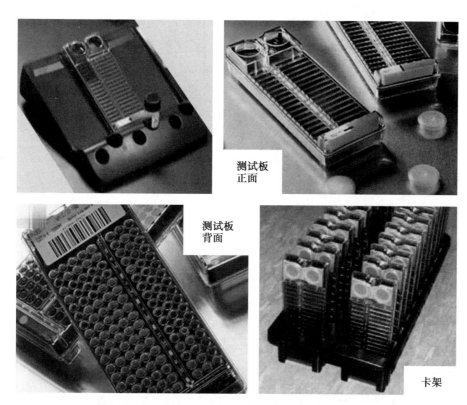

图 9-34  BD Phoenix 100 系统的接种台、检测板、转移架

检测板是成箱分袋包装,未打开的情况下需保存在室温(15～25℃)中,不要冷藏、冷冻。

2. **培养系统**  培养系统包括旋转架及其驱动装置、螺旋式加热器、鼓风机、管道系统及空气过滤器。

旋转架及其驱动是唯一的活动部件,由 3 个 V 形槽轴承组件支撑。旋转架是由铝制环和垂直肋条通过螺栓固定在一起形成的直立圆柱体,垂直方向分为 4 层(图 9-35),每层容纳 1 个定标检测板和 25 个检测板,共可容纳 104 个检测板。各层有单独的微控制器,完成数据接收和传输,各微控制器通过串行通讯线路与中央处理器进行通讯。旋转架的转速由中央处理器控制,可通过操作电流进行调节,根据不同的需要,每分钟为 1、2 转或高达 10 转。旋转架后侧的某个位置可进行检测板的识别,并通过 LED 进行状态指示。仪器门关闭后,旋转架会旋转 1 周,依次识别各检测板。一个完整的测试周期需要 7 分钟。

螺旋式加热器、鼓风机是为培养系统提供 35℃的均匀、恒定温度的环境,具有过温自动切断功能,为标本中微生物的生长提供合适的条件。

空气过滤器是聚酯纤维空气过滤器,可以由用户自行更换,保证实验室的空气洁净度。

3. **光学系统**  光学系统如图 9-36 所示,旋转架的每一层都配备了功能上相对独立的 LED 光源

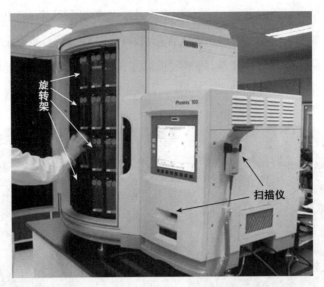

图 9-35　BD Phoenix 100 系统的组成

板、CCD 光电转换器件。LED 光源板固定在旋转架后面的板上,不随旋转架转动,电流是可编程调节的,以便补偿由于视差和其他因素引起的检测板末端信号损失。

　　CCD 光电转换器件设在圆形旋转架的中心处,接收面朝向光源板方向,不随旋转架转动,每层 1个,共 4 个。检测板只有旋转到光源板和 CCD 之间的直线上时才能被检测,每隔 20 分钟检测 1 次同一检测板。

　　在培养室门关闭后,测试周期启动,先判断是否存在检测板,再自动读取检测板上的条形码标签,然后扫描并定位反应孔的位置。

　　各检测位上都有位置传感器,并通过指示灯(图 9-37)指示。棕黄色表示仪器已经找到该检测板;红色表示该检测板被阻塞,不能正常检测;绿色表示该检测板已完成,可取出。指示灯不亮有可能是该检测板正在培养,或该位置无检测板,或指示灯故障。

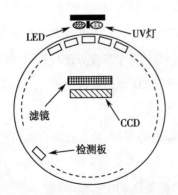

图 9-36　BD Phoenix 100 的光学系统

图 9-37　BD Phoenix 100 的各检测位指示灯

系统配有一个含有选定磷光剂的紫外光源及另一个备用紫外光源,该灯的工作长度在垂直方向上跨越旋转架的上、下4层,作为药敏测试板的光源。

**4. 条形码扫描仪**　系统的显示器下方有个内置的条形码扫描仪,该扫描仪一直处于打开状态,随时准备读取条形码。仪器侧板也有一个手持式的条形码扫描仪,方便操作。扫描成功后,会发出"嘟"声。

测试卡的条形码位于封口处的背面,放进旋转架后,条形码朝向轴心,便于内部检测确认。

**5. 数据处理系统**　数据处理系统包括输入/输出(I/O)界面、中央处理器(CPU)、内存、液晶显示屏(LCD)、键盘、扬声器等。该系统的功能有控制旋转架正常运转,培养并监测微生物的生长,接收CCD信号,处理并进行编码,与数据库对比,鉴定出细菌种属,计算MIC值,判断其对各种药物的敏感情况,给出检验报告,与LIS、HIS、WHO NET进行数据通讯等。

（三）BD Phoenix 100 系统的操作简介

BD Phoenix 100 系统的操作步骤大致如下:

1. 根据标本的预试验(如革兰染色反应)结果,选择合适的检测板。

2. 检查检测板的包装袋,若破损、无干燥剂、干燥剂开口,则应丢弃该检测板。完好的检测板开袋取出后,必须在2小时内进行接种。测试卡需轻拿轻放,避免因碰撞引起的荧光干扰。

3. 用无菌棉签或木质拭子从培养基中取标本菌落,用比浊仪按一定比例配制菌悬液、药敏培养液。要避免使用金属接种环或聚酯棉签。

4. 将菌悬液、药敏培养液加入检测板对应的加样口,盖紧左、右两个密封盖,斜放在接种台上,待菌悬液在重力作用下流动到检测板的各反应孔中。如果有孔填充不足或过量,需在新检测板上重新进行接种。接种后保持直立状态放置在转移架上,并在30分钟内加载到仪器中。检测板要密封好,以免放入主机后漏液造成污染。

5. 打开机器后边电源开关,在仪器屏幕操作界面(图9-38)上点"加载检测板"键,用条码扫描仪扫描检测板上的条形码,待出现"门锁打开"图标,并听到声音提示,打开培养室的门,选择没有检测板且位置指示灯不亮的位置,将加样过的所有检测板依次轻轻放入支座(图9-39),关上仪器门。

6. 若需要加载的检测板比可用支座多,需要多次点击加载键,待旋转架旋转以便将更多的空位移到门口方便操作的位置。

7. 系统会在35℃下对每个检测板多次扫描,监测微生物生长情况,直到根据系统软件鉴定出细菌种属,判断出药敏情况才结束检测,提示可以卸载检测板。

8. 按下屏幕上的卸载键,仪器会显示"锁已经打开"图标,并会将可卸载的检测板旋转到开门就可接触到的位置。打开门,可手动取下绿色指示灯亮的检测板。若有其他需要卸载的检测板处于不方便取出的位置,需关上门后重新点卸载键,旋转架会再次将可卸载的检测板旋转到开门方便取下的位置。当未显示"锁已经打开"图标时,不要开门。打开仪器门时,旋转架应

▶▶ **课堂活动**

　　如何使用、保养维护血培养仪?
　　如何使用、保养维护微生物鉴定及药敏分析系统?

停止转动,若未停止,绝对不要试图手动制止其旋转,以免造成严重伤害。把卸下的检测板丢弃到生

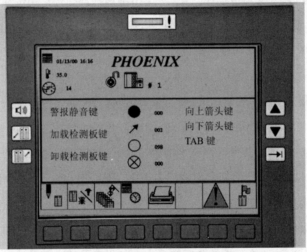

图 9-38 Phoenix 100 操作界面

把检测板底部插入到检测板支座中。

把检测板的底部向后旋转到检测板支座中。不要把检测板向后猛地闭合到支座上。

确保检测板向上移动到位。

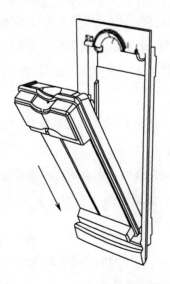

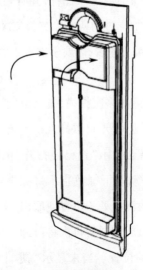

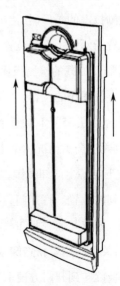

图 9-39 插入检测板

物危险性回收箱内。

### （四）BD Phoenix 100 系统常见故障实例分析

当系统遇到错误时会给出警示,有的短暂出现后即自行消去,有的会持续到用户干预处理后。

**故障实例一**

【故障现象】孵育器温度警示。

【故障分析】用 10 分钟读取屏幕警示温度,计算出平均值。

1. 故障代码 00000001 表示平均温度过高(>36.5℃)。

2. 故障代码 00000002 表示平均温度过低(<33℃)。

3. 故障代码 00000010 表示平均温度过高(>36.5℃)超过 1 小时。

4. 故障代码 00000020 表示平均温度过低(<33℃)超过 1 小时。

5. 故障代码 00000040 表示绝对温度过高(>38.5℃)。

6. 如果温度达到(39±0.5)℃,仪器就会禁用加热器。

【检修方法】

1. 检查清洁甚至更换空气过滤器。

2. 确保环境温度在规定范围内。

**故障实例二**

【故障现象】旋转架警示。

【故障分析】

1. 转速过低。

2. 旋转架被堵塞,甚至停止。

【检修方法】

1. 打开仪器门,检查是否有障碍物并清除。例如某个检测板微开或某个检测板的隔板未就位。

2. 不要试图手动推动旋转架。清障后关上门若仍出现该故障,联系售后工程师。

**故障实例三**

【故障现象】层警示。

【故障分析】屏幕会出现 4 行代码,第 1 行代表 A 层,第 2 行代表 B 层,第 3 行代表 C 层,第 4 行代表 D 层。代码 00000000 表示在该层没有错误,代码 00000020 表示转子超时,代码 00000200 表示该层不能工作。

【检修方法】

1. 检查并清除阻碍旋转架运动的物体。

2. 关闭电源,等待 10 秒后,再次打开电源。

**故障实例四**

【故障现象】仪器无法和与其相连接的 LIS 系统进行通讯。

【故障分析】

1. LIS 系统未运行,或系统之间硬件有问题,如电缆断开。

2. LIS 序列已满。

**【检修方法】**

1. 开启 LIS 系统,检查电缆是否完好。

2. 等待 LIS 系统处理完当前传输数据,然后再传输新数据。

### 故障实例五

**【故障现象】** 检测板序号无效、丢失或未知。

**【故障分析】**

1. 扫描进去的检测板序号不符合仪器要求的数字格式。

2. 系统在查找、删除、打印等操作时序号域值为空白。

3. 输入的检测板序号不在数据库中。

**【检修方法】**

1. 检查检测板条形码是否破损。

2. 验证输入或扫描进去的序列号格式是否正确。

3. 重新登录该检测板,若故障依旧,则需要换新的检测板。

### 故障实例六

**【故障现象】** 数据库已满。

**【故障分析】** 在仪器数据库中有 100 个检测板的记录状态为未定,并且没有可卸载的检测板。登录新的检测板时,就会出现该警示。

**【检修方法】** 将状态未定的检测板完成标记,然后再尝试登录新的检测板。

## 复习导图

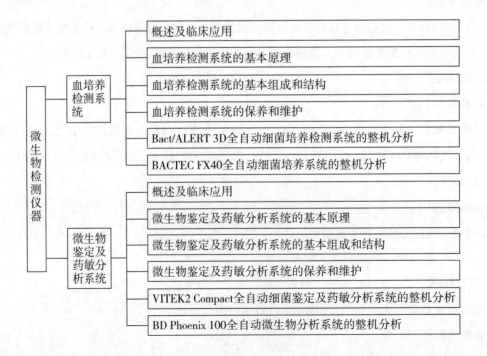

## 目标检测

### 一、选择题（单选题）

1. 临床应用最普遍的血培养检测系统主要方法是(　　)

　　A. 光电比色法　　　　B. 双抗体夹心法　　　　C. 电导法　　　　D. 气体压力法

2. 血培养瓶的种类有很多,**不包括**(　　)

　　A. 需氧瓶　　　　　　B. 厌氧瓶　　　　　　　C. 分枝杆菌瓶　　　D. 流感病毒瓶

3. BACTEC FX40 系统的瓶位指示灯(　　)表示阳性瓶

　　A. 绿色闪烁　　　　　B. 绿色恒亮　　　　　　C. 红色闪烁　　　　D. 黄色闪烁

4. 下列哪项(　　)**不会**破坏血培养室内的温度

　　A. 环境稳定高　　　　B. 频繁开关仪器门　　　C. 环境温度低　　　D. 扫描器故障

5. 血培养仪或微生物鉴定系统的培养室温度控制均与(　　)无关

　　A. 稳度传感器　　　　B. 瓶位指示灯　　　　　C. 空气过滤器　　　D. 鼓风机

### 二、简答题

1. 简述血培养检测系统的原理。

2. 血培养检测系统的主要部件有哪些?

3. 简述微生物鉴定、药敏分析的原理。

4. 全自动微生物鉴定及药敏分析系统的主要部件是什么?

5. 血培养检测系统的光学检测装置与微生物鉴定及药敏分析系统的光学检测装置有何异同?

### 三、实例分析

1. 血培养检测系统提示孵育温度异常,请分析原因。

2. 微生物鉴定及药敏分析系统屏幕提示旋转架停止,请分析原因。

ER-09章习题

# 实训九　血培养检测系统的维修

## 一、实训目的

1. 对照仪器理解血培养检测系统的基本原理、主要结构。

2. 熟悉血培养检测系统的安装调试技术、基本操作步骤。

3. 了解血培养检测系统的临床应用。

4. 会检查、分析、排除血培养检测系统的简单故障。

## 二、实训用品

BacT/ALERT 3D 血培养检测系统。

## 三、实训步骤

1. **开机**　打开 UPS 电源,将仪器背面的电源开关置于 ON 的位置,仪器按程序顺序启动(包括仪器自检),几十秒后仪器主操作屏幕出现,可正常工作。

2. **放入培养瓶**　点主屏幕上的装载瓶图标,扫描培养瓶上的条码,仪器可用抽屉的绿色指示灯亮起,打开抽屉,将培养瓶放入有指示灯亮起的任何空位,关闭抽屉,点确认图标。仪器开始孵育和检测。

3. **取出培养瓶**　当有阳性(阴性)标本出现时,仪器会发出报警提示,屏幕背景变成黄色,同时阳性(阴性)瓶卸载图标变成可用,点击该卸载瓶图标,相应抽屉的绿色指示灯亮起,打开抽屉,可卸载瓶位置的指示灯会亮起,以此取出培养瓶,关闭抽屉。

4. **关机**　点击键盘上的 Esc 键,输入 YES 命令,几十秒后程序会自动退出到 MS-DOS 状态(即 C:\状态),即可顺序关闭仪器电源、UPS 电源。注意不能强制关机。

5. **仪器单元校正**　当有单元不能通过系统自检,在屏幕上出现错误代码#60 时,需要定位未通过校正的单元,输入口令启动屏幕,按单元校正按钮,显示单元校正屏幕,选择故障单元,并按下核对按钮,单元指示灯会亮,以免错位。对照说明书完成校正操作。

6. **观察仪器内部结构**　使用合适的工具打开仪器外壳,对照说明书识别各部件及其作用,分析仪器的工作原理。

## 四、实训注意

1. 注意用电安全。
2. 拆装仪器过程中要理解各部件的作用及装配关系,做好记录,以免安装错误。
3. 人为设置故障时要注意尽量设置可修复性故障,以延长仪器寿命。

## 五、实训检测

1. BacT/ALERT 3D 血培养检测系统电路故障,应采用何种维修方法进行检查?
2. BacT/ALERT 3D 血培养检测系统机械传动故障,应采用何种维修方法进行检查?
3. BacT/ALERT 3D 血培养检测系统电脑控制故障,应采用何种维修方法进行检查?

## 六、实训测试

| 学　号 | | 姓　名 | | 系　别 | | 班　级 | |
|---|---|---|---|---|---|---|---|
| 实训名称 | | | | | 时　间 | | |
| 实训测试标准 | 【故障现象】<br>【故障分析】<br>1. 维修前的准备工作　　　　　　　　　　　　　　（1分）<br>2. 对此故障现象进行故障分析　　　　　　　　　　（2分）<br>【检修步骤】　　　　　　　　　　　　　　　　　　（7分）<br>每个维修实例考核满分标准　　　　　　　　　　　　（10分） | | | | | | |
| 自我测试 | | | | | | | |
| 实训体会 | | | | | | | |
| 实训内容测试考核 | 实训内容一:考核分数(　　　)分<br>实训内容二:考核分数(　　　)分<br>实训思考题1:考核分数(　　　)分<br>实训思考题2:考核分数(　　　)分<br>实训思考题3:考核分数(　　　)分 | | | | | | |
| 教师评语 | | | | | | | |
| 实训成绩 | 按照考核分数,折合成(优秀、良好、中等、及格、不及格)<br><br>　　　　　　　　　　　　　　　　　指导教师签字:<br>　　　　　　　　　　　　　　　　　　年　月　日 | | | | | | |

（闫　灿）

# 第十章

## 分子诊断仪器

导学情景 ∨

学习目标

1. 掌握 PCR 仪的基本原理、基本结构及其反应体系；基因芯片的主要技术流程。

2. 熟悉 PCR 仪的分类、临床应用、维护；DNA 测序仪的基本原理、基本结构、临床应用、常见故障与处理；生物芯片的临床应用、分类。

3. 了解分子诊断的发展历史及其发展趋势；DNA 测序仪、生物芯片的工作原理、基本结构及其维修案例。

学前导语

虽然 PCR 仪、DNA 测序仪、生物芯片已广泛应用于农业、化工、医学和人类生活的各个领域，但一方面由于分子诊断属于继形态学、生物化学和免疫诊断之后的第四代诊断技术，技术含量高，实际应用过程中经常会出现假阳性和假阴性结果；另一方面由于该类仪器特别是生物芯片的生产厂家不同，其原理结构各异。因此，在学习本章内容时，需要与临床应用的仪器相结合，密切关注此类仪器的动态，认真研读仪器使用说明书。

## 第一节　聚合酶链反应核酸扩增仪器

### 一、概述及临床应用

#### （一）概述

聚合酶链反应（polymerase chain reaction，PCR）又称无细胞分子克隆系统或特异性 DNA 序列体外引物定向酶促扩增法。它能检测单分子 DNA 或每 10 万个细胞中仅含 1 个靶 DNA 分子的样品，将极微量的靶 DNA 特异性地扩增上百万倍，大大提高对 DNA 分子的分析和检测能力。

1971 年，Korana 提出核酸体外扩增的设想。1985 年，Mullis 等发明了具有划时代意义的聚合酶链反应，其原理类似于 DNA 的体内复制。1988 年，Keohanog 改用 T4 DNA 聚合酶进行聚合酶链反应，实现真正意义上的聚合酶链反应技术。

#### （二）PCR 相关技术的发展

以 PCR 为基础，开发出许多基因扩增技术，并应用于基因扩增的不同方面。如用于点突变的研究及靶基因扩增的连接酶链反应（LCR）；用于检测人类免疫缺陷病毒；用于研究 RNA，临床应用、法医学等自主序列复制系统;用于检测、鉴定基因的链替代扩增(SDA)等。

---

**知识链接**

### 连接酶链反应

连接酶链反应(ligase chain reaction,LCR)是在 PCR 的基础上发展起来的一种新的 DNA 体外扩增和检测技术,主要用于点突变的研究及靶基因的扩增。 LCR 的基本原理是利用 DNA 连接酶特异性地将双链 DNA 片段连接,经变性-退火-连接 3 个步骤反复循环,从而使靶基因序列大量扩增。

---

（三）PCR 的临床应用

由于 PCR 具有敏感性高、特异性强、快速、简便等优点,已在分子诊断中显示出巨大的应用价值和广阔的发展前景。

1. 诊断疾病的病原体。对特定基因在体外或试管内进行专一性的连锁复制,使目的基因或某一 DNA 片段于数小时内扩增至十万乃至百万倍,实现诊断疾病的病原体的目的。

2. 研究人类基因表达。研究致癌和抑癌基因、移植配型、基因定向突变和生殖细胞基因治疗方法。

3. 通过基因工程技术,利用病毒基因生产疫苗和药品。

## 二、PCR 技术的基本原理

### （一）PCR 技术的基本原理

PCR 技术类似于 DNA 的天然复制过程,其特异性依赖于与靶序列两端互补的寡核苷酸引物,由变性-退火-延伸 3 个基本的反应步骤构成。

**1. 模板 DNA 的变性**　经加热至 93℃左右(90~95℃)一定时间后,模板 DNA 双链或经 PCR 扩增形成的双链 DNA 解离,使之成为单链,以便它与引物结合,为下轮反应做准备。

**2. 模板 DNA 与引物的退火（复性）**　模板 DNA 经加热变性成单链后,温度降至 55℃左右(40~60℃),引物与模板 DNA 单链的互补序列配对结合。

**3. 引物的延伸**　DNA 模板-引物结合物在 Taq DNA 聚合酶的作用下,以 dNTP 为反应原料,以靶序列为模板,按碱基配对与半保留复制原理,合成一条新的与模板 DNA 链互补的半保留复制链。延伸温度一般选择 72℃(70~75℃)。

重复循环变性-退火-延伸 3 个过程,就可获得更多的"半保留复制链",而且这种新链又可成为下次循环的模板。每完成 1 轮循环需 2~4 分钟,如此反复进行,每轮循环所产生的 DNA 均能成为下一轮循环的模板,每轮循环都使 2 条人工合成的引物间的 DNA 特异区拷贝数扩增 1 倍,PCR 产物以 $2^n$ 的指数形式迅速扩增,经过 25~30 轮循环后(2~3 小时),理论上可使基因扩增 $10^9$ 倍以上,实际上一般可达 $10^6$~$10^7$ 倍。具体如图 10-1 所示。

### （二）PCR 反应体系

**1. 标准的 PCR 反应体系**　参加 PCR 反应的物质为模板、引物、耐热 DNA 聚合酶、三磷酸脱氧

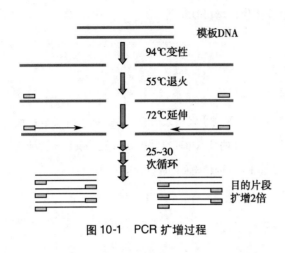

图 10-1　PCR 扩增过程

核苷酸和镁离子,其中关键步骤是最佳引物的设计。

（1）模板 DNA:一般临床检测标本可采用快速简便的方法溶解细胞,裂解病原体,消化除去染色体的蛋白质使靶基因游离,直接用于 PCR 扩增。

（2）引物（primer）:PCR 产物的特异性取决于引物与模板 DNA 互补的程度。理论上只要知道任何一段模板 DNA 序列,就能按其设计互补的寡核苷酸链作引物。每条引物链的浓度为 0.1 ~ 1μmol 或 10 ~ 100pmol。

（3）DNA 聚合酶:Taq DNA 聚合酶基因全长 2496 个碱基,75 ~ 80℃时每个酶分子每秒可延伸约 150 个核苷酸,在 PCR 循环的高温条件下仍能保持较高的活性和良好的热稳定性。目前有两种 Taq DNA 聚合酶供应,一种是从栖热水生杆菌中提纯的天然酶,另一种为大肠埃希菌合成的基因工程酶。

（4）三磷酸脱氧核苷酸（dNTP）:在 PCR 反应中,dNTP 的浓度应为 50 ~ 200μmol/L,尤其是注意 4 种 dNTP 的浓度要相等（等摩尔配制）,浓度过低则会降低 PCR 产物的产量。

（5）镁离子（$Mg^{2+}$）浓度:$Mg^{2+}$能与 dNTP 结合,$Mg^{2+}$对 PCR 扩增的特异性和产量有显著的影响,在一般的 PCR 反应中,各种 dNTP 的浓度为 200μmol/L 时,$Mg^{2+}$的浓度以 1.5 ~ 2.0mmol/L 为宜。

（6）其他:如维持反应体系的 pH 缓冲液,通常用 Tris 缓冲液,浓度为 10mmol/L,pH 为 8.3 ~ 8.8;非离子型去垢剂,具有稳定酶的作用。

**2. PCR 反应条件**　PCR 反应条件为温度、时间和循环次数。

（1）温度与时间的设置:基于 PCR 原理三步骤而设置变性-退火-延伸 3 个温度点。在标准反应中,双链 DNA 在 90 ~ 95℃变性,再迅速冷却至 40 ~ 60℃,引物退火并结合到靶序列上,然后快速升温至 70 ~ 75℃,在 Taq DNA 聚合酶的作用下使引物链沿模板延伸。

（2）PCR 反应时间:变性时间一般为 2 ~ 3 分钟,可以使模板 DNA 完全变性。复性时间一般为 30 ~ 60 秒,足以使引物与模板之间完全结合。PCR 延伸反应的时间可根据待扩增片段的长度而定,一般 1kb 以内的 DNA 片段,延伸时间为 1 分钟是足够的。

（3）循环次数:循环次数决定 PCR 扩增程度。PCR 循环次数主要取决于模板 DNA 的浓度。一般循环次数选在 30 ~ 40 次,循环次数越多,非特异性产物的量亦随之增多。PCR 的循环过程并不能无限期扩增,当循环达到一定次数后扩增过程进入平台期,即循环次数增加而基因拷贝数几乎不增加。

### 三、PCR 仪的基本组成和结构

（一）PCR 仪的基本结构

1. **基本组成** 国内外已有多种 PCR 自动扩增仪,PCR 仪的组成与结构基因扩增的技术设备主要包括三部分:①都有模板 DNA 制备所需的设备,主要为高速微量离心机或高速冷冻离心机;②PCR基因扩增仪;③DNA 扩增结果判读和测定设备,主要有水平低压电泳仪、PCR 核酸电泳槽、紫外透射仪和 DNA 微量荧光剂等。

2. **不同类型容器槽的 PCR 仪**

（1）三容器机械手循环:该类设计根据恒温器的排布可分为直线型和环型两种。设计 3 个精确控温及温度可调的恒温器,并且固定不动,使样品盘在微电脑控制的机械手作用下,根据 PCR 反应所需的保温时间,在恒温器之间停留和循环。优点是温度转换快,耗时少,变温速度可达 10℃/s,温度的均匀性更易保证,而且对样品管的适应能力很强,提高了仪器的可靠性。不足之处是由于温度升降太快,可能影响聚合酶的活性。此外由于省去制冷器,使温度下限受到环境温度的限制,温度程序的灵活性小,仪器的体积较大。

（2）单容器温度循环:在整个反应过程中,样品在样品槽中的位置不变,而通过控制样品槽温度的升降完成温度的转换、保持和循环。优点是由于引进了制冷器而易于变温,从而增加了温度变换程序的灵活性,仪器的体积也比较小。不足之处是由于在一个容器中进行温度循环,温度转换率将受到限制,且温度的均匀性和运行效率均不如三容器机械手循环。新近发展的空气浴、流体冷却、毛细管快速 PCR 仪由于采用毛细管作样品管,利用高速气流强制冷却,在提高温度转换率和温度的均匀性方面提出了新的措施。

3. **不同变温方式的 PCR 仪**

（1）变温铝块式 PCR 仪:热源用电阻丝、导电热膜、热泵式珀尔帖半导体元件制作,让带有凹孔的铝块升温,用自来水、制冷压缩机或半导体降温。典型仪器如美国 PE 公司的 9600 型基因扩增仪。优点是温度传导较快,各管的扩增一致性好;反应管规格一致时无须外涂石蜡油;可用微电脑调节温度转换;仪器制冷部件可以在完成扩增后降温至 4℃,保存样品过夜。缺点是管内的反应液温度比铝块显示温度滞后;须使用特制且与铝块凹孔形状紧密吻合的薄壁耐热反应管;变温时难以快速克服铝块的热容量;压缩机制冷则启动慢,重量大,滞后时间长。

（2）水浴式 PCR 仪:仪器本身有 3 个不同温度的水浴,用机械装置将带有反应管的架子移位和升降温度,进行温度循环,如国产 1109 型。优点是水为传热介质,温度易恒定,热容量大;对反应管形状无特殊要求;温度转换较快,扩增效果稳定;具有较高的运行效率,扩增产物的特异性好。缺点是高温浴不稳定,水面需用石蜡油覆盖;改变水浴温度需时较长,不易实施复杂程序(如套式 PCR)的操作;仪器体积较大;室温影响温度下限。

（3）变温气流式 PCR 仪:依据空气流的动力学原理,以冷热气流为介质升降温度,如国产 PTC51 型仪器。优点是变温迅速,扩增效果好,适合于微量、快速 PCR;反应器不受形状限制,管外无须涂石蜡油;测定管内的液体温度作为控温依据,显示温度真实可靠;易于用微电脑设定复杂的变温程序;易于制成重量较轻的便携式仪器,适合于外出作业。缺点是以室温为温度下限,低温难控制;对空气流的动力学要求较高,需精心设计才能使各管的温度均一。

（二）PCR 仪的分类

根据原理不同将 PCR 仪分为:

**1. 普通基础 PCR 仪** 由主机、加热模块、PCR 管样品基座、热盖、控制软件组成。

**2. 梯度 PCR 仪** 除具有普通 PCR 仪的结构外,还具有特殊的梯度模块,可实现对梯度温度和梯度时间等参数的调整。因此可以在一次实验中对不同样品设置不同的退火温度和退火时间,从而可在短时间内对 PCR 实验条件进行优化,提高 PCR 科研效率。

**3. 原位 PCR 仪** 用玻片代替了 PCR 管,其反应过程是在载玻片的平面上进行的。

**4. 实时荧光定量 PCR 仪** 在普通 PCR 仪的基础上增加一个荧光信号采集系统和计算机分析处理系统。实时荧光定量 PCR 仪可再分为金属板式、离心式、各孔独立控温的定量 PCR 仪。

## 四、PCR 仪的保养和维护

（一）PCR 仪的保养

**1. 电源开关与仪器预热** 依次打开主机和计算机电源开关,如果主机和计算机一直在开机使用状态,每周应该关闭主机和计算机电源开关 1 次,然后重新打开。打开 PCR 仪电源开关后需预热 5 分钟。更换保险丝需先将 PCR 仪关机,拔去插头,打开电源插口旁边的保险盒,换上备用的保险丝,观察是否恢复正常。

**2. 污染物去除**

（1）样品池的清洗:先打开盖子,然后用 95% 乙醇或 10% 清洗液浸泡样品池 5 分钟,然后清洗被污染的孔;用微量移液器吸取液体,用棉签吸干剩余液体;打开 PCR 仪,设定保持温度为 50℃的 PCR 程序并使之运行,让残余液体挥发去除。一般 5 ~ 10 分钟即可。

（2）热盖的清洗:对于荧光定量 PCR 仪,当有荧光污染出现,而且这一污染并非来自于样品池时;或当有污染或残迹物影响热盖的松紧时,需要用压缩空气或纯水清洗垫盖底面,确保样品池的孔径干净,无污物阻挡光路。

（3）仪器外表面的清洗:选择没有腐蚀性的清洗剂对 PCR 仪的外表面进行清洗。清洗仪器的外表面可以除去灰尘和油脂,但达不到消毒的效果。

（4）去除样本块中的污染物:当一个或多个反应孔连续显示出不正常的高信号,并表明可能存在荧光污染物时,需要去除样本块中的污染物。清洗样本块后运行背景校正板,确认污染已除去,并使用最新的背景校正。

**3. 更换卤素灯** 仪器使用大约 2000 小时后应更换卤素灯。关闭仪器 15 分钟后将样品板放入仪器样品槽,在仪器的顶部向上打开灯仓门。取下旧灯泡,将新灯泡尾部的插杆插入灯座上的插孔,使两者连接起来。

（二）PCR 仪的维护

**1. PCR 仪器需要定期检测** 一般至少每半年 1 次。当检测发现各孔的平均温度差偏离设置温度>1~2℃时,可以运用温度修正法纠正 PCR 的实际反应温度。一般情况不要轻易打开或调整仪器的电子控制部件,必要时要请专业人员修理或利用仪器电子线路的详细图纸进行维修。

**2. 制冷系统检测**　当 PCR 仪的降温过程超过 60 秒时,就应该检查仪器的制冷系统,对风冷制冷的 PCR 仪要较彻底地清理反应底座的灰尘,对其他制冷系统应检查相关的制冷部件。

**3. 背景校正**　每月使用 1 次背景校正。在仪器处于校准状态下,用标准化试剂在 2 个月内应进行 20 次测试,分别计算标准曲线的斜率、截距、相关性的控制限,观察标准曲线的 3 个参数是否处在控制范围内。

**4. 荧光校正**　每半年检查样品槽的荧光污染。在样品槽中放入荧光检测板,观察 96 孔中的背景荧光,如孔有显著的荧光则表示该孔存在荧光污染,按照样品槽的清洁程序清洗样品槽。

**5. 目标区(ROI)校正**　每半年需使用 ROI 校正 1 次。点击 Live 按钮获取图像,获取中等程度的未饱和图像,每个孔都会选取合适的 ROI,确定 96 孔都被蓝色椭圆圈正确界定。图像太亮或太暗都会出现错误信息,相应增加或减少积分时间。调准 ROI 参照条在仪器更换卤素灯、仪器定期校准或仪器维修后进行,以便确信结果仍然是优化的。

**6. 优化程序**　硬盘驱动器每月定期运行 1 次碎片清除程序。

## 五、典型 PCR 仪的整机分析

Light Cycler™ 480 全自动实时定量 PCR 系统介绍如下。

### (一) 基本组成

Light Cycler™ 480 PCR 系统(图 10-2)是瑞士罗氏公司生产的基因扩增仪器,由硬件和软件两部分组成。

图 10-2　Light Cycler™ 480 PCR 系统

**1. 硬件部分**　分为动力系统、样品承载板、温控模块、灯源、光学系统、CCD 照相机。可进行实时、在线的 96 或 384 个样本的快速循环扩增 PCR 反应。

**2. 软件部分**　Light Cycler™ 480 系统的软件界面是专门为高通量的样品操作设计的,操作简便,让用户能够轻松、省时地处理高通量的实验数据。支持绝对定量、溶解曲线分析、相对定量和自动基因分型等功能服务。

（二）性能特点

仪器的温控循环是通过交替注入系统热室的空气来实现的，热室内设热电偶、电风扇；反应器是由石英/塑料制成的毛细管，可以让荧光散射和衍射最少；光源为3个检测频道和1个发光二极管，可以进行双色检测。

1. **温度控制** 包括温度的准确性、均一性以及升降温速度。温度的准确性是指样品孔温度与设定温度的一致性。温度的均一性是指样品孔间的温度差异，关系到不同样品孔之间反应结果的一致性。升降温的速度快可以缩短反应进行的时间，提高工作效率，并提高 PCR 反应的特异性。Light Cycler™ 480 的温控系统见图 10-3，恒温控制装置的电路原理框图见图 10-4。

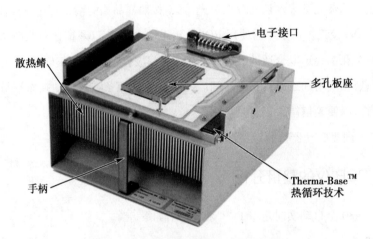

图 10-3 Light Cycler™ 480 的温控系统

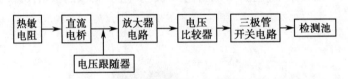

图 10-4 恒温控制装置的电路原理框图

2. **Therma-Base™热循环技术** Therma-Base™热循环技术（图 10-5）有以下优点：增大的内表面积有利于热量传递并完全去除了温度边缘效应；流体传导保证温度极高的均一性；散热鳍增加了散热表面积；加快 PCR 反应速度。

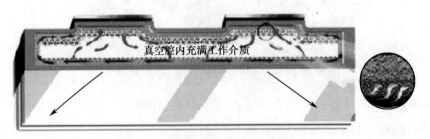

图 10-5 Therma-Base™热循环技术

3. **荧光检测系统** Light Cycler™ 480 的光学系统见图 10-6，主要包括激发光源和检测器，可同时检测96或384孔板样品。激发光源有卤钨灯光源、氩离子激光器、发光二极管 LED 光源，前者可配多色滤光镜实现不同的激发波长,而单色发光二极管 LED 价格低、能耗少、寿命长,不过因为是单色,需要不同的 LED 才能更好地实现不同的激发波长。检测系统有超低温 CCD 成像系统和 PMT 光电倍增管,前者可以一次对多点成像,后者的灵敏度高但一次只能扫描 1 个样品,需要通过逐个扫描实现多样品检测,对于大量样品来说需要较长的时间。

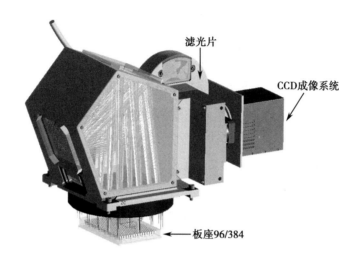

**图 10-6 Light Cycler™ 480 的光学系统**

Light Cycler™ PCR 系统可同时扩增 32 个样品,并对循环的整个过程实施监控。样品的起始浓度可以通过 PCR 循环的对数线性期反映,以荧光实时检测方式,或基于荧光共振能量转移(FRET),或使用水解探针模式(即 TaqMan)分析 PCR 模板的扩增,并通过独特的溶解曲线分析功能,鉴别 PCR 产物、区分特异性和非特异性扩增产物以及突变分析。

## 六、PCR 仪常见问题及其处理

**1. cDNA 产量很低** 可能的原因是 RNA 模板质量低;对 mRNA 浓度估计过高;反应体系中存在逆转录酶抑制剂或逆转录酶量不足;放射性核素$^{32}$磷过期;反应体积过大,不应超过 50μl。

**2. 扩增产物在电泳分析时没有条带或条带很浅**

(1)最常见的原因在于反应体系是 PCR 的反应体系而不是 RT-PCR 的反应体系;RT-PCR 为逆转录 PCR(reverse transcription PCR)和实时 PCR(real time PCR)共同的缩写。

(2)与反应起始时 RNA 的总量及纯度有关。

(3)在试验中加入对照 RNA,由于 RNA 模板存在二级结构,有可能导致 GSP 无法与模板退火;或 SSⅡ逆转录酶无法从此引物进行有效延伸。

(4)第一链的反应产物在进行 PCR 扩增时,在总的反应体系中的含量不要超过 1/10,建议用 Oligo(dT)或随机引物代替基因特异性引物(GSP)用于第一链的合成。

**3. 产生非特异性条带** 用 RT 阴性对照检测是否被基因组 DNA 污染。如果 RT 阴性对照的 PCR 结果也显示同样的条带,则需要用 DNase Ⅰ 重新处理样品。在 PCR 反应中,非特异性的起始扩增将导致产生非特异性的结果。在低于引物 $T_m$ 2~5℃的温度下进行退火,降低镁离子或目的 DNA

的量将减少非特异性结果的产生。由于 mRNA 剪切方式的不同,根据选择引物的不同将导致产生不同的 RT-PCR 结果。

**4. 产生弥散(smear)条带**　在 PCR 反应体系中第一链产物的含量过高;减少引物的用量;优化 PCR 反应条件/减少 PCR 的循环次数,在用 DNase 处理被 DNA 污染的 RNA 样品时,其产生的寡核苷酸片段会产生非特异性扩增,一般会显示为弥散背景。

**5. 产生大分子量的弥散条带**　大多数情况下是由于退火温度过低而导致的非特异性的起始及延伸产生的;对于长片段的 PCR,建议将反应体系中 cDNA 的浓度稀释至 1∶10。

**6. 在无逆转录酶的情况下,对照 RNA 获得扩增结果**　通常是由于对照 RNA 中含有痕量 DNA 而导致的。由于进行体外转录时不可能将所有的 DNA 模板消除,建议可将第一链 cDNA 稀释 1∶10、1∶100 和 1∶1000 倍以消除 DNA 污染所造成的影响。有可能是引物二聚体的条带。

**7. 扩增产物滞留在加样孔中**　有可能是由于模板量过高而导致 PCR 结果产生了高分子量的 DNA 胶状物。建议将第一链结果至少稀释 100 倍再进行二次扩增。另外,在二次 PCR 时使用的退火温度如果比引物的 $T_m$ 值低 5℃,可以将退火温度适当增高或进行热启动以提高特异性。

**8. PCR 无结果**　请检查引物设计是否正确;请检测 $OD$ 读数是否正确;做一个阳性对照和一个阴性对照。

**9. PCR 仪故障**

(1) PCR 管融化:原因可能是温度传感器出现问题或是热盖出现问题。

(2) 仪器工作时噪声不正常,可自行检查 PCR 管是否放好。

(3) 仪器采集荧光时噪声不正常,或更换配件。

(4) 机器搬动过后不能正常工作或不能正常采集荧光信号,需重新调试。

**10. 其他**

(1) 荧光染料污染样品孔,需清洁样品孔。

(2) 个别孔扩增效率差异很大,需工程师检修。

(3) 荧光强度减弱或不稳定,需更换光源后调试检修。

# 第二节　DNA 测序仪

## 一、概述及临床应用

DNA 测序技术是分子生物学研究中最常用的技术,是分析基因结构与功能关系的前提,它的出现极大地推动了生物学的发展。目前,基于单分子读取技术的新一代测序技术已经出现,该技术测定 DNA 序列更快,并有望进一步降低测序成本。

(一) DNA 测序仪的发展史

20 世纪 70 年代末,Walter Gilbert 发明了化学法、Frederick Sanger 发明了双脱氧终止法手动测序。20 世纪 80 年代中期发现用荧光代替放射性同位素更能清晰地测序,并用计算机识别图像。20

世纪 90 年代中期,测序仪重大改进、集束化的毛细管电泳代替凝胶电泳。2005 年,《Nature》杂志上报道了 454 公司发明的一种比 Sanger 法快 100 倍的焦磷酸测序技术。2006 年,美国科学院院报(PANS)上公布了 Blazej 等建立的缩微生物处理器测序技术。DNA 序列分析技术从手工测序到全自动 DNA 序列分析发展十分迅速,未来将是功能强、速度快、可靠性高、小型化、一次分析可得到更长的序列、一次可分析更多的样品。

（二）DNA 测序仪的临床应用

DNA 测序的目的是测定未知序列、确定重组 DNA 的方向与结构、对突变进行定位和鉴定、进行比较研究。目前 DNA 测序仪主要应用于:

1. **生物基因学**　人类基因组计划(human genome project,HGP)是生物基因研究最典型的成就。HGP 是美国科学家于 1985 年率先提出的,其目标是对人类基因组的 30 亿个碱基对进行精确测序,发现所有基因并明确其在染色体上的位置,从而最终弄清楚每种基因编码的蛋白质及其作用,破译人类的全部遗传信息,使人类第一次在分子水平上全面地认识自我。

2. **人类遗传病、传染病和癌症的基因诊断和治疗**　如对结核分枝杆菌抗药性机制的研究,帮助我们找到了特异性治疗结核病的药物,以及在引起肺炎、脑膜炎和泌尿道感染的细菌中发现致病因素的研究等。

3. **在古生物学中的研究**　我们利用 DNA 测序仪对 38 000 年前的尼安德特人、长毛象和更新世狼开展了基因组测序研究。古生物化石的 DNA 量非常少,而且都早已裂解成了片段。

4. **其他**　在农业、环境、畜牧业中的动植物育种,法医学鉴定等领域的研究效果明显。

---

**知识链接**

DNA 亲子鉴定测试

　　DNA 亲子鉴定就是利用法医学、生物学和遗传学的理论和技术,从子代和亲代的形态构造或生理功能方面的相似特点分析遗传特征,判断父母与子女之间是否是亲生关系。DNA 亲子鉴定也叫亲权鉴定,是法医物证鉴定的重要组成部分。DNA 亲子鉴定可通过人体任何组织取样(例如口腔上皮细胞取样),也可以在孩子未出世前进行。按照国内外亲子鉴定的惯例,当 RCP 值 ≥99.73 时,则可以认为假设父亲与孩子具有亲生关系。

---

## 二、DNA 序列测定仪器的基本原理

DNA 测序的原理随方法不同而不同。早期 DNA 测序技术以 Maxam-Gilbert 化学降解法和 Sanger 双脱氧终止法手动测序为主,以及后期发展的荧光测序技术。第二代 DNA 测序技术以焦磷酸测序技术为主,核心思想是边合成边测序,即通过捕捉新合成的末端的标记来确定 DNA 的顺序,以罗式 454 公司的 GS FLX 测序平台、Illumina 公司的 Solexa 测序平台、ABI 公司的 SOLiD 测序平台为代表。第三代测序技术以单分子实时测序和纳米孔为标志,HeliScope 公司、Paific Biosciences 公司、Oxford Nanopore Technologies 公司正在研发,目的是克服第二代测序技术需要经过 PCR 扩增,且

DNA 序列读长偏短的不足,但由于刚出现,还有待于进一步完善。

（一）化学降解法的基本原理

化学试剂处理末段 DNA 片段,造成碱基的特异性切割,产生一组具有各种不同长度的 DNA 链的反应混合物,经凝胶电泳分离。在该方法中,一个末端被放射性标记的 DNA 片段在 5 组互相独立的化学反应中分别被部分降解,其中每一组反应特异性地针对某种碱基。因此生成 5 组放射性标记的分子,每组混合物中均含有长短不一的 DNA 分子,其长度取决于该组反应所针对的碱基在原 DNA 片段上的位置。最后,各组混合物通过聚丙烯酰胺凝胶电泳进行分离,再通过放射自显影来检测末端标记的分子。

化学降解法刚问世时,准确性较好,也容易为普通研究人员所掌握,因此用得较多。而且所测序列来自于原 DNA 分子而不是酶促合成产生的拷贝,排除了合成时造成的错误。但化学降解法操作过程较麻烦,逐渐被简便快速的 Sanger 法所代替。

（二）双脱氧链末端终止测序法的基本原理

双脱氧链末端终止测序法又称 Sanger DNA 测序技术。DNA 聚合酶催化的 DNA 链延伸是在 3′-OH 末端上进行的。由于 2′,3′-双脱氧三磷酸核苷酸(ddNTP)的 3′-位脱氧而失去游离-OH,当它掺入 DNA 链后,3′-OH 末端消失,使 DNA 链的延伸终止。根据此原理,将待测 DNA 片段插入单链噬菌体 M13 载体,并用合成的寡聚核苷酸引物与该载体上插入待测片段的上游顺序退火,随后在 T7DNA 聚合酶的催化下进行延伸反应。实际操作中同时进行,分别终止于 A、G、C 和 T 的 4 个反应体系。每个反应体系均含 4 种脱氧三磷酸核苷酸(dNTP)底物,其中一种 dATP 为 $^{32}$P 标记物,以便能用放射自显影法读序。但在这 4 个反应体系中,分别加一种低浓度的 ddNTP(ddATP、ddGTP、ddCTP 或 ddTTP),这样 ddNTP 可随机掺入正在延伸的 DNA 链上,使链延伸终止。反应步骤包括选择单链模板与引物、进行 PCR 反应、制备电泳凝胶及电泳、放射自显影及结果分析。

Sanger DNA 测序技术经过了 30 年的不断发展与完善,现在已经可以对长达 1000bp 的 DNA 片段进行测序,而且对每个碱基的读取准确率高达 99.999%。

（三）荧光测序技术的基本原理

基本原理是用荧光标记代替放射性核素标记,并用成像系统自动检测。在采用荧光标记 DNA 的自动测序系统中,两极间极高的电势差推动荧光 DNA 片段在凝胶高分子聚合物中从负极向正极泳动并达到相互分离,且依次通过检测窗口。激光器发出的光束激发荧光 DNA 片段,荧光发色基团发射出特征波长的荧光。这种代表不同碱基信息的不同颜色荧光经过光栅分光后再投射到 CCD 摄像机上同步成像。收集的荧光信号再传输给计算机加以处理。整个电泳过程结束时在检测区某一点上采集的所有荧光信号就转化为一个以时间为横轴坐标,以荧光波长种类和强度为纵轴的信号数据的集合。经测序分析软件对这些原始数据进行分析,最后的测序结果以一种清晰直观的图形显示出来。荧光标记可以分为单色荧光标记和多色荧光标记。

**1. 单色荧光标记法**　包括荧光标记引物法和荧光标记终止底物法两种。与多色荧光标记法不同的是单色荧光标记引物法和荧光标记终止底物法均需将 A、C、G 和 T 四个反应分别在不同的扩增管中进行,电泳时各管产物也分别在不同的泳道中电泳。

**2. 多色荧光标记法**　多色荧光标记法的荧光染料掺入方式有两种。第一种方式是将荧光染料预先标记在测序反应所用引物的 3′端，称为荧光标记引物法；第二种掺入方式是将荧光染料标记在作为终止底物的双脱氧单核苷酸上，称为荧光标记终止底物法。反应中将 4 种 ddNTP 分别用 4 种不同的荧光染料标记，带有荧光基团的 ddNTP 在掺入 DNA 片段导致链延伸终止的同时，也使该片段标上了一种特定的荧光染料。经电泳后将各个荧光谱带分开，根据荧光颜色的不同来判断所代表的不同碱基信息。由于采用多色荧光标记技术，一个样本的 4 个测序反应产物可以同时在一个泳道内电泳，避免单一标记时 4 个泳道测序因泳道间的迁移率不同对精确度的影响，提高了测序精度。另外，一个样品的所有反应产物只需进样 1 次，所以一次实验便可以处理较之手工方法更多的样品。在相同样品数的情况下，加样的工作量也大大减少。

荧光染料的荧光和散射背景较弱，提高了信噪比；它们的激发光谱较接近而发射光谱均位于可见光范围，且不同染料的发射光谱相互分开，易于监测，故在 DNA 自动测序中得到广泛应用。

**（四）焦磷酸测序技术的基本原理**

**1. 焦磷酸测序技术的原理**　引物与模板 DNA 退火后，在 DNA 聚合酶（DNA polymerase）、ATP 硫酸化酶（ATP sulfurytase）、荧光素酶（luciferase）和腺苷三磷酸双磷酸酶（apyrase）4 种酶的协同作用下，将引物上每个 dNTP 的聚合与一次荧光信号的释放偶联起来，通过检测荧光的释放和强度，达到实时测定 DNA 序列的目的。焦磷酸测序技术的反应体系由反应底物、待测单链、测序引物和 4 种酶构成。反应底物为 5′-磷酰硫酸（adenosine-5′-phosphosulfat，APS）、荧光素（luciferin）。焦磷酸测序技术的原理见图 10-7。

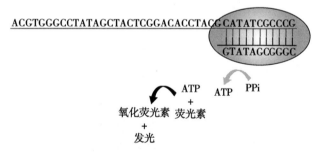

**图 10-7　焦磷酸测序技术的原理图**
图中的蓝色单链表示模板链，引物用黑色表示，DNA 聚合酶以椭圆表示。每当掺入一个碱基如图中的 G，就会释放焦磷酸（PPi），后被磷酸化酶转化为 ATP，与荧光素结合成氧化荧光素而发光

**2. 焦磷酸测序技术的反应过程**　在每一轮测序反应中，反应体系中只加入一种脱氧核苷酸三磷酸（dNTP）。如果它刚好能和 DNA 模板的下一个碱基配对，则会在 DNA 聚合酶的作用下添加到测序引物的 3′末端，同时释放出一个分子的焦磷酸（PPi）。在 ATP 硫酸化酶的作用下，生成的 PPi 可以和 APS 结合形成 ATP，在荧光素酶的催化下，生成的 ATP 又可以和荧光素结合形成氧化荧光素，同时产生可见光。通过微弱光检测装置及处理软件可获得一个特异性的检测峰，峰值的高低则和相匹配的碱基数成正比。如果加入的 dNTP 不能和 DNA 模板的下一个碱基配对，则上述反应不会发生，也就没有检测峰。反应体系中剩余的 dNTP 和残留的少量 ATP 在 apyrase 的作用下发生降解。

待上一轮反应完成后,加入另一种 dNTP,使上述反应重复进行,根据获得的峰值图即可读取准确的
DNA 序列信息。测序过程见图 10-8。

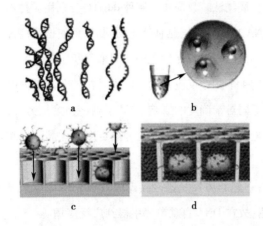

**图 10-8　焦磷酸测序反应过程框图**
a. 分离基因组 DNA,随即切割成小片段,每个片段的两
端连接上接头序列,并变性成单链;b. 将 a 制成的单链
与微珠连接,在乳液中将微珠包裹成油包水的小液滴,
再进行乳滴 PCR 扩增,使每一微珠由一条模板单链变
成上万条待测模板分子;c. 打破液滴,收集微珠,将微
珠放置在芯片的小孔中;d. 每个小孔吸附有焦磷酸测
序反应酶

整个过程采用微流技术,不需进行电泳,因此显著加快了测序速度,平均测序长度为 400bp。焦
磷酸测序技术可以在 100 天内测出人类基因组,但其缺点是精确度稍差。由于不需要克隆,导致无
法获得材料来覆盖序列缺口,而基因组测序完成过程中的一个重要部分就是补充低丰度区域。尤其
是对于肿瘤和遗传病相关基因的分析中,准确地检测基因突变、缺失、插入、倒位等变异是非常重
要的。

---

**知识链接**

三代测序技术的优缺点

　　第一代测序技术凭借其长的序列片段和准确率高的特点,适用于对新物种进行基因组长距框架以及
后期 GAP 填补,但成本高,且难以测定微量的 DNA 样品。　第二代测序技术中,454 序列适用于对未知
基因组测序,但在判断连续单碱基重复区时准确度不高;Solexa 适用于大、小基因组的测序,且双末端
测序可以为基因组进一步拼接提供定位信息,但随着反应轮数增加,错误率增大;SOLiD 基于双碱基编
码系统的纠错能力强,适用于比较基因组特别是 SNP 检测,但测序片段短限制了该技术在基因组中的拼
接。　第三代测序技术正在研发阶段,尚未正式投入使用。

---

### 三、DNA 序列测定仪器的基本组成和结构

454 全自动 DNA 测序仪是第二代 DNA 测序技术的代表仪器,主要由主机、微型计算机和各种应
用软件等组成(图 10-9)。

**1. 主机**　主机具有自动灌胶、进样、电泳、荧光检测等功能。大致可分为以下几个结构功能区:

(1) 自动进样器区:装载有样品盘、电极(负极)、电极缓冲液瓶、洗涤液(蒸馏水)瓶和废液管。

(2) 凝胶块区:包括注射器驱动杆、样品盘按钮、注射器固定平台、电极(正极)、缓冲液阀、玻璃
注射器、毛细管固定螺母和废液阀等部件。

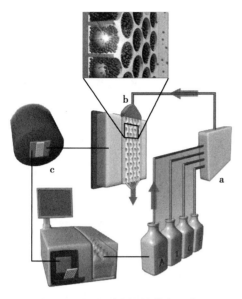

图 10-9　454 测序仪的基本组成图
a. 试剂供应装置　b. 反应池　c. 光线探测
成像系统和计算机控制系统

（3）检测区：检测区内有高压电泳装置、激光检测器窗口及窗盖、加热板、毛细管、热敏胶带。

**2. 微型计算机**　控制主机的运行，并对来自于主机的数据进行收集和分析。

**3. 各类应用软件**　承担数据收集、DNA 序列分析及 DNA 片段大小和定量分析。

## 四、典型 DNA 测序仪及其使用

DNA 序列测定分手工测序和自动测序，美国 PE ABI 公司已生产的 310 型是我国临床检测实验室中使用最多的一种自动化 DNA 序列分析仪。

ABI PRISM 310 型基因分析仪采用毛细管电泳技术取代传统的聚丙烯酰胺平板电泳，应用该公司专利的四色荧光染料标记的 ddNTP（标记终止物法），因此通过单引物 PCR 测序反应，生成的 PCR 产物则是相差 1 个碱基的 3′末端为 4 种不同荧光染料的单链 DNA 混合物，使得 4 种荧光染料的测序 PCR 产物可在 1 根毛细管内电泳，从而避免了泳道间迁移率差异的影响，大大提高了测序的精确度。由于分子大小不同，在毛细管电泳中的迁移率也不同，当其通过毛细管读数窗口段时，激光检测器窗口中的 CCD 摄影机检测器就可对荧光分子逐个进行检测，激发的荧光经光栅分光，以区分代表不同碱基信息的不同颜色的荧光，并在 CCD 摄影机上同步成像，分析软件可自动将不同的荧光转变为 DNA 序列，从而达到 DNA 测序的目的。分析结果能以凝胶电泳图谱、荧光吸收峰图或碱基排列顺序等多种形式输出。

ABI PRISM 310 型基因分析仪是一台能自动灌胶、自动进样、自动数据收集分析等全自动电脑控制的测定 DNA 片段的碱基顺序或大小和定量的高档精密仪器。PE 公司还提供凝胶高分子聚合物，包括 DNA 测序胶（POP6）和 GeneScan 胶（POP4）。这些凝胶颗粒孔径均一，避免了配胶条件不一致对测序精度的影响。它主要由毛细管电泳装置、Macintosh 电脑、彩色打印机和电泳等附件组成。电脑中则包括资料收集、分析和仪器运行等软件。它使用最新的 CCD 摄影机检测器，使 DNA 测序缩短至 2.5 小时，PCR 片段大小分析和定量分析为 10～40 分钟。测序反应的精确度计算公式（10-1）如下：

$$100\% - 差异碱基数（不包括 N 数）/650 \times 100\% \tag{10-1}$$

差异碱基即测定的 DNA 序列与已知的标准 DNA 序列比较不同的碱基，N 为仪器不能辨读的碱基。

由于该仪器具有 DNA 测序、PCR 片段大小分析和定量分析等功能，因此可进行 DNA 测序、杂合子分析、单链构象多态性分析（SSCP）、微卫星序列分析、长片段 PCR、RT-PCR（定量 PCR）等分析，临床上可除进行常规 DNA 测序外，还可进行单核苷酸多态性（SNP）分析、基因突变检测、HLA 配型、法医学上的亲子和个体鉴定、微生物与病毒的分型与鉴定等。

## 五、DNA 测序仪的维护及常见故障处理

### (一) DNA 测序仪的维护

1. 倒胶前应按照操作要求认真清洗玻璃板,用未清洗干净的胶板倒胶时易产生气泡或者产生较高的荧光背景。

2. 配制凝胶时应注意胶的浓度、TEMED 含量、尿素浓度等,并注意防止其他物质(尤其是荧光物质)的污染。

3. 倒胶时需注意不能有气泡,用固定夹固定胶板时,四周的力度应均匀一致。

4. 将待测样品加入各孔前,应使用缓冲液冲洗各孔,将尿素冲去,以免影响电泳效果。

5. 测序 PCR 反应的总体积通常非常少($5\mu l$),而且未加矿物油覆盖,所以 PCR 管盖的密封性很重要,除加完试剂后盖紧 PCR 管盖外,最好选用 PE 公司的 PCR 管。如 PCR 结束后 PCR 液 <4 ~ $4.5\mu l$,则此 PCR 反应可能失败,不必进行纯化和上样。

6. 作为测序用户来说,只需提供纯化好的 DNA 样品和引物,一个测序 PCR 反应使用的模板不同,需要的 DNA 量也就不同,PCR 测序所需模板的量较少,一般 PCR 产物需 30 ~ 90ng、单链 DNA 需 50 ~ 100ng、双链 DNA 需 200 ~ 500ng,DNA 的纯度一般为 $A_{260nm}/A_{280nm}$ 为 1.6 ~ 2.0,最好用去离子水或三蒸水溶解 DNA,不用 TE 缓冲液溶解。引物用去离子水或三蒸水配成 3.2pmol/$\mu l$ 较好。

7. **引物的设计** 一般仪器 DNA 测序的精确度为 $(98.5\pm0.5)\%$,仪器不能辨读的碱基 N<2%,所需测定的长度超过了 650bp,则需设计另外的引物。为保证测序更为准确,可设计反向引物对同一模板进行测序,以相互印证。对于 N 碱基可进行人工核对,有时可以辨读出来。为提高测序的精确度,根据星号提示位置,可人工分析该处的彩色图谱,对该处的碱基进行进一步的核对。

8. **其他** 测序结束后应将毛细管负极端浸在蒸馏水中,避免凝胶干燥而阻塞毛细管。定期清洗泵块,定期更换电极缓冲液、洗涤液和废液管。

### (二) DNA 测序仪的常见故障

1. **电泳时仪器显示无电流** 可能的原因包括电泳缓冲液配制不正确;电极导线未接好或损坏;正极或负极铂金丝断裂;正极或负极的胶面未浸入缓冲液中。

2. **电极弯曲** 主要原因是安装、调整或清洗电极后未进行电极定标操作就直接执行电泳命令,电极不能准确插入各管中而被样品盘打弯。其他如运行前未将样品盘归位;或虽然执行了归位操作,但 X/Y 轴归位尚未结束就运行 Z 轴归位等情况下也容易将电极打弯。

3. **电泳时产生电弧** 主要原因是电极、加热板或自动进样器上有灰尘沉积,此时应立即停机,并清洗电极、加热板或自动进样器。

4. **电泳不出条带** 最常见的原因是由于电泳缓冲液蒸发使液面降低,而未能接触到毛细管的两端(或一端)。其他可能原因包括电极弯曲而无法浸入缓冲液中、毛细管未浸入缓冲液中、毛细管内有气泡等。因此,遇到此类问题时,应首先检查电极缓冲液,然后再检查电极和毛细管。

5. **传热板黏住胶板** 主要原因为上方的缓冲液室漏液。此时应将上方的缓冲液倒掉,并卸下

缓冲液室,松开胶板固定夹,将传热板顺着胶板向上滑动,直至与胶板分开。清洗传热板,同时检查缓冲液室漏液的原因,并采取相应措施,防止漏液。

# 第三节　生物芯片

## 一、概述及临床应用

### (一) 概述

1991 年 Affymax 公司 Fodor 领导的小组利用光刻技术与光化学合成技术相结合制作了检测多肽和寡聚核苷酸的微阵列(microarray),并在《Science》杂志上提出 DNA 芯片的概念。生物芯片技术是在核酸杂交技术的基础上发展起来的,其核心就是核酸杂交技术。

生物芯片(biochip 或 bioarray)是根据生物分子间特异性相互作用的原理,将生化分析过程集成于芯片表面,从而实现对 DNA、RNA、多肽、蛋白质以及其他生物成分的高通量快速检测。狭义的生物芯片概念是指通过不同方法将生物分子(寡核苷酸、cDNA、genomic DNA、多肽、抗体、抗原等)固着于硅片、玻璃片(珠)、塑料片(珠)、凝胶、尼龙膜等固相递质上形成的生物分子点阵。因此生物芯片技术又称微陈列(microarray)技术,含有大量生物信息的固相基质称为微阵列,又称生物芯片。生物芯片在此类芯片的基础上又发展出微流体芯片(microfluidics chip),亦称微电子芯片(microelectronic chip),也就是缩微实验室芯片。

芯片的概念取之于集成的概念,如电子芯片的意思就是把大的东西变成小的东西,集成在一起。生物芯片也是集成,不过是生物材料的集成。像实验室检测一样,在生物芯片上检查血糖、蛋白、酶活性等是基于同样的生物反应原理,所以生物芯片就是一个载体平台。

### (二) 生物芯片的分类

生物芯片虽然只有 10 多年的历史,但包含的种类较多,分类方式和种类也没有完全统一。

#### 1. 按用途分类

(1) 生物电子芯片:用于生物计算机等生物电子产品的制造。

(2) 生物分析芯片:用于各种生物大分子、细胞、组织的检测。

#### 2. 按作用方式分类

(1) 主动式芯片:是指把生物实验中的样本处理纯化、反应标记及检测等多个实验步骤集成,通过一步反应就可主动完成。

(2) 被动式芯片:即各种微阵列芯片,是指把生物实验中的多个实验集成,但操作步骤不变。

#### 3. 按成分分类

(1) 基因芯片(gene chip):又称 DNA 芯片(DNA chip)或 DNA 微阵列(DNA microarray),是将 cDNA 或寡核苷酸按微阵列方式固定在微型载体上制成的。

(2) 蛋白质芯片(protein chip 或 protein microarray):是将蛋白质或抗原等一些非核酸生命物质按微阵列方式固定在微型载体上获得的。

（3）细胞芯片（cell chip）：是将细胞按照特定的方式固定在载体上，用来检测细胞间的相互影响或相互作用。

（4）组织芯片（tissue chip）：是将组织切片等按照特定的方式固定在载体上，用来进行免疫组织化学等组织内的成分差异研究。

（5）其他：如芯片实验室（lab on chip），是用于生命物质的分离、检测的微型化芯片。

（三）临床应用

生物芯片首先使用于基因序列测定和功能分析，并在此基础上派生出一批技术，包括芯片免疫分析技术、芯片核酸扩增技术、芯片精子选择和体外受精技术、芯片细胞分析技术和采用芯片作平台的高通量药物筛选技术等。生物芯片技术在医学、生命科学、药业、农业、环境科学等凡与生命活动有关的领域中均具有重大的应用前景。

1. **基因表达水平的检测**　用基因芯片进行的基因表达水平检测可自动、快速地检测出成千上万个基因的表达情况。

2. **基因诊断**　通过比较、分析正常人和患者的基因组这两种图谱，就可以得出病变的 DNA 信息。这种基因芯片诊断技术以其快速、高效、敏感、经济、平行化、自动化等特点，将成为一项现代化的诊断新技术。

3. **药物筛选**　利用基因芯片分析用药前后机体的不同组织、器官基因表达的差异。如果用 cDNA 表达文库得到的肽库制作肽芯片，则可以从众多的药物成分中筛选到起作用的部分物质。

4. **个体化医疗**　在药物疗效与副作用方面，由于个体差异患者的反应差异很大。利用基因芯片技术对患者先进行诊断，再开处方，就可对患者实施个体优化治疗。

5. **测序**　基因芯片利用固定探针与样品进行分子杂交产生的杂交图谱而排列出待测样品的序列，这种测定方法快速而具有十分诱人的前景。

6. **生物信息学研究**　人类基因组计划是人类为了认识自己而进行的一项伟大而影响深远的研究计划。生物芯片技术就是为实现这一环节而建立的，使对个体生物信息进行高速、并行采集和分析成为可能，必将成为未来生物信息学研究中的一个重要信息采集和处理平台，成为基因组信息学研究的主要技术支撑。

7. **在实际应用方面**　生物芯片技术可广泛应用于疾病诊断和治疗、药物基因组图谱、药物筛选、中药物种鉴定、农作物的优育优选、司法鉴定、食品卫生监督、环境检测、国防等许多领域。

## 二、生物芯片的基本原理

根据芯片上固定的探针不同，生物芯片包括基因芯片、蛋白质芯片、细胞芯片、组织芯片等。基因芯片是目前技术比较成熟、应用最广泛的一种基因芯片。

（一）基因芯片的基本原理

基因芯片（gene chip）的原形是 20 世纪 80 年代中期提出的。基因芯片的测序原理是杂交测序方法，即通过与一组已知序列的核酸探针杂交进行核酸序列测定的方法，可以用图 10-10 来说明。

在一块基片表面固定了序列已知的八核苷酸的探针。待测样品溶液中带有荧光标记的核酸序

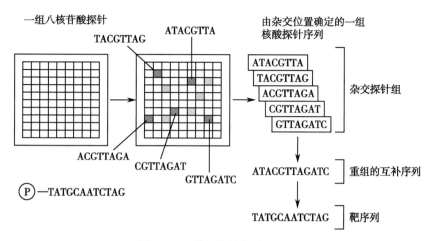

图 10-10 基因芯片的测序原理

列 TATGCAATCTAG,与基因芯片上对应位置的核酸探针产生互补匹配时,通过确定荧光强度最强的探针位置,获得一组序列完全互补的探针序列。杂交信号用激光扫描仪检测,由计算机分析结果,其原理为碱基互补配对和分子杂交,据此可重组出靶核酸的序列。

在基因芯片中基因表达谱芯片的应用最为广泛,技术上也最成熟。这种芯片可以将几千个基因特异性的探针或 cDNA 片段固定在一块基因芯片上,对来源于不同个体(正常人与患者)、不同组织、不同细胞周期、不同发育阶段、不同分化阶段、不同病种、不同刺激(包括不同诱导和不同治疗手段)下的细胞内的 mRNA 或逆转录产物 cDNA 进行检测,从而大规模地对这些基因表达的个体特异性、组织特异性、发育阶段特异性、分化阶段特异性、病种特异性、刺激特异性等进行综合分析和判断。

（二）其他芯片技术

**1. 芯片毛细管电泳技术** 是将毛细管缩微移植到很小的芯片上,将样品进样、反应、分离、检测等过程集成在一起的多功能快速、高效、低耗的缩微实验技术。毛细管被蚀刻在硅片上,用于蚀刻的基质材料随后从硅片扩展到石英、玻璃和塑料等聚合物上,再用激光诱导荧光、电化学、化学等多种检测系统检测以及与质谱等分析手段结合进行样品分析,广泛用于生物医药和临床试验中。

**2. DNA 突变检测芯片技术** DNA 之所以能进行杂交是因为核苷 A 和 T、G 和 C 可同时以氢键结合互补成对。Hacia 等人采用由 96 000 个寡核苷酸探针所组成的杂交芯片,完成了对遗传性乳腺癌和卵巢肿瘤基因 BRCA1 中外显子上的 24 个异合突变(单核苷突变多态性)的检测,他们通过引入参照信号和被检测信号之间的色差分析使得杂交的特异性和检测的灵敏度获得了提高。Cronin 等人用固化有 428 个探针的芯片对导致肺部囊性纤维化的突变基因进行了检测。

**3. PCR 芯片技术** PCR 芯片技术结合了实时定量 PCR 和第一代功能分类基因芯片的优点,可在一次实验中准确定量检测上百个基因的 mRNA 水平,是研究特定信号通路或者一组功能相关基因表达量的理想方法。

**4. 缩微芯片实验室** 生物芯片发展的最终目标是将从样品制备、化学反应到检测的整个分析过程集成化以获得所谓的微型全分析系统或称缩微芯片实验室。目前,含有加热器、微泵、微阀、微流量控制器、电子化学和电子发光探测器的芯片已经研制出来了,在不久的将来,包含所有步骤的缩微芯片实验室将不断涌现。

5. **微珠芯片技术**　应用最多的是光纤阵列矩阵微珠芯片,是一种基于光导纤维的芯片系统,在直径 3.5mm 的光纤束中有约 50 000 根光纤。在每根光纤的顶端蚀刻出一个洞,可以镶嵌 $3\mu m$ 的小珠。每一种小珠上合成或吸附一种寡核苷酸或蛋白质,与寡核苷酸或蛋白质结合的核酸或蛋白上标记有荧光。当小珠吸附到洞中,从激光扫描仪上发出的激光通过光纤传递给荧光素,发出的荧光又通过光纤传递给检测器。根据小珠上合成或吸附配体的不同,如寡核苷酸、蛋白、抗体等,芯片有不同的用途,如 SNP 分析、基因表达谱分析以及蛋白表达谱分析等。

6. **抗体与蛋白质阵列技术**　蛋白质是一切生命活动的基础,受基因表达的调控,因而以检测样品中的 mRNA 为基础的 DNA 芯片是当今研究中备受关注的研究手段。随着蛋白质组学(proteomics)的兴起,一种基于芯片技术的蛋白质检测的先进方法——抗体与蛋白质阵列技术也在迅速发展,可望能够快速并且定量分析蛋白质。抗体芯片(或抗体微阵列)属于蛋白质芯片,与 DNA 芯片不同,它测定蛋白丰度时不依赖于基因表达,因而引起人们的浓厚兴趣,是检测生物样品中的蛋白表达模式的新方法。

## 三、生物芯片的基本组成

### (一) 基因芯片的基本组成及其技术流程

基因芯片的技术流程主要包括芯片的设计、样品制备、点样、杂交反应、信号检测和结果分析。

1. **基因芯片的设计**　基因芯片的设计是指芯片上核酸探针序列的选择以及排布,设计方法取决于其应用目的,目前的应用范围主要包括基因表达和转录图谱分析及靶序列中单碱基多态位点或突变点的检测。表达型芯片的目的是在杂交实验中对多个不同状态的样品中数千基因的表达差异进行定量检测,探针序列一般来自于已知基因的 cDNA 或 EST 库,设计时序列的特异性应放在首要位置,以保证与待测目的基因的特异性结合,对于同一目的基因可设计多个序列不相重复的探针,使最终的数据更为可靠。

2. **载体**　载体种类包括玻璃片、PVDF 膜、聚丙烯酰氨凝胶、聚苯乙烯微珠、磁性微珠。作为载体必须是固体片状或者膜、表面带有活性基因,以便于连接并有效固定各种生物分子。制备芯片的固相材料有玻片、硅片、金属片、尼龙膜等。较为常用的支持材料是玻片,因为玻片适合多种合成方法,而且在制备芯片前对玻片的预处理也相对简单易行。

3. **样品制备**　分离纯化、扩增、获取其中的蛋白质或 DNA、RNA 并用荧光标记,才能与芯片进行反应。用 DNA 芯片做表达谱研究时,通常是将样品先抽提 MRNA,然后逆转录成 CDNA。同时掺入带荧光标记的 dCTP 或 dUTP。

待分析样品的制备是基因芯片实验流程的一个重要环节,靶基因在与芯片探针结合杂交之前必须进行分离、扩增及标记。标记方法根据样品来源、芯片类型和研究目的的不同而有所差异。通常是在待测样品的 PCR 扩增、逆转录或体外转录过程中实现对靶基因的标记。

近年来运用的多色荧光标记技术可更直观地比较不同来源样品的基因表达差异,即把不同来源的靶基因用不同激发波长的荧光素标记,并使它们同时与基因芯片杂交,通过比较芯片上不同波长荧光的分布图获得不同样品间差异表达基因的图谱,常用的双色荧光试剂有 Cy3dNTP 和 Cy5dNTP。对多态性和突变检测型基因芯片采用多色荧光技术可以大大提高芯片的准确性和检测范围,例如用不同的荧光素分别标记靶序列及单碱基失配的参考序列,使它们同时与芯片杂交,通过不同荧光强弱的比较得出靶序列中碱基失配的信息。

**4. 芯片点样** 包括原位合成和预合成后点样。

(1)原位合成:适用于寡核苷酸,使用光引导蚀刻技术。已有 p53、p450、BRCA1/BRCA2 等基因突变的基因芯片。

(2)预合成后点样:是将提取或合成好的多肽、蛋白、寡核苷酸、cDNA、基因组 DAN 等通过特定的高速点样机器人直接点在芯片上。该技术的优点在于相对简易低廉,被国内外广泛使用。

**5. 杂交反应** 基因芯片与靶基因的杂交过程与一般的分子杂交过程基本相同,但影响杂交的因素很多,如合适长度的 DNA 片段有利于探针与之杂交,在有利于杂交双链形成的条件下,探针分子本身也易于形成自身双链的二级结构甚至三级结构,使靶序列不易被探测到。因此选择杂交条件时,必须能满足杂交检测时的敏感性和特异性,使之能检测到低丰度基因,且能保证每条探针都能与互补模板杂交,要注意减少生物分子之间的错配比率从而获得最能反映生物本质的信号。

杂交信号的强弱依赖于固定的靶序列和标记探针结合的强度,因此可以通过杂交强度来估计 mRNA 的丰度。由于探针向固相包被靶序列扩散杂交的效率比在液相中扩散的效率低得多,液相中的探针有些会因扩散不均而不能与固相上固定的靶序列杂交,因此杂交反应最好在封闭循环的条件下进行,以确保消除因扩散不均所致的杂交偏差。

**6. 杂交信号检测与结果分析** DNA 探针大多采用荧光素标记法,并根据各杂交点的荧光信号强弱用共聚焦扫描仪读出,其优点是重复性好,缺点是灵敏度相对较低。为此,人们正在研究多种替代方法,如质谱法、化学发光和光导纤维法、二极管方阵检测法、直接电荷变化检测法等。其中最有前途和最常用的检测方法是质谱法,因为它可以在各 DNA 方阵点上提供更多、更快、更精确的信息以供读出。用质谱法不仅可以准确地判断是否存在基因突变,还可精确地判断突变基因位于序列的哪一位置。不过由于在探针的化学合成上还存在一些问题,质谱法还不如荧光标记法用得普遍。

由于基因芯片获取的信息量大,对于基因芯片杂交数据的分析、处理、查询、比较等需要一个标准的数据格式,目前,一个大型的基因芯片的数据库正在构建中,将各实验室获得的基因芯片的结果集中起来,以利于数据的交流及结果的评估与分析。

基因芯片技术除了以上环节外,为了保证结果的可靠性,每次实验均需设立对照。

**(二)与生物芯片相关的仪器**

与生物芯片相关的仪器主要有点阵仪、杂交仪和扫描仪。

**1. 点阵仪** 点阵仪是制备芯片的仪器。点样的方式有非接触喷点和接触点样 2 种,点阵仪点样针采用实心或空心中的一种。

(1)非接触喷点技术:用于 DNA 点样的有 2 种,一种是用压电晶体将液体从孔中喷出的压电技术,喷滴大小一般为 50~500pl;另一种为注射器螺线管技术,这种技术是通过高分辨率注射器泵和微螺线管阀门有机结合来精确控制液滴。喷点的好处在于分注体积可控,分注机制与表面特性无关,对脆弱表面不会造成损伤,无来自于表面的污染之忧,适合于有孔表面(如膜)的点样。

(2)接触喷点技术:是通过针点印制完成的,这种方式是用较为坚硬的针头浸到样品中,蘸取少量液体,当针头与固相表面接触时,液体会印制在玻片表面,点样体积从皮升(pl)到纳升(nl)。

**2. 杂交仪** 杂交是生物芯片操作过程中的关键部分,杂交的成败决定生物芯片的质量。目前在大多数情况下杂交均在保湿盒内完成,使标记探针只能通过扩散作用进行杂交,反应极慢且操作时间长。

美国 Genomic Solutions 公司发展了 GeneTAC Hby 生物芯片杂交仪,该系统是一种全自动的芯片杂交仪,调节、加探针、漂洗和热循环自动化,杂交在密闭环境中进行,一次可以杂交 2 或 12 片。最多可设置 5 种不同的洗涤液。该系统在整个杂交过程中能精确地控制温度。液体处理使用真空输送系统结合高精度微流体通道、洗涤时间和热循环条件精确控制,使每片之间和每日之间的杂交重复性极佳。杂交仪能进行原位振动,使反应动力学加快和防止部分区域干涸,保证 mRNA 在整个杂交过程中流动,提高了灵敏度。

**3. 扫描仪** 芯片杂交后荧光的观察可以通过 CCD 直接成像分析或激光共聚焦扫描仪分析结果。

(1)直接成像系统:优点是其配置简便和数据获取快速,缺点是空间分辨率低和灵敏度差。其激发光源一般为过滤的光谱(钨或弧光灯)光源,照射整张玻片,高灵敏度的 CCD 摄像头与合适的光学器件和滤光片相配。

(2)激光共聚焦扫描仪:是用共聚焦荧光显微镜通过物镜将激光发射至玻片,并通过同一物镜扫描玻片收集诱发的荧光,物镜上方的二色镜可以同时检测到 2 种波长的诱发荧光。扫描系统的主要优点是高灵敏度和高空间分辨率,但是这种系统需要复杂的固定装置,以使对玻片的扫描准确无误。

## 复习导图

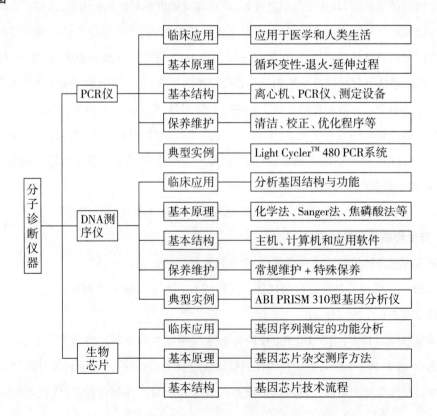

## 目标检测

### 一、选择题（单选题）

1. 温度均一性较好的 PCR 仪为（　　　）

　　A. 水浴锅 PCR 基因扩增仪和压缩机 PCR 基因扩增仪

　　B. 半导体 PCR 基因扩增仪和离心式空气加热 PCR 基因扩增仪

　　C. 压缩机 PCR 基因扩增仪和半导体 PCR 基因扩增仪

　　D. 水浴锅 PCR 基因扩增仪和离心式空气加热 PCR 基因扩增仪

2. 以空气为加热介质的 PCR 仪是（　　　）

　　A. 金属板式实时定量 PCR 仪　　　　B. 96 孔板式实时定量 PCR 仪

　　C. 离心式实时定量 PCR 仪　　　　D. 各孔独立控温的定量 PCR 仪

3. PCR 基因扩增仪最关键的部分是（　　　）

　　A. 温度控制系统　　　　B. 荧光检测系统

　　C. 软件系统　　　　D. 热盖

4. PCR 扩增仪的升降温速度快有很多优点,下述哪一项应除外（　　　）

　　A. 缩短反应时间　　　　B. 提高工作效率

　　C. 消除位置的边缘效应　　　　D. 缩短非特异性反应时间

5. 下述荧光标记方法中,可以将 A、C、G、T 四个测序反应在同一管中完成而不影响测序结果的是（　　　）

　　A. 单色荧光标记引物法　　　　B. 单色荧光标记终止底物法

　　C. 多色荧光标记引物法　　　　D. 多色荧光标记终止底物法

### 二、简答题

1. 什么是聚合酶链反应(PCR)技术？简述 PCR 基因扩增仪的基本原理。

2. 定量 PCR 扩增仪的常见故障有哪些？如何解决？

3. 简述多色荧光标记引物法的原理。

4. 简述 DNA 测序仪的常见故障及其解决方法。

5. 生物芯片的临床应用有哪些方面？

6. 基因芯片的技术流程有哪些？

ER-10章习题

## 实训十 GeneAmp 7000 型 PCR 仪的使用与维护

### 一、实训目的

1. 熟悉 PCR 实验技术。
2. 掌握 PCR 仪的使用与维护。
3. 了解 PCR 实验的校准。

### 二、实训内容

**（一） 了解 PCR 仪使用的实验原理、所用试剂和器材**

**1. PCR 的原理**　PCR 用于在体外将微量的目标 DNA 大量扩增,以便于进行分析。PCR 由变性-退火-延伸 3 个基本的反应步骤构成。经 20~30 次循环后,扩增产物中主要是目标 DNA。

**2. PCR 仪使用的试剂和器材**　PCR 仪和 PCR 扩增管。试剂包括 $10\times$ 扩增缓冲液 $10\mu l$、4 种脱氧三磷酸核苷(dNTPs)混合溶液、耐热的 DNA 聚合酶、引物、琼脂糖凝胶、DNA 模板、对照 DNA(含有靶序列的 DNA)、$Mg^{2+}$。

**（二） PCR 仪的维护**

包括软件和硬件的维护。

1. 微软 Windows 2000 操作系统的维护。

**2. PCR 扩增仪的维护**　样品槽的清洁、热盖的清洁、样品槽的荧光污染、更换卤素灯。

**（三） PCR 仪的校准方法**

1. 仪器状态效验试验。
2. 调准 ROI 参照条。
3. 校正 ROI 光路。

### 三、实训步骤

**（一） GeneAmp 7000 型 PCR 仪的使用**

1. 依次打开电脑显示器和电脑主机电源开关,进入 Windows 2000 界面。
2. 接着打开 PCR 仪电源开关,预热 5 分钟。
3. 按需要在电脑上设定一个新的运行版面和程序。
4. 推开滑门,将样品放入样品槽内,关上仪器滑门。
5. 运行程序,在反应结束后按 Save 键储存实验结果。
6. 关闭 PCR 仪电源开关。

**（二） GeneAmp 7000 型 PCR 仪的维护方法**

**1. 微软 Windows 2000 操作系统的维护**　硬盘驱动器每月 29 日运行 1 次碎片清除程序,使用 Norton Utilities 或类似软件。

### 2. PCR 扩增仪样品槽的清洁

（1）运行 25℃ HOLD 程序使样品槽的温度达到室温。关闭仪器,等待 10 分钟。

（2）从样品槽移去样品架。

（3）在样品槽中加入少量 95% 乙醇,用棉签擦洗反应孔。

（4）用干棉签吸干乙醇。

（5）向里推动滑门,锁住,使样品槽升温到 50℃,以蒸发掉多余的乙醇。

### 3. 热盖的清洁

（1）运行 25℃ HOLD 程序使样品槽的温度达到室温。关闭仪器,等待 10 分钟。

（2）逆时针旋转 GeneAmp 7000 光源检测器顶部的旋钮。向后推 GeneAmp 7000 光源检测器至滑轨距离的大约 1/3 处。

（3）GeneAmp 7000 光源检测器滑轨上有缺口。从这些缺口垂直抬起 GeneAmp 7000 光源检测器,小心侧放于仪器顶盖上。不要从仪器取走热盖。

（4）用湿润的镜头纸清洁加热盖,待干。

（5）将 GeneAmp 7000 光源检测器重新安装回滑轨。

### 4. 检查样品槽的荧光污染

（1）开启 GeneAmp 7000 型荧光定量 PCR 仪电源。

（2）从 Start 菜单或桌面点选运行 GeneAmp 7000 SDS 管理软件。

（3）从样品槽中移去反应板。GeneAmp 7000 仪器滑门向前滑移盖住样品槽,并关紧。

（4）单击 New Document 建立一个新的 GeneAmp 7000 文件。

（5）点击 Instrument 中的 Calibrate 显示 ROI Inspector 窗口。

（6）把 Exposure Time 调到最大,把 Capture Image From 调到最敏感的 Fiter B 点,单击 Snapshot 获取图像。

（7）减少积分时间,改变 Capture Image From 中的 A、B、C、D,单击 Snapshot,观察 96 孔中的背景荧光。如孔有显著的荧光,则表示该孔存在荧光污染。

（8）按照样品槽的清洁程序清洗样品槽。

### 5. 更换卤素灯

（1）关闭仪器,冷却 15 分钟。

（2）将样品板放入仪器样品槽,关闭滑门。在仪器的顶部向上打开灯仓门。

（3）拧下固定灯罩的螺丝,将灯罩向前滑移,使其从设备上取下。

（4）将旧灯泡向前滑移,使其从夹状支架上取下,并将灯泡从灯座上拔下。

（5）把新灯泡尾部的插杆插入灯座上的插孔,使两者连接起来。

（6）使灯的长轴与仪器前向平行(即竖直于地面),将新灯泡滑回灯位。

（7）在灯仓门处于打开状态下打开仪器,确证在仪器运行时灯也能打开。

（8）盖上灯罩,拧紧螺丝,关上灯仓门。

（9）若新卤素灯不工作,GeneAmp 7000 电源保险丝可能有问题。

### （三）GeneAmp 7000 型 PCR 仪的校准

**1. 仪器状态效验试验**

（1）使用标准化试剂作为效验试剂。

（2）在仪器处于校准状态下,由固定人员用标准化试剂对 $10^2$、$10^3$、$10^4$ 和 $10^6$ 标准品进行扩增实验。该实验在 2 个月内应进行 20 次。分别计算标准曲线的斜率、截距、相关性的控制限。

（3）每年 6 和 12 月由固定人员进行上述实验,观察标准曲线的 3 个参数是否处在控制范围内和 $10^2$ 标准品是否检出。

（4）当 $10^2$ 标准品未检出、标准曲线的 3 个参数超出控制范围或仅出现后者时,先排除实验的人员、试剂因素,再重复实验。如结果依然,联系厂家立即进行仪器校准。

（5）当仅有 $10^2$ 标准品未检出时,检查实验全过程。再次上机检测 $10^2$ 标准品 2 枚,仍未检出联系厂家进行仪器校准。

（6）仪器经过校准后,重复该实验。结果归入仪器档案。

**2. 调准 ROI 参照条**

（1）推开滑门,在样品槽中放入荧光检测板。

（2）GeneAmp 7000 仪器滑门向前滑移盖住样品槽,并关紧。

（3）从 Start 菜单或桌面点选运行 GeneAmp 7000 SDS 管理软件。

（4）积分时间从 512 毫秒开始,用位置调整点,调节 ROI 的高度与右边线。

（5）逐渐增加积分时间,直到可以看到至少 4 个块(约 4096 毫秒)。

（6）调整最左侧的位置调整点。

（7）减少积分时间到 1024 毫秒,调整上方与底部的位置调整点。

（8）减少积分时间以便最右侧块可见但未饱和(约 512 毫秒),调节最右侧位置调整点。如有需要用右上角拖动点调整图像的倾斜度(以左上角为中心旋转)。

（9）调节后的参照条宽度必须在 ROI 参照块间有小空隙。

**3. 校正 ROI 光路**

（1）推开滑门,在样品槽中放入荧光检测板。

（2）GeneAmp 7000 仪器滑门向前滑移盖住样品槽,并关紧。

（3）从 Start 菜单或桌面点选运行 GeneAmp 7000 SDS 管理软件。

（4）点选 Show ROI 复选框。每个样品孔周围出现一蓝色椭圆圈。

（5）点选 Show Saturation 复选框。

（6）设定积分时间为 1024 毫秒;打开卤素灯和光闸。

（7）点击 Live 按钮获取图像,然后在任何地方左击停止。获取中等程度的未饱和图像。

（8）从 Edit 菜单中选择 Calibrate ROIs 每个孔会选取合适的 ROI,确定 96 孔都被蓝色椭圆圈正确界定。

（9）图像太亮或太暗都会出现错误信息,相应增加或减少积分时间,并重复上述第 8 步直到无错误信息出现。

（10）检查孔 ROI 位置,所有孔信息都应包含在 96 个 ROI 椭圆圈中。如果没有,重复第 8 和第

9步。

## 四、实训思考

1. PCR 实验技术的原理是什么？其基本步骤有哪些？
2. 日常工作中应从哪几个方面对 PCR 仪进行维护？
3. 在 PCR 仪实验结果不准确时，应如何进行校准？

## 五、实训测试

学生实训测试表

| 学　号 | | 姓　名 | | 系　别 | | 班　级 | |
|---|---|---|---|---|---|---|---|
| 实训名称 | | | | | 时　间 | | |
| 实训测试标准 | | | | | | | |
| 自我测试 | | | | | | | |
| 实训体会 | | | | | | | |
| 实训内容测试考核 | | | | | | | |
| 教师评语 | | | | | | | |
| 实训成绩 | 按照考核分数，折合成（优秀、良好、中等、及格、不及格）<br><br>　　　　　　　　　　　　　　　　　　指导教师签字：<br>　　　　　　　　　　　　　　　　　　　　年　　月　　日 | | | | | | |

（蒋长顺）

# 参考文献

1. 邸刚. 医用检验仪器应用与维护. 北京:人民卫生出版社,2011.

2. 贺志安. 检验仪器分析. 北京:人民卫生出版社,2010.

3. 蒋长顺. 临床实验仪器. 合肥:安徽科技出版社,2009.

4. 朱根娣. 现代检验医学仪器分析技术及应用. 第2版. 上海:上海科学技术文献出版社,2008.

5. 洪秀华. 临床检验仪器. 北京:人民卫生出版社,2007.

6. 须建,彭裕红. 临床检验仪器. 北京:人民卫生出版社,2015.

7. 邹雄,丛玉隆. 临床检验仪器. 北京:中国医药科技出版社,2010.

8. 曾照芳. 临床检验仪器学. 北京:人民卫生出版社,2012.

9. 丛玉隆,王淑娟. 今日临床检验学. 北京:中国科学技术出版社,1997.

10. 李昌厚. 紫外可见分光光度计及其应用. 北京:化学工业出版社,2010.

11. 陈朱波,曹雪涛. 流式细胞术原理操作及应用. 北京:科学出版社,2010.

12. 郑铁生. 临床生物化学检验. 第2版. 北京:中医药科技出版社,2010.

13. 康熙雄. 床旁检测临床应用手册. 北京:人民军医出版社,2010.

# 目标检测参考答案

## 第一章　医用检验仪器的临床应用

**一、选择题（单选题）**

1. B　2. A　3. C　4. D　5. B

**二、简答题**

（略）

## 第二章　分离技术仪器

**一、选择题（单选题）**

1. C　2. D　3. D　4. A　5. D

**二、简答题（略）**

## 第三章　形态学检测仪器

**一、选择题（单选题）**

1. A　2. C　3. C　4. B　5. D

**二、简答题（略）**

## 第四章　尿液和流式尿沉渣分析仪器

**一、选择题（单选题）**

1. C　2. D　3. B　4. D　5. A

**二、简答题（略）**

## 第五章　生化和干式生化分析仪器

**一、选择题（单选题）**

1. A　2. C　3. C　4. C　5. A

二、简答题（略）

# 第六章　血气和电解质分析仪器

一、选择题（单选题）

1. A　2. A　3. C　4. D　5. C

二、简答题（略）

# 第七章　免疫标记分析仪器

一、选择题（单选题）

1. A　2. B　3. B　4. C　5. D

二、简答题（略）

# 第八章　血液流变和血液凝固分析仪器

一、选择题（单选题）

1. A　2. D　3. C　4. A　5. C

二、简答题（略）

# 第九章　微生物检测仪器

一、选择题（单选题）

1. A　2. D　3. C　4. D　5. B

二、简答题（略）

三、实例分析（略）

# 第十章　分子诊断仪器

一、选择题（单选题）

1. D　2. C　3. A　4. C　5. D

二、简答题（略）

# 医用检验仪器应用与维护课程标准

供医疗器械类专业用